轻松学 Creo 2.0 机械设计

郭长虹　权凌霄　贾晓勐　编著

科学出版社

北　京

内 容 简 介

本书主要介绍应用Creo Parametric 2.0（以下简称Creo 2.0）进行零件设计的基本知识、设计步骤和操作流程，具有很强的专业性、实用性和可操作性。

本书共12章，内容包括初识Creo 2.0、Creo 2.0的工作界面和基本操作、参数化草图绘制、拉伸特征、旋转特征、基准特征、简单模型设计、典型零件设计、创建工程特征、特征操作、装配和工程图。

本书主要针对初学者，可以作为高等院校机械类相关专业的教材或自学参考书，以及相关领域工程技术人员的培训教材。

本书配套光盘中提供了各章节案例中的模型源文件和模型结果文件，以及部分章节的教学视频，以供读者学习和参考。

图书在版编目（CIP）数据

轻松学Creo2.0机械设计/郭长虹，权凌霄，贾晓勐编著.—北京：科学出版社，2015.3

ISBN 978-7-03-043043-4

Ⅰ.轻… Ⅱ.①郭… ②权… ③贾… Ⅲ.机械设计-计算机辅助设计-应用软件 Ⅳ.TH122

中国版本图书馆CIP数据核字（2015）第012715号

责任编辑：张莉莉 杨 凯 / 责任制作：胥娟娟 魏 谨

责任印制：张 倩 / 封面设计：铭轩堂

北京东方科龙图文有限公司 制作

http://www.okbook.com.cn

科学出版社 出版

北京东黄城根北街16号

邮政编码：100717

http://www.sciencep.com

三河市骏杰印刷有限公司 印刷

科学出版社发行 各地新华书店经销

*

2015年3月第 一 版 开本：787×1092 1/16

2015年3月第一次印刷 印张：18

印数：1—3 000 字数：406 000

定价：69.80元（附配套光盘）

（如有印装质量问题，我社负责调换）

前　言

本书是基于美国 PTC（参数技术）公司的 Creo Parametric 2.0（以下简称 Creo2.0）版本编写而成的。

本书从全面、系统、实用的角度出发，以基础知识与大量实例相结合的方式，详细介绍了 Creo 2.0 中文版的各种基本操作、技巧、常用特征以及应用实例。

按照由浅入深，从易到难的顺序进行章节编排，特别考虑到 Creo 2.0 初学者的学习需求，使初学者可以快速了解 Creo 2.0 的基础概念和常用功能按钮的使用方法，轻松上手掌握软件的各种实用设计技巧。每个章节后面都附有思考与练习题，便于初学者自学。笔者根据自己多年的教学经验及心得，收集并整理了初学者在使用 Creo 2.0 时经常遇到的一些小问题及解决方法，还有一些使用 Creo 2.0 的实用小技巧，这些内容收录在书后的“工程师坐堂”中。建议读者有时翻一翻，也许会有意外的惊喜！

本书可以作为初学者学习 Creo 2.0 的参考教材，也可作为工程技术人员的参考工具书。

建议初学者在学习 Creo 2.0 的过程中，一边看书一边实践操作。学习软件的方法就跟学习游泳的方法一样，只有自己跳到水里去游才能学会游泳。学习软件也是有窍门的，其过程实质是让自己身体逐步记住软件操作流程的过程。一边用大脑去记忆基本概念，一边用身体去记忆操作步骤，这样脑体结合，最终学习效果和效率都会提高。最后强调一点就是要坚持练习，反复练习书中的操作案例，直至熟练为止。“巧学 + 勤奋”，每个人都有机会成为使用 Creo 2.0 的高手。

本书配套光盘包括书中的所有模型源文件和模型结果文件，以及部分章节的操作视频，以方便读者学习和参考。

本书由燕山大学郭长虹、权凌霄，中国电子科技集团公司第十五研究所贾晓勐编著。燕山大学马筱聪、赵炳利，河北科技师范学院王振玉主审，燕山大学董志奎、姜桂荣、马莉萍、杨志南、沈鹏超，里仁学院梁瑛娜、单彦霞、卢文娟参与本书的编写与校核工作，在此表示感谢（参编人员按单位排名，排名与名次无关）。由于编者水平有限，加上时间仓促，书中难免有一些不足之处，欢迎读者批评指正。

目 录

第1章 初识 Creo 2.0

第2章 Creo 2.0 的工作界面和基本操作

第3章 参数化草图绘制

第6章 基准特征

第7章 简单模型设计

第 8 章 典型零件设计

第10章 特征操作

第11章 装 配

第12章 工程图

第 1 章

初识 Creo 2.0

在本书中 Creo Parametric 2.0 简称 Creo 2.0，该软件是 PTC 公司推出的三维 CAD/CAM/CAE 集成工程设计软件。就像每个人都拥有自己的个性一样，应用软件也具有自己的特质，所以，为了能更加方便地应用这个软件，我们首先要了解该软件一些独特的设计思想。

1.1 Creo 2.0 的设计思想

1. 三维实体模型

Creo 2.0 将设计概念以最真实的模型在屏幕上呈现出来，随时计算出产品的体积、面积、质量等，使设计人员得以更充分地了解产品的真实性（图 1.1）。

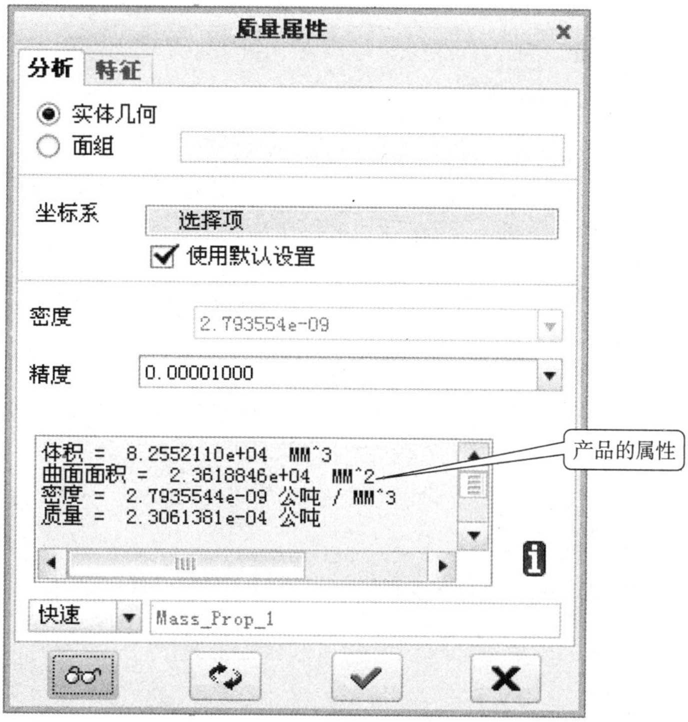

质量属性
分析 特征
实体几何
面组
坐标系 选择项
使用默认设置
密度 2.793554e-09
精度 0.00001000
体积 = 8.2552110e+04 MM^3
曲面面积 = 2.3618846e+04 MM^2
密度 = 2.7935544e-09 公吨 / MM^3
质量 = 2.3061381e-04 公吨
产品的属性
快速 Mass_Prop_1

图 1.1

2. 单一数据库

Creo 2.0 随时由三维实体模型产生二维工程图，而且自动标注工程图尺寸。不论在三维或二维工程图上做尺寸修正，相关的二维工程图或者三维实体模型均自动修改，同时装配、模具、NC 加工编程等相关设计也会自动修改，这样可确保数据的正确性，同时避免反复修改的耗时性，使得设计人员减少出错率，提高设计效率，并能够很好地专注于设计本身（图 1.2）。

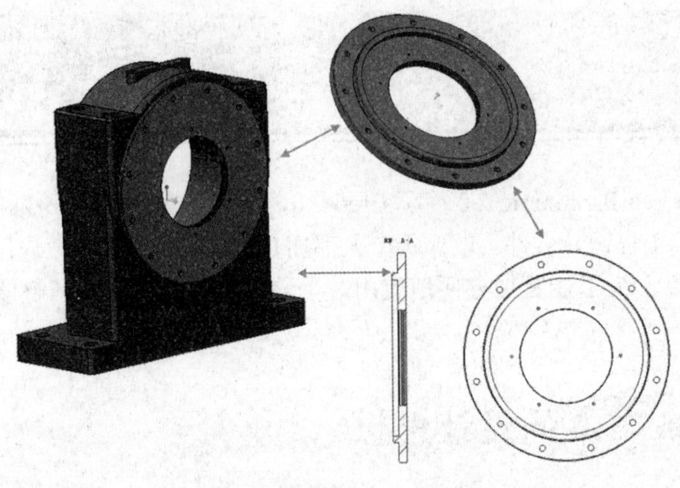

图 1.2

3. 以特征作为设计单位

Creo 2.0 以最自然的思考方式从事设计工作，如钻孔、挖槽、圆角等，使得设计人员能够充分掌握设计概念，在设计过程中导入制造观念，以特征作为数据存储的单元，可随时对特征做顺序调整、插入、删除、重新定义等设计修改工作。如图 1.3 所示，设计人员可以直接删除轴左端的键槽。

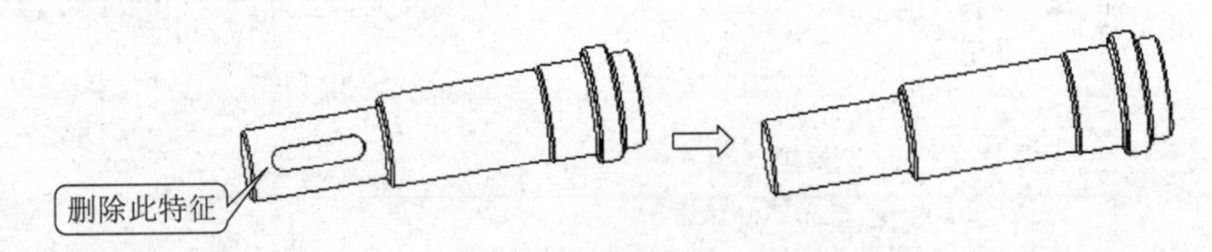

图 1.3 以特征为设计单位

4. 参数化设计

设计者只需更改尺寸参数，几何及图形立刻依照尺寸的变化而变更，避免发生人为改图的疏漏情况。减少许多人为改图的工作时间与人力消耗。

此外，允许用户直接建模、提供特征处理和智能捕捉，并使用几何预览，使用户能在变更之前看到变更效果。

总而言之，Creo 2.0 是一款功能非常强大的计算机辅助设计软件，并且在机械设计方面为用户提供了极大的设计方便性和灵活性，在后续的学习过程中，我们会逐步领略它的精髓所在。

1.2 以一个简单实例说明 Creo 2.0 零件设计流程

1.2.1 零件设计流程

无论是设计机械设备还是机械零件，三维设计都是从三维实体造型开始，三维实体生成后，可自动生成二维工程图。二维工程图与三维实体全相关，对三维实体的修改，会直接反映到二维工程图中。一个零件的尺寸修改，也可使相关零件的图形发生变化，这就大大提高了设计效率，缩短了产品的设计周期。

三维设计分为自下而上和自上而下两种设计方法。自下而上的设计方法是由局部到整体的设计方法，就是先绘制零部件，然后再将其插入装配体文件中进行组装配合，构成整个装配体。自上而下的设计方法是由整体到局部的设计方法，就是从装配架构中开始设计工作，根据配合架构确定零件的位置及结构。在装配体零部件的相互配合关系较为简单时多选用前者，反之多选用后者。

（1）自下而上三维设计的流程是：草图—特征—零件—装配—工程图。草图一般是二维轮廓，定义特征的截面尺寸和位置。零件创建都是从绘制草图开始，一般设计者都要构思出零件结构并绘制其概念草图，例如图 1.4 所示的零件草图，并且在此阶段决定模型的建立方式和相关尺寸。

（2）第二阶段是建立零件模型。

① 在此阶段，主要任务是通过绘制特征草图，建立实体或曲面特征模型，并逐渐添加更多的特征。

② 零件的设计过程就是特征的累积过程。当零件在计算机上建立模型后，便可在计算机上进行模型装配、干涉分析、运动仿真、应力分析与强度校核等，并且可以方便地修改设计参数，直到获得满意的设计结果（图 1.5）。

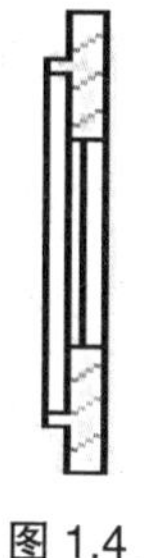

图 1.4

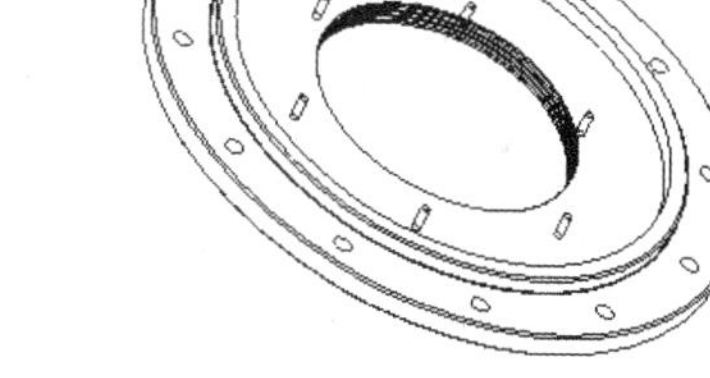

图 1.5 实体模型

（3）第三阶段是装配零件。组件是由多个零件模型组成的，零件装配完成后，组件跟实际的产品是一样的，它主要用来检查零件之间是否有干涉问题（图 1.6）。

（4）第四阶段是绘制工程图。建立完成零件或组件后，一般会把 3D 的实体模型转成 2D 的工程图，以进行尺寸的标注（图 1.7）。

图 1.6

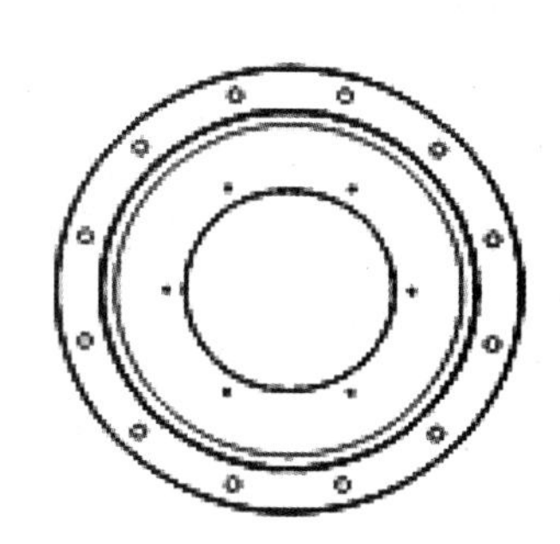

图 1.7

1.2.2　零件设计实例

下面将以一个机械设备中常见的轴模型作为示例，说明 Creo 2.0 的操作方式。初学者刚刚接触 Creo 2.0 时，也许会对一些操作步骤和命令感到陌生或者不习惯，出现这些问题属于正常现象，随着操作次数的增加，大家会慢慢熟悉它的操作方式和流程。只要初学者按照流程一步一步的操作，最后会发现，其实 Creo 2.0 的操作过程是很简单的。

1. 设计思路

如图 1.8 所示，用 Creo 2.0 创建一个轴。

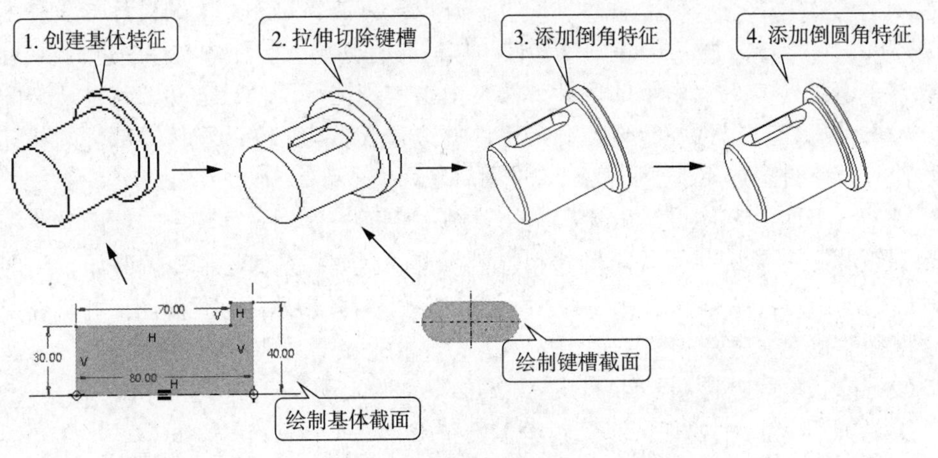

图 1.8　创建轴实例

2. 操作步骤

具体操作步骤请读者观看配套光盘中的视频文件。

思考与练习

1. 三维设计的两种方法是什么？
2. 如何修改草图尺寸？
3. 如何使用 Creo2.0 的自动约束？
4. 如何给草图加约束？
5. 如何实现拉伸切除？

第2章

Creo 2.0 的工作界面和基本操作

启动 Creo 2.0 后的用户界面非常友好，更加接近 Office 2007 的风格，用户使用起来非常方便和人性化。图 2.1 所示为新建或打开零件后的工作界面。

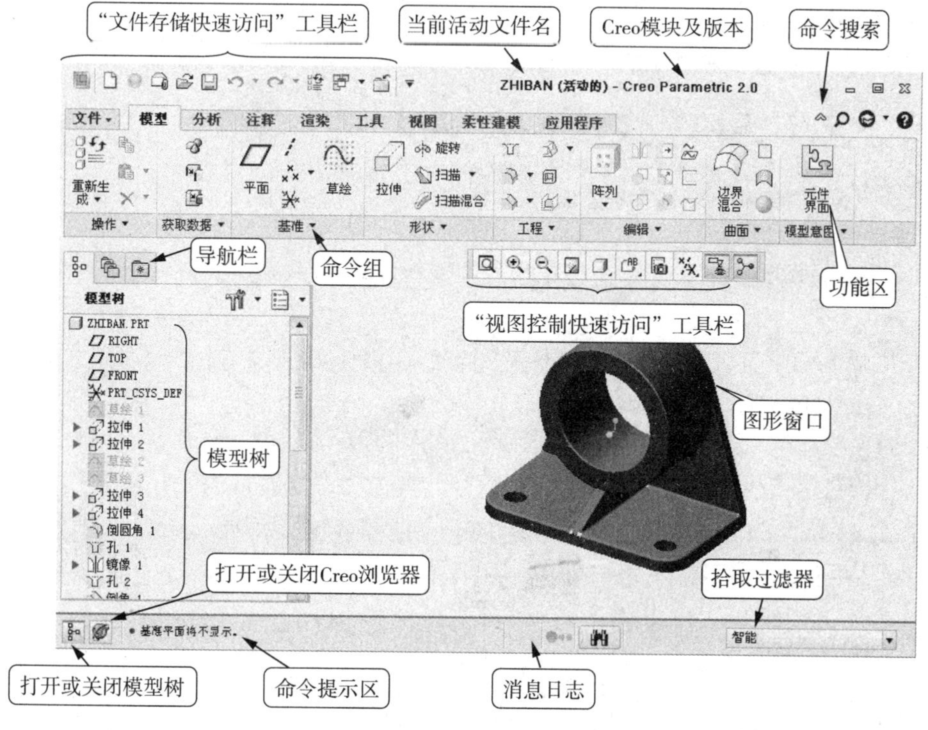

图 2.1　新建或打开一个零件后的工作界面

2.1 Creo 2.0 的工作界面

Creo 2.0 的工作界面包括窗口标题栏、“文件存储快速访问”工具栏、功能区、操控板、导航栏、信息区等区域，各区域的主要功能如下。

1. 窗口标题栏

窗口标题栏位于屏幕顶部的中间位置，显示当前活动文件的名称（图 2.1）。

2. “文件存储快速访问”工具栏

在屏幕顶部的左侧是“文件存储快速访问”工具栏，主要用于文件存取等操作，包含“文件”菜单中部分命令的快捷图标按钮，如图 2.2 所示。

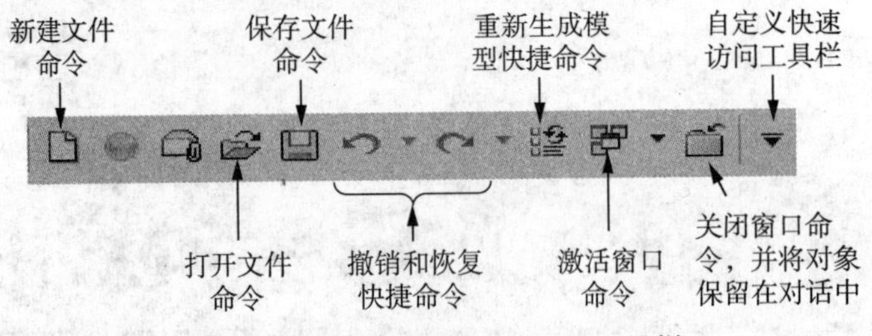

图 2.2　“文件存储快速访问”工具栏

3. 功能区

功能区包括 Creo 2.0 中使用的常用命令，主要由“文件”菜单、各个功能选项卡组成。

1)“文件”菜单

“文件”菜单包括新建、打开、保存、另存为、打印、关闭等命令，如图 2.3 所示。

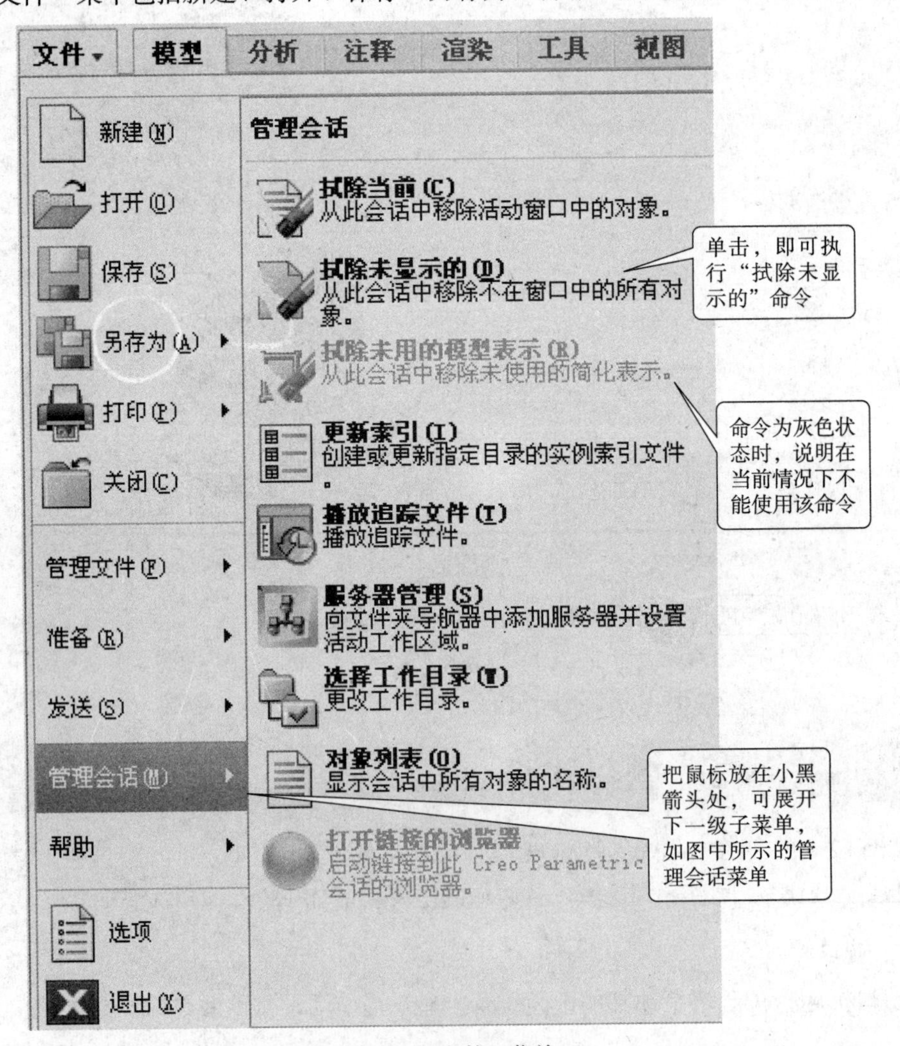

图 2.3　“文件”菜单

2）功能区选项卡和命令组

功能区选项卡包括模型、分析、注释、渲染、工具、视图、柔性建模、应用程序等选项卡，每一选项卡又分成若干个命令组，选项卡与命令组按照逻辑任务来安排相关命令。例如，“模型”选项卡的内容如图 2.4 所示。几乎所有操作都可以通过操作功能区的选项卡来完成。选项卡中的每一组又由若干个命令按钮组成，例如，单击“模型”选项卡中的“基准”组，如图 2.5 所示。

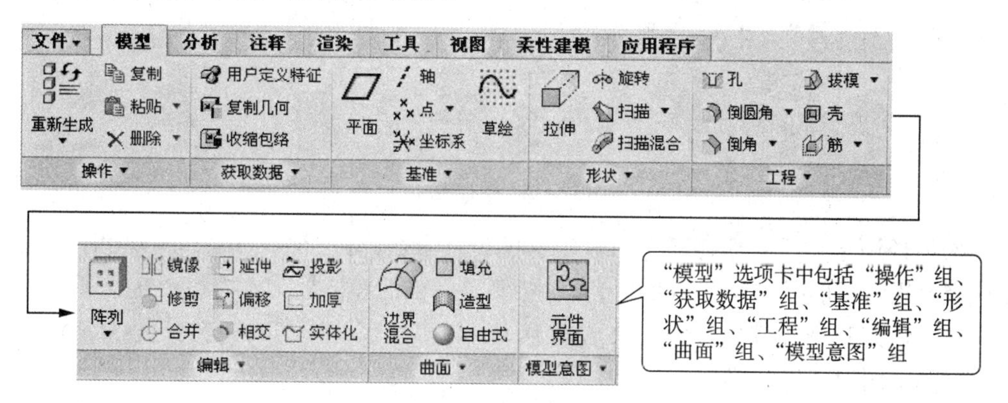

图 2.4 “模型”选项卡

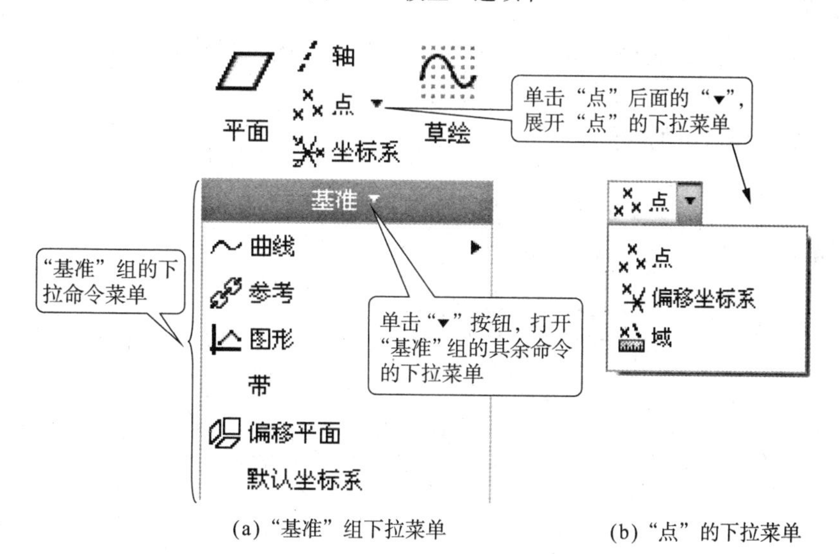

(a)“基准”组下拉菜单 (b)“点”的下拉菜单

图 2.5 “基准”组及其下拉菜单

在刚打开 Creo2.0 软件，没有新建任何文件或者关闭了零件文件后（单击“文件存储快速访问”工具栏中的“关闭”窗口命令可快速关闭零件文件），则会出现“主页”选项卡，如图 2.6 所示。

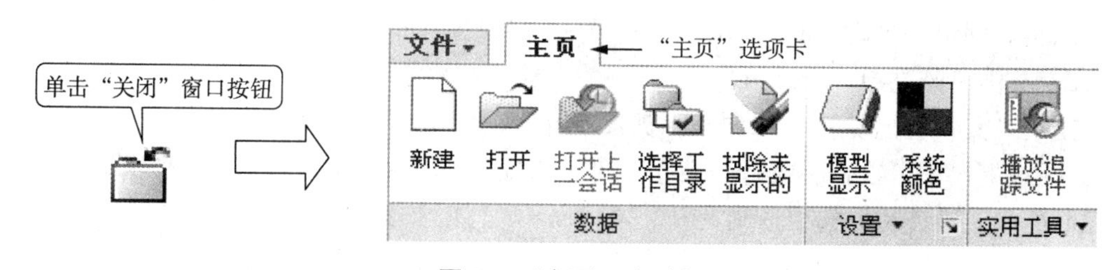

图 2.6 “主页”选项卡

4. 操控板

操控板一般由操控板选项卡、特征控件等组成，如图 2.7 所示某特征的操控板。

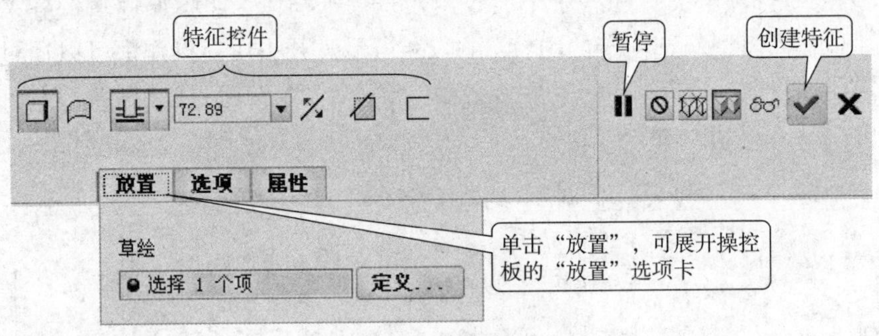

图 2.7　操控板

操控板用于显示建立特征时所需定义的特征参数，以及创建该特征的流程。在建立或者编辑特征的时候，Creo 2.0 会自动打开该特征的操控板。操控板中集成了各种特征操作按钮、特征控件以及各相关选项卡等。用户可以直接编辑特征控件的数值，极大地提高了用户的设计效率。

5. 导航栏

导航栏位于屏幕的左侧，如图 2.8 所示，包含模型树、文件夹浏览器和收藏夹 3 个选项窗口，可通过拖动窗口来调整大小，也可通过单击状态栏中的图标关闭导航栏。下面分别介绍选项窗口的功能。

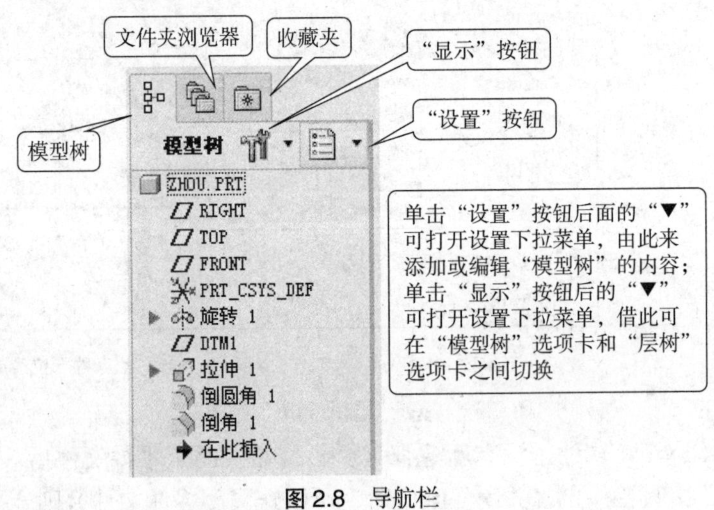

图 2.8　导航栏

1）模型树

以特征创建顺序树的形式列出模型中的每个特征，如图 2.9 所示。

2）文件夹浏览器

单击“文件夹浏览器”选项卡，如图 2.10 所示，分为“公用文件夹”和“文件夹树”。在该窗口中可以查看或打开某个文件夹和文件。再单击位于“文件夹浏览器”窗口底部的“文件夹树”选项，则展开“文件夹树”，如图 2.10 所示。

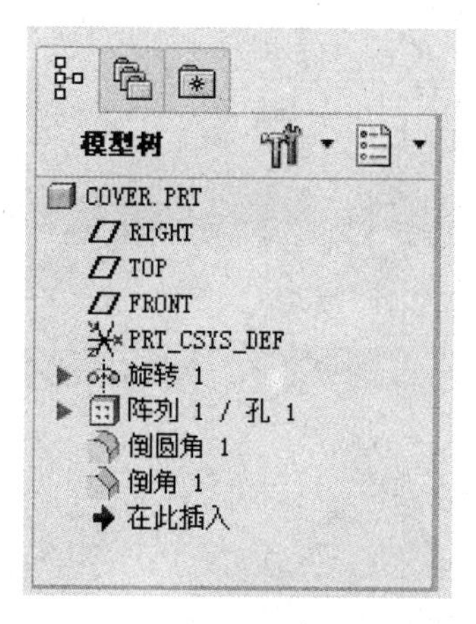

图 2.9　模型树

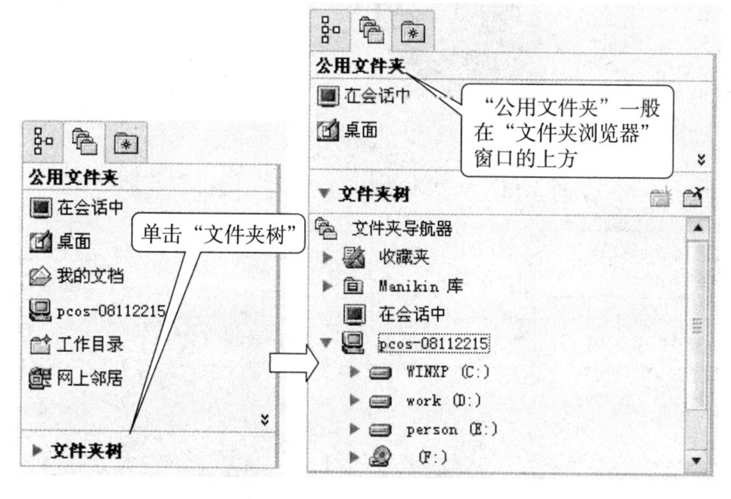

图 2.10　文件夹浏览器

6.“视图控制快速访问”工具栏

在“视图控制快速访问”工具栏中，可以对零件视图显示进行相关的操作，如缩放、重画、显示 / 不显示基准等，如图 2.11 所示。

7. 状态栏

状态栏位于屏幕的下方，并且包含了消息日志与拾取过滤器，而且用来打开及关闭模型树与 Web 浏览器的图标也在状态栏上（图 2.12）。如果消息日志的灯是绿色的表示正常，如果灯是黄色的，说明有局部或某些特征有问题，如果灯是红色的，说明某些特征再生失败。

拾取过滤器位于屏幕右下角，可以帮助用户有目的的选择需要的对象（如特征、几何、基准等），在不同的操作时有不同的选项，从而大大提高选择的效率。通过选择不同的过滤对象，可以更加有针对性地、方便快捷地选取所需对象。可以帮助用户设定选择范围，对于造型复杂、图元繁多的模型，使用它可以明显降低选择的出错率，如图 2.12 所示。

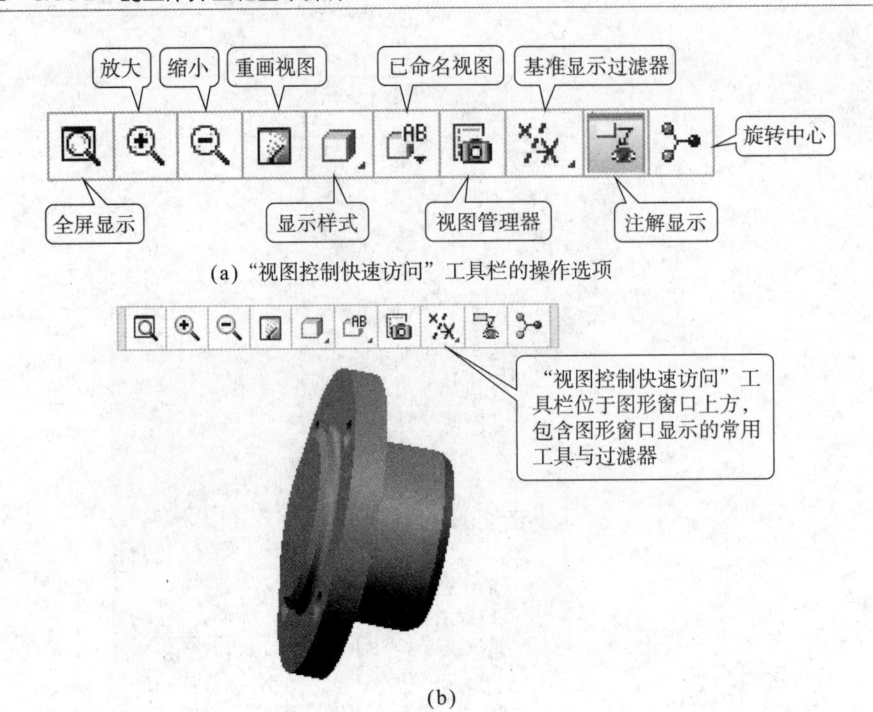

(a)“视图控制快速访问”工具栏的操作选项

(b)

图 2.11　“视图控制快速访问”工具栏

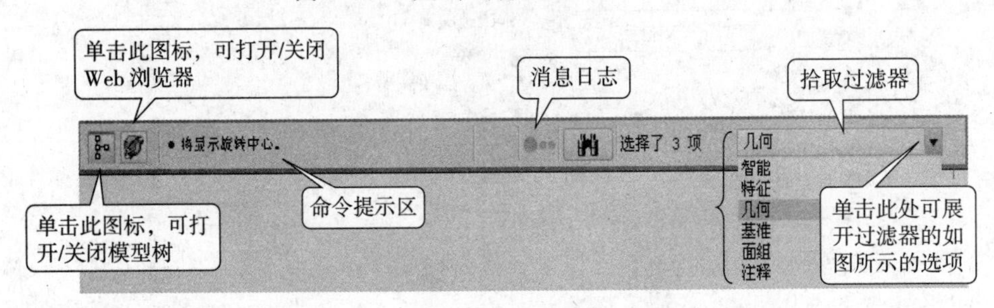

图 2.12　状态栏

8. 命令提示区

命令提示区可为您提供来自 Creo 2.0 的提示、反馈与消息。命令提示是为设计者提供操作状态信息、警告、解释、出错或危险信息。命令提示是用户和计算机信息交流的主要手段之一，很多系统信息和操作命令以及相应下一步操作的提示都会在这里显示。

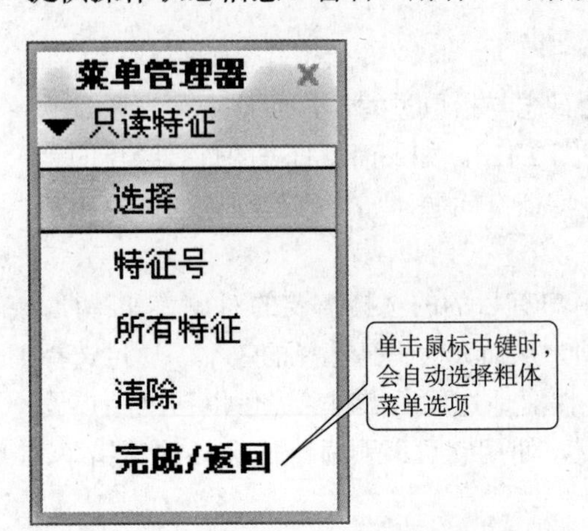

图 2.13　菜单管理器

9. 菜单管理器

当在 Creo 2.0 中使用某些功能与模式时，会出现菜单管理器，如图 2.13 所示。此时，通常应以从上到下的顺序操作。当单击鼠标中键时，会自动选择粗体显示的菜单选项。

2.2 设置工作目录

2.2.1 设置工作目录的方法

工作目录是打开和保存文件的指定位置。工作目录即当前目录，是进行文件创建、保存、自动打开、删除等操作的默认目录。通常，默认工作目录为启动 Creo 2.0 的目录。有下列常用的 3 种方法来定义新工作目录。

（1）在“主页”选项卡中设置工作目录。双击 Creo2.0 软件图标，打开 Creo2.0 软件。刚刚打开软件的开始界面见图 2.14，显示“文件”菜单和“主页”选项卡。单击“主页”选项卡中的“选择工作目录”按钮，则会打开“选择工作目录”对话框，见图 2.15。

（2）通过“文件”菜单设置工作目录。单击“文件”>“管理会话”>“选择工作目录”。浏览并选择将成为新工作目录的目录。单击“确定”按钮即可。（注：在本书中，单击选项卡标签页或下拉菜单中的某子菜单的操作，记为“>”，例如，单击“视图”选项卡的“窗口”图标命令，以后简记为“视图”>“窗口”。）

（3）在“文件打开”对话框中设置工作目录。右键单击将成为新工作目录的文件夹，在右键菜单选择“设置工作目录”。

图 2.14 Creo2.0 的开始界面

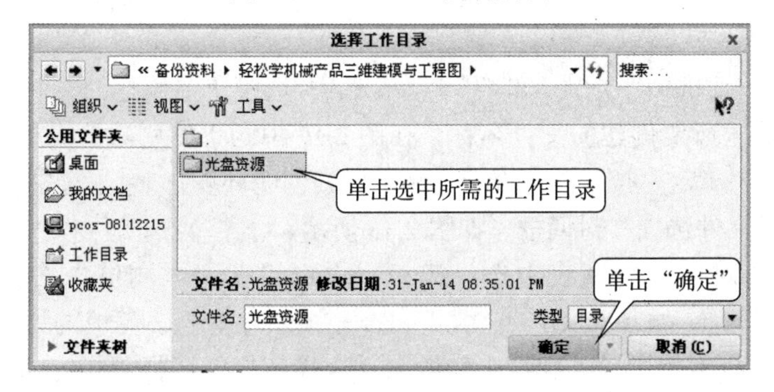

图 2.15 通过“选择工作目录”对话框设置工作目录

2.2.2 设置一个新工作目录的实例

（1）双击桌面的 Creo 2.0 程序图标，或者单击“开始”>“所有程序”>“PTC Creo”>“Creo Parametric 2.0”，打开 Creo 2.0 系统。单击“主页”选项卡上的“选择工作目录”命令按钮，则弹出“选取工作目录”对话框，如图 2.16 所示。

图 2.16 选取工作目录

（2）在“选取工作目录”对话框中选定一个目录路径，或新建一个目录，单击“确定”按钮即可。

2.3 文件的管理

2.3.1 新建文件

新建文件有以下 4 种方法，下面以创建一个零件文件来说明新建文件的步骤。

单击“文件存储快速访问”工具栏中的“新建”命令，或单击“主页”选项卡中的“新建”命令，或从“文件”菜单中选择“新建”命令，或直接在键盘上先按住 Ctrl 键不放，然后按下字母 N 键，即按下命令快捷键（Ctrl+N），屏幕上弹出文件的“新建”对话框，如图 2.17 所示。

在“新建”对话框中“类型”和“子类型”栏中，选中所要创建的文件类型，并在“名称”文本框中输入所要创建的文件名称。在图 2.17 中的“使用默认模板”复选项，如果选中它，单击“确定”按钮，将直接进入零件的创建环境；如果不选中，单击“确定”后则会打开“新文件选项”对话框，如图 2.18 所示。

用户可以从对话框的列表中选择模板，也可以单击“浏览”按钮选择模板文件。选中后，可以在“DESCRIPTION”文本框中输入关于该模板的说明，也可以在“MODELED_BY”本框中输入建模者的姓名。这样用户就选择了自己需要的模板来完

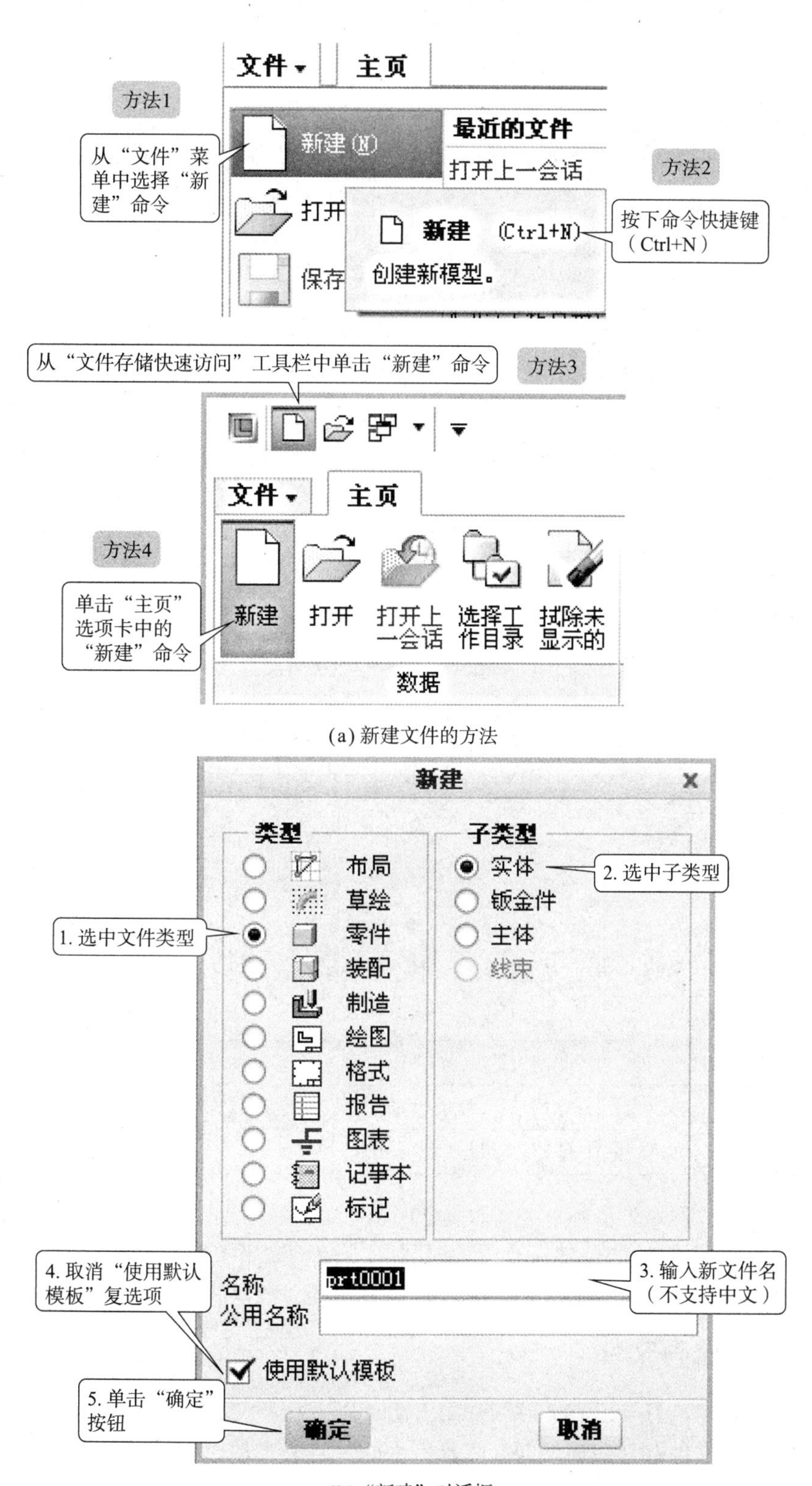

(a) 新建文件的方法

(b) “新建”对话框

图 2.17　新建零件文件

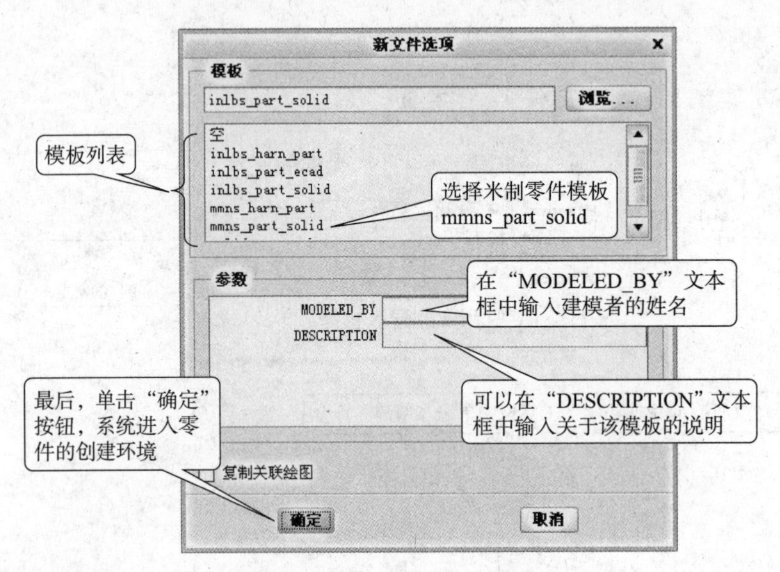

图 2.18　“新文件选项”对话框

成相应的工作。

在 Creo 2.0 可以创建多达 10 种文件类型，如表 2.1 所示。

表 2.1　Creo 2.0 可创建的文件类型

图　标	名　称	说　明
	草绘文件	二维草绘图形文件，其文件后缀名为“*.sec”
	零件文件	三维实体零件设计、三维钣金设计等，其文件后缀名为“*.prt”
	组件文件	三维组件设计、动态机构设计等，其文件后缀名为“*.asm”
	制造文件	模具设计、NC 加工程序制作等，其文件后缀名为“*.asm”
	工程图文件	二维工程图制作，其文件后缀名为“*.drw”
	格式文件	二维工程图图框制作，其文件后缀名为“*.frm”
	布局文件	其文件后缀名为“*.lay”
	报表文件	其文件后缀名为“*.rep”
	图表文件	其文件后缀名为“*.dgm”
	标记文件	其文件后缀名为“*.mrk”

最后，单击“确定”按钮，系统立即进入零件的创建环境。

（注：在后面章节中，当新建一个零件时，如未加说明，都是取消选中“使用默认模板”复选框，而且都是使用以 mmns 开头的以毫米牛顿秒为单位的模板 mmns_part_solid。）

2.3.2　打开已有文件

在 Creo 2.0 中，打开已有文件的常用方法有以下几种。

（1）单击“文件存储快速访问”工具栏中的“打开”按钮。

（2）单击“文件”菜单中的“打开”命令。

（3）直接按下快捷键（Ctrl+O）。

系统会弹出如图 2.19 所示的“文件打开”对话框，从硬盘的工作目录或作业阶段中挑选所需文件，并单击“打开”按钮，即可打开所选文件。在“文件打开”对话框中，为了便于找到要打开的文件，可以通过“类型”上拉列表选择要打开的文件类型，如图 2.19 所示，这样可以方便快捷地打开所要类型的某个文件。

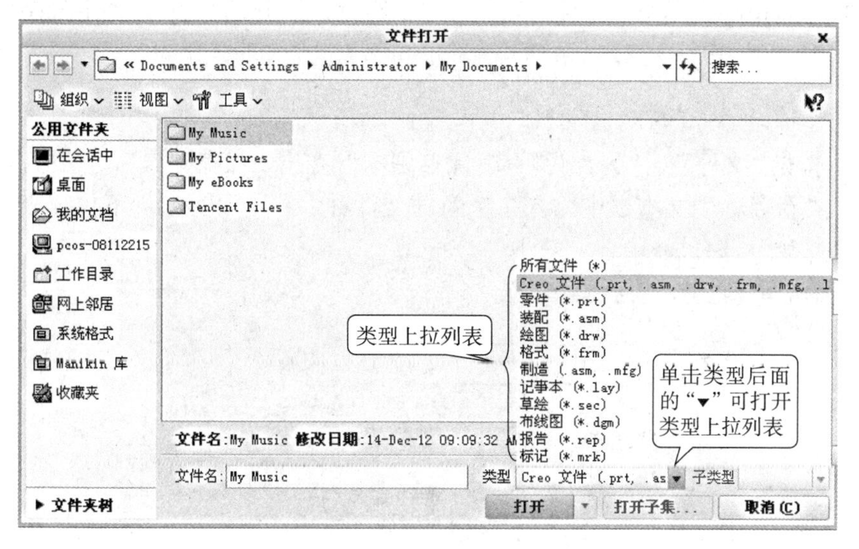

图 2.19 “文件打开”对话框

2.3.3 保存文件和保存副本文件

Creo 2.0 可以保存文件，也可以将文件保存为副本文件。使用“保存副本”命令的好处是，可以把原始文件保存为其他格式的文件，例如 PDF 格式的文件。

1. 保存一个零件文件的操作步骤

（1）单击“文件存储快速访问”工具栏上的“保存”按钮（或从“文件”菜单中选择“保存”命令），系统弹出“保存对象”对话框，文件名出现在“模型名称”文本框中。

（2）单击“确定”按钮即可，如图 2.20 所示。

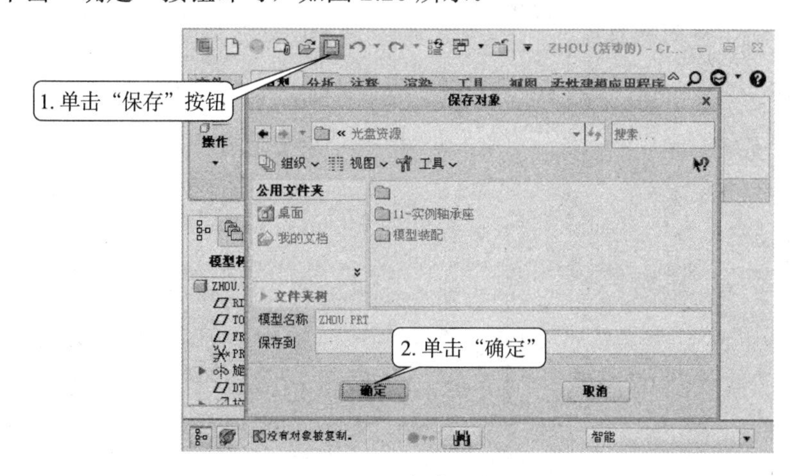

图 2.20 保存文件

存盘时，新存的文件并不会覆盖原文件，而是自动存储成新版本的文件。例如，原文件名称为 car.prt.1，再次保存后则产生一个 car.prt.2 的新文件，原有 car.prt.1 的文件仍然存在。末尾的数字就是系统自动给文件分配的版本号（版本号会在每次保存文件时增加），如果多次保存 car.prt 文件，则会有 car.prt，car.prt.1，car.prt.2，car.prt.3，car.prt.4，等等。当打开 car.prt 文件时，打开的是这个文件保存的最新版本的文件。

2. “保存副本”的操作步骤

（1）单击“文件”>“另存为”>“保存副本”，弹出“保存副本”对话框，如图 2.21 所示，在“新名称”文本框中输入一个新的文件称，单击“类型”下拉列表，选择所需的文件类型。

（2）单击“确定”，完成操作。

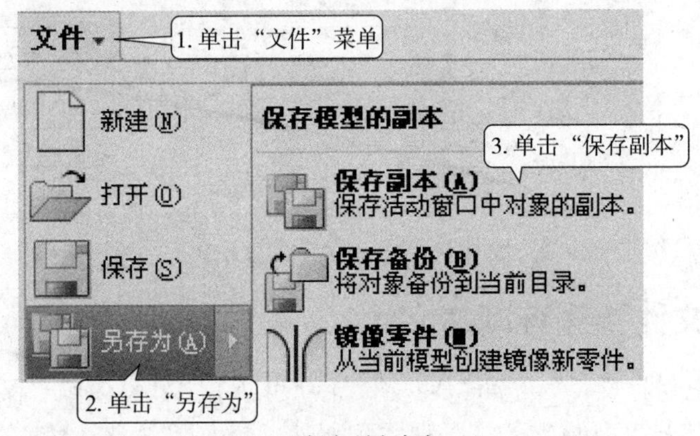

(a) 保存副本命令

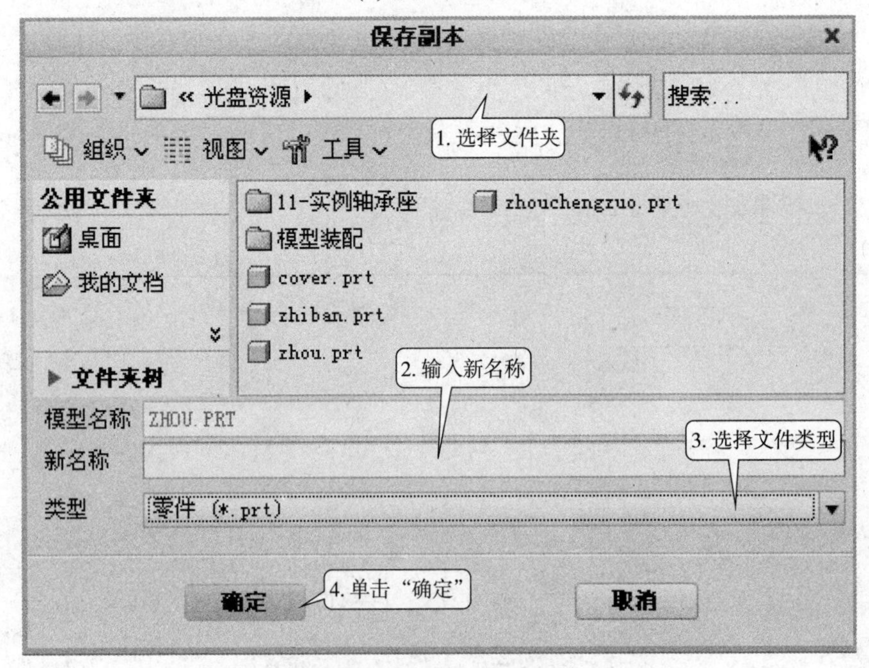

(b)“保存副本”对话框

图 2.21　保存副本

2.3.4 拭除文件

Creo 2.0 是基于内存的系统，也就是说在处理文件时，创建和编辑的文件是存储在系统内存中的。如果发生断电或系统崩溃情况，未保存的文件可能会丢失。把文件位于系统内存中的状态，称为“在会话中”。

在拭除文件或退出 Creo 2.0 之前，文件存储“在会话中”。当关闭包含该文件窗口时，文件仍处于“在会话中”。“文件夹浏览器”和“文件打开”对话框都提供能够显示“在会话中”文件的图标，如图 2.22 所示。

关闭窗口文件，仅仅是关闭屏幕中的文件窗口，而文件仍然保留在会话中。操作的文件多了，占用的内存就会增多，从而造成系统速度下降。这时，可以通过“拭除”和“删除”文件来解决这个问题。“拭除”只是从内存中清除文件，“删除”操作则是直接从硬盘上删除掉文件，而且是不可恢复的。

1. 从内存中“拭除”当前文件

单击“文件”>“管理会话”>“拭除当前”，系统弹出“拭除确认”对话框，如图 2.23（b）所示，选取要拭除的文件后，单击 “是” 按钮，则当前文件从内存中拭除，同时关闭窗口。这些拭除的文件只是从当前会话中拭除，不会从磁盘上删除。

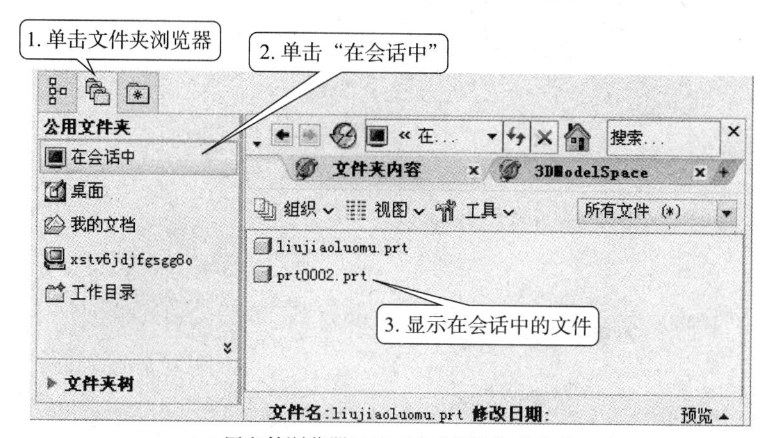

(a) 用文件浏览器显示“在会话中”的文件

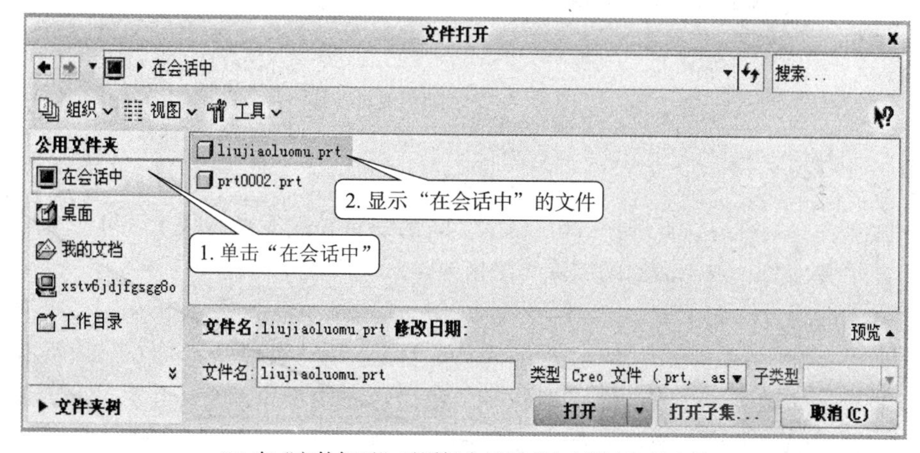

(b) 在“文件打开”对话框中显示“在会话中”的文件

图 2.22 显示“在会话中”的文件

2. 从内存中拭除未显示的对象

操作方法与拭除当前文件的方法相同，不同之处是，在打开“管理会话”的下一级菜单，如图 2.23（a）所示，单击“拭除未显示的”命令，系统则弹出“拭除未显示的”对话框，如图 2.23（c）所示，在该对话框中列出未显示的文件，单击“确定”按钮，所有未显示的文件将从内存中拭除。同样，它们也不会从磁盘中删除。

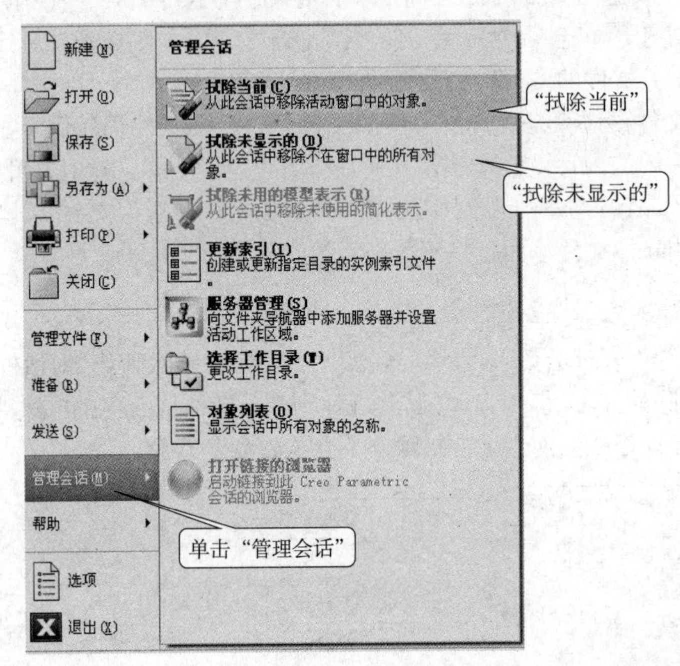

(a) 打开“管理会话”的下一级菜单

(b)“拭除确认”对话框

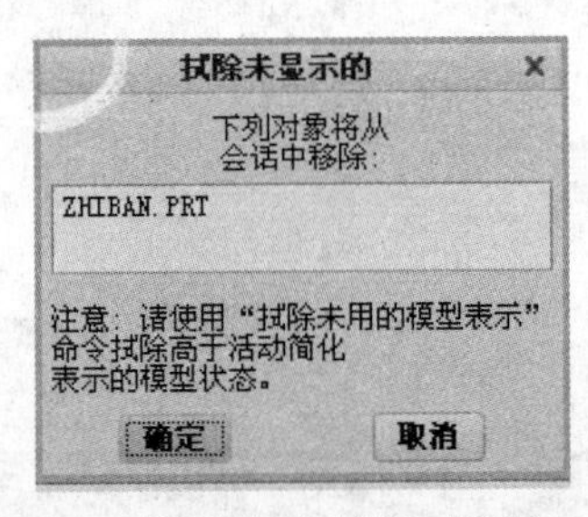

(c)“拭除未显示的”对话框

图 2.23　“拭除”文件

2.3.5　删除文件

删除文件有两种方法：一种是删除旧版本，另一种是删除所有版本，包括当前版本。删除文件时要小心，因为文件的删除无法恢复。

删除文件的方法如下：

单击“文件” > “管理文件”，展开“管理文件”下一级菜单，如图 2.24 所示。

（1）删除旧版本。单击“删除旧版本”命令，系统弹出消息框，输入或选中系统显示的要删除的文件后，单击✓按钮，如图 2.25 所示。系统将删除给定文件除最新版本以外的所有版本。

（2）删除所有版本。单击“删除所有版本”命令，系统弹出警告对话框，单击“是”

按钮，如图 2.26 所示。系统将删除指定文件的所有版本。

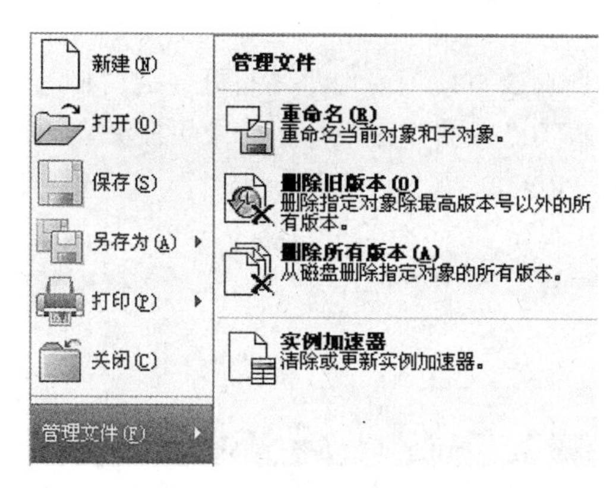

图 2.24 管理文件级联菜单

图 2.25 删除旧版本消息框

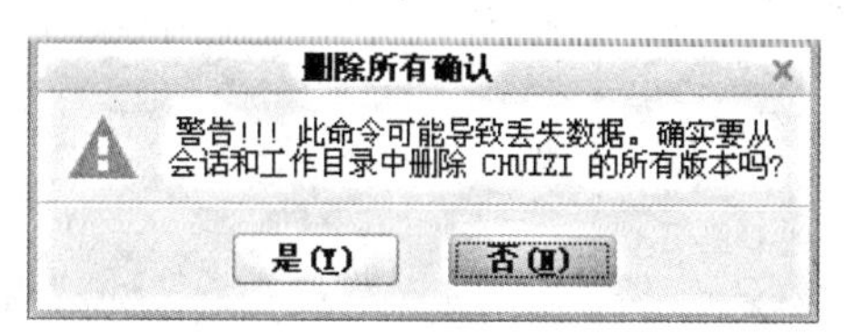

图 2.26 “删除所有确认”对话框

2.4 视窗操作

2.4.1 打开和激活视窗

可打开数个视窗，且各视窗可在不同模块下运作。

视窗之间可以相互切换。单击“视图”选项卡的“窗口”命令按钮，弹出如图 2.27 所示的“窗口”选择下拉菜单，在列出的文件清单中选择 PRT0002.PRT 文件，即可打开该文件的视窗。（为了简便起见，在单击某命令按钮，弹出对话框，在该对话框内做选取用符号“→”来表达，例如上面的操作可简记为“视图”>“窗口”→“PRT0002.PRT”。）

另外，也可在“文件存储快速访问”工具栏中单击“窗口”图标，再选择所需的文件，也可激活该文件的窗口。

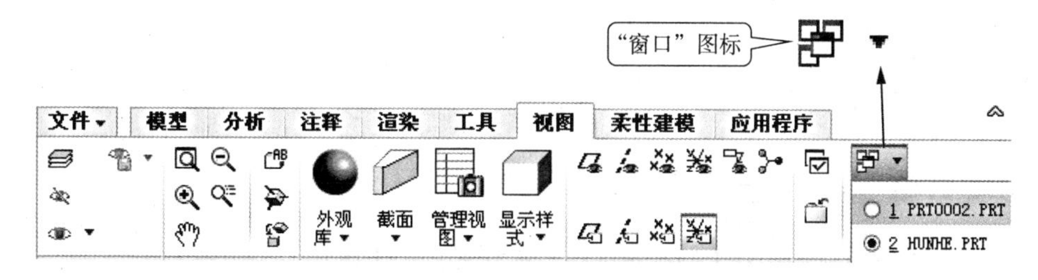

图 2.27 激活视窗

2.4.2 设置工作视窗

一种方法是以“视图→激活”作切换，前面已经介绍了。第二种是若有数个视窗，先用鼠标选取其中某一个视窗，再单击“视图”选项卡中的“激活”按钮，该视窗即成为当前工作视窗。

如图 2.28 所示，当前有 3 个模型窗口都被打开，视窗最上方注明“活动的”为当前激活的工作视窗，即 PRT0003 为工作视窗。如果想让 PRT0002 成为工作视窗（必须激活），首先用鼠标单击 PRT0002 视窗，然后单击“视图”选项卡中的“激活”按钮，此时 PRT0002 就成为工作视窗了，而 PRT0003 将不再是工作视窗，工作视窗只能有一个，当前激活的视窗就是工作视窗。如果存在多个视窗，直接以鼠标单击某视窗，该视窗并不会成为工作视窗。

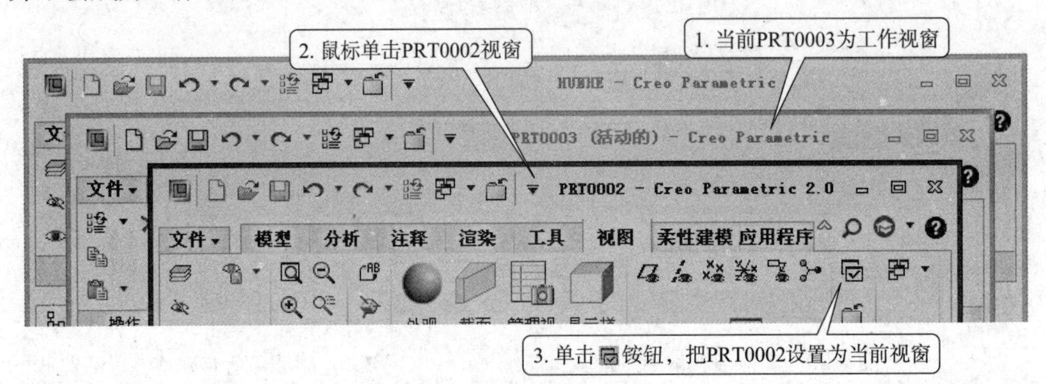

图 2.28　激活视窗

2.4.3　关闭视窗

可按“文件存储快速访问”工具栏的“关闭”命令，或使用“视图”选项卡中的“关闭”按钮，或单击“文件”>“关闭”，都可以将当前的工作视窗关闭。

注意事项：

（1）关闭视窗时，视窗上的文件并不会自动存盘。若要存盘，则必须在关闭视窗前，先保存文件。

（2）若不小心关闭了某个视窗，则不用担心此视窗的文件会消失，文件仍存在于会话中。可打开“文件夹浏览器”>“在会话中”，将文件由会话中打开。

（3）使用多个视窗。Creo2.0 可同时打开多个视窗，而每个视窗均显示不同的模型。但是，在任何给定的时间，工作视窗仅有一个，即为当前活动的视窗。其他非活动的视窗，不能进行任何操作。只有先激活，才能对该视窗里面的零件进行相应操作。

2.5　模型的显示

2.5.1　设置模型显示样式

可以在“视图”选项卡中的单击“显示样式”命令按钮，在弹出的“显示样式”下拉菜单中，可以选取模型显示的样式。或者单击“视图控制快速访问”工具栏中的“显示样式”命令图标，则弹出如图 2.29 所示的“显示样式”下拉菜单，有 6 种显示样式，这 6 种方式与“视图”选项卡的“显示样式”命令下拉菜单的内容是一样的。“视图控制快速访问”工具栏的模型显示样式内容如表 2.2 所示。

2.5.2 重画屏幕

可以重画视图以移除所有暂时显示的信息。重画将重绘屏幕，并且是通过从“视图控制快速访问”工具栏单击“重画”命令来执行，如图 2.29 所示。

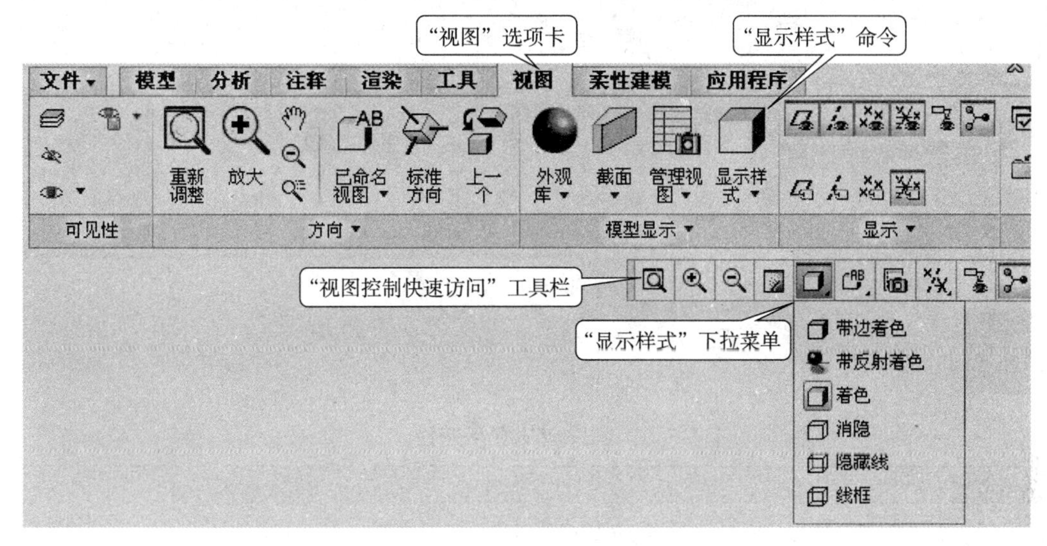

图 2.29 显示样式

表 2.2 模型显示样式

显示样式	图 标	说 明
带边着色		根据视图方向对模型着色，并突出显示模型的边
带反射着色		利用反射对模型进行着色
着色		对模型着色。隐藏线在着色的视图显示中不可见
消隐		不显示模型中的隐藏线
隐藏线		默认是将模型中的隐藏线显示为比可见线略浅的颜色
线框		隐藏线与常规线以同样的方式进行显示（所有线都是同一个颜色）

2.5.3 设置基准显示

基准图元是 2D 参考几何，可用于构建特征几何、定向模型、标注、测量和组装。有 4 种主要的基准类型：基准平面、基准轴、基准点和坐标系。这些基准类型中的每个基准类型的显示与否都是通过单击“视图”选项卡或单击“视图控制快速访问”工具栏的“基准显示过滤器”命令打开基准显示的下拉菜单来控制，如图 2.30 所示，详细说明如表 2.3 所示，显示效果如图 2.31 所示。

用户还可以直接单击“视图控制快速访问”工具栏的“基准显示过滤器”按钮，弹出“基准显示过滤器”下拉菜单，如图 2.30 所示，选中“全选”选项，则显示所有基准；若不勾选“全选”按钮，则隐藏所有的基准；单独勾选一个或几个基准显示选项，

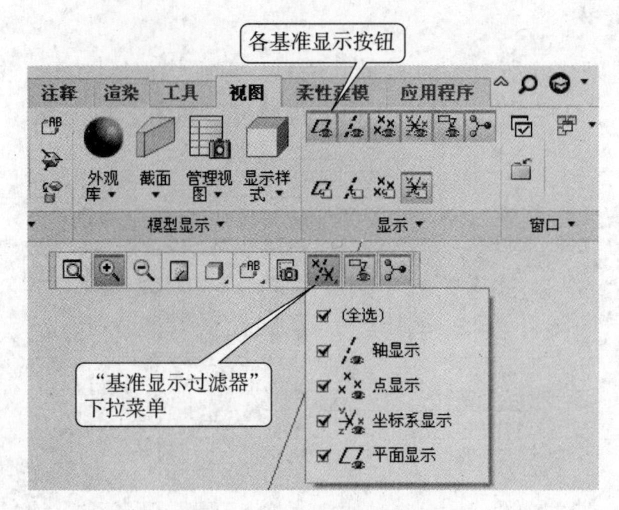

图 2.30 "基准显示"命令图标

表 2.3　基准显示开关

基准显示	图　标	含　义
平面显示		启用 / 禁用基准平面显示
轴显示		启用 / 禁用基准轴显示
点显示		启用 / 禁用基准点显示
坐标系显示		启用 / 禁用基准坐标系显示

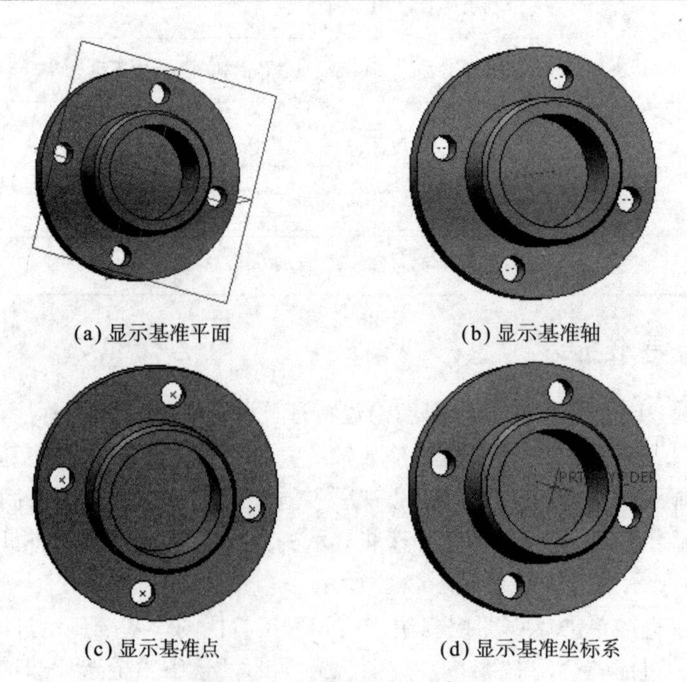

(a) 显示基准平面　(b) 显示基准轴

(c) 显示基准点　(d) 显示基准坐标系

图 2.31　4 种显示基准效果

则可以显示这些选中的基准。单击“视图”选项卡的“显示”组中相应按钮，也可显示某些基准。

2.5.4 设置基准标记显示

每个基准都有一个与其关联的名称，例如，基准平面 FRONT。基准与此名称一起显示在模型树中，并且也可以在图形窗口中显示标记。默认情况下，只有坐标系标记会显示。

基准标记的显示都是通过单击“视图”选项卡内“显示”组中的相关图标进行独立控制，如图 2.29 所示，详细说明如表 2.4 所示，标记显示示例如图 2.32 所示。

表 2.4 基准标记显示开关

标记显示命令	图　标	说　明
平面标记显示		启用 / 禁用基准平面标记的显示
轴标记显示		启用 / 禁用基准轴标记的显示
点标记显示		启用 / 禁用基准点标记的显示
坐标系标记显示		启用 / 禁用基准坐标系标记的显示

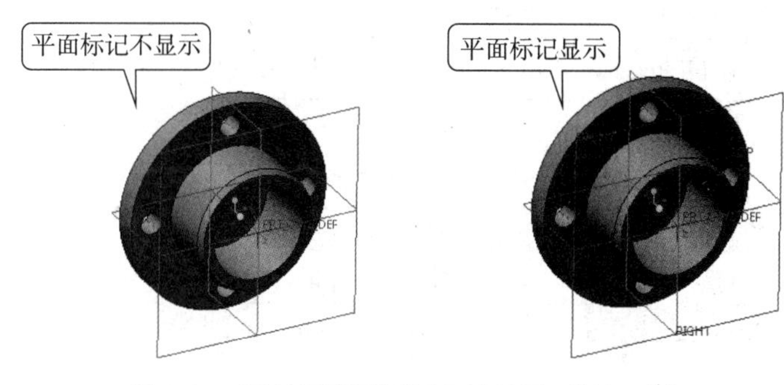

图 2.32 不显示平面标记和显示平面标记对比

2.6 鼠标的使用方法

在 Creo 2.0 环境中，鼠标的 3 个按键，左键、中键（滚轮）、右键都有着非常重要的作用，缺一不可。在一般情况下，如果将鼠标的光标移动到工作区域，系统会自动对光标捕捉到的图元或特征做不同的反应，告诉用户当前光标所捕捉到的对象属性。在一般情况下，鼠标各个按键部位及组合按键的功能见表 2.5。

表 2.5 一般情况下鼠标各键的作用

鼠标按键	作　用
单击左键	用来选取各种菜单、图标与按钮，或是选取图元对象等
单击中键	可以执行菜单管理器中以粗体字显示的命令；执行对话框中“确定”按钮功能或执行键盘“Enter”键功能
单击右键	用于打开相关右键菜单
滚轮上下滚动	以光标为中心，向下滚动放大模型，向上滚动缩小模型

续表 2.5

鼠标按键	作　用
按住中键并上下、左右移动鼠标	任意方向自由旋转。如单击视图快捷工具栏旋转中心按钮 ，将显示旋转中心，并以该中心来旋转模型
同时按住 Shift 和中键并上下、左右移动鼠标	可以实现对当前窗口中图形的平移
同时按住 Shift 和滚轮	零件精缩放
同时按住 Ctrl 和中键，并上下移动鼠标	也可在图形区域放大或缩小模型
同时按住 Ctrl 和中键，并左右移动鼠标	零件翻转
同时按住 Ctrl 和滚轮	零件粗缩放

草绘时鼠标按键的功能如表 2.6 所示。

在选择模式下，鼠标按键的功能如表 2.7 所示。

表 2.6　草绘时鼠标各键的作用

鼠标各键	作　用
左键	用来单击各种菜单、图标与按钮，或是选择需要编辑的对象。另外在草绘器中使用鼠标左键还可以绘制或拉伸图元
中键	用于放弃或结束图元的绘制
右键	用于打开相关的快捷菜单，以及切换约束条件的激活与关闭

表 2.7　选择模式时鼠标各键的作用

鼠标各键	作　用
左键	用于选择特征、曲面、线段等对象
中键	用于接受选择，相当于“接受”或“完成选择”命令
右键	用于切换至下一个选择

2.7 配置系统环境

在 Creo 2.0 中，用户可以根据实际需要，设置个性化的工作环境，例如设置背景的颜色。

2.7.1　环境设置

单击“文件”>“选项”命令，在弹出的“Creo Parametric 选项”对话框中单击“环境”选项卡，系统将弹出更改使用 Creo 时的“环境”选项卡，如图 2.33 所示。使用者可以更改相关参数，对系统环境进行定制。读者可以一一尝试，不再详述。

2.7.2　窗口设置

Creo 2.0 允许用户自己对界面屏幕进行自定义。在“文件”菜单中设置，单击“文件”>“选项”>“窗口设置”选项卡>“自定义窗口的布局”选项卡，如图 2.34 所示，分别有“导航选项卡设置”、“模型树设置”、“浏览器设置”、“辅助窗口设置”、“图形

工具栏设置”5类窗口设置选项。例如，“导航选项卡设置”选项：用于设置导航器的位置、宽度及模型树的位置和大小。“浏览器设置”选项：用于设置浏览器的宽度和打开、关闭的显示效果等。使用者可以更改相关参数，对系统环境进行定制。读者可以一一尝试，不再详述。如果想要下次启动的时候还是保存好的设置，我们就要将设置文件保存到Creo2.0安装目录下的config文件中。比如Creo2.0的安装路径如果是D:\Program Files，则应该将配置文件保存到D:\Program Files\Creo 2.0\Common Files\M020\text路径下。

Creo Parametric 选项
收藏夹
环境
系统颜色
模型显示
图元显示
选择
草绘器
装配
数据交换
钣金(件)
自定义功能区
快速访问工具栏
窗口设置
许可
配置编辑器
更改使用 Creo 时的环境选项。
普通环境选项
工作目录：C:\Users\Public\Documents\
发出提示和消息时响起铃声
将显示内容与模型一同保存
添加到信息操作过程中创建的模型基准
隐含的对话框：恢复对话框的显示
定义、运行和管理映射键：映射键设置...
ModelCHECK 设置
配置 ModelCHECK：ModelCHECK 设置...
实例创建选项
依据实例存储创建实例加速器文件
创建文件：已保存的对象
分布式计算设置
选择执行分布式计算的主机：分布式计算...

图 2.33 “Creo Parametric 选项”对话框的“环境”设置选项卡

Creo Parametric 选项
收藏夹
环境
系统颜色
模型显示
图元显示
选择
草绘器
装配
数据交换
钣金(件)
自定义功能区
快速访问工具栏
窗口设置
许可
配置编辑器
自定义窗口的布局。
导航选项卡设置
导航选项卡放置：左
导航窗口宽度为主窗口的百分比：10
显示历史记录选项卡
模型树设置
模型树放置：作为导航选项卡的一部分
浏览器设置
按照主窗口百分比的形式将浏览器宽度设置为：82
打开或关闭浏览器时使用动画
启动时展开浏览器
访问的页面：清除历史记录
Mozilla 浏览器选项...
辅助窗口设置
辅助窗口大小：
默认尺寸
最大尺寸
图形工具栏设置
主窗口 - 图形工具栏位置：显示在顶部
辅助窗口 - 图形工具栏位置：显示在顶部

图 2.34 “窗口设置”选项卡

思考与练习

1. 在 Creo 2.0 中，拭除文件和删除文件有什么区别？怎样拭除未显示的文件？怎样删除旧版本？

2. 怎样设置工作路径？试着设置一个新的工作路径。

3. 如何激活视窗？

4. 如何让基准轴显示？如何再让基准轴不显示？如何只显示基准平面和坐标系？

5. 如何让基准平面显示标记？如何让基准轴显示标记？

6. 如何翻转零件？如何旋转零件？如何平移窗口图形？如何缩放？

第3章

参数化草图绘制

参数化草图绘制是创建各种零件特征的基础，它贯穿整个零件建模过程，不论是创建3D特征、工程图，还是2D组装示意图，都需要绘制草绘图形截面。下面将详细介绍草图绘制的流程和方法。

3.1 草绘中的术语

在使用Creo 2.0进行草绘的过程中，常用的术语如下所示。

（1）图元：构成二维草图的任何元素，如直线、圆、圆弧、样条曲线、点或坐标系等。

（2）参考：创建特征截面或轨迹时，所参考的图元。

（3）尺寸：确定草图的形状、位置、大小等度量。

（4）约束：定义图元几何或图元之间的关系。增加了某个约束后，其约束符号会出现在被约束的图元附近。

（5）参数：草绘中的辅助元素。

（6）关系：关联尺寸或参数的等式。例如，可使用一个关系将一条直线的长度设置为另一条直线的2倍。

（7）弱尺寸：系统自动产生的尺寸或约束，这些尺寸被称为弱尺寸。用户在增加尺寸时，系统会删除多余的弱尺寸或弱约束，并且不会给与警告，但用户不能手动删除。弱尺寸或弱约束以灰蓝色出现。双击某个尺寸则可以修改该尺寸大小。

（8）强尺寸：用户还可以按照自己的设计意图标注尺寸，这些尺寸称为“强尺寸”。增加强尺寸时，系统自动删除多余的弱尺寸和约束，以防止图元的过约束。由用户创建的尺寸和约束总是强尺寸和强约束。如果几个强尺寸或强约束发生冲突，系统会要求删除其中的一个。强尺寸或强约束以较深的颜色出现。

（9）冲突：当草图刚好够约束的时候，这时设计者再多加一个强尺寸或强约束则会和草图图元间已有的约束互相冲突，无法增加。出现这种情况时，必须删除一个不需要的约束或尺寸，才能增加所需的约束。

3.2 进入草绘环境

进入草绘环境有两种方法。

方法一：在“主页”选项卡上单击“新建”命令，系统弹出“新建”对话框，在该对话框中选中“草绘”，在“名称”后面的文本框中输入草图的名称，然后单击“确定”按钮，即进入草绘环境，如图3.1所示。或者先创建一个零件文件，然后在“模型”选项卡上单击“基准”组中的“草绘”命令，进入草绘环境。

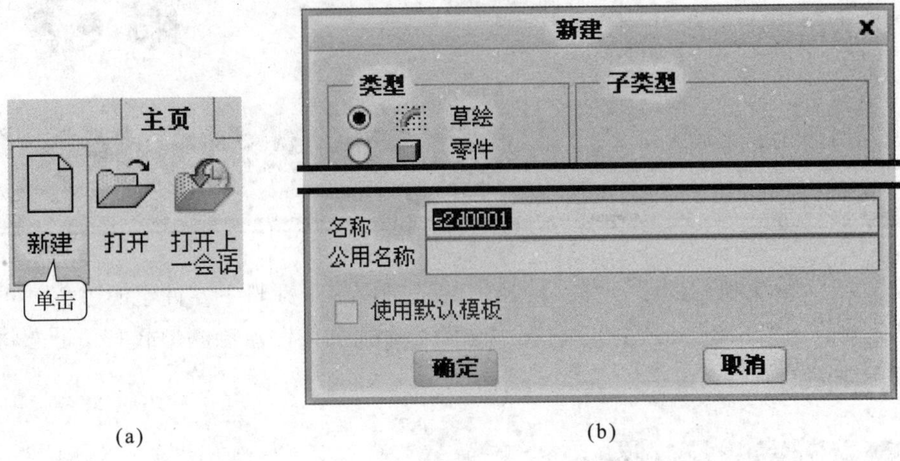

(a)　(b)

图3.1

方法二：在创建某些特征时，例如拉伸、旋转等，一般情况下都需要先绘制特征的截面形状，所以，可以利用特征操控板来进入草绘环境。

3.3 草绘器简介

草图的绘制是在草绘器中完成的。草绘器如图3.2所示，包括草绘环境中的大部分功能，具有简单、直观、方便选取等优点，其中带小黑三角的命令图标表明该命令具有子菜单，单击该小黑三角即可弹出其子菜单。各命令按钮及其子菜单按钮的功能如表3.1所示。

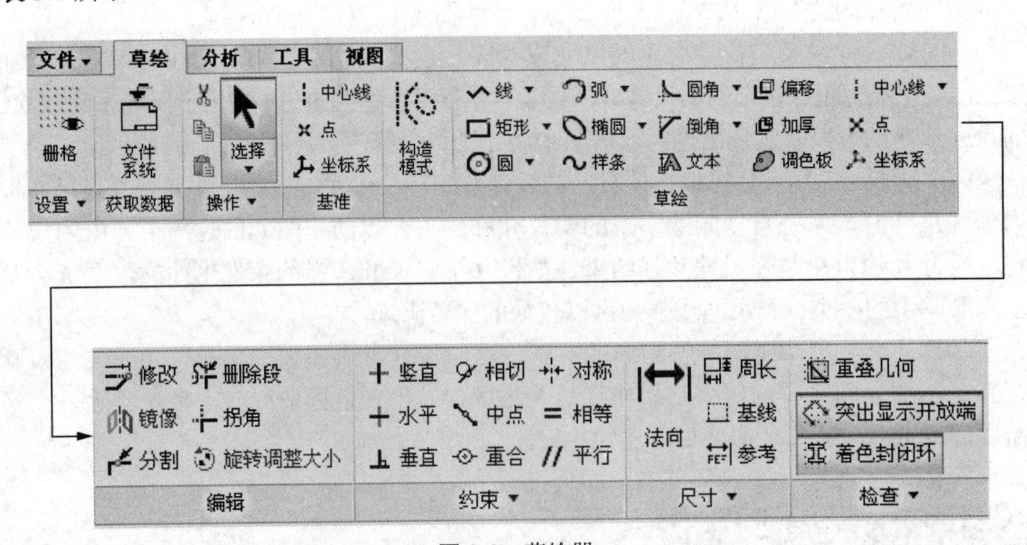

图3.2　草绘器

表 3.1 草绘标签栏中各按钮的功能

草绘器	图 标	功 能
设置组		“草绘设置”命令，指定草绘设置
		参考，指定截面的标注和约束的参考
		“草绘视图”，定向草图平面使其与屏幕平行
获取数据		“文件系统”，将数据导入到活动对象
操作组		结束图元的绘制操作并切换到选取模式；选择要编辑的图元，一次只能选取一个，若同时按住“Ctrl”键可选取多个对象；或拖动生成一个矩形选框来框选，可以选取多个对象
		剪切（Ctrl+X），将绘制图元、注解、表或草绘剪切到剪切板
		复制（Ctrl+C），从文件复制选择
		粘贴（Ctrl+V），粘贴剪切板内容
草绘组		线链命令，根据定义的起点和终点绘制两点直线
		创建与两个图元相切的直线
		拐角矩形绘制命令，根据定义的对角线的起点和终点创建一个矩形
		创建斜矩形
		创建中心矩形
		创建平行四边形
		拾取圆心和圆上一点，来创建圆
		创建同心圆，通过选取圆心和圆上一点
		通过选取三个点来创建通过这三个点的圆
		创建与三个图元相切的圆
		通过定义椭圆某主轴的端点来创建椭圆
		通过定义椭圆中心和某主轴的端点来创建椭圆
		通过始点、终点和圆弧上一点（三个点）创建圆弧或创建一个在其端点相切于图元的圆弧
		创建同心圆弧
		通过选取圆弧中心点和端点来创建圆弧
		创建与三个图元相切的圆弧
		创建一个锥形弧
		利用构造线在两个图元间创建一个圆形圆角
		在两图元之间建立一个剪切后的圆形圆角
		在两个图元间创建一个椭圆圆角
		在两图元之间建立一个剪切后的椭圆形圆角
		根据定义的多个点创建样条曲线
		投影，通过将曲线或边投影到草绘平面来创建图元
		偏移，以其他特征的边创建偏距图元
		加厚，通过在两侧偏移边或草绘图元来创建图元
		创建文本，作为截面一部分
		将调色板中的外部数据插入到活动对象
		创建一条两点构造中心线
		创建一条与两个图元相切的构造中心线
		创建一个构造点
		创建一个构造坐标系

续表 3.1

草绘器	图　标	功　能
基准组		绘制一条基准轴
		创建一个基准点
		创建一个基准坐标系
编辑组		修改尺寸值、样条几何或文本图元
		修剪图元，裁剪去掉鼠标划线划到的部分
		拐角，将两个图元相交并裁剪成拐角形式
		选取点，分割图元
		镜像选定的图元
		缩放并旋转选定的图元
约束组		使线竖直并创建竖直约束；或两顶点在竖直方向对齐，创建竖直对齐约束
		使线水平并创建水平约束；或两个顶点在水平对齐，并创建水平对齐约束
		垂直约束，使两个图元垂直，并建立垂直约束
		相切约束，使两个图元相切，并建立相切约束
		中点约束，将点放在线段或者弧的中点，并创建中点约束
		重合约束，创建相同点、图元上的点或共线约束
		对称约束，是两个点或定点对于中心线对称，并创建对称约束
		相等约束，创建等长、等半径、等尺寸，或相同曲率约束
		平行约束，使线平行，并创建平行约束
尺寸组		创建至少一个草图图元的尺寸
		周长，创建周长尺寸
		“基线”，创建一条纵坐标尺寸的基线
		“参考”，创建参考尺寸
检查组		“特征要求”，分析草图是否适用于它所定义的特征
		“重叠几何”，突出显示重叠几何图元
		“突出显示开放端”，突出显示不为多个图元共用的草图图元的顶点
		“着色封闭环”，构成封闭环的图元的内部区域被着色
关闭		确认并完成当前草图的创建
		放弃并退出当前草图

3.4 草绘环境简介

3.4.1 草绘器显示过滤器

进入草绘环境后，系统在“视图控制快速访问”工具栏上新增了“草绘器显示过滤器”的图标按钮，单击“草绘器显示过滤器”按钮，将显示出 4 种草绘器显示类型，如图 3.3

草绘环境的“视图控制快速访问”工具栏

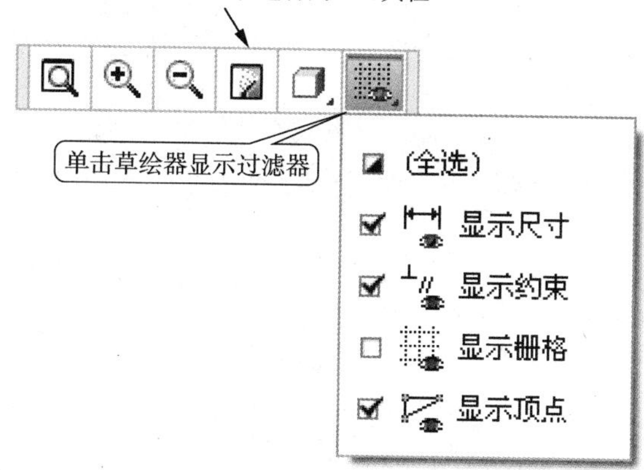

(a) 新建草绘文件后的初始界面的草绘环境

草绘环境中的“视图控制快速访问”工具栏

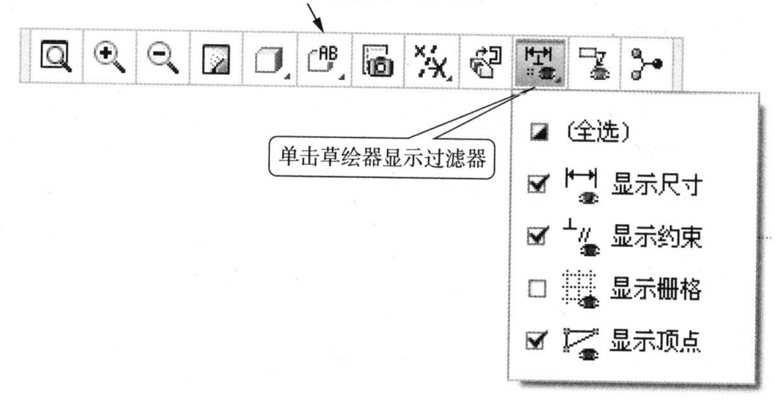

(b) 从创建某特征命令的操控板进入后的草绘环境

图 3.3　草绘环境的视图控制快速访问工具栏

所示。

“草绘器显示过滤器”上的“显示尺寸”、“显示约束”、“显示栅格”和“显示顶点”的功能如表 3.2 所示。

表 3.2　草绘器显示过滤器的 4 个选项的功能

命令图标	说　明	示意图
显示尺寸	开启或关闭尺寸的显示	10.00　5.00　20.00 尺寸显示　　尺寸关闭
显示约束	开启或关闭约束的显示	约束显示　　约束关闭

续表 3.2

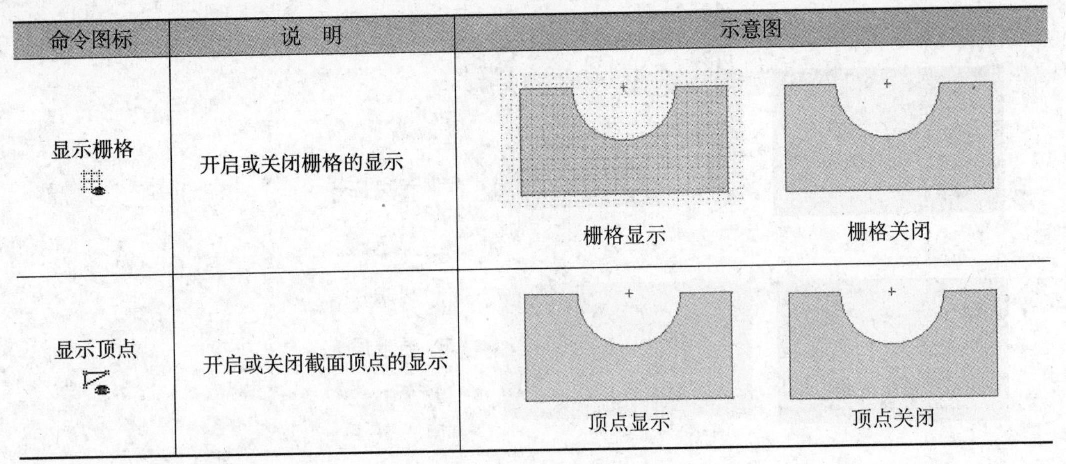

命令图标	说　明	示意图
显示栅格	开启或关闭栅格的显示	栅格显示　栅格关闭
显示顶点	开启或关闭截面顶点的显示	顶点显示　顶点关闭

3.4.2　草绘器检查工具

草绘器包含4个检查工具，以帮助分析和解决常见的草绘问题。默认情况下，系统启用“突出显示开放端点”和“着色封闭环”工具，并且这两个工具可以在草绘器“检查”组中获得，如图3.4所示。

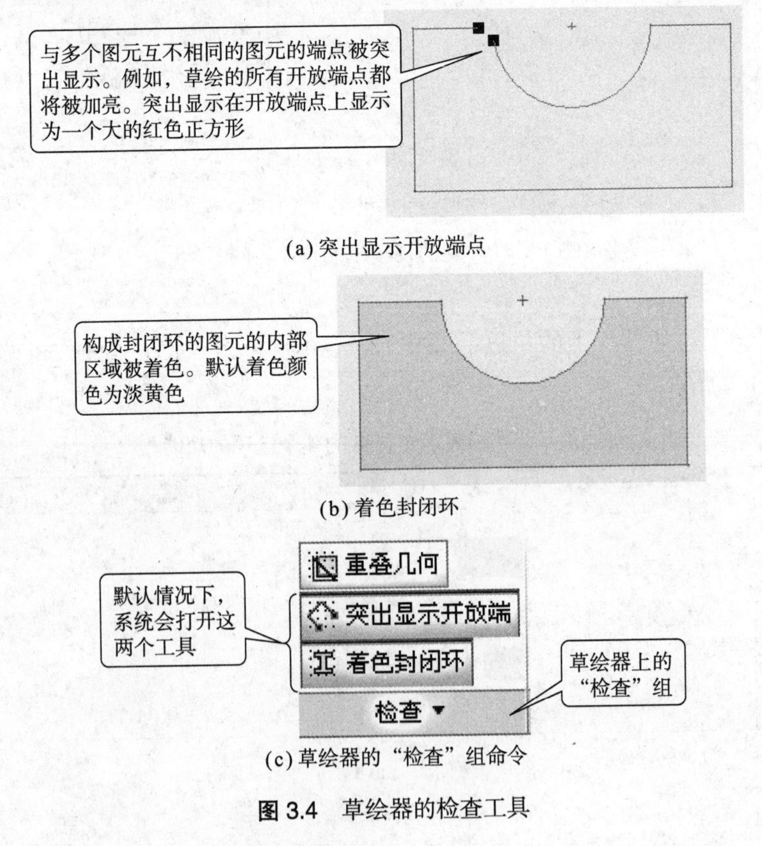

(a) 突出显示开放端点

(b) 着色封闭环

(c) 草绘器的“检查”组命令

图3.4　草绘器的检查工具

3.4.3　将草绘定向至与屏幕平行

默认情况下，进入草绘器时，将保留模型的当前视图方向。但是，随时可以单击

“视图控制快速访问”工具栏中的“草绘视图”来将草绘重定向至与屏幕平行。当创建更加复杂的草绘时，这个方向对于设计是很有帮助的，如图 3.5 所示。

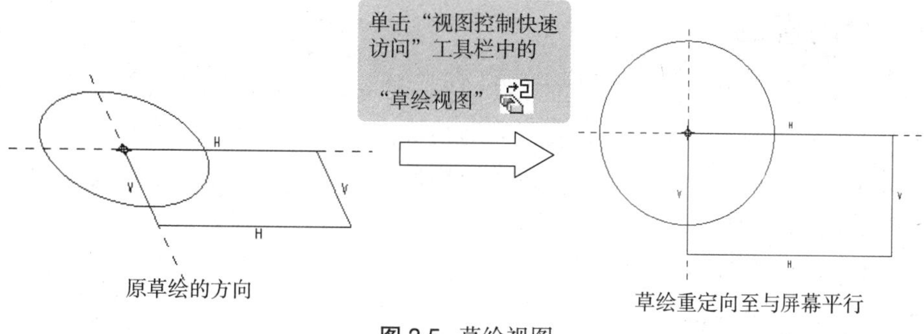

图 3.5　草绘视图

3.5 草图的绘制流程

绘制草绘的流程主要分为 4 个阶段，如图 3.6 所示。

(1) 绘制关键图元

先绘制草图的关键几何形状：利用点、直线、圆等命令，绘制几何图元，或是插入所需的几何图元

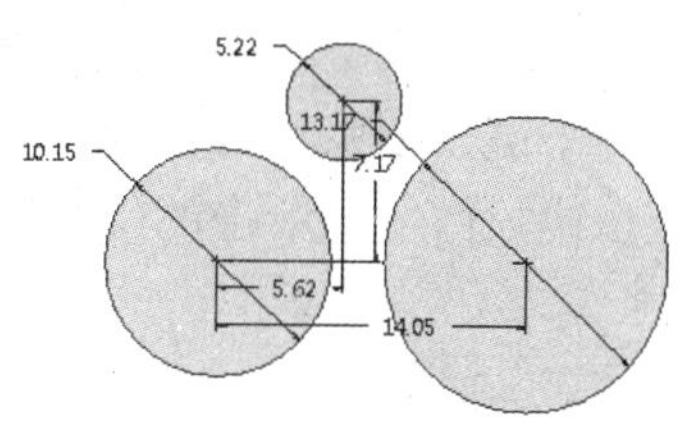

使用约束命令，先增加图元之间建立起关键作用的约束，如使图中三个半径相等并且相切

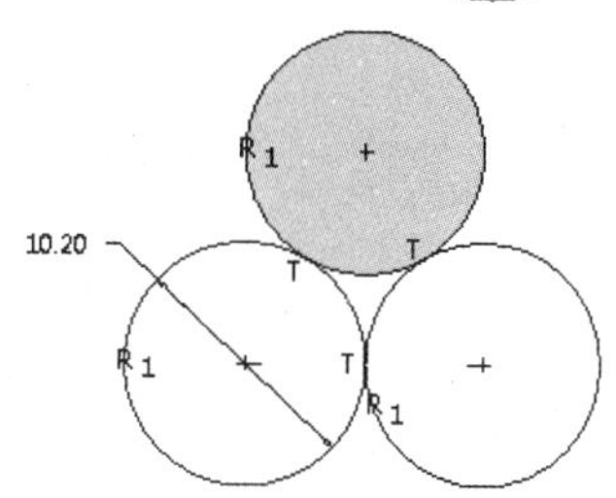

(3) 编辑尺寸或增加强尺寸

系统会自动给图形标注弱尺寸，这些尺寸通常不一定都是设计人员想要的，尺寸大小也需要精确修改，所以，设计人员都会给图形修改尺寸或者标注强尺寸

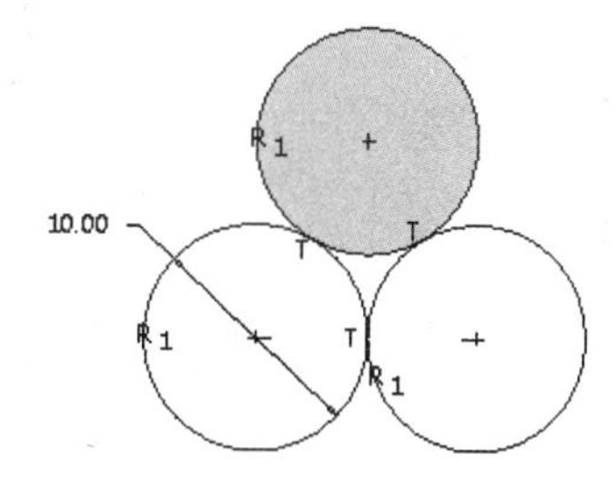

(4) 编辑图形和尺寸

一般来说，复杂一些的草图的绘制，不是一下子把所有几何元素都画上，而是先画关键的，修改尺寸和增加约束，然后再画次关键的，再修改尺寸和约束，重复这一步骤，直到完全绘制完所需草图

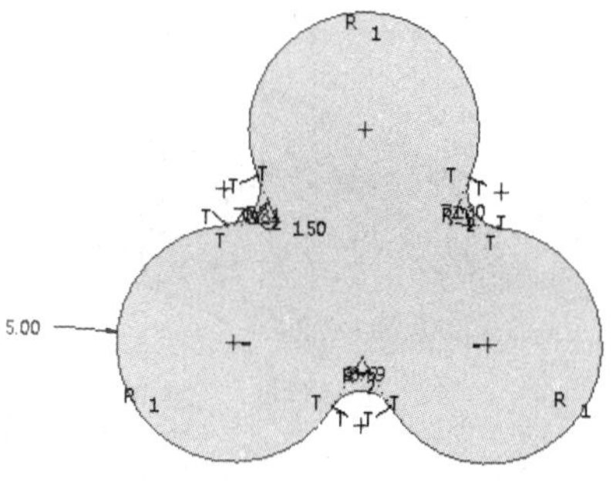

图 3.6　草图的绘制流程

3.6 草图基本图元的绘制

3.6.1 绘制直线

在草绘环境中，单击草绘器上的“线链”命令后，在绘图区内，单击直线的起点和终点，就可由两点绘制出一条直线。连续选择多个点，就可以连续绘制多条首尾相连的线段。单击鼠标中键，可以结束首尾相连的线段的绘制而另起点继续绘制其他线段。最后选择其他命令，或单击键盘的 Esc 键，或单击草绘器的“依次选择”按钮，结束线链命令。

3.6.2 绘制相切直线

（1）单击绘制“线链”命令右侧的黑色小箭头，弹出绘制直线的其他命令，单击其中的“直线切线”命令图标，可绘制与两个图元相切的直线。

（2）单击与直线相切的第一个圆或圆弧，一条始终与该圆或圆弧相切的“橡皮筋”线附着在鼠标指针上。

（3）在第二个圆或圆弧上单击与直线相切的位置点（即相切直线的终止位置点）。

（4）单击鼠标中键，结束直线创建。绘制“直线相切”按钮既可创建内公切线，也可以创建外公切线，由鼠标单击的位置决定，如图 3.7 所示。

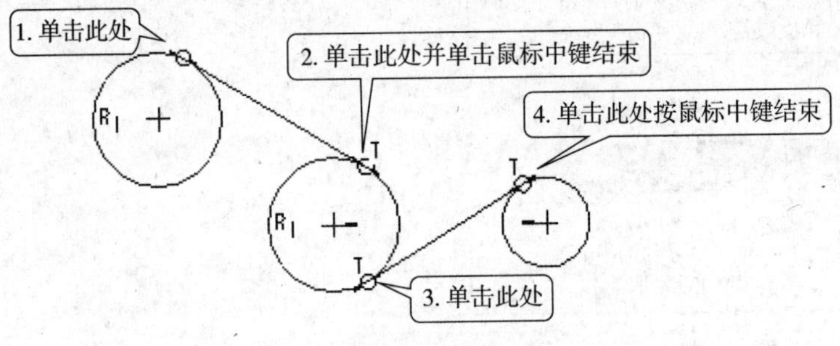

图 3.7　绘制公切线

3.6.3 绘制中心线

中心线虽然不能构成草图实体，但它是执行某些命令必需的部分，如可以作为截面内的对称中心线（图 3.8）。单击“中心线”按钮。在绘图区某位置单击，

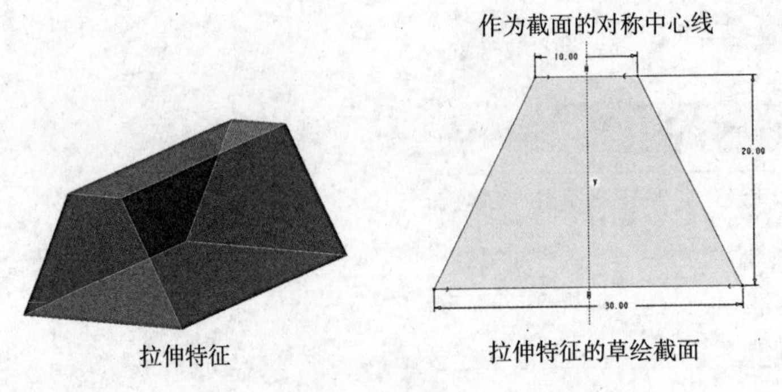

图 3.8

一条中心线即附着在鼠标指针上。在另一位置单击，系统会绘制通过此两点的中心线。

中心线在绘制截面过程中是作为参考来使用的，所以，没有长度限制，它横跨整个屏幕。

此外，在此更正一下，在草图器中，基准组已有一个“中心线”，如图 3.9 所示，此处为 Creo2.0 软件的翻译错误，此处应该为“基准轴”，这个命令绘制的不是中心线，而是绘制基准轴。只有基准轴，才能作为旋转特征的中心轴，而中心线不可以。基准轴的绘制和中心线的绘制方法是一样的，分别单击两点，就可以绘制过此两点的基准轴。

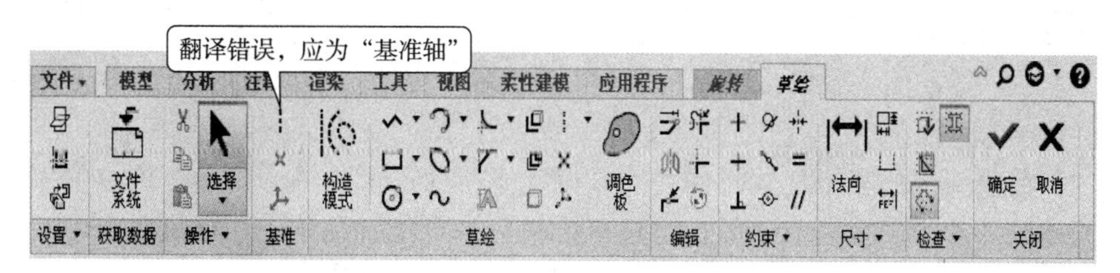

图 3.9　草绘器的基准组的“中心线”应翻译为“基准轴”

3.6.4　创建矩形

矩形在绘制截面时十分有用，省去了绘制 4 条线的麻烦。Creo2.0 软件提供了 4 种绘制矩形的命令。分别介绍如下。

绘制拐角矩形 :

（1）单击草绘器中的“拐角矩形”按钮。

（2）在绘图区某位置，单击放置矩形的一个对角点，然后将该矩形拖至所需大小，再次单击放置矩形的另一对角点，此时系统即在两个对角点间绘制一个矩形，如图 3.10 所示。

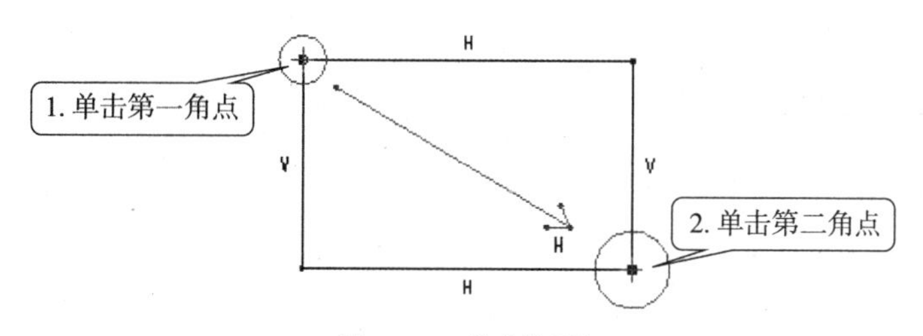

图 3.10　绘制矩形

3.6.5　创建斜矩形

斜矩形的绘制 :

（1）在“草绘器”中单击“拐角矩形”右边的小黑箭头，展开绘制矩形的下拉菜单，再单击下拉菜单中的“斜矩形”命令图标。

（2）在绘图区的某个位置单击一点，确定矩形的一个角点，再单击一点确定矩形的第二个点 ; 然后将该鼠标拖至一定位置，再次单击，确定矩形的另一条边。至此，一个矩形绘制完毕，如图 3.11 所示。

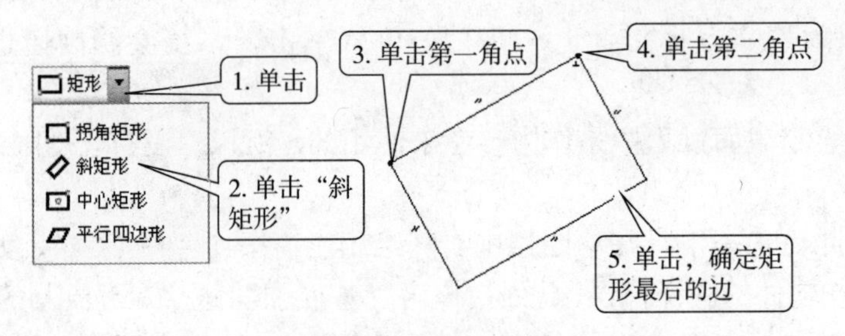

图 3.11　绘制斜矩形

3.6.6　创建平行四边形

平行四边形的绘制：

（1）在“草绘器”中单击“拐角矩形”右边的小黑箭头，展开绘制矩形的下拉菜单，再单击下拉菜单中的“平行四边形”命令图标。

（2）在绘图区的某个位置单击一点，确定平行四边形的一个角点，再单击一点确定平行四边形的第二个角点；然后将该鼠标拖至一定位置和角度，再次单击，确定平行四边形的最后一个角点。至此，一个平行四边形绘制完毕，如图 3.12 所示。

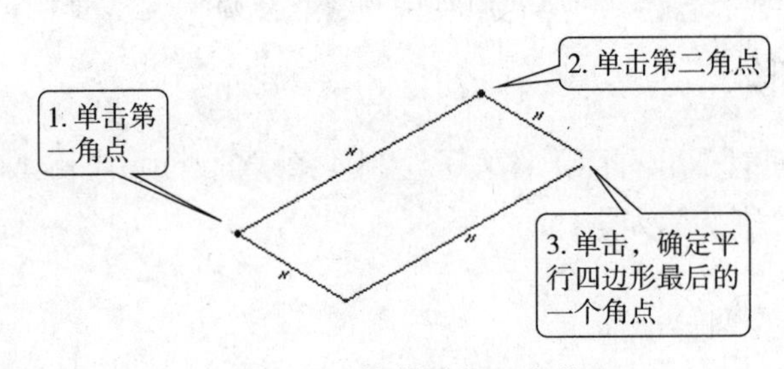

图 3.12　绘制平行四边形

3.6.7　圆的绘制

绘制圆有几种方法，如图 3.13 所示。

3.6.8　圆弧的绘制

圆弧的绘制有几种方法，如图 3.14 所示。

3.6.9　圆形圆角的绘制

圆形圆角的绘制，如图 3.15 所示。

圆形修剪圆角的绘制方法与此相同，只是绘制的圆角不保留构造线，如图 3.16 所示。椭圆形圆角和椭圆形修剪圆角的绘制与此相同，读者可自行尝试。

3.6.10　倒角的绘制

倒角的绘制，如图 3.17 所示。

3.6.11　样条曲线的绘制

样条曲线是通过任意多个中间点的平滑曲线，其创建方法如图 3.18 所示。

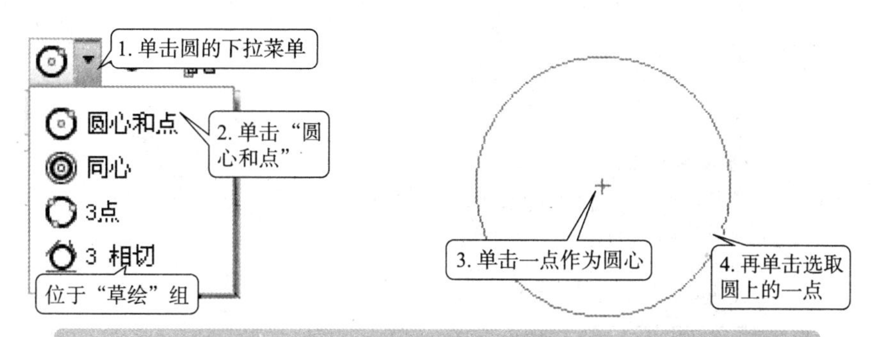

在“圆”的下拉菜单中选择“圆心和点”，然后在绘图区单击左键选择圆的圆心，移动鼠标到适当位置，再单击左键确定圆上一点位置，一个圆就绘制完毕了

(a) 通过圆心和点绘制圆

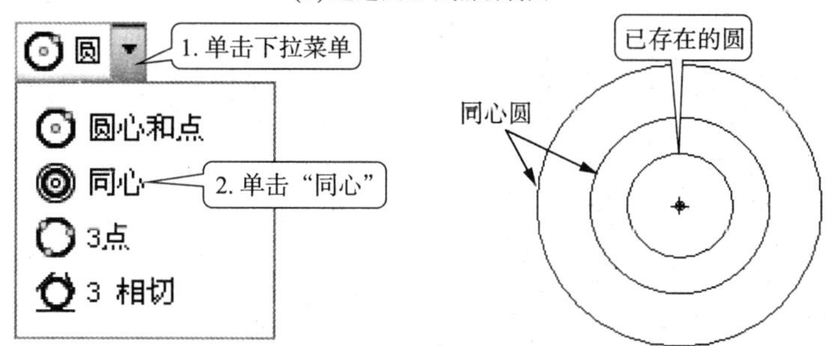

单击“同心”，然后单击已存在的圆或圆弧来定义圆心，再移动鼠标会出现一个动态变化的圆，在适当位置再单击鼠标左键确定圆的大小。只要不单击鼠标中键退出操作，就可以继续绘制多个同心圆

(b) 绘制同心圆

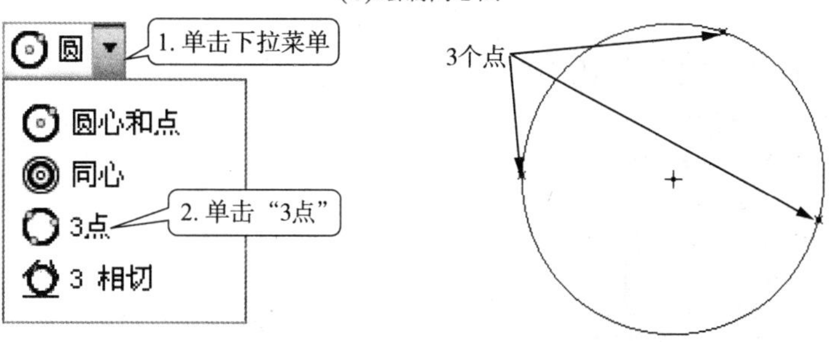

单击“3点”命令按钮，在绘图区依次单击选取3个点创建一个圆

(c) 3点绘圆

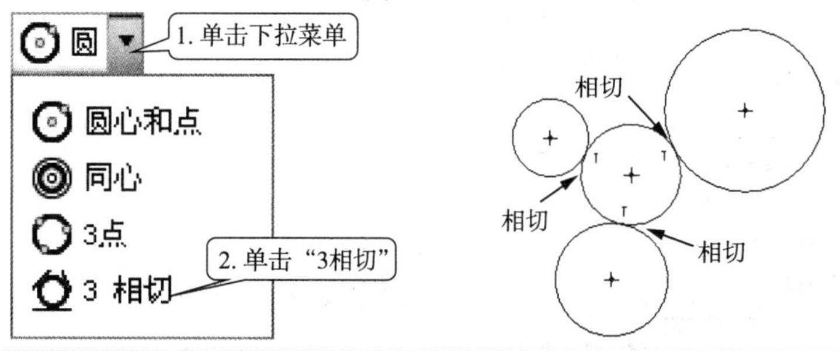

单击“3相切”按钮，然后单击3个图元，可创建一个与三个图元都相切的圆，图元可以是直线、圆或圆弧

(d) 绘制3相切圆

图 3.13　圆的绘制方法

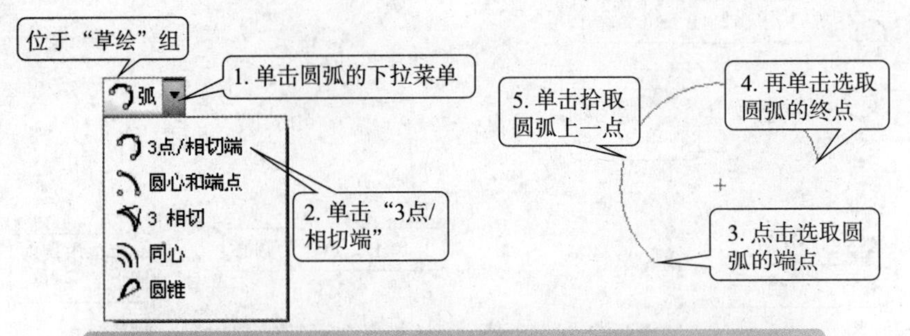

在“圆弧”的下拉菜单中选择“3点/相切端”，在绘图区单击左键选择圆弧的端点，再单击左键确定圆弧终点，然后移动鼠标到适当位置在此单击确定或拾取圆弧上的一点，一个圆弧绘制完毕

(a) 通过3点/相切端绘制圆弧

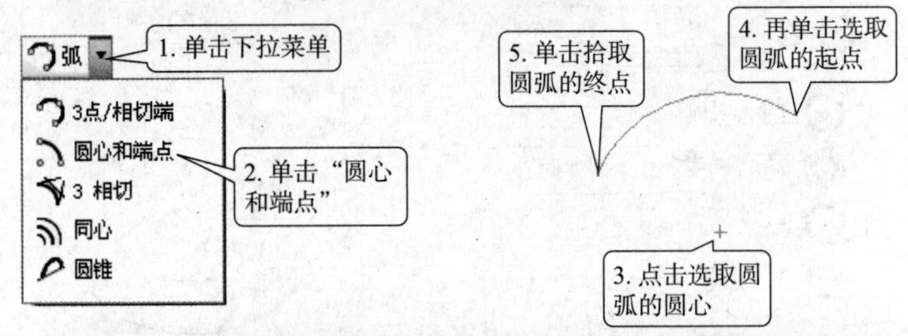

单击“圆心和端点”，然后在绘图区单击或拾取一点确定圆心，然后移动鼠标，会出现一个虚线显示的圆，在该圆的适当位置单击鼠标左键确定圆弧的起点，在圆上移动鼠标再单击一点确定圆弧的终点，这样就可以绘制出一个圆弧了

(b) 通过圆心和端点绘制圆弧

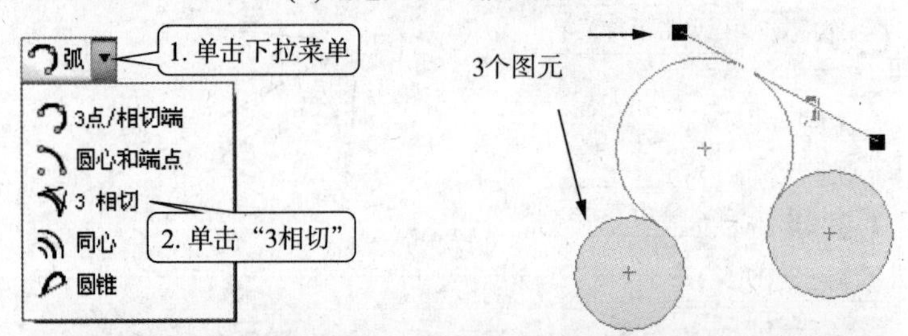

单击“3相切”按钮，然后依次选取3个图元，可创建一个与三个图元都相切的圆弧，图元可以是直线、圆或圆弧

(c) 通过3相切绘制圆弧

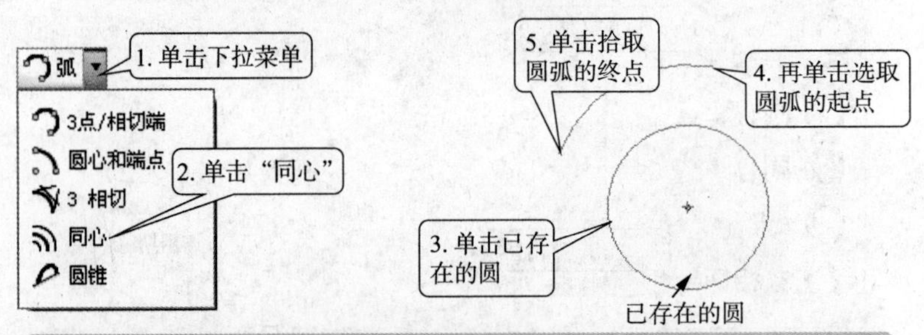

单击“同心”按钮，然后单击绘图区已经存在的圆或圆弧来捕捉此圆和圆弧的圆心作为要绘制圆弧的圆心，这时会出现一个同心的虚线的圆，在此圆上单击一点作为圆弧的起点，再点击另一点作为圆弧的终点，可创建一个同心的圆弧

(d) 绘制同心的圆弧

图 3.14　圆弧的绘制方法

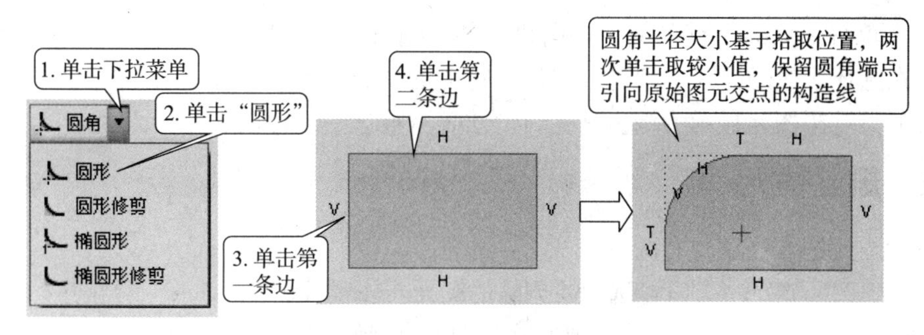

图 3.15 圆形圆角的绘制

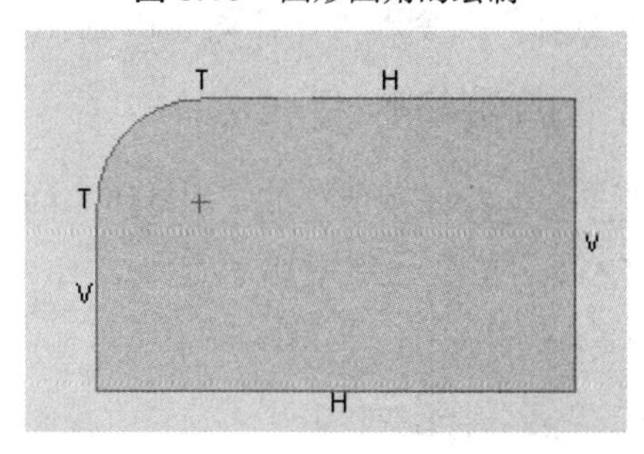

图 3.16 圆形修剪圆角的图例

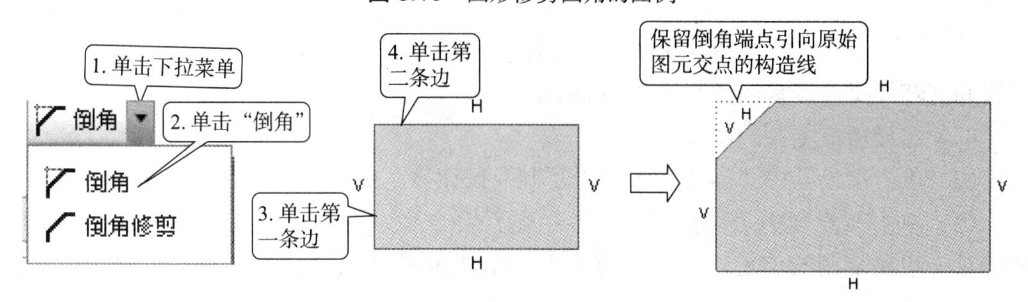

图 3.17 倒角的绘制

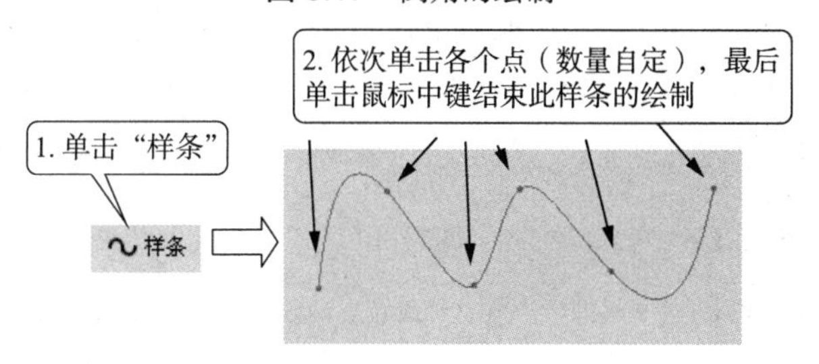

图 3.18 样条曲线的绘制

3.7 编辑几何图元

3.7.1 选取图元

编辑已创建的图元时，首先要选中该图元，选择图元的方法有以下几种：

（1）可以单击鼠标左键选取单个图元，或者按住“Ctrl”键的同时单击鼠标左键，选取多个图元。

（2）对某一区域用“框选”的方式来选择要编辑的图元。“框选”的方法是：在区域的一个角按住鼠标左键不放，并向矩形的对角方向拖动鼠标，这时会出现一个矩形方框，在选择区域的另一个角释放鼠标，矩形框中的图元均被选中。

（3）只有当图元显示为绿色高亮时，才表示被选中。

3.7.2　删除图元

删除图元的方法主要有两种。

（1）选中要删除的图元，按键盘的“Delete”键删除。

（2）选中要删除的图元后，单击草绘器上“操作”组的下拉菜单，单击“删除”命令即可，如图 3.19 所示。

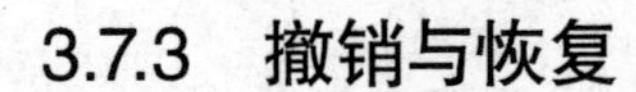

图 3.19

3.7.3　撤销与恢复

在“文件存储快速访问”工具栏中的“撤销”按钮和“恢复”按钮，是草绘环境中非常重要的两个按钮，这两个命令将根据最新进行的操作来“撤销”和“恢复”不同的内容。

3.7.4　复制图元

使用复制的方法，可以在指定的位置创建已有图元的副本，以提高设计效率。此外，在复制的过程中，还可以对图元进行缩放、平移和旋转等操作。复制图元的步骤如下。

（1）选择所要复制的图元。

（2）单击草绘器中“操作”组的“复制”按钮。

（3）单击草绘器中“操作”组的“粘贴”命令，鼠标指针变成。单击绘图区中的某一想要复制的位置，弹出如图 3.20（a）所示的“旋转调整大小”操控板，用来设置复制后图形相对原图形的放大比例和旋转角度大小。

（4）同时系统用虚线框显示一个图元副本，用户也可以直接在这个副本中对其进行缩放、平移和旋转操作，如图 3.20（b）所示。获得所需尺寸之后，单击结束操作。

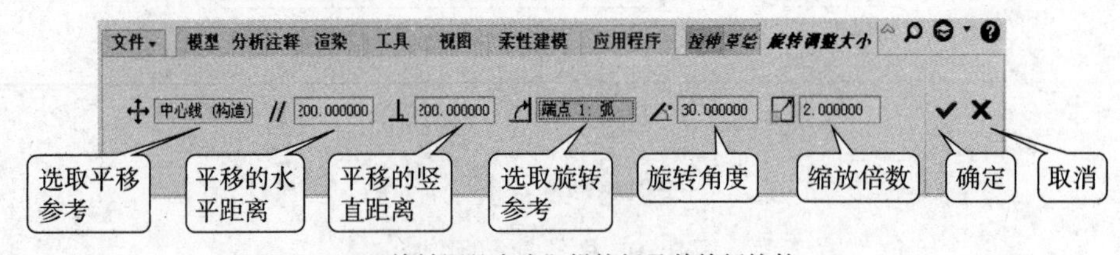

(a)“旋转调整大小”操控板及其特征控件

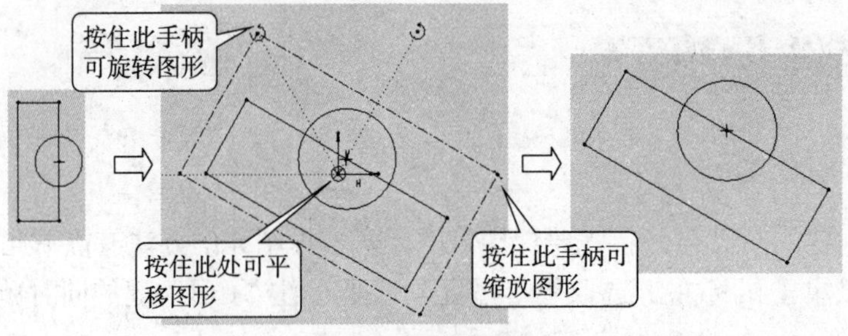

(b) 图元上的控制手柄

图 3.20　复制图元

3.7.5 镜像图元

镜像是为了得到关于中心线对称的图元，因此必须要有中心线的参与。镜像图元的步骤如下。

（1）选择要镜像的图元。

（2）单击草绘器中的“镜像”按钮。

（3）系统会提示选取镜像的对称中心线，单击选取镜像中心线，即可生成镜像图元，如图 3.21 所示。

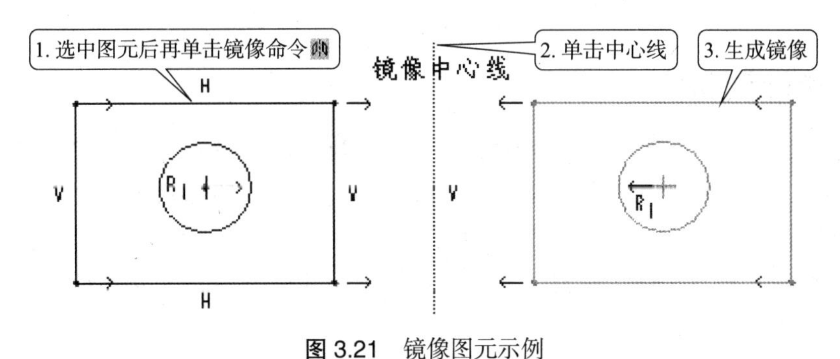

图 3.21 镜像图元示例

3.7.6 动态裁剪

单击草绘器中“编辑”组的裁剪段按钮，拖动鼠标绘制裁剪曲线，凡是和曲线相交的图元被以最近的相交几何为界裁剪掉，如图 3.22 所示。

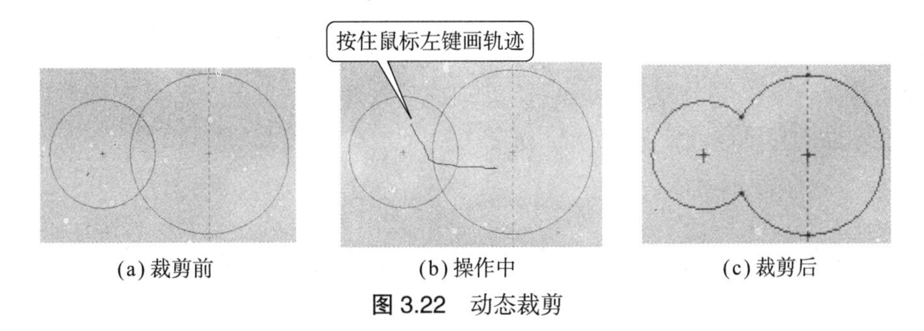

(a) 裁剪前　　(b) 操作中　　(c) 裁剪后

图 3.22 动态裁剪

3.7.7 拐　角

单击草绘器中“编辑”组的“拐角”命令按钮。选择要保留的图元，被选中的图元以交点为界，剩余图元将被删除，如图 3.23 所示。当选中的两个图元不相交时，使用 拐角命令，可以使未相交的两个图元相交并裁剪成为拐角的形式，如图 3.24 所示。

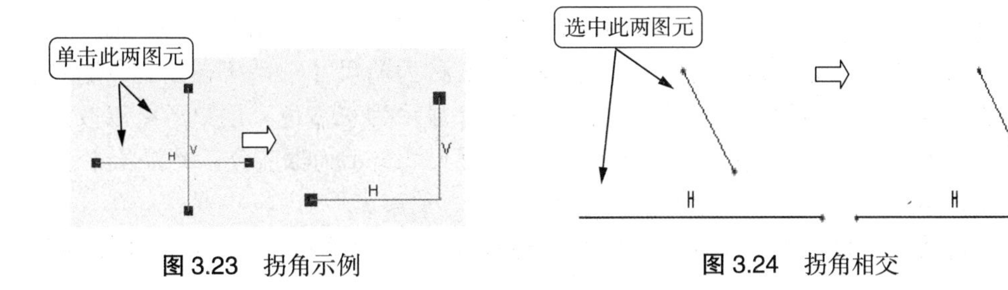

图 3.23 拐角示例　　图 3.24 拐角相交

3.7.8 分 割

单击“草绘”操控板的“编辑”组的“分割”命令按钮，选择图元上要分割的位置，单击鼠标左键，则在鼠标单击处，图元被打断，如图3.25所示。

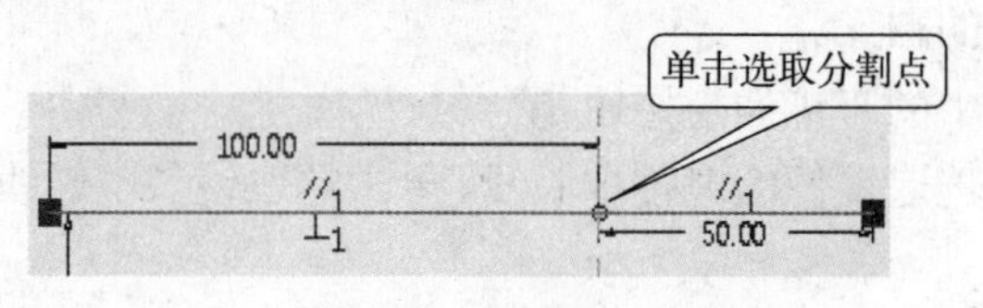

图3.25 分割示例

3.7.9 旋转调整大小

旋转调整大小命令，用于将选定图元按比例放大或缩小。旋转图元用于将选定图元绕指定中心旋转指定角度。其方法类似于图元复制过程中的缩放和旋转。

旋转调整大小，首先选择要进行操作的图元，然后单击草绘器的“旋转调整大小”按钮，系统将弹出“旋转调整大小”操控板，用来设置相对于原图形的放大比例和旋转角度，如图3.26所示。

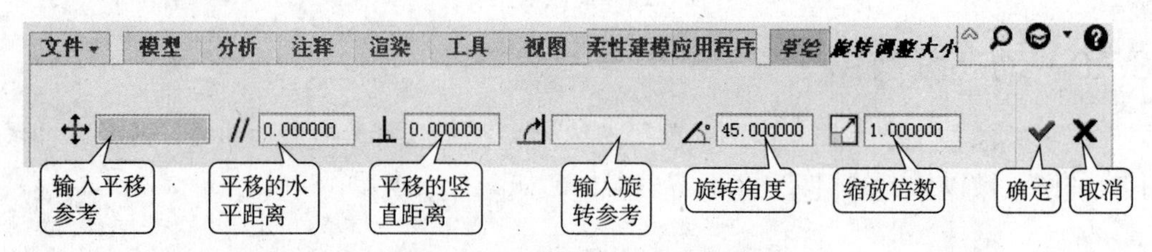

图3.26 旋转调整大小操控板

单击鼠标右键，并拖动鼠标，将旋动轴移动到理想位置后，释放鼠标右键，则可实现对旋转轴的移动操作，如图3.27所示。

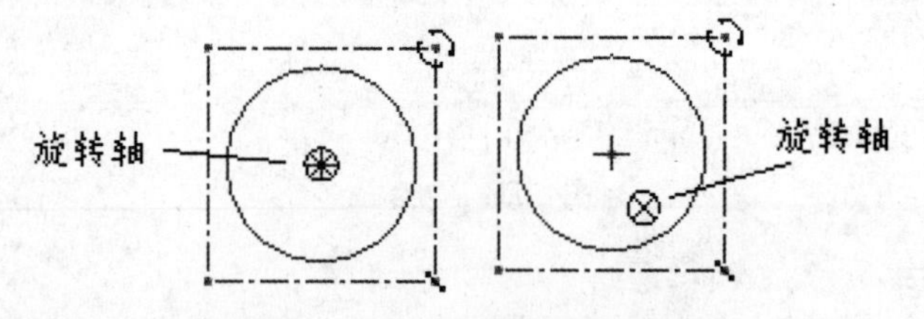

图3.27 调整前和调整后的旋转轴

3.8 手动标注尺寸

在绘制草图的过程中，Creo 2.0系统会及时自动地产生尺寸，如图3.28（a）所示，双击某个尺寸则可以修改该尺寸大小。这些尺寸被称为弱尺寸，系统在创建和删除它们时并不给与警告，但用户不能手动删除，弱尺寸显示为灰蓝色。用户还可以按照自己的设计意图标注尺寸，这些尺寸称为“强尺寸”。强尺寸显示为深蓝色。增加强尺寸时，系统自动删除多余的弱尺寸和约束，以防止图元的过约束。

系统自动产生的尺寸不可能完全符合设计意图，所以手动标注尺寸是十分必要的。

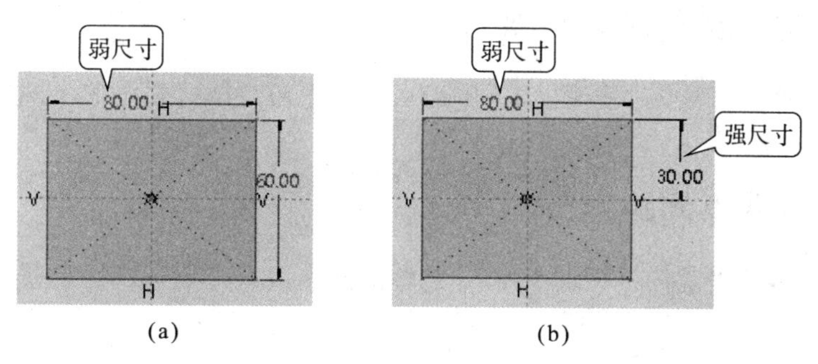

图 3.28　弱尺寸和强尺寸

3.8.1　标注线段的水平 / 垂直尺寸

单击草绘器中“尺寸”组的“法向”按钮⟷，单击线段的两个端点，在与任一端点水平对齐的位置处或者竖直对齐的位置处单击鼠标中键来放置尺寸，可以标注水平尺寸或者垂直尺寸，修改尺寸数字并回车就可完成该尺寸的标注，如图 3.29 所示。

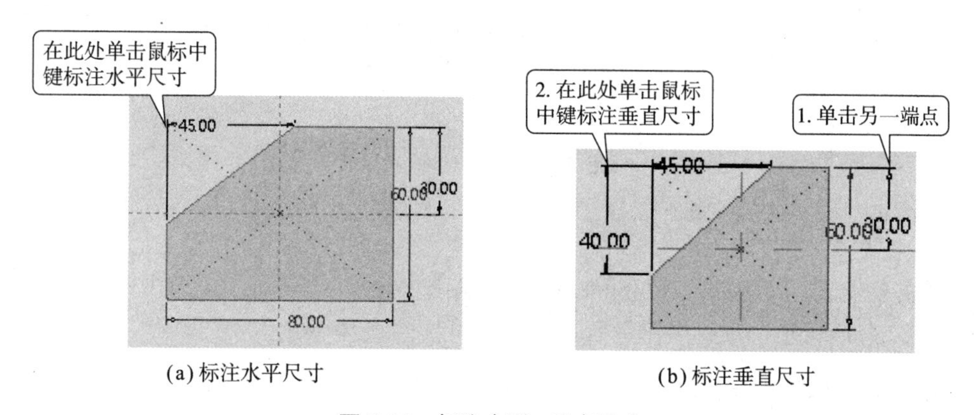

图 3.29　标注水平 / 垂直尺寸

3.8.2　标注线段长度尺寸

单击草绘器的“法向”按钮⟷，在线段上单击鼠标左键，移动鼠标到尺寸要放置的位置，单击鼠标中键，修改尺寸值后回车结束操作，如图 3.30 所示。

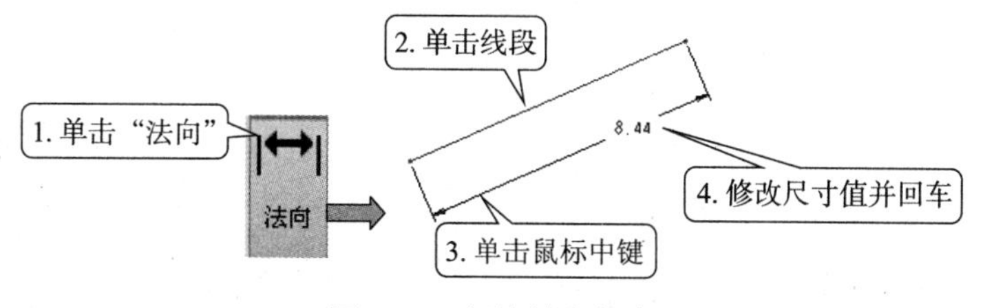

图 3.30　标注线段长度

3.8.3　标注两条平行线间的距离

单击草绘器的“法向”按钮⟷，分别单击两条平行线。选择尺寸放置的位置，单击鼠标中键，修改尺寸值后回车即可。

3.8.4　标注点到直线的距离

单击草绘器的“法向”按钮|↔|。单击点，再单击直线，然后单击鼠标中键放置和修改尺寸。

3.8.5　标注两点间距离

单击草绘器的“法向”按钮|↔|，分别单击两点，单击鼠标中键放置尺寸，修改尺寸值回车即可。

3.8.6　标注对称尺寸

单击草绘器的“法向”按钮|↔|。单击直线，再单击对称中心线，之后再单击该直线。最后单击鼠标中键放置尺寸，修改尺寸值后回车即可，如图 3.31 所示。

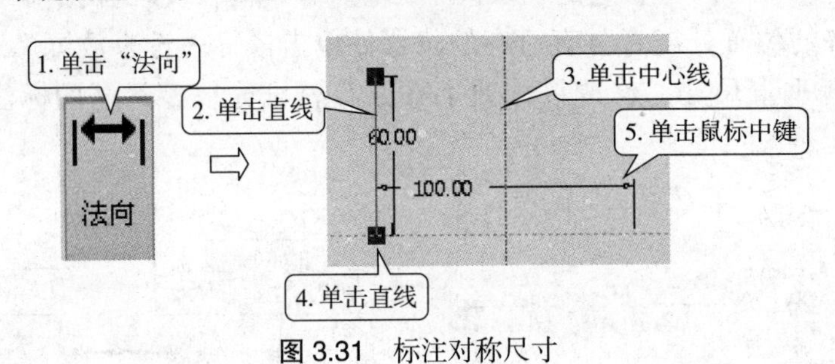

图 3.31　标注对称尺寸

3.8.7　标注直径尺寸

单击草绘器的“法向”按钮|↔|，用鼠标左键双击圆或圆弧（或单击圆或圆弧上任意两点），然后再单击鼠标中键放置尺寸，即可标注直径尺寸。

3.8.8　标注半径尺寸

单击草绘器的“法向”按钮|↔|，用鼠标左键单击圆或圆弧，单击鼠标中键放置尺寸。

3.8.9　标注两圆的相切距离

单击草绘器的“法向”按钮|↔|，分别单击两圆，再单击鼠标中键放置尺寸。当单击圆上不同位置时，得到的尺寸不同，如图 3.32 所示。

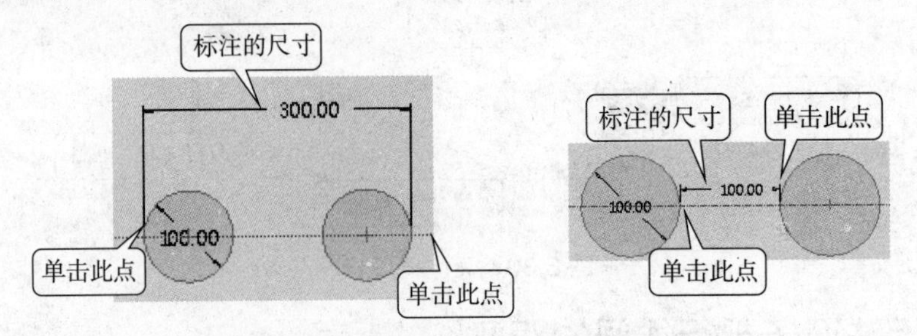

图 3.32　单击不同位置标注的两圆之间的距离

3.8.10　标注角度

（1）标注圆弧角度：单击草绘器的“法向”按钮|↔|，单击圆弧的一个端点，

再单击圆弧圆心点，最后单击其另一个端点。然后单击鼠标中键放置尺寸，如图3.33所示。

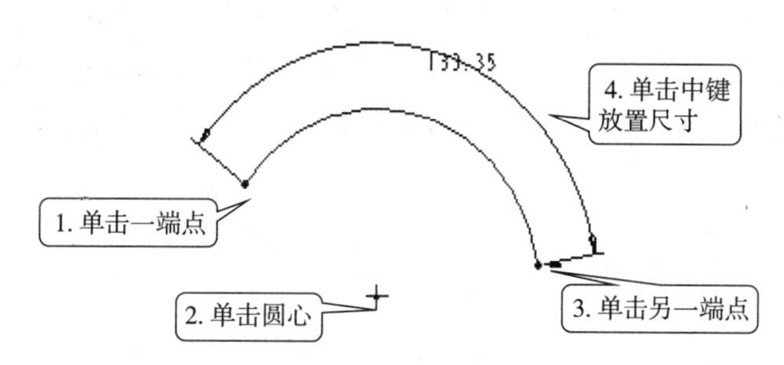

图 3.33　标注圆弧角度

（2）标注两直线角度：单击草绘器的“法向”按钮，分别单击两条不平行的直线，再单击鼠标中键放置尺寸。

3.9 编辑尺寸

3.9.1 修改尺寸值

有两种方法。

方法一（双击）：

单击中键或选择草绘器中“选择”按钮，退出当前正在使用的命令，鼠标指针变成形状，进入选取状态。双击要修改的尺寸文本，出现“尺寸修正框”。在“尺寸修正框”中输入新的尺寸值，按回车键或单击鼠标中键完成修改，使图形自动更新。

方法二（修改命令）：

单击草绘器的“修改”按钮，系统提示选取要修改的项目。单击要修改的尺寸，弹出“修改尺寸”对话框，如图3.34所示。在“修改尺寸”对话框中的“修改尺寸文本框”中输入新的尺寸值。单击按钮完成并保存修改。

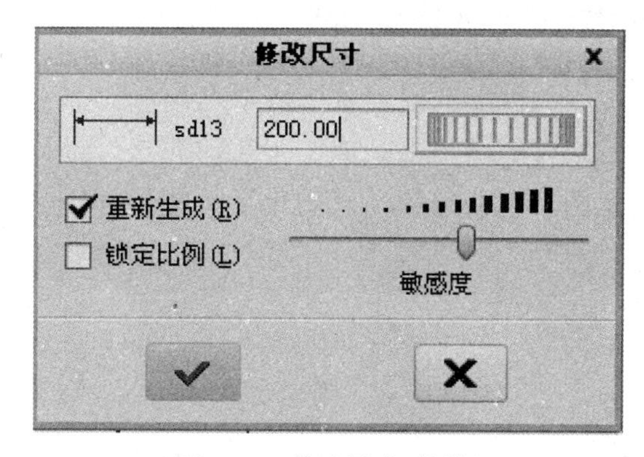

图 3.34　修改尺寸对话框

3.9.2 移动尺寸

单击中键或草绘器中“选择”按钮，进入选取状态。单击要移动的尺寸并拖至所需位置，释放鼠标左键，完成操作。

3.9.3　修改尺寸值的小数位数

单击“文件”→“选项”命令，打开“Creo Parametric 选项”对话框。单击“草绘器”选项卡，在“尺寸和求解器精度”一栏，设置尺寸的小数点位数，单击上、下三角按钮来增加或减少小数位数。单击“确定”按钮，系统会接受该设置并关闭对话框，如图 3.35 所示。

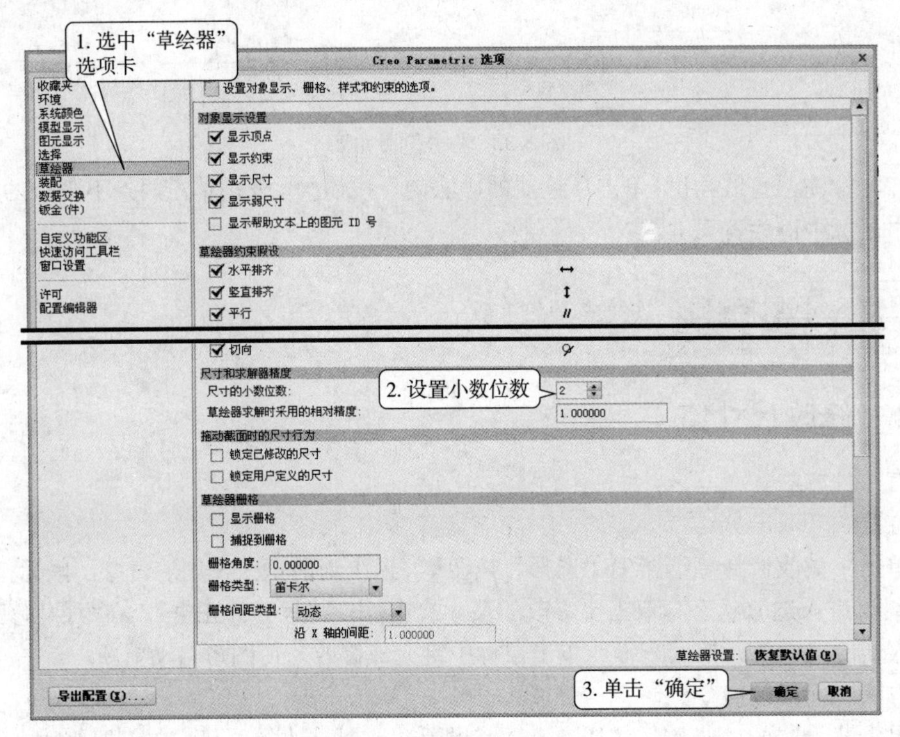

图 3.35　“选项”对话框

3.10　几何约束

在草绘环境下，系统会自动捕捉一些“约束”功能，如在绘制的草图中增加一些平行、相切、相等、垂直等约束来帮助定位几何元素，设计者也可以人为地控制约束条件来实现草绘意图。这些约束大大简化了绘图过程，也使绘制的草绘简洁而准确。

3.10.1　几何约束类型

1. 约束显示的控制

单击“视图控制快速访问”工具栏中的“草绘器显示过滤器”按钮，可控制约束在屏幕中的显示 / 关闭。

2. 约束种类及其标记

约束的种类及标记如表 3.3 所示。

表 3.3 约束的种类及标记

约束名称	约束命令	约束标记
中点	⦦	当鼠标指针或图元处在线段中心点时，在中心点旁出现 M 标记
水平	+	线处于水平状态的约束标记为 H
竖直	+	线处于竖直状态的约束标记 V
平行	//	两线处于平行状态，两条线都有相同的“// *i*”标记（*i* 为序数）
垂直	⊥	两线处于垂直状态，两条线都有相同的“⊥ *i*”标记（*i* 为序数）
相切	⚲	两个图元相切，会在切点旁显示标记“T”
圆上的点	⊙	当鼠标指针在圆上某点时，点上显示标记 ⊙
等半径	=	创建等长、等半径、等尺寸或相同曲率约束，半径相等图元都有“*Ri*”标记（*Ri* 为序数）
等长	=	具有相同长度的两条线段，两线段都标有“*Li*”标记（*i* 为序数）
对称	→¦←	两图元关于一条中心线对称，对称的点有“→”和“←”标记
重合	⊙	两图元共线，在两图元旁显示“ ⊙ ”标记
水平对齐	+	使线或使两个顶点水平对齐并建立水平约束，有 -- 标记
竖直对齐	+	图元排列在同一竖直线上，并建立竖直约束，有 ¦ 标记

3.10.2 删除约束

单击要删除约束的显示符号，选中后约束符号变为绿色。按“Delete”键，则系统删除所选约束。删除约束后，系统会自动增加个尺寸，如图 3.36 所示。

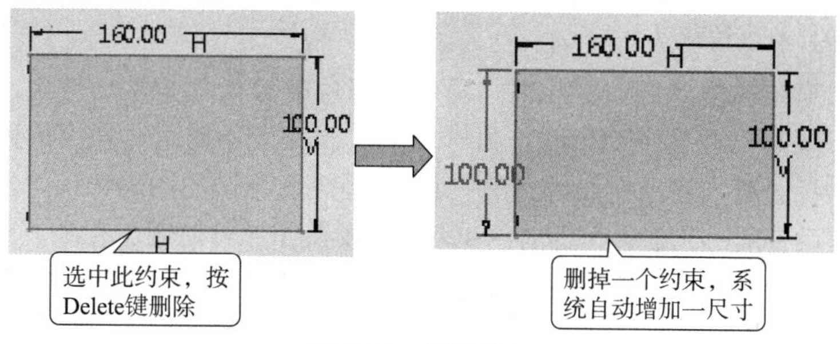

图 3.36 删除约束

3.10.3 使用实时约束草绘

草绘几何图元时，将动态显示即时约束来快速捕捉设计意图。当设计者基于显示的约束绘制几何时，约束实际上会引起几何捕捉。例如，当草绘一条接近水平的线时，水平约束将动态显示并捕捉水平线，使设计者快速捕捉自己的水平线设计意图。

利用这些约束可确保设计者无需在绘制图元后手动添加它们。 草绘时出现约束，可以执行以下操作来进一步辅助草绘。

1. 禁用约束

在绘图过程中，系统会自动添加的约束，如果出现不需要的约束后，但这个约束还控制着下一步的草绘，这时可以禁用该约束。单击鼠标右键可将它切换为禁用约束，被禁用的约束上会显示一个斜杠“/”。当然，设计者可以随时重新启用已禁用的约束。单击右键可以在“禁用 / 锁定 / 启用约束”之间切换。如图 3.37 所示，在绘制直线过程中，鼠标在另一条直线附近移动时，出现不需要的垂直约束标记时，单击鼠标右键将它切换为禁用该约束。

2. 锁定约束

在绘图过程中，显示约束会根据指针的移动而改变。在复杂草图中，指针稍微移动就会在不同的约束间切换，要想始终保持某个约束一直有效，可以使用约束的锁定功能，即允许设计者锁定某个约束，以使几何保留捕捉该约束的状态，已锁定的约束将用圆圈指示。若需锁定约束，单击鼠标右键来切换。如图 3.38 所示，在绘制直线过程中，鼠标在某线附近时，出现需要与该线平行的约束图标时，单击鼠标右键，会锁定该约束，这时鼠标会被固定在平行方向上，只能在这个方向上移动。如果想禁用该约束，再次单击鼠标右键即可。

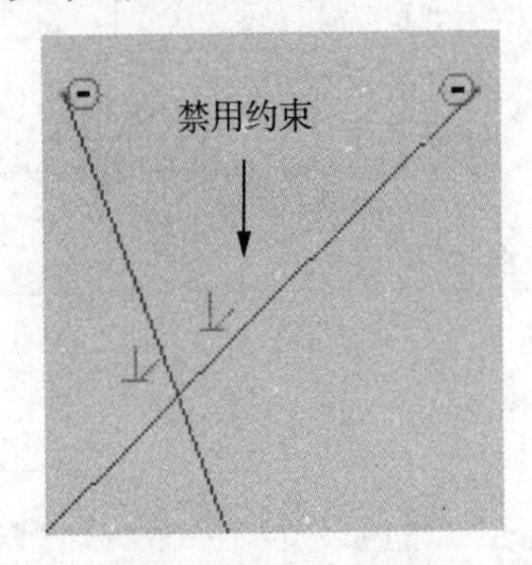

图 3.37　禁用约束

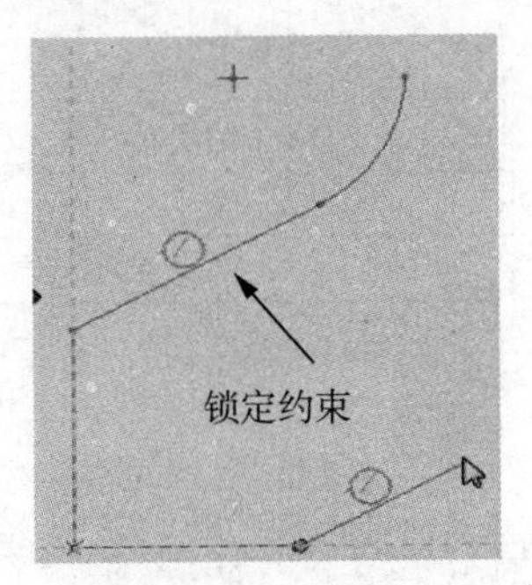

图 3.38　锁定约束

3. 切换为活动约束

当约束在草绘过程中即时显示时，显示为绿色的被认为是活动约束，即为当前起作用的约束。同时出现多个约束时，只有一个可作为活动约束。切换约束是当多个约束都处于激活状态时，可以使用键盘的“Tab”键改变当前的活动约束，达到控制当前绘图的目的。只有同时出现多个即时约束时，切换操作才可使用。在图 3.39 中，“等长”约束在左侧图像中处于活动状态，“水平”约束在右侧图像中已被切换为活动状态。表 3.4 中列出了可用即时操控约束方法。

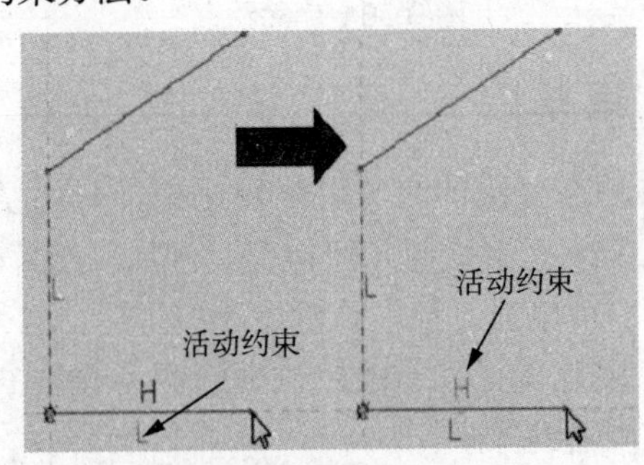

图 3.39　活动约束

表 3.4　即时操控约束方法

约束操作	鼠标 / 键盘操作
锁定 / 禁用 / 启用约束	单击鼠标右键可在锁定 / 禁用 / 启用约束之间切换
禁用即时显示约束	草绘出现该约束时按住 Shift 键
切换活动约束	出现多个约束标记时按 Tab 键可切换

3.10.4 创建约束

在绘制图元的过程中，Creo 2.0 系统能够自动生成约束，但有些时候，还需要用户对图元的约束进行单独创建。约束草绘是捕获设计意图的一种重要手段。当设计者添加约束时，也将对草绘添加逻辑，还可最大程度减少所需的尺寸数以便更好地体现设计意图。由于以上原因，在标注草绘前，约束草绘图元非常重要，如图 3.40 所示。

1. 建立平行约束

单击草绘器“约束”组的“平行”按钮 //。分别单击选取要建立平行约束的两条线段，则两条线段相互平行，且有相同标记“// *i*”（*i* 为序号，第一对平行约束标记为 // 1，若再有第二对平行约束的话，则标记为 // 2，依次类推），如图 3.41 所示。

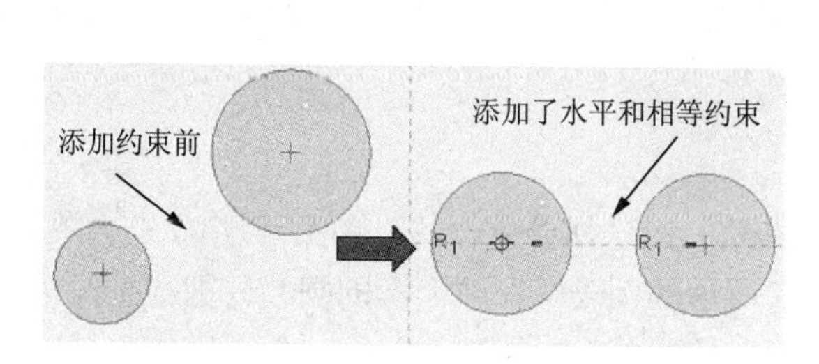

图 3.40　应用约束前后的草图对比

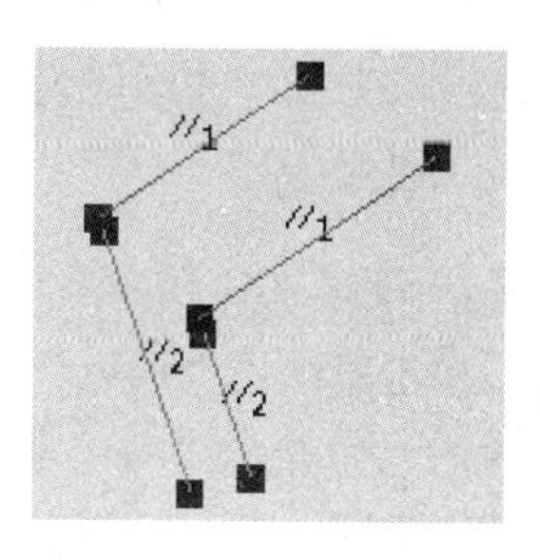

图 3.41　平行约束示例

2. 建立竖直或竖直对齐约束

单击草绘器“约束”组的“竖直”按钮+。选取要设为竖直的线，被选取的线成为竖直状态，并带有“V”标记。如果选取两个点，可以使这两个点在竖直方向对齐，标记为“¦”，如图 3.42 所示。

3. 建立水平或水平对齐约束

单击草绘器“水平”约束按钮+。选择要设为竖直的线，被选取的线成为水平，并带有“H”标记。或者选择两个图元点，可以使两个点竖直水平方向对齐，标记为“--”，如图 3.43 所示。

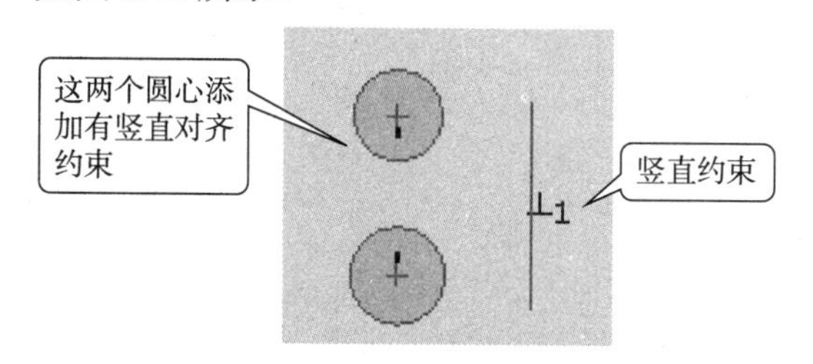

图 3.42　竖直约束和竖直对齐约束示例

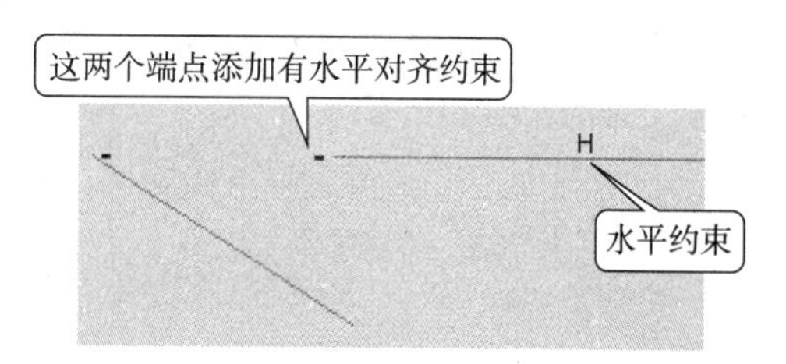

图 3.43　水平约束和水平对齐约束示例

4. 建立垂直约束

单击草绘器“约束”组的“垂直”按钮⊥。选择要建立垂直约束的两条线，被选取的两条线则互相垂直，交叉垂直的两线旁有“⊥”标记，如图 3.44 所示。

5. 建立相切约束

单击草绘器“约束”组的“相切”按钮 。选择要建立相切约束的两个图元，则被选取的两个图元建立相切关系，切点旁有“T”标记，如图 3.45 所示。

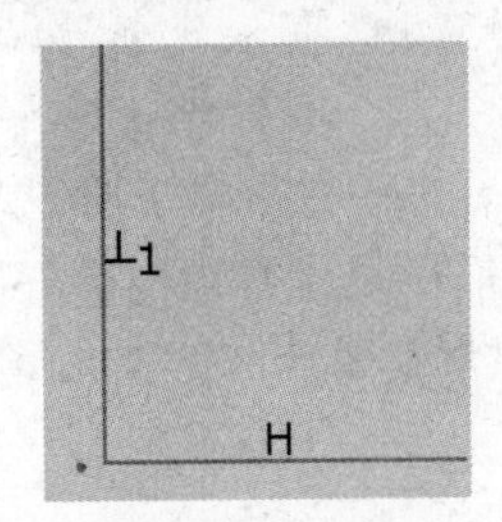

图 3.44　垂直约束示例

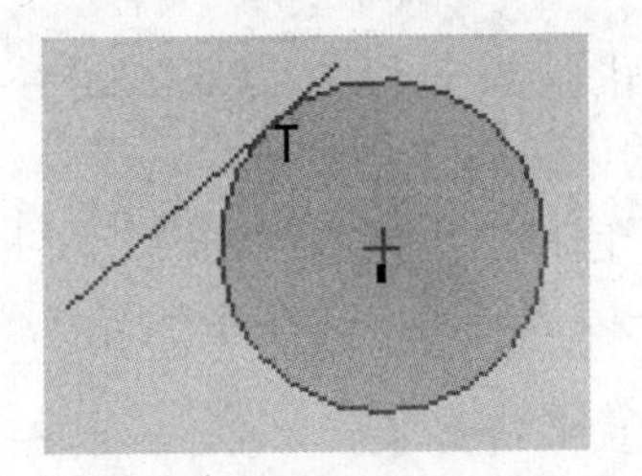

图 3.45　相切约束示例

6. 建立中点约束

单击草绘器“约束”组的“中点”按钮。选择直线和某图元点，则该图元点成为该直线的中点，并标记为“M”。如图 3.46 所示。此外，图元点可以是端点、中点，也可以是几何点。

7. 建立重合约束

单击草绘器“约束”组的“重合”按钮。选择要重合的点和图元，建立重合关系，在两图元旁显示“⊙”标记。如图 3.47 所示的例子中，两个圆的圆心分别和线段的两个端点重合。

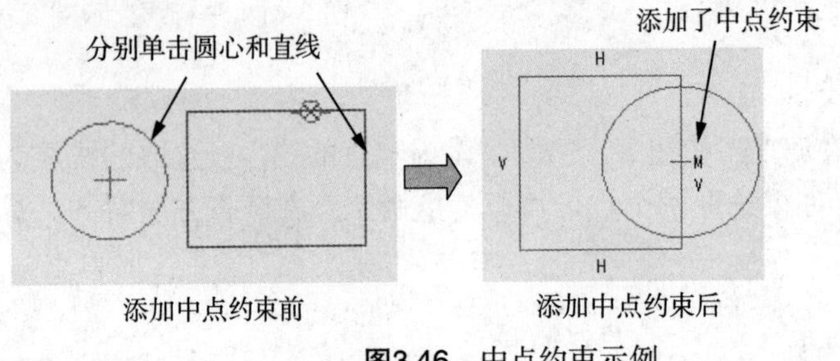

图3.46　中点约束示例

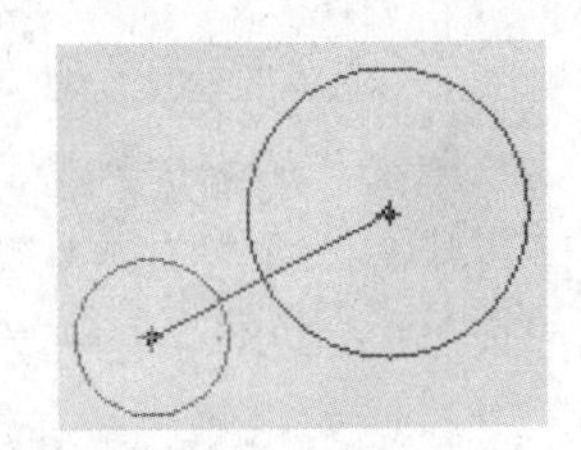

图3.47　重合约束示例

8. 建立对称约束

单击草绘器的“对称”约束按钮。分别单击选取对称中心线和进行对称操作的两个图元顶点，选择顺序没有要求。选择完毕，两点间即建立了对称关系，并标有“→←”标记，如图 3.48 所示。

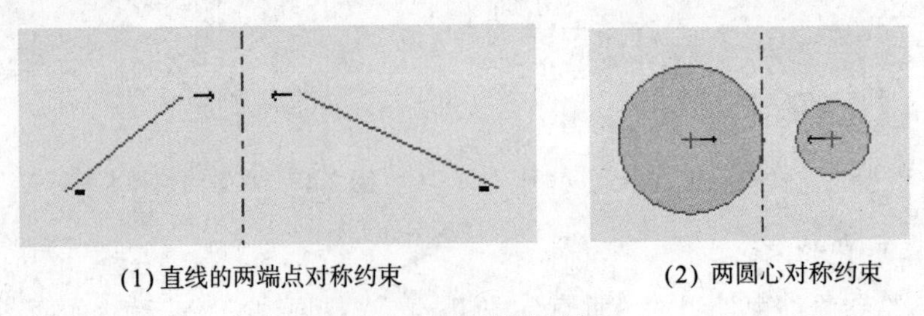

图 3.48　对称约束示例

9. 建立相等约束

单击草绘器的“相等”约束按钮。选择两个图元，即可在图元间建立相等关系。

选取的图元可以是两个圆弧 / 圆 / 椭圆，令其半径相等，也可以是一样条曲线或圆弧，令其曲率相等。相等长度的两个图元有相同的标记，如等长标记 *Li*，等半径标记 *Ri*（*i* 为序号，第一对约束 *i* 标记为 1，若再有第二对约束的话，则标记为 2，依次类推），如图 3.49 所示。

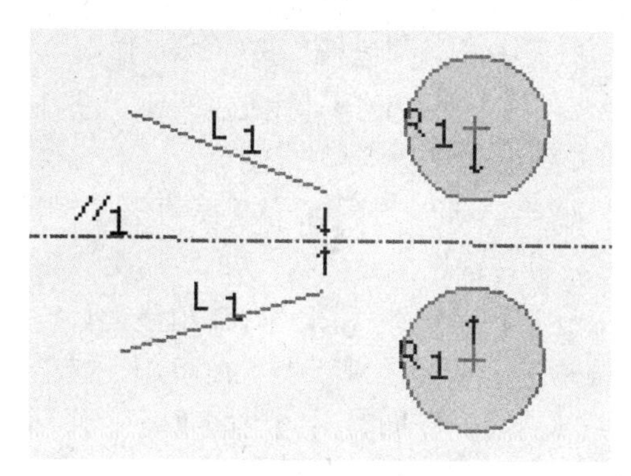

图 3.49 相等约束示例

3.10.5 解决过约束问题

当增加的约束或尺寸与现有“强”约束或“强”尺寸相互冲突或多余时，草绘器就会弹出如图 3.50 所示的“解决草绘”对话框，加亮该冲突尺寸或约束，并显示冲突信息，告知用户撤销该约束或者删除列表里的某个约束。利用此对话框解决草绘时的尺寸或约束冲突。

其中，“解决草绘”对话框中的各按钮含义如表 3.5 所示。

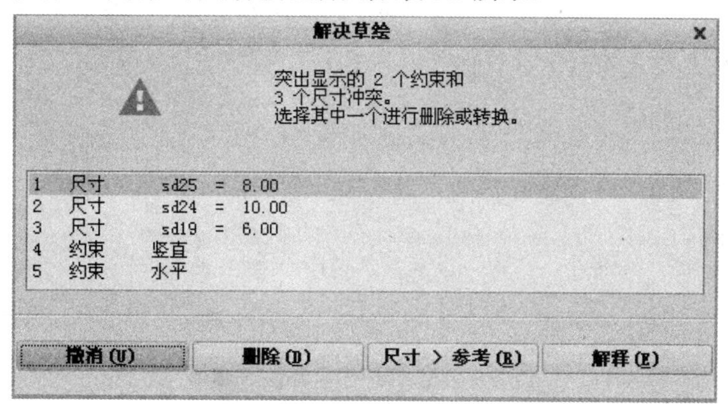

图 3.50 “解决草绘”对话框

表 3.5 解决草绘对话框的各按钮含义

按 钮	说 明
撤销	撤销列表中某个导致截面尺寸或约束冲突的尺寸或者约束
删除	从列表框中选择某个多余的尺寸或约束，将其删除
尺寸 > 参考	选取一个多余的尺寸，将其转换为参考尺寸
解释	选择一个约束，获取约束说明

3.11 使用草绘器调色板

使用草绘器中的“调色板”,可以将“调色板”中的外部数据插入到当前活动对象中。下面以绘制五角星图元为例，举例说明草绘器使用的具体步骤。

（1）单击“草绘”操控板中的“调色板”按钮。弹出“草绘器调色板”对话框，如图 3.51 所示。“草绘器调色板”对话框有 4 组选项卡，分别是：

①“多边形”选项卡：有各种多边形可供选择。

②“轮廓”选项卡：有“C”形、“L”形等截面图形。

③“形状”选项卡：有各种常用截面形状，如十字形，椭圆形等。

④“星形”选项卡：有各种星形截面图，如 3 角星形，5 角星形，16 角星形等。

（2）单击“星形”选项卡，鼠标左键双击 5 角星形，接着单击在绘图区内的某一位置，弹出“旋转调整大小”对话框，同时系统用虚线框显示一个 5 角星形的图元副本，用户可以对这个副本进行缩放、平移和旋转操作。

（3）确定 5 角星形的缩放比例、位置及旋转方向后，单击按钮，保存操作，关闭“草绘器调色板”对话框，得到一个 5 角星形图元。

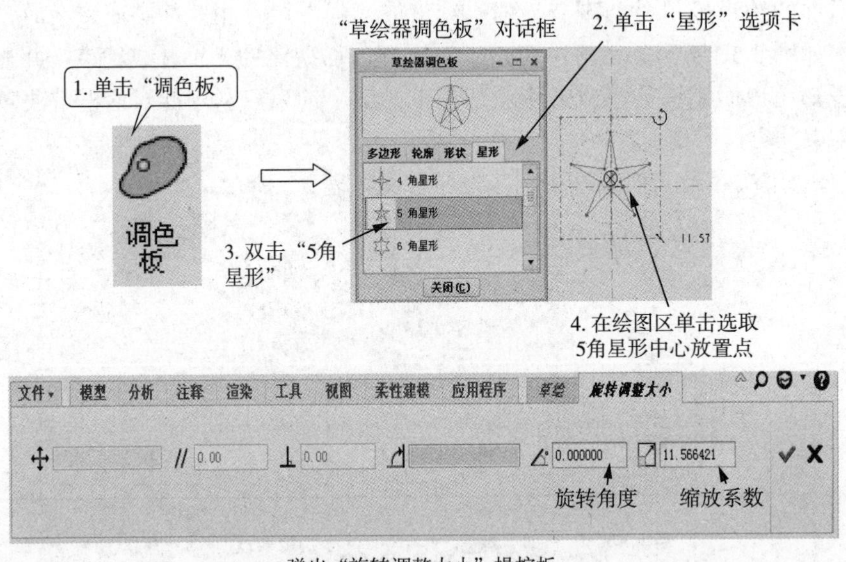

图 3.51　利用“草绘器调色板”绘制图元

3.12 草绘实例

本章节的三个草绘实例如图 3.52 ～图 3.54 所示。建议先观看老师讲解的操作视频，然后，读者再尝试着自己完成。

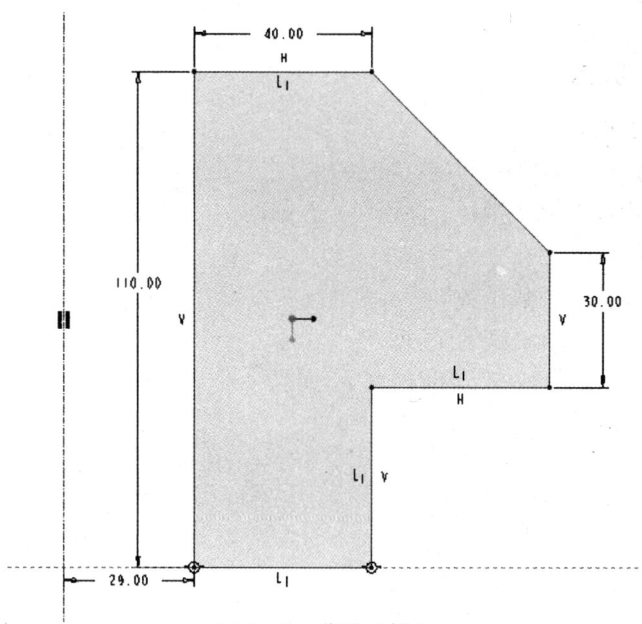

图 3.52 草绘示例 1

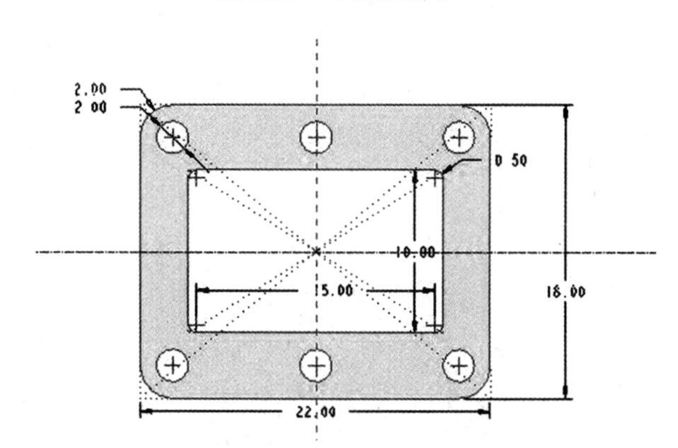

图 3.53 草绘示例 2

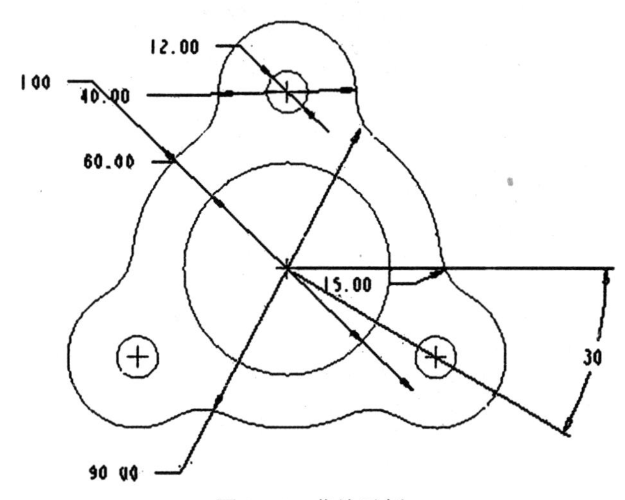

图 3.54 草绘示例 3

思考与练习

1. 如何使用调色板？
2. 草绘时，如何锁定/禁用/切换即时约束？
3. 如何给圆或者圆弧标注半径/直径尺寸？如何标注对称尺寸？
4. 如何改变草绘尺寸？
5. 如何设定尺寸值的小数位数？
6. 试着绘制图3.55所示的草绘截面。

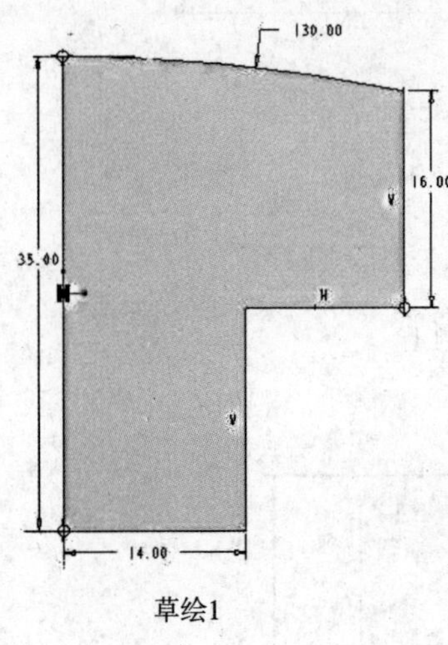

草绘1

草绘2

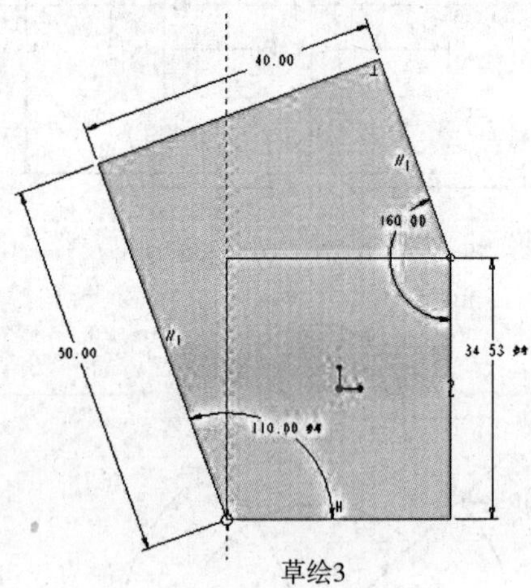

草绘3

图3.55　草绘练习

第4章 拉伸特征

拉伸特征是生成三维模型的一种最常用的方法，它通过将二维截面拉伸到合适位置来实现的。拉伸特征是简单的特征，只需要绘制截面、定义属性、产生方式及拉伸深度即可。如图 4.1 所示，虽然模型的形状各式各样，但是它们的创建方法都是相同的，都是利用拉伸命令创建的。拉伸命令主要用于外形较为简单、规则的实体或曲面成形。

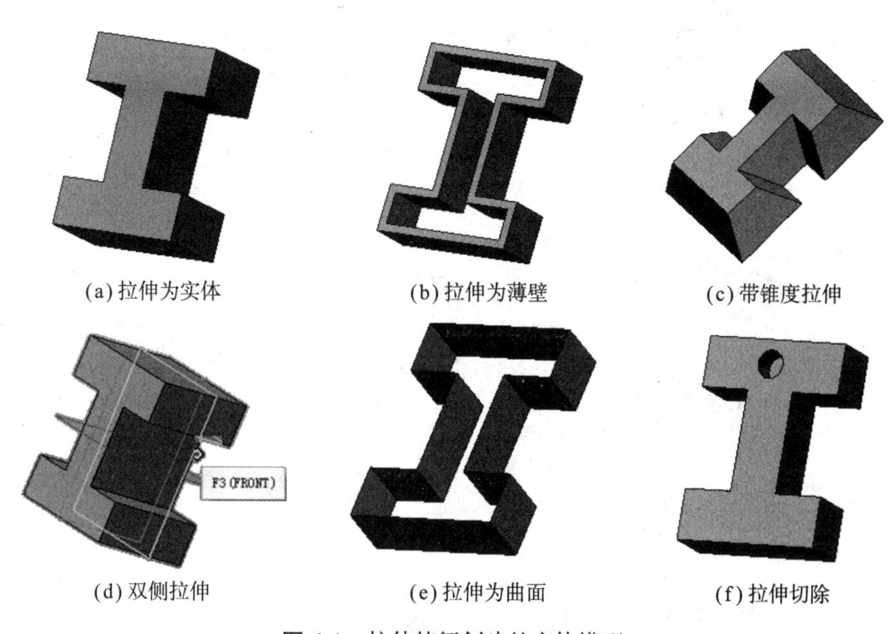

(a) 拉伸为实体　(b) 拉伸为薄壁　(c) 带锥度拉伸

(d) 双侧拉伸　(e) 拉伸为曲面　(f) 拉伸切除

图 4.1　拉伸特征创建的实体模型

4.1 拉伸特征操控板

新建一个模型零件，单击“模型”选项卡上“形状”组中的拉伸工具按钮，弹出“拉伸”操控板，如图 4.2（a）所示。

“拉伸”操控板大致分为 4 个区域，每个按钮的功能如图 4.2（b）所示。

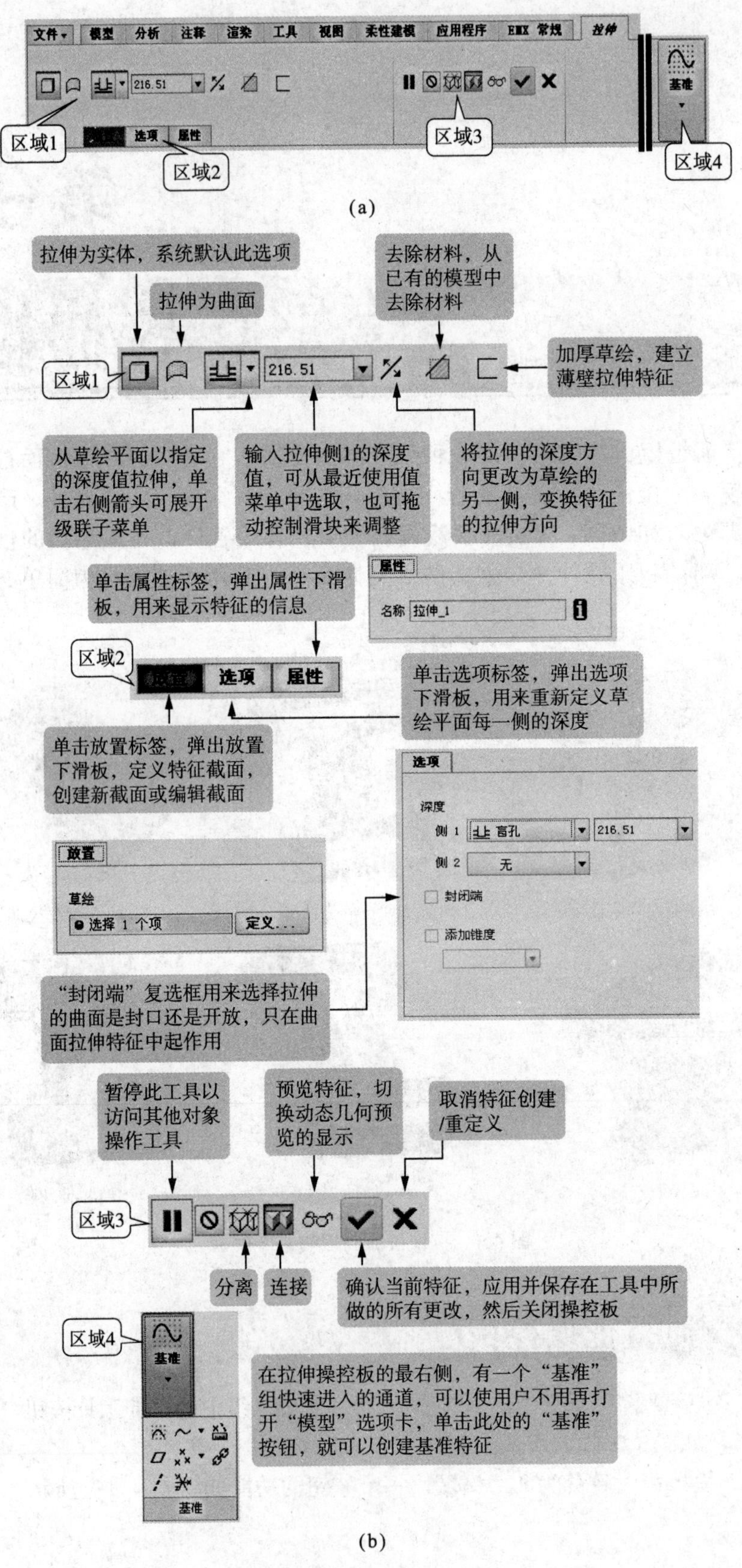

文件
模型
分析
注释
渲染
工具
视图
柔性建模
应用程序
EMX 常规
拉伸
216.51
基准
区域1
区域2
区域3
区域4
选项
属性
(a)
拉伸为实体，系统默认此选项
拉伸为曲面
去除材料，从已有的模型中去除材料
加厚草绘，建立薄壁拉伸特征
从草绘平面以指定的深度值拉伸，单击右侧箭头可展开级联子菜单
输入拉伸侧1的深度值，可从最近使用值菜单中选取，也可拖动控制滑块来调整
将拉伸的深度方向更改为草绘的另一侧，变换特征的拉伸方向
单击属性标签，弹出属性下滑板，用来显示特征的信息
名称
拉伸_1
单击选项标签，弹出选项下滑板，用来重新定义草绘平面每一侧的深度
单击放置标签，弹出放置下滑板，定义特征截面，创建新截面或编辑截面
深度
侧 1
盲孔
侧 2
无
封闭端
添加锥度
放置
草绘
选择 1 个项
定义...
“封闭端”复选框用来选择拉伸的曲面是封口还是开放，只在曲面拉伸特征中起作用
暂停此工具以访问其他对象操作工具
预览特征，切换动态几何预览的显示
取消特征创建/重定义
分离
连接
确认当前特征，应用并保存在工具中所做的所有更改，然后关闭操控板
在拉伸操控板的最右侧，有一个“基准”组快速进入的通道，可以使用户不用再打开“模型”选项卡，单击此处的“基准”按钮，就可以创建基准特征
(b)

图 4.2 “拉伸”操控板

4.2 创建实体拉伸特征实例

1. 设计流程

设计流程如图 4.3 所示。

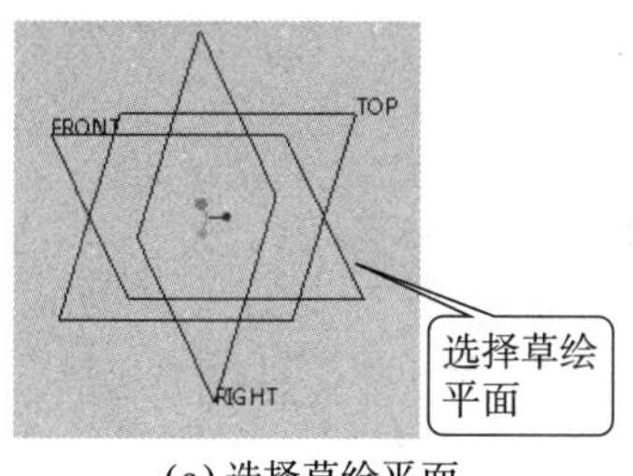

(a) 选择草绘平面

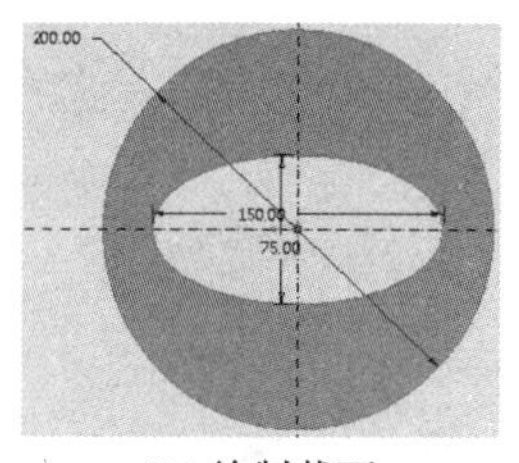

(b) 绘制截面

(c) 修改拉伸特征控件值创建实体拉伸特征

图 4.3 拉伸特征流程

2. 操作步骤

（1）新建一个零件模型文件。

（2）单击“模型”选项卡中的拉伸特征按钮，弹出拉伸特征操控板。

（3）单击放置选项卡按钮，单击定义...按钮［图 4.4（a）］，弹出草绘对话框，如图 4.4（b）所示。

（4）“草绘”对话框是用来选择草绘平面、草绘方向、参考及方向。在绘图区用鼠标拾取基准平面“TOP”作为草绘平面［图 4.4（c）］，则“草绘”对话框将产生一系列默认的其他选项［图 4.4（d）］。同时在工作区内“TOP”平面显示一个红色方向箭头，

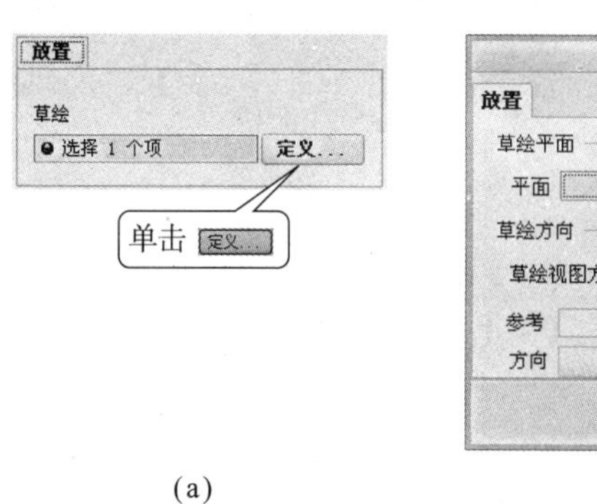

(a)

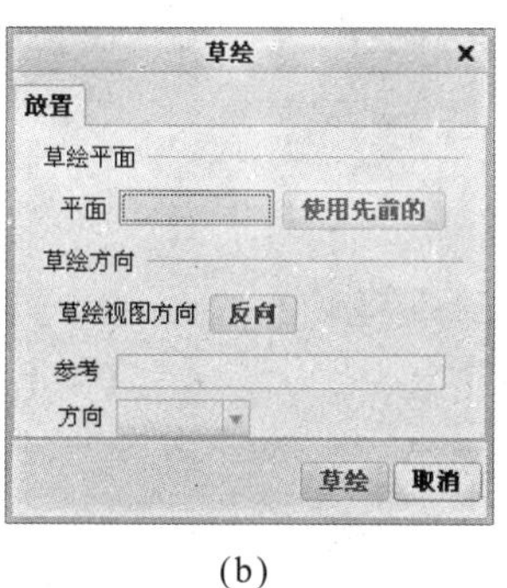

(b)

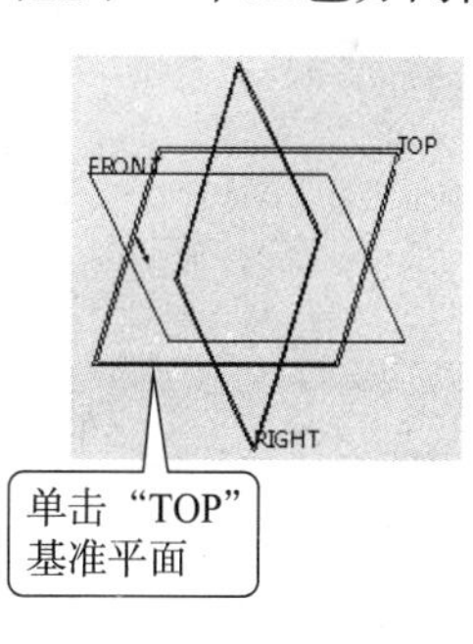

(c)

(d)

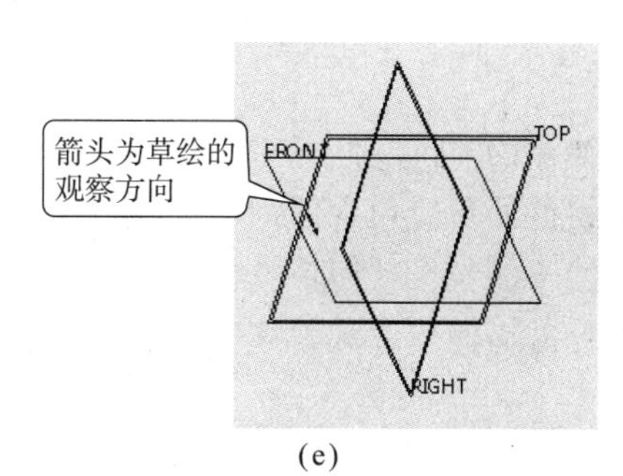

(e)

图 4.4 确定草绘平面

此箭头为草绘视图的观察方向［图 4.4（e）］。

（5）单击“草绘”对话框上的草绘按钮，进入草绘模式。

（6）在草绘模式下绘制封闭的二维截面图形作为拉伸截面，如图 4.3（b）所示。

（7）截面创建成功，在草绘器上单击✔按钮后返回“拉伸”操控板界面。

（8）在拉伸特征操控板上输入拉伸距离 300 并回车（按一下键盘“Enter”键称为回车），预览模型，确认模型的正确，单击“拉伸”操控板上的✔按钮，确认当前特征创建成功，如图 4.5 所示。

图 4.5　拉伸特征控件

（9）如要修改特征尺寸，则先在模型树中右键单击该特征，弹出右键菜单，如图 4.6 所示，选中“编辑定义”，系统再次打开“拉伸”操控板，在操控板的拉伸深度修改为“200”回车，单击确定即可将拉伸深度修改为 200。

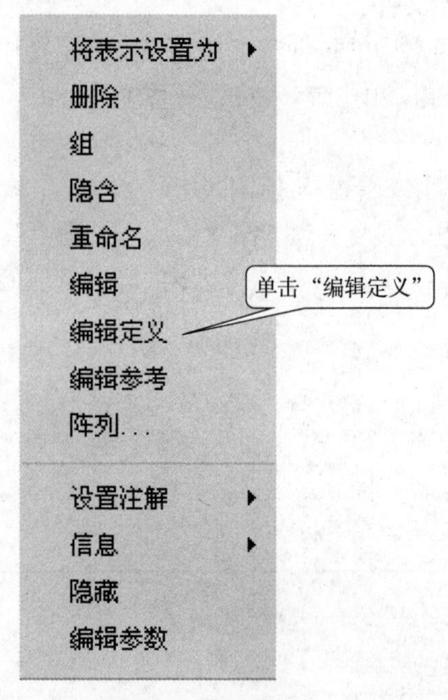

图 4.6　右键菜单

3. 注意事项

创建草绘截面时，应注意以下事项。

（1）草绘截面不应包含任何开放端。

（2）草绘不能包含任何重叠的图元。

（3）多环截面的所有环必须都是封闭的。

4.3 草绘平面和参考平面

前文已述，一般在进行三维设计时先绘制二维草绘截面，草绘截面所在的平面称为草绘平面。这个平面也是拉伸特征的起始面。操作中，可以使这个草绘平面与屏幕平行，就像图纸正对着用户的视线一样。

在 Creo 里，平面像一张纸一样，都是有正面和反面两个方向的，像基准平面 TOP 面、FRONT 面和 RIGHT 面，都有正面和反面，我们旋转这些基准面，系统默认的色彩是面为土黄色时为平面的正面，转过来以后基准面变成灰色，这就是该面的反面。二维空间有上、下、左、右 4 个方位，因此仅有一个平面是不能完全确定草绘平面的观察方位的，需要再有一个平面帮助说明左右或上下方位，这个平面就是参考平面。参考平面必须与草绘平面相互垂直，用来定位草绘平面的观察方向。

设置草绘平面时，系统会给出默认的参考平面，参考平面可接受默认的，也可以自行选取，如图 4.7 所示。如图 4.8 所示，我们选取立体的上表面为草绘平面，选择

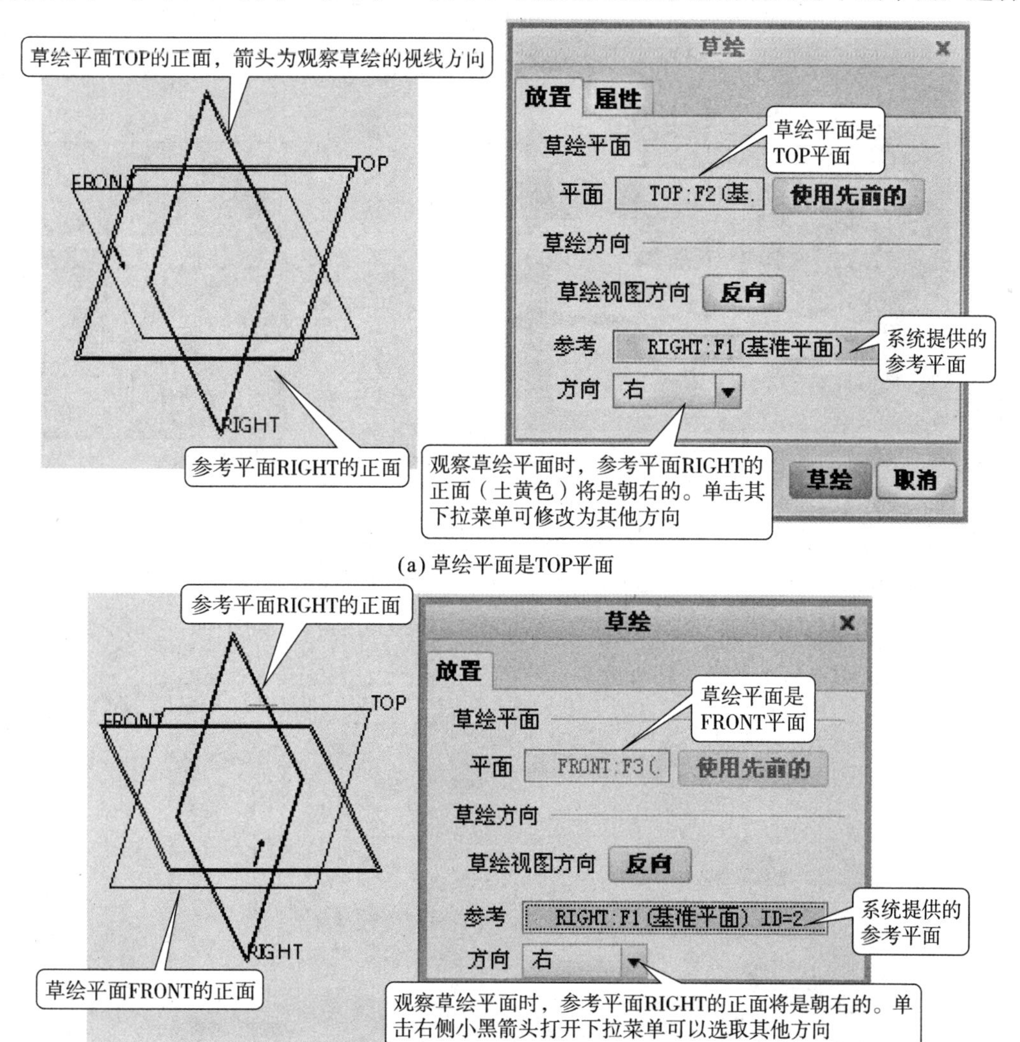

(a) 草绘平面是TOP平面

(b) 草绘平面是FRONT平面

图 4.7 草绘平面的选取

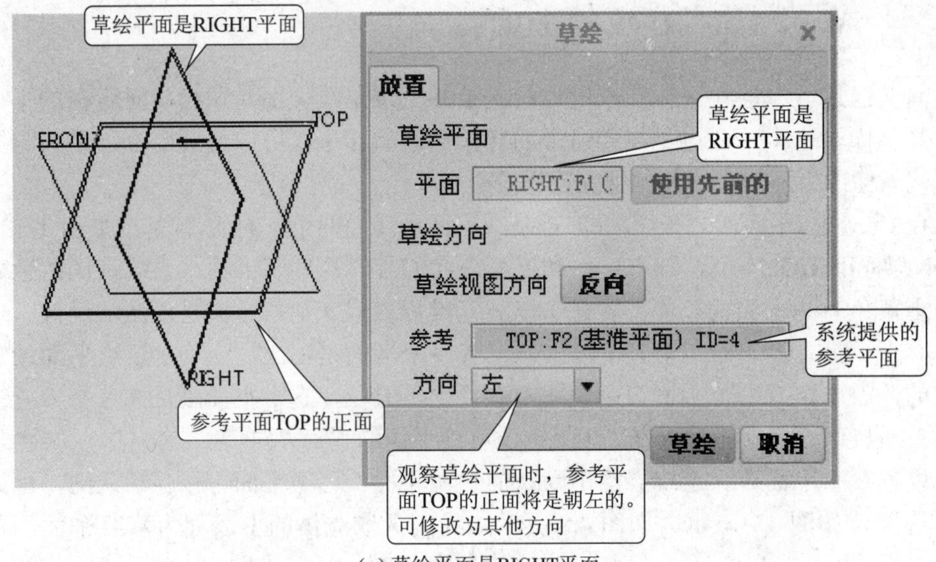

(c) 草绘平面是RIGHT平面

续图 4.7

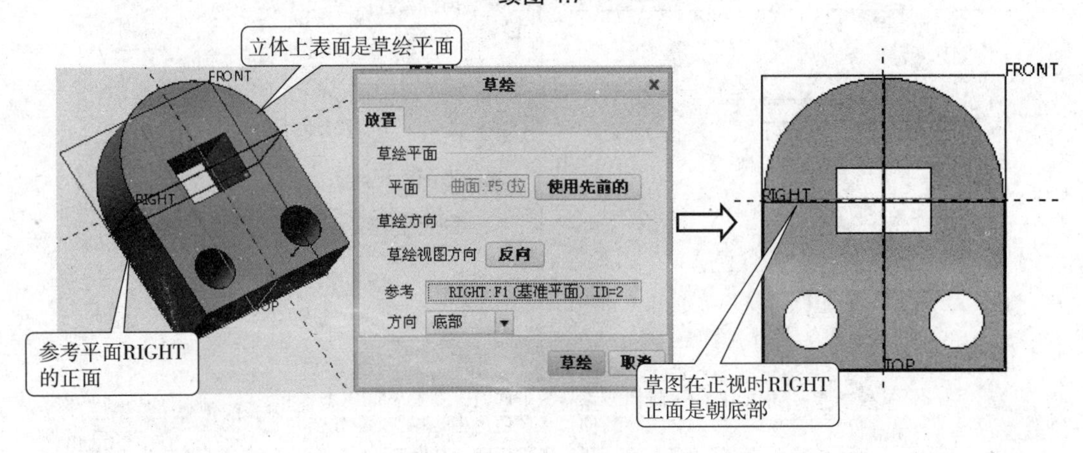

图 4.8　草绘平面的观察方向

RIGHT 正面朝底，这样单击“草绘”后，草绘的观察方向就是 RIGHT 正面朝底。

草绘平面可以是基准平面，也可以是已有实体或曲面特征的平面，如图 4.9 所示。

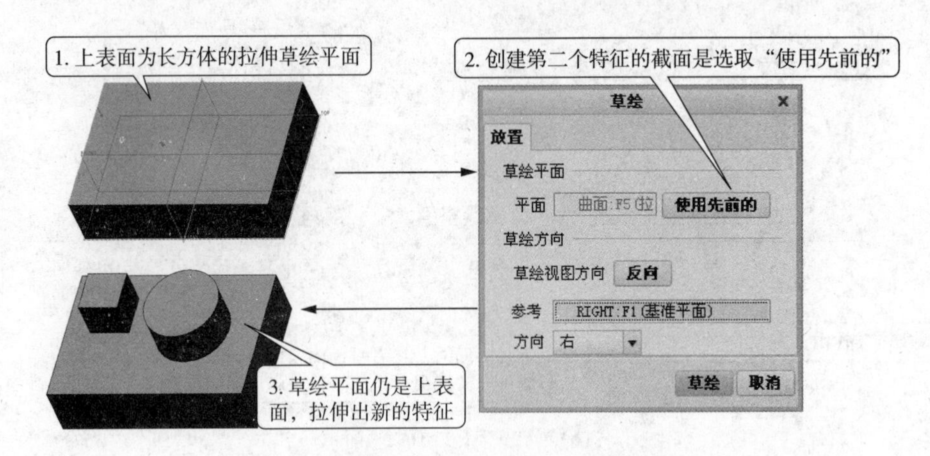

图 4.9　使用先前的草绘平面创建拉伸特征

如果还要在相同的草绘平面再次创建草绘时，则可单击“草绘”对话框中的“使用先前的”按钮，使用先前草绘特征的草绘设置。

在草绘时，如果要想使草绘平面与屏幕平行，单击“视图控制快速访问”工具栏的“草绘视图”即可。要想编辑草绘平面，可单击草绘器上“设置”组中的“草绘设置”，将重新打开“草绘”对话框，可更改草绘平面、草绘方向或更该草绘参考等。参考命令，在草绘环境中，可以指定参考的面或者线等。

参考平面的正面可以朝上、朝下、朝底和朝顶部 4 种定位的方法。具体操作步骤这里就不详细叙述了，读者可试着操作，慢慢体会。

4.4 拉伸特征的深度和方向

在“拉伸”操控板上可根据设计需要，设置拉伸特征的深度和方向。也可以右键单击图形窗口中的拖动控制滑块指定所需的深度选项。拉伸深度包括 7 个选项。

（1）“盲孔”：从草绘平面以指定的深度值拉伸。

这是默认的深度选项。可通过拖动控制滑块、在模型上编辑尺寸或使用操控板来设置深度值。

（2）“双侧对称拉伸”：以指定深度值的一半，对称于草绘平面双向拉伸。

截面在草绘平面的两侧进行对称拉伸。可编辑特征拉伸的总深度。

（3）“到选定项”：拉伸至给定的点、曲线、平面或曲面。

此选项可使拉伸在选定曲面上停止。不需要深度尺寸，但要指定拉伸到的面，选定的面可控制拉伸深度。请注意，截面必须通过选定的曲面。

（4）“穿透”：拉伸至与所有曲面相交。

此选项可使截面穿过整个模型进行拉伸。不需要深度尺寸，因为模型自身可控制拉伸深度。

（5）“穿至下一个”：拉伸至下一曲面。

此选项使拉伸操作在遇到下一个曲面时停止。不需要指定深度尺寸和指定拉伸平面，因为下一个曲面控制拉伸深度。

（6）“穿至”：拉伸至与选定曲面相交。

此选项可使拉伸在选定曲面上停止。不需要深度尺寸，因为选定曲面可控制拉伸深度。截面不必穿过选定曲面。

（7）“侧 1/ 侧 2”，这个选项和添加锥度的选项，都在“拉伸”操控板的“选项”下滑板里，如图 4.10 所示。“侧 1/ 侧 2”可以独立控制截面在草绘平面每侧的拉伸深度。默认情况下，截面在侧 1 上进行拉伸，但是，也可使其在侧 2 上拉伸。

对于初学者，建议先熟练掌握“盲孔”、“双侧对称拉伸”、“穿至下一个”、“侧 1/ 侧 2”等选项（图 4.11）。

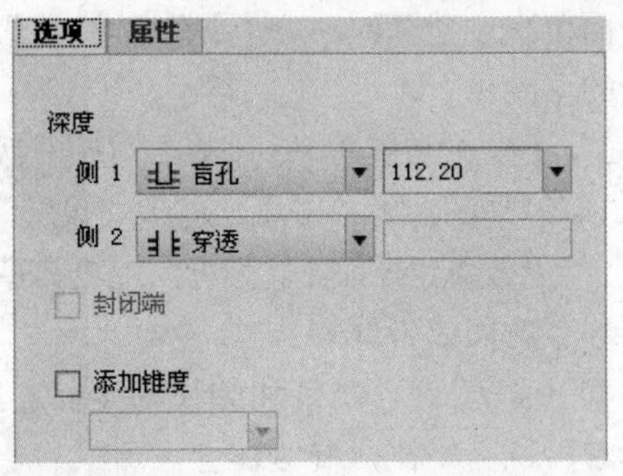

图 4.10 “拉伸”操控板的“选项”下滑板

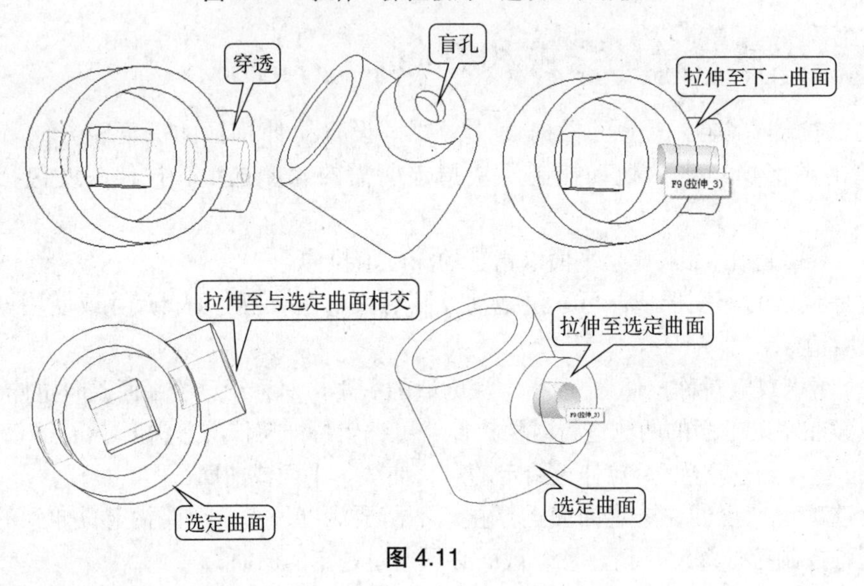

图 4.11

4.5 创建其他拉伸特征

4.5.1 拉伸为曲面特征

按照上面建立模型的步骤，在选择拉伸类型时选择“曲面”按钮，可创建拉伸面组，如图 4.12 所示。

4.5.2 拉伸为薄壁特征

按照上面建立模型的步骤，只是在选择拉伸类型时选择“实体”按钮和“加厚草绘”按钮，即可创建为薄壁特征，如图 4.13 所示。

图 4.12　拉伸为面

图 4.13　拉伸薄壁

4.5.3 切除材料

在选择拉伸类型时选择“实体”按钮的同时，选取“去除材料”按钮，即可创建切割特征，如图 4.14 所示。如果再选中加厚草绘右边的“反侧切除”按钮，则会切掉相反的部分，而保留草绘所在的部分，如图 4.15 所示。

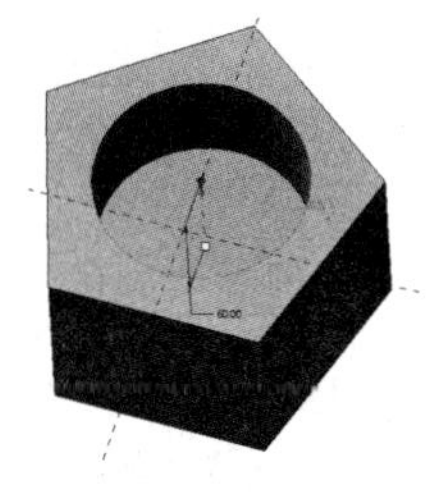

图 4.14 去除材料

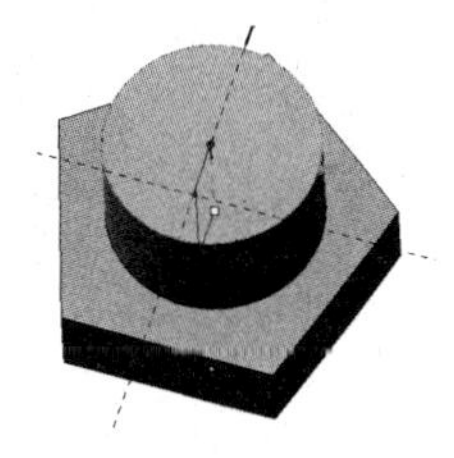

图 4.15 反侧去除材料

4.5.4 添加拉伸锥度（又称为拔模斜度）

单击“拉伸”操控板的“选项”按钮，打开“选项”下滑板，如图 4.16 所示，勾选“添加锥度”选项，并在下面的空格内输入锥度值并回车。拉伸锥度效果如图 4.17 所示。

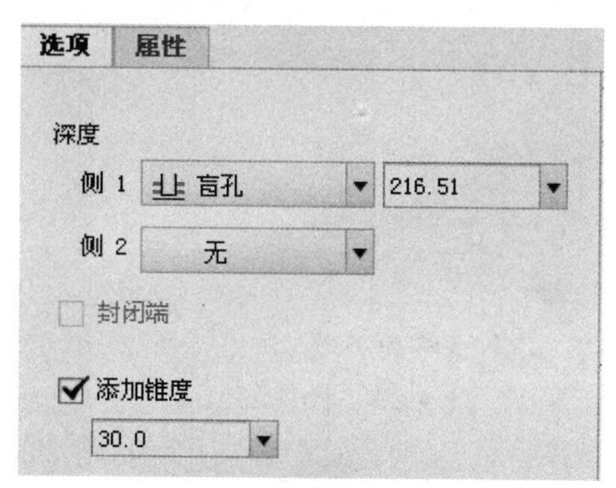

图 4.16 “选项”下滑板

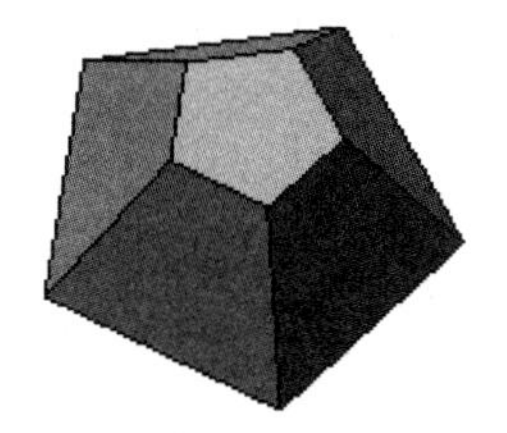

图 4.17 带锥度拉伸

4.5.5 双侧不对称拉伸

单击“拉伸”操控板的“选项”按钮，打开“选项”下滑板，如图 4.18 所示，侧 1 选“盲孔”输入深度值 30 并回车，侧 2 也选“盲孔”，输入深度值 70 并回车。双侧拉伸效果如图 4.19 所示。

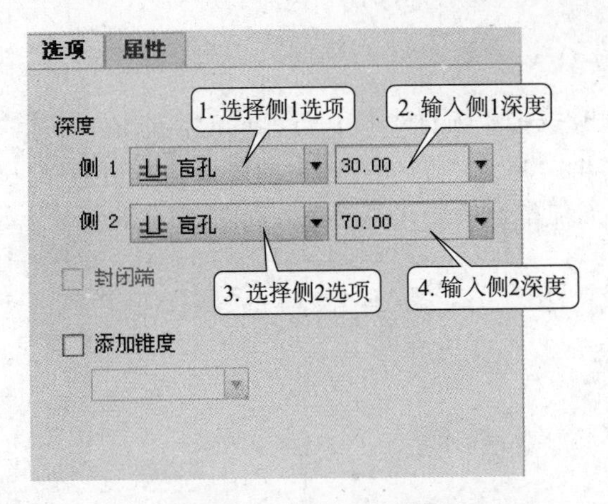

图 4.18 “选项”下滑板

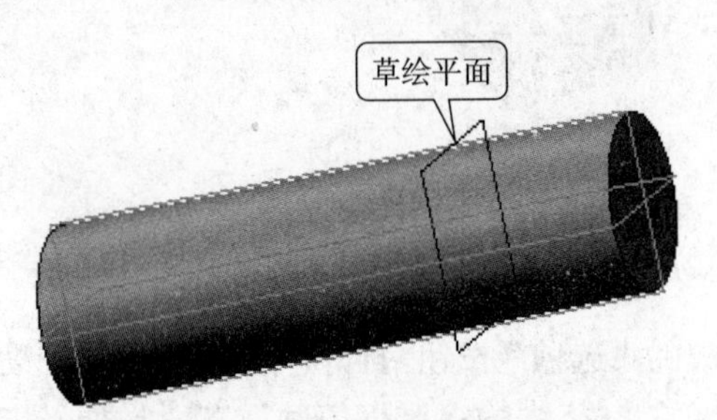

图 4.19　相对草绘平面双侧拉伸

思考与练习

1. 如何对称拉伸？
2. 如何双侧不对称拉伸？
3. 如何实现拉伸锥度（也称为拔模斜度）？
4. 试着练习如下拉伸模型（图 4.20 ～图 4.25）。

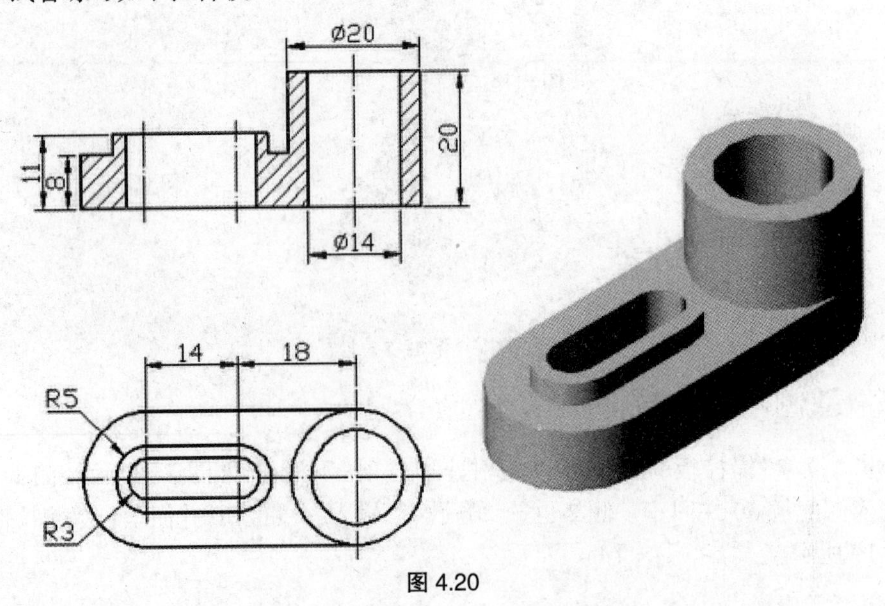

图 4.20

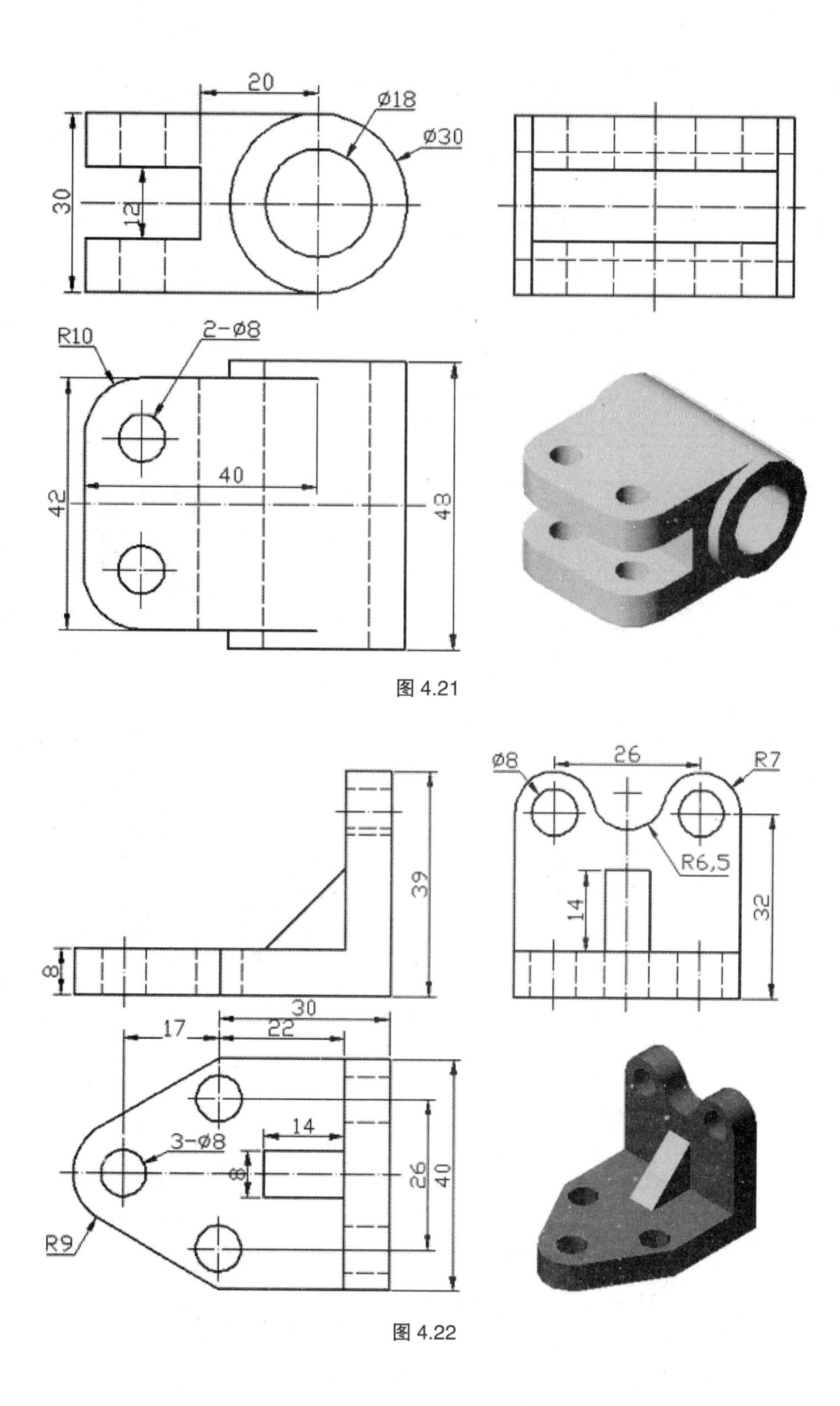
20
Ø18
Ø30
30
12
R10
2-Ø8
40
42
48
39
8
30
17
22
14
3-Ø8
8
26
40
R9
Ø8
26
R7
R6,5
14
32

图 4.21

图 4.22

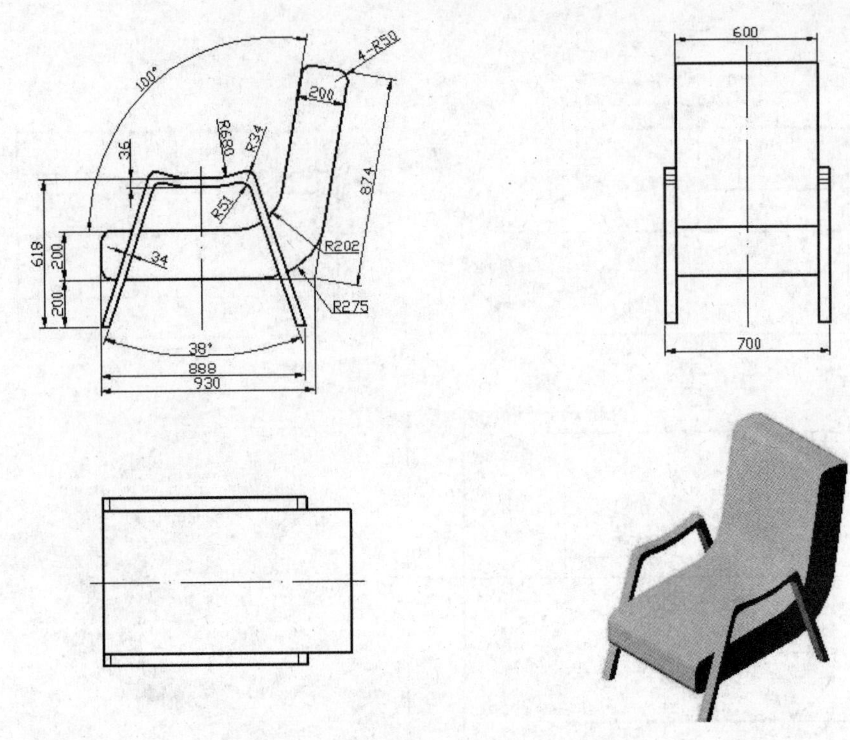
100°
4-R50
200
36
Ø898
R34
874
R51
R202
618
200
34
200
R275
38°
888
930
600
700

图 4.23

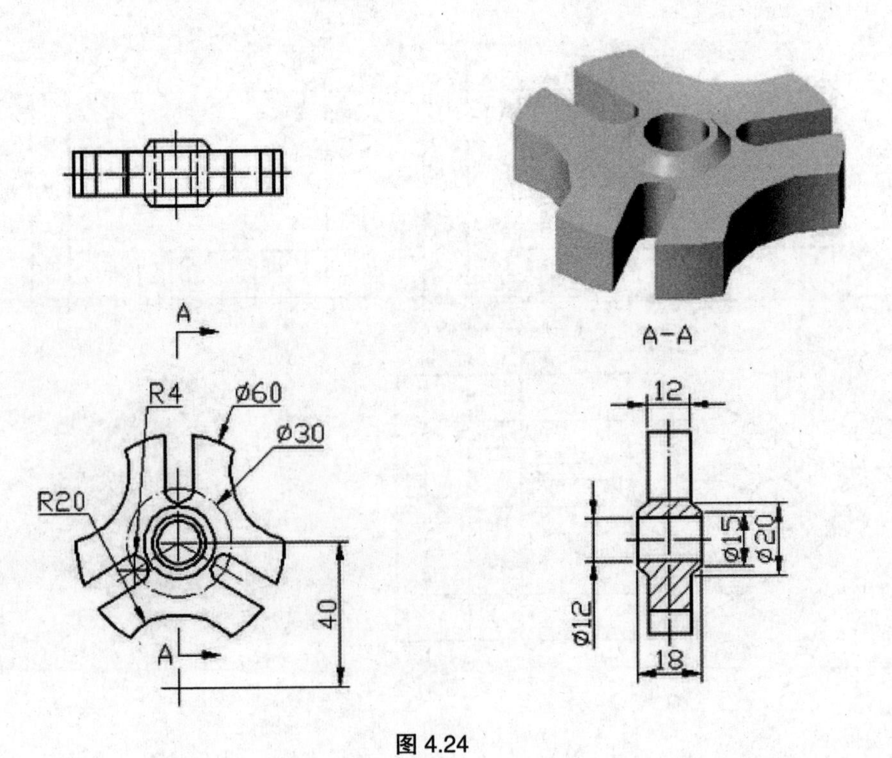
A
R4
Ø60
Ø30
R20
40
A
A-A
12
Ø15
Ø20
Ø12
18

图 4.24

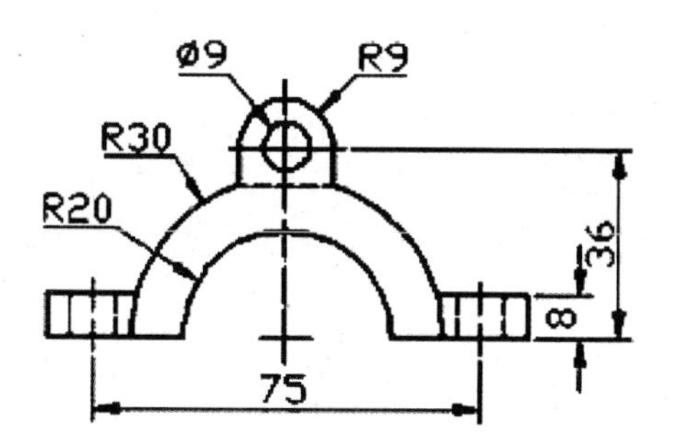

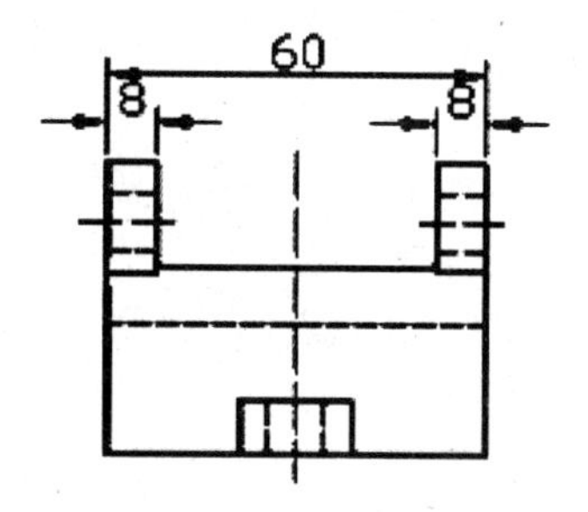

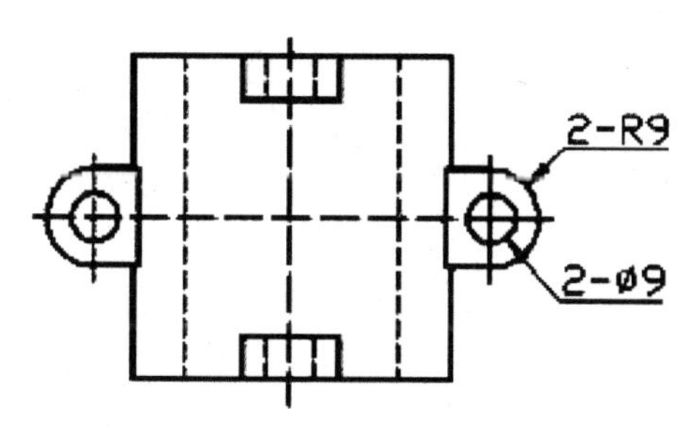

图 4.25

第5章

旋转特征

如图 5.1 所示，在一般情况下，轴类零件、盘（套）类零件等，都是使用旋转特征来构建基本体。这些旋转特征都需要一条旋转中心线才能建立，而且，形成旋转特征的截面一定要在中心线的一侧，否则无法创建旋转特征。

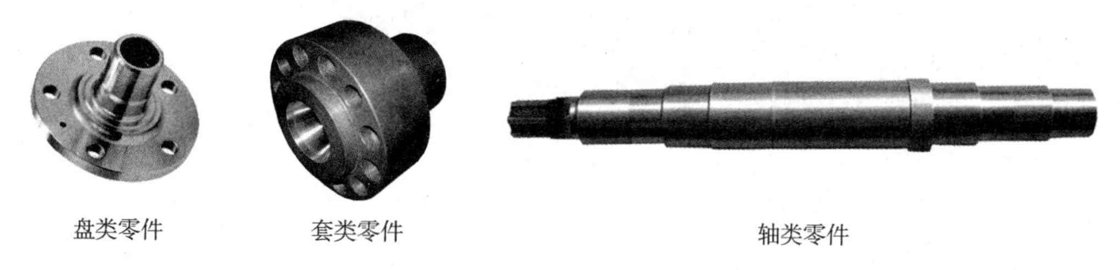

图 5.1

旋转特征是生成三维模型的一种常用的方法，只需要绘制截面、定义属性、旋转方向、旋转角度，即可生成旋转特征，操作步骤非常简单。

5.1 旋转特征操控板

新建一个零件模型文件，单击“模型”选项卡中的“旋转”工具按钮，弹出“旋转”操控板，如图 5.2 所示。“旋转”操控板中的各个按钮的功能如图 5.3 所示。其中，区域 2 和区域 4 中的各按钮的功能与“拉伸”操控板中的功能相似，在此不重复介绍。

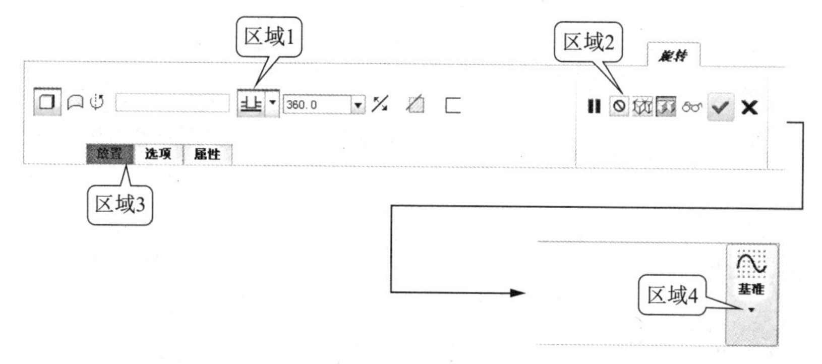

图 5.2 “旋转”操控板

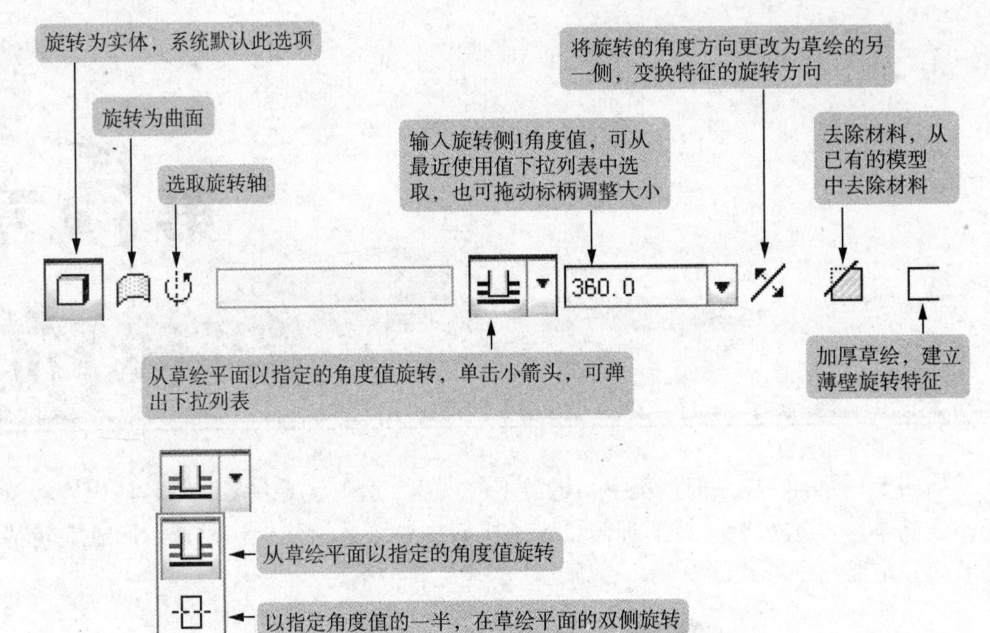

(a) 区域1

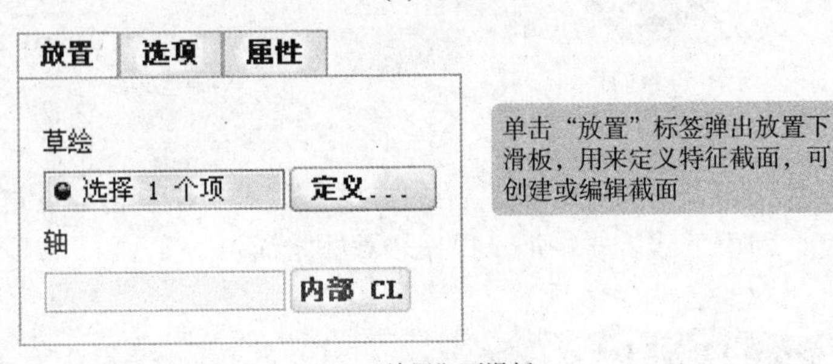

(b)“放置”下滑板

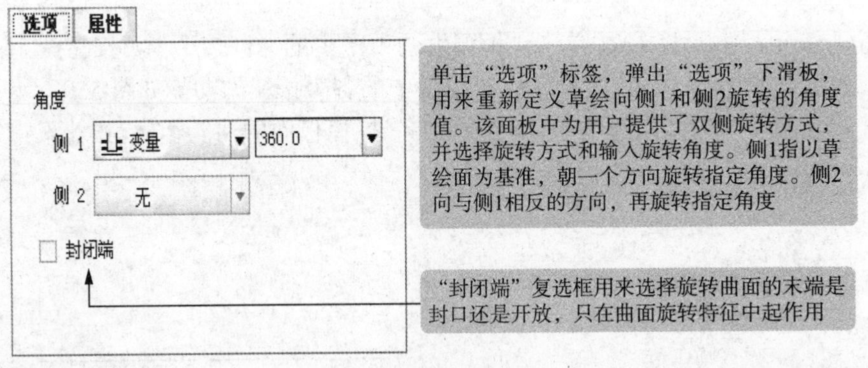

(c)“选项”下滑板

属性

名称 旋转_2

单击“属性”标签，弹出“属性”下滑板，用来定义当前特征的名称

(d)“属性”下滑板

图 5.3　“旋转”操控板中一些按钮的功能

5.2 创建旋转特征实例

下面介绍创建一个旋转特征的步骤，如图 5.4 所示。

（1）新建一个零件模型文件。

（2）单击“模型”选项卡中的“旋转”工具按钮，弹出“旋转”操控板。单击放置标签，在“放置”下滑板单击定义...按钮来选取旋转截面的“草绘”平面。单击选取“TOP”基准平面作为草绘平面，默认对话框的其他选项，单击草绘按钮，进入草绘模式，绘制二维截面图形如图 5.4（a）所示作为特征截面。

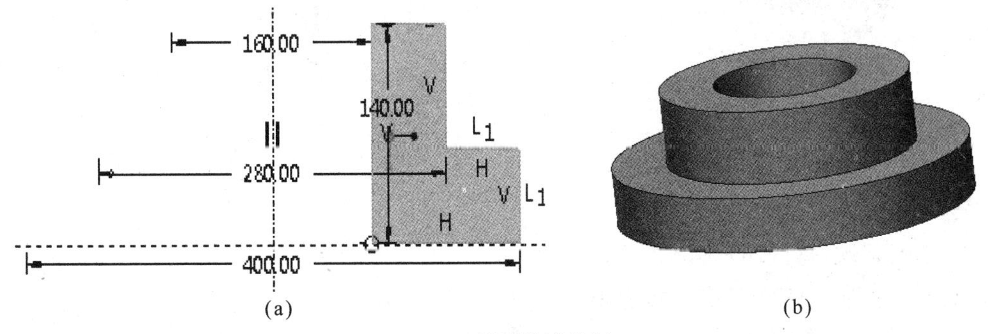

图 5.4 创建旋转特征

（3）截面创建好后，单击✔按钮后退出草绘，返回到“旋转”操控板，这时系统以草绘线的颜色显示特征实体的轮廓，如图 5.4（b）所示。设置侧 1 值为 90°，侧 2 值为 20°，如图 5.5（a）所示然后预览模型，最后确认模型的正确，单击☑按钮，当前特征创建成功，如图 5.5（b）所示。

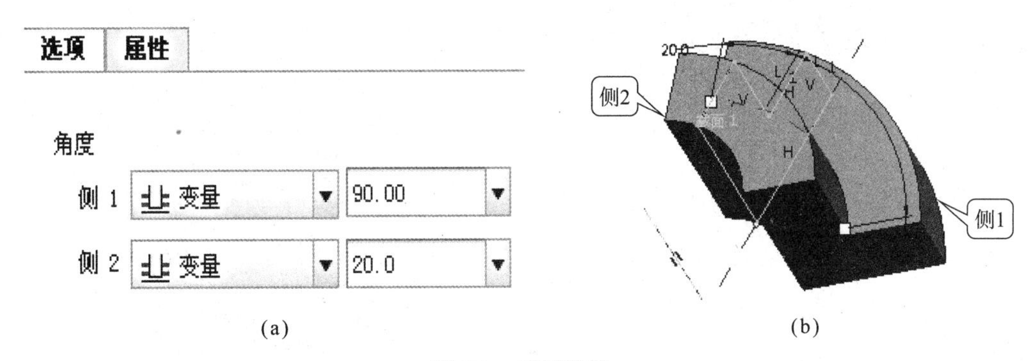

图 5.5 双侧旋转

5.3 创建其他旋转特征

（1）旋转曲面，按照上面建立模型的步骤，在选择旋转类型时选择曲面按钮，可旋转成曲面，如图 5.6 所示。

（2）加厚草绘，按照上面建立模型的步骤，在选择旋转类型时选择壁厚按钮，可加厚草绘，如图 5.7 所示。

图 5.6　旋转曲面

图 5.7　旋转薄壁

思考与练习

1. 如何实现对称旋转建模？
2. 如何实现双侧不对称旋转建模？
3. 尝试完成图 5.8 和图 5.9 所示的旋转模型。

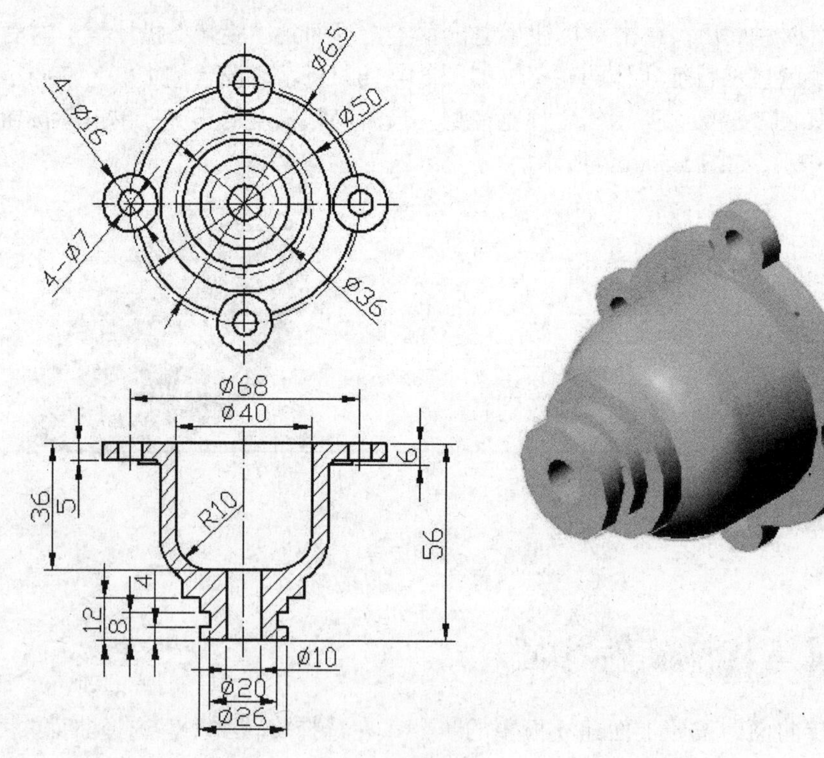

图 5.8

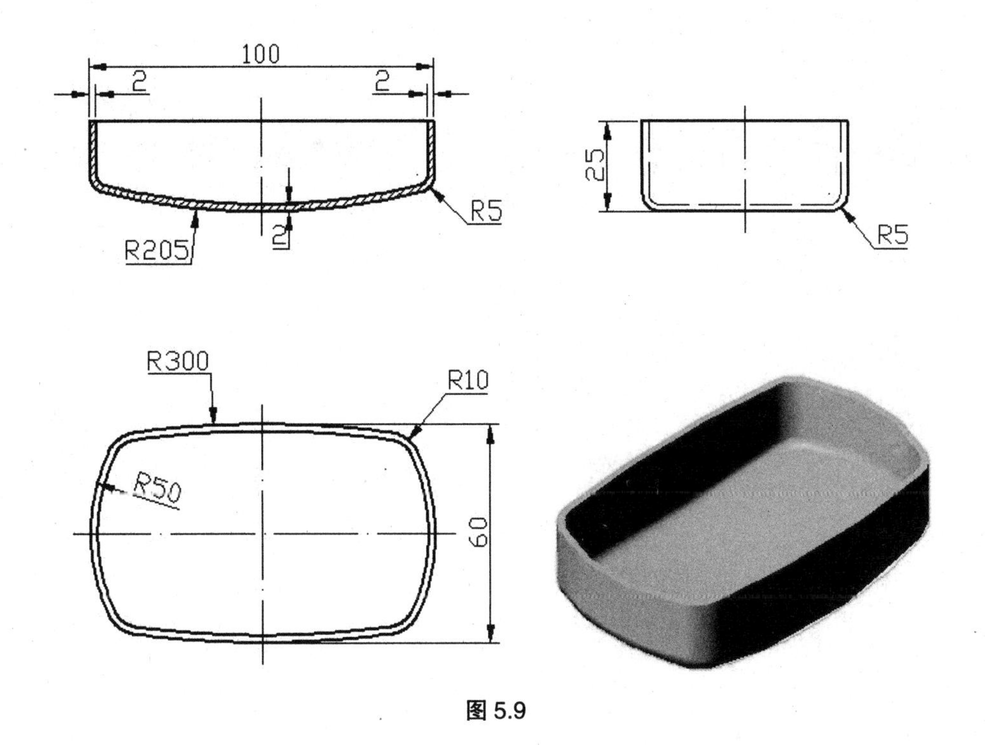

图 5.9

第6章 基准特征

6.1 基准特征概述

在建立零件特征时，需要使用基准特征作为参考。基准特征可用于标准尺寸参考、特征放置参考以及组件参考，一般情况，基准特征有以下 4 种类型。

（1）基准平面。

（2）基准轴。

（3）基准点。

（4）基准坐标系统。

使用基准特征主要用来辅助建立零件特征，使零件特征能够得以成功创建，在零件特征建立过程中起到重要作用。

例如，在轴上创建键槽时，需要先创建 DTM1 基准平面，这个基准面可以作为拉伸键槽的草绘平面，如图 6.1 所示，有了这个基准面，键槽特征才能够创建成功。

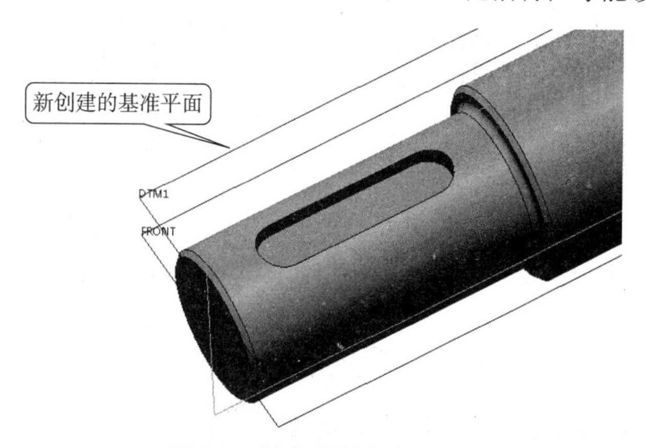

图 6.1　创建基准平面 DTM1

6.2 基准平面

平面是 Creo 2.0 的重要基准，在很多场合都需要它的出现和配合，特别是草绘截面必须在平面上进行。而基准平面就是一个没有几何的特殊形式平面。一个基准平面有三个要素：正面、反面和平面标记。例如，我们在创建零件模型过程中，看到的

FRONT、TOP 和 RIGHT 3 个基准平面，如图 6.2 所示。

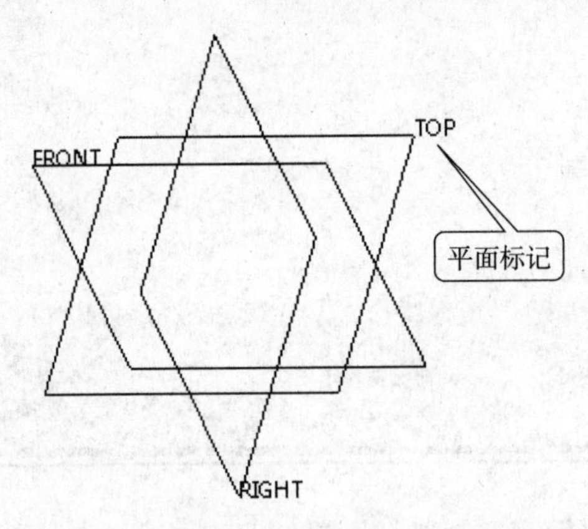

图 6.2 FRONT、TOP、RIGHT 基准平面

基准平面可以用于界定方向、标注的基准、尺寸的定位，以及作为草绘的参考平面等。

一个平面自然有两面，因此 Creo 2.0 中规定了其中一面作为基准平面的正面，而另一面自然作为反面，正、反面在 Creo 2.0 的不同的颜色方案中有不同的显示，但一般都是正面颜色要深一些，而背面颜色要浅一些，比如在白底黑色的颜色方案下，正面的颜色就是黑色而反面是灰色。

基准平面有正向与反向，利用基准平面来设置 3D 物体的方向时，需指定正向那一侧的面所应朝向的方向，如图 6.3 所示。

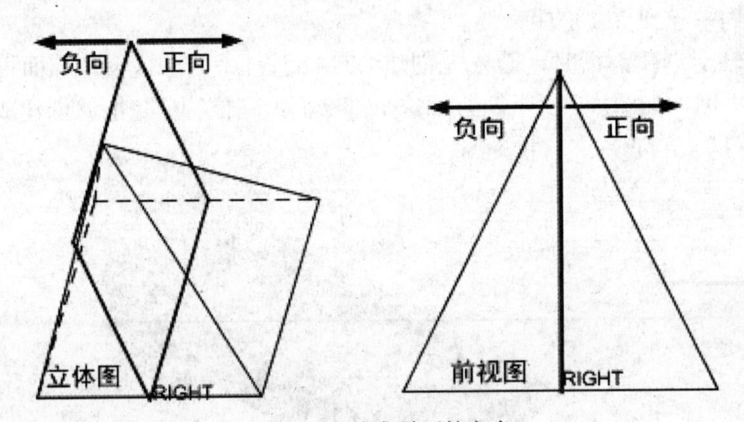

图 6.3 基准平面的方向

下面介绍在工程中经常使用的 8 种建立基准平面的方法。

6.2.1 通过两条共面的直线创建基准平面

（1）打开模型文件 6_1。

（2）单击“模型”选项卡上的平面按钮，弹出“基准平面”对话框，如图 6.4 所示。

（3）按住“Ctrl”键的同时选择共面的两条直线，也可以是轴线，参考一栏，都设置为“穿过”。观察新建基准面的预显，如图 6.5 所示，图中的箭头指示的方向为系统自动给出的基准平面的正向。如果正向方向不是我们所期望的，单击箭头可以将基准平面的正向更改为反方向。

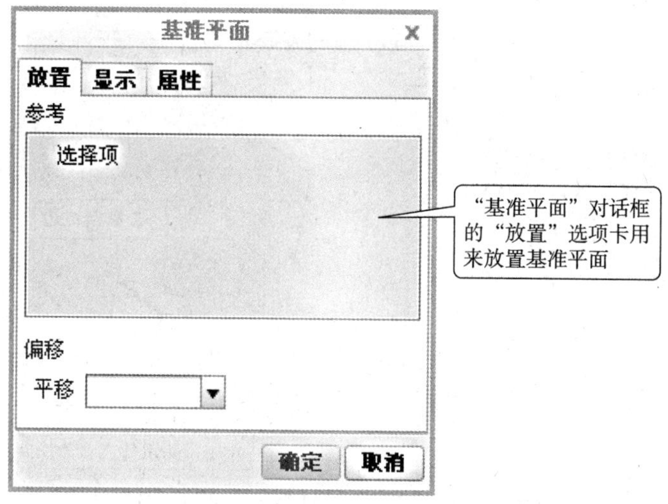

(a) “基准平面”对话框的“放置”选项卡

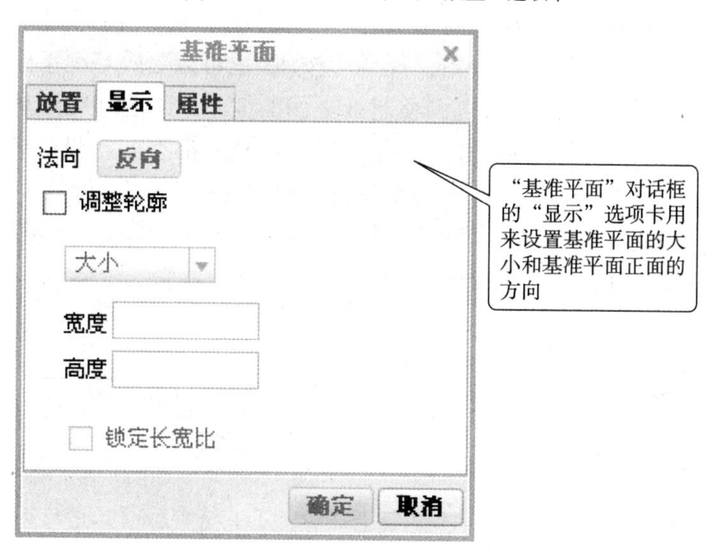

(b) “基准平面”对话框的“显示”选项卡

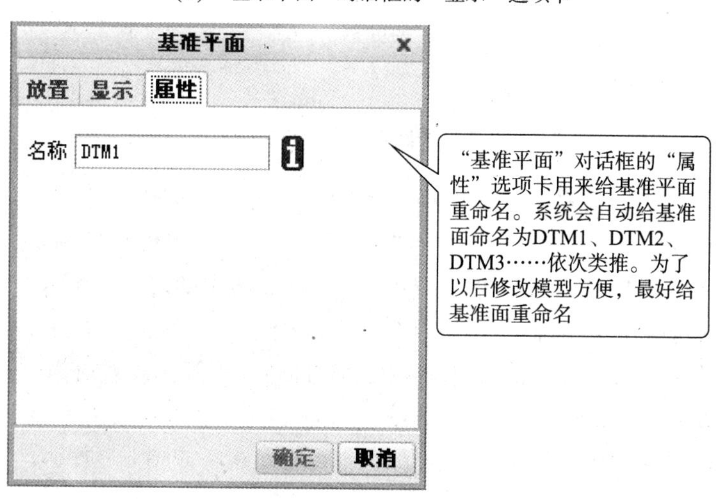

(c) “基准平面”对话框的“属性”选项卡

图 6.4 “基准平面”对话框的 3 个选项卡

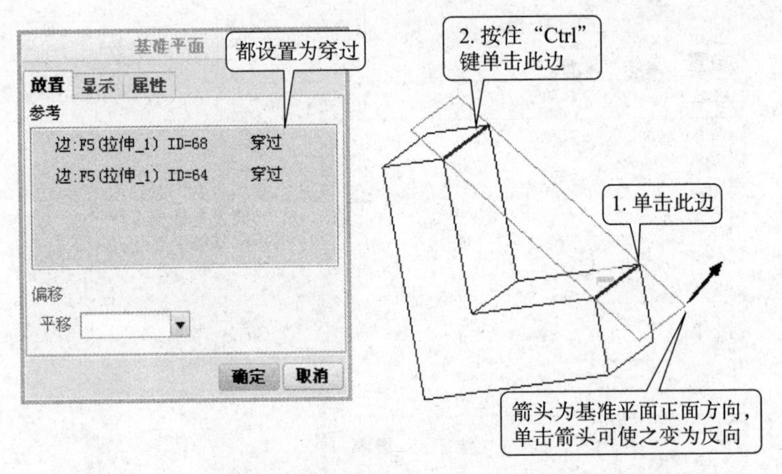

图 6.5 “基准平面”对话框的“放置”选项卡

（4）调整基准平面大小：预显正确无误后，在“基准平面”对话框中，单击“显示”按钮，打开“显示”选项卡。如果单击“反向”按钮，也可以更改基准平面的正向方向。如果勾选“调整轮廓”复选框，可以调整基准平面的大小。一般基准面是没有大小的，这个大小只是它显示在屏幕上的尺寸，一般情况下，我们都不需要调整基准面的大小。有时为了看着清晰美观，可以在这里调整基准面的大小。输入宽度值和高度值回车，或者拖动屏幕预显的四个小方框，都可以调整大小，如图 6.6 所示。此步为调整基准平面大小，可以不做，采用系统自动给出的平面大小。

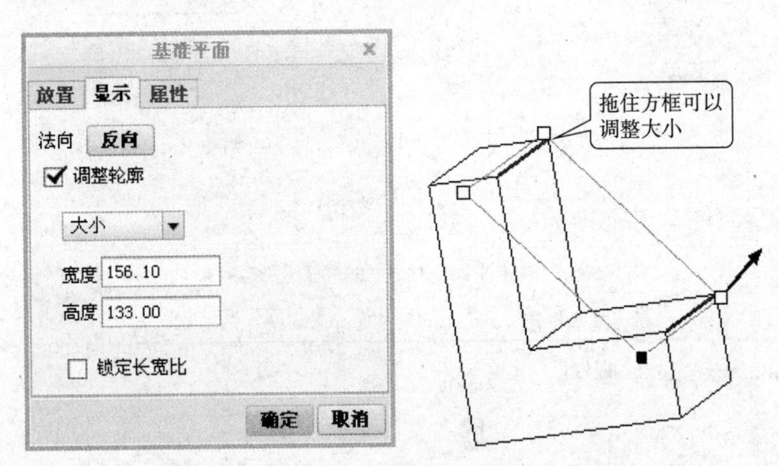

图 6.6 “基准平面”对话框的“显示”选项卡

（5）基准平面重命名：在“基准平面”对话框中，单击“属性”按钮，打开“属性”选项卡，这里可以给基准平面重命名。输入新名称后回车即可，如图 6.7 所示。此步骤为重命名基准平面，可以不做，而采用系统自动给出的名称。系统自动赋予第一个基准平面的名称为 DTM1，以后依次为 DTM2、DTM3，等等。读者可以养成重命名的习惯，对以后建模和修改提供方便。

（6）最后，单击“确定”按钮，完成基准面的创建，如图 6.7 所示。

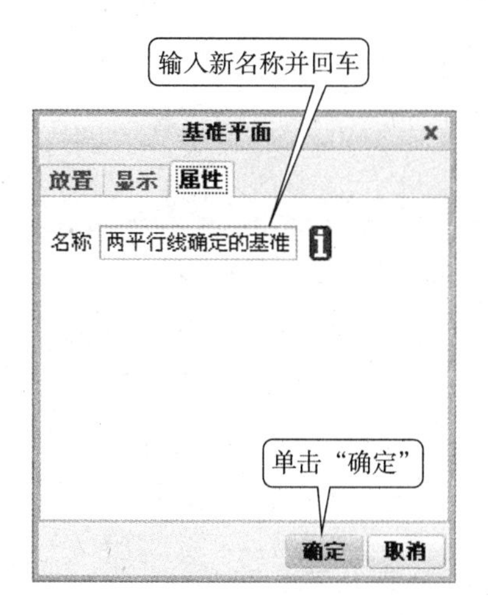

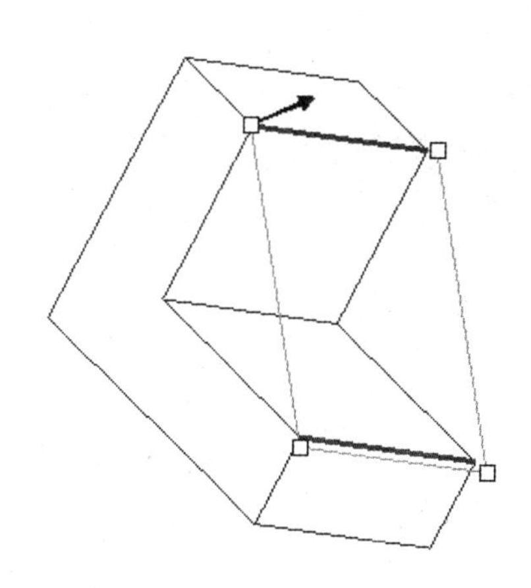

图 6.7 “基准平面”对话框的“属性”选项卡和基准平面预显

6.2.2 通过平面偏移创建基准平面

（1）打开模型文件 6_1。

（2）单击“模型”选项卡上的平面按钮▱，弹出“基准平面”对话框。

（3）单击选中模型上表面，如图 6.8 所示，在“放置”选项卡的参考下拉列表中选择“偏移”，在“平移”输入框里，输入平移距离为 60，并回车。重命名为“平面偏移基准面”（该步骤省略，参见 6.2.1）。最后，单击“确定”按钮，完成该偏移基准面的创建。

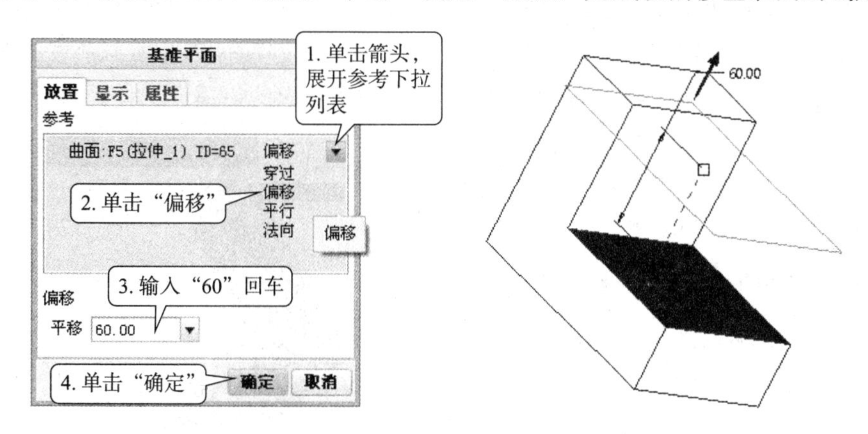

图 6.8 通过平面偏移创建基准面

6.2.3 通过不共线三点创建基准平面

（1）打开模型文件 6_1。

（2）单击“模型”选项卡上的平面按钮▱，弹出“基准平面”对话框。

（3）单击选中模型的一个顶点，如图 6.9 所示，按住“Ctrl”键的同时单击其余两个与之不共线的顶点，三个点的选取顺序先后没有关系，在“放置”选项卡中确认三个点的参考都选择“穿过”。重命名为“过三点的基准面”（该步骤省略，参见 6.2.1）。最后，单击“确定”按钮，完成该基准面的创建。

提示：选择的时候，选择一个以上的几何，必须按住“Ctrl”键的同时选择另外的

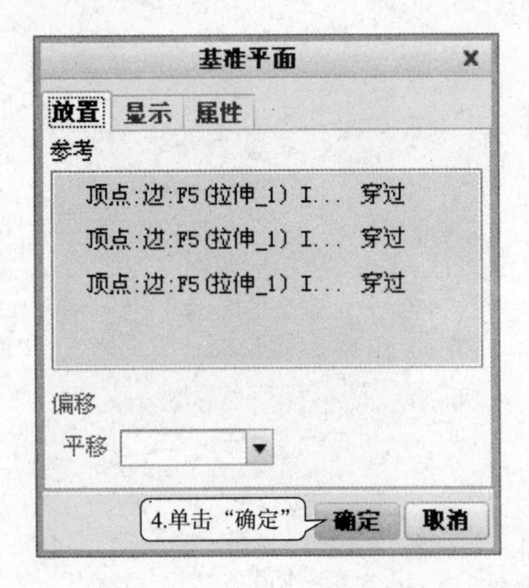

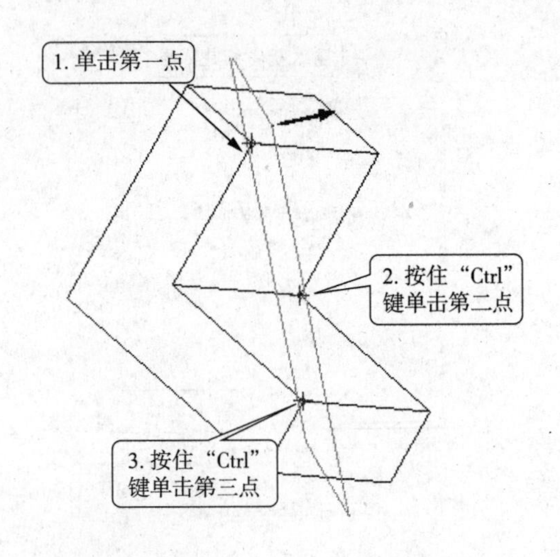

图 6.9　通过三个点创建基准平面

图元。如果想要去掉某几何，可按住“Ctrl”键再次单击几何，即可不选中该几何。

6.2.4　通过两个点与一个平面垂直创建基准平面

（1）打开模型文件 6_1 创建基准平面 1。

（2）单击“模型”选项卡上的平面按钮▱，弹出“基准平面”对话框。

（3）单击选中模型的一个顶点，如图 6.10 所示，按住“Ctrl”键的同时选择另一个顶点，最后按住 Ctrl 键同时选取左侧平面 (注意“基准平面”对话框中“曲面”后的参考选项应为“法向”)，生成平面预览，如图 6.10 所示，在“属性”选项卡中重命名为“两点一面基准面”，单击“确定”按钮，即完成此基准平面的创建。

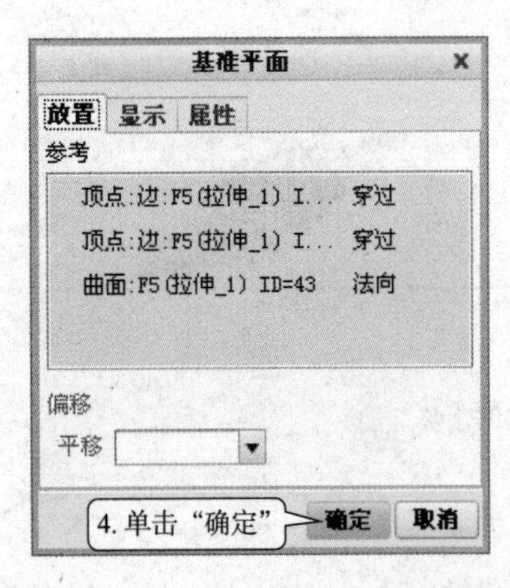

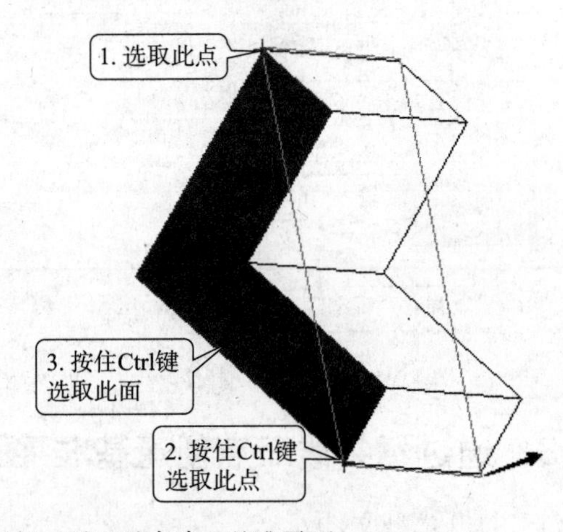

图 6.10　通过两个点与一平面垂直建立基准平面

6.2.5　通过一点与一个平面平行创建基准平面

（1）打开模型文件 6_2 创建基准平面 2。

（2）单击“模型”选项卡上的平面按钮▱，弹出“基准平面”对话框。

（3）单击选中模型的后面，如图 6.11 所示，按住“Ctrl”键的同时选中模型的一个顶点，确认“放置”选项卡中点的参考为“穿过”，面的参考为“平行”。重命名为“过

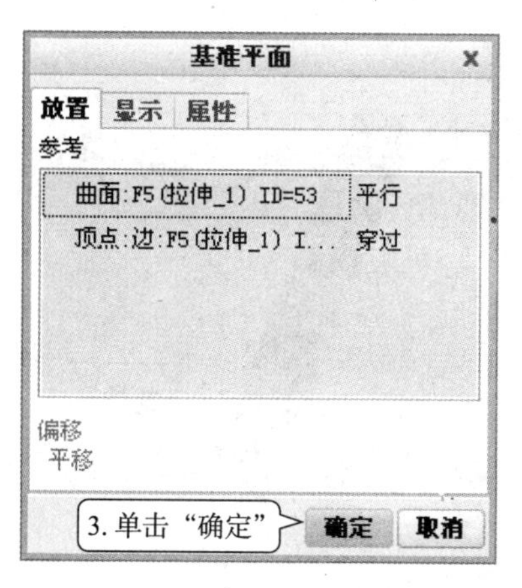

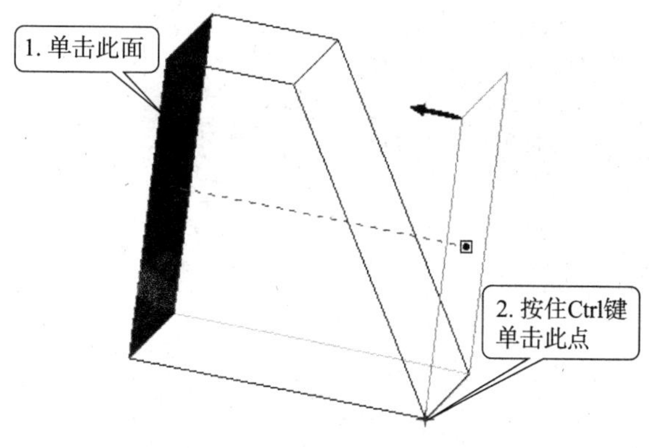

图 6.11　通过一个点与一平面平行建立基准平面

点与一面平行的基准面”。最后单击“确定”按钮，完成该基准面的创建。

6.2.6　通过一点与一直线垂直创建基准平面

（1）打开模型文件 6_2 创建基准平面 3。

（2）单击“模型”选项卡上的平面按钮▱，弹出“基准平面”对话框。

（3）单击选中模型的一条边，如图 6.12 所示，按住“Ctrl”键的同时单击一顶点，确认“放置”选项卡中点的参考为选择“穿过”，边的参考为“法向”。重命名为“过一点与一直线垂直基准面”。最后，单击“确定”按钮，完成该基准面的创建。

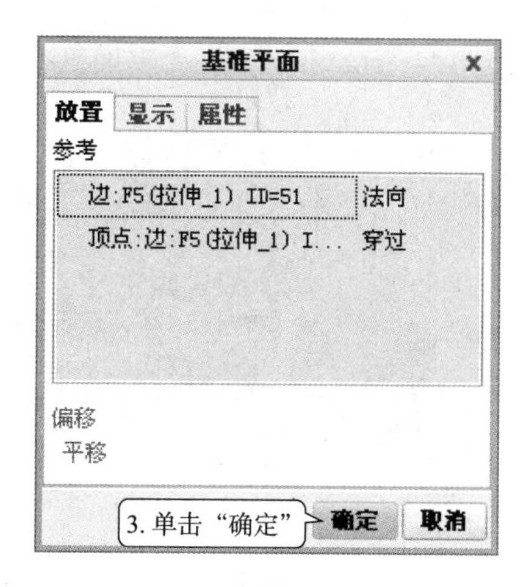

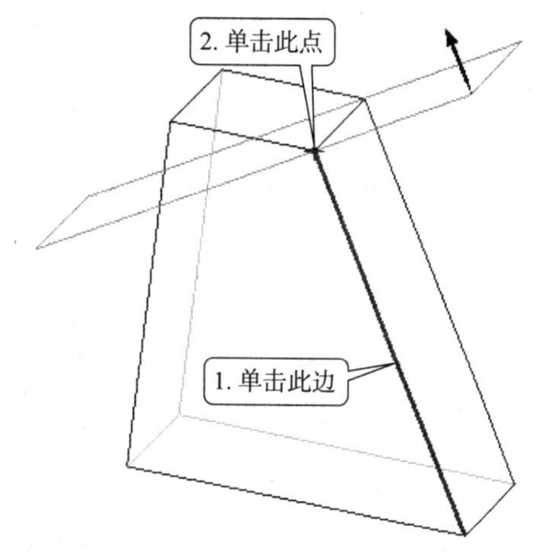

图 6.12　通过一个点与一直线垂直建立基准平面

6.2.7　通过角度偏移创建基准平面

（1）打开模型文件 6_2 创建基准平面 4。

（2）单击“模型”选项卡上的平面按钮▱，弹出“基准平面”对话框。

（3）单击选中模型的一个面，如图 6.13 所示，按住“Ctrl”键的同时单击一条边，在“放置”选项卡中确认面的参考为“偏移”，边的参考为“穿过”，在“旋转”文本框中输入偏移角度 45 后回车。重命名为“角度偏移基准面”。最后单击“确定”按钮，完成该基准面的创建。

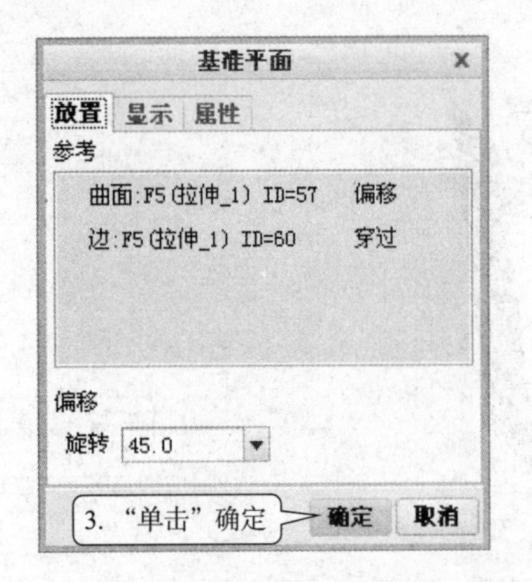

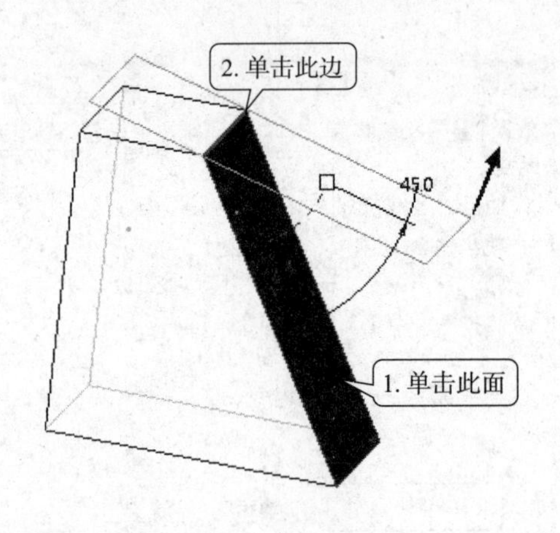

图 6.13　通过角度偏移建立基准平面

6.2.8　通过一点 / 线与曲面相切创建基准平面

（1）打开模型文件 6_3 创建基准平面 5。

（2）单击“模型”选项卡上的平面按钮▱，弹出“基准平面”对话框。

（3）单击选中模型的一条边，如图 6.14 所示，按住“Ctrl”键的同时单击圆柱面，在“放置”选项卡中确认面的参考为“相切”，边的参考为“穿过”。重命名为“过线与曲面相切基准面”。最后单击“确定”按钮，完成该基准面的创建。

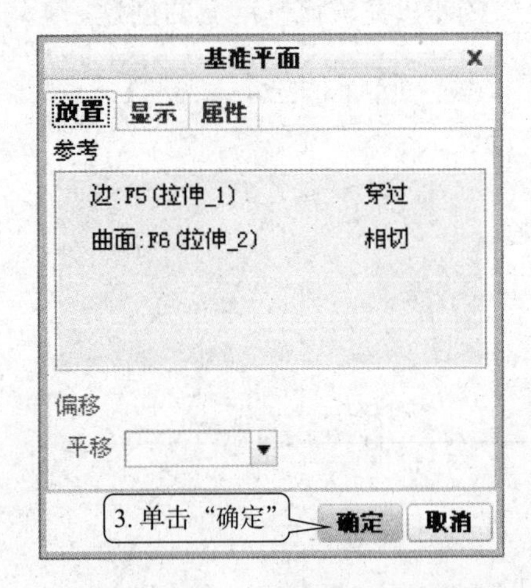

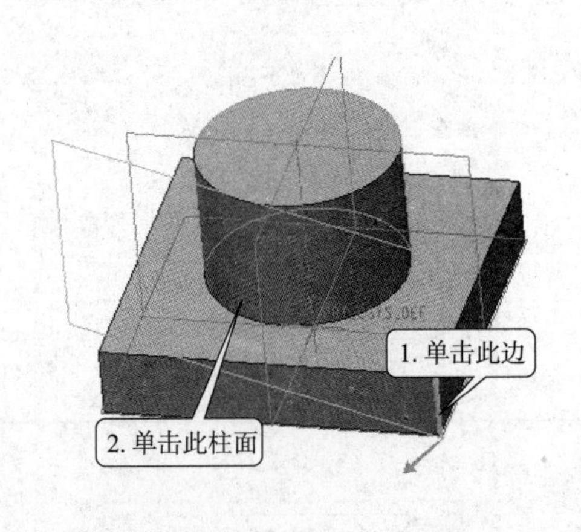

图 6.14　通过一直线与一曲面相切建立的基准平面

6.3 基准轴

基准轴是一种基准特征，与基准平面一样，基准轴也可以用作特征创建的参考。在创建基准平面、同轴项目和创建径向阵列时经常要用到基准轴。

还有一种基准轴，是在创建特征时伴随所创建特征产生的，例如拉伸圆柱、旋转特征等。创建基准轴的方法如下。

6.3.1 通过一直边创建基准轴

（1）打开模型文件 6_4 创建基准轴。

（2）单击“模型”选项卡上的基准轴按钮 /，弹出“基准轴 ”对话框。

（3）单击选中模型的一个直边，如图 6.15 所示，在“放置”选项卡中确认边的参考为“穿过”。重命名为“通过直边的基准轴”（该步骤省略，与基准面相同，参见 6.2.1）。最后单击“确定”按钮，完成该基准轴的创建。

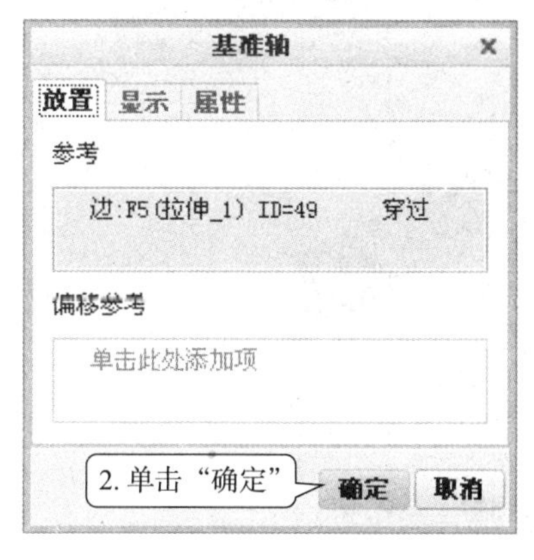

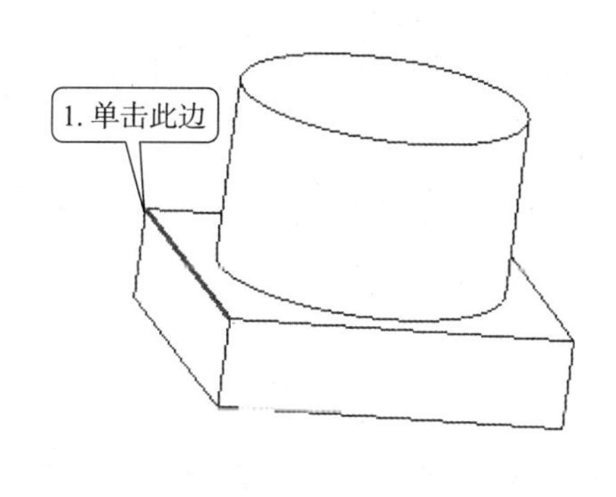

图 6.15 通过一条直边的基准轴

6.3.2 通过两点创建基准轴

（1）打开模型文件 6_4 创建基准轴。

（2）单击“模型”选项卡上的基准轴按钮 /，弹出“基准轴 ”对话框。

（3）按住“Ctrl”键的同时单击选中模型的 2 个顶点，如图 6.16 所示，在“放置”选项卡中确认点的参考为“穿过”。重命名为“通过两点的基准轴”。最后单击“确定”按钮，完成该基准轴的创建。

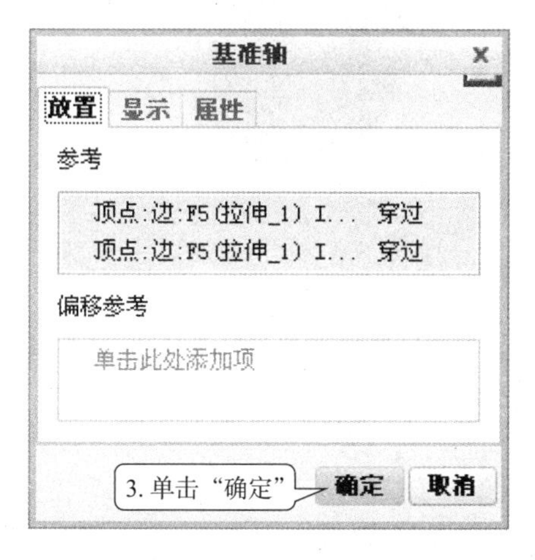

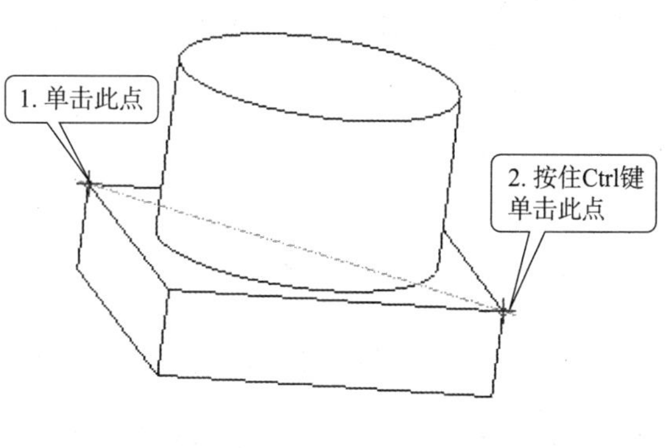

图 6.16 通过两点创建基准轴

6.3.3 通过两个相交平面创建基准轴

（1）打开模型文件 6_4 创建基准轴。

（2）单击“模型”选项卡上的基准轴按钮/，弹出“基准轴 ”对话框。

（3）按住“Ctrl”键的同时单击选中模型的2个面，如图6.17所示，在放置选项卡中确认面的参考为“穿过”。重命名为“通过两相交平面的基准轴”。最后单击“确定”按钮，完成该基准轴的创建。

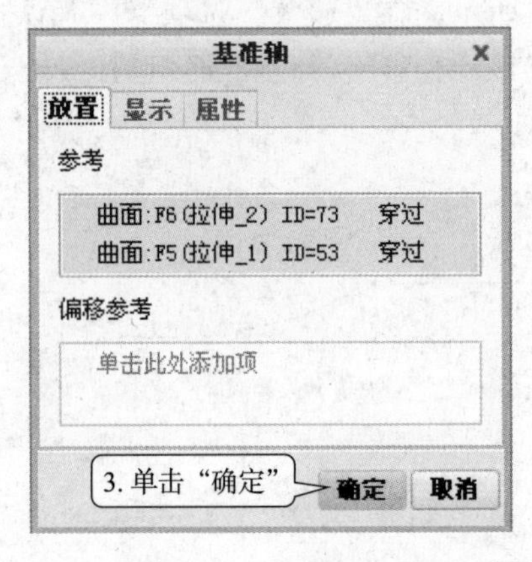

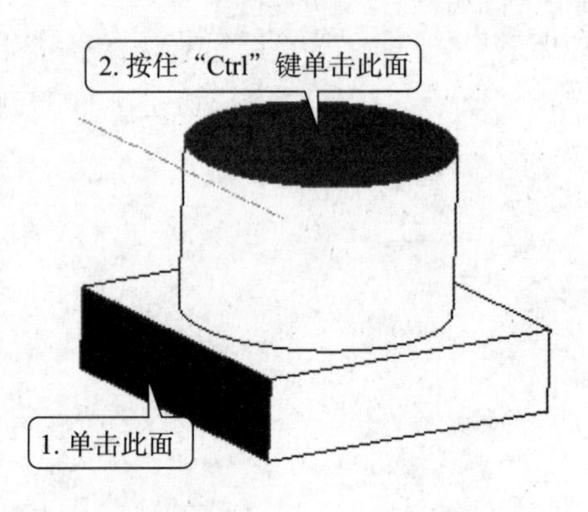

图6.17　通过两个不平行平面创建基准轴

6.3.4　通过面上一点且垂直于平面创建基准轴

（1）打开模型文件6_4创建基准轴。

（2）单击“模型”选项卡上的基准轴按钮/，弹出“基准轴 ”对话框。

（3）按住“Ctrl”键的同时单击选中模型的面和面上的一点（此例为拾取点1），如图6.18所示，在“放置”选项卡中确认面的参考为“法向”，点的参考为“穿过”。重命名为“通过面上点与平面垂直的基准轴”。最后单击“确定”按钮，完成该基准轴的创建。

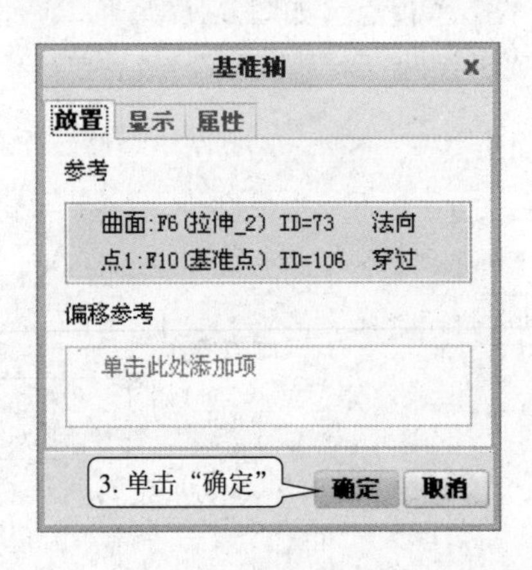

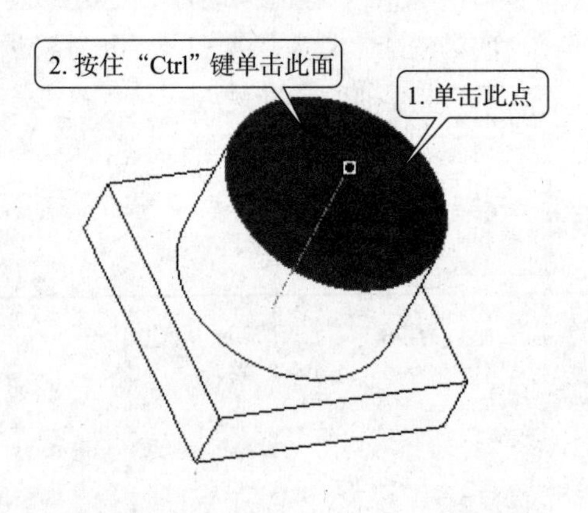

图6.18　通过平面上一点且垂直于平面创建基准轴

6.3.5　通过垂直于平面和偏移创建基准轴

（1）打开模型文件6_4创建基准轴。

（2）单击“模型”选项卡上的基准轴按钮/，弹出“基准轴 ”对话框。

（3）单击选中模型的平面，如图6.19所示，在“放置”选项卡中单击“偏移参考”下面的空白区，以激活偏移的选取，然后单击选取一个面作为偏移参考，按住“Ctrl”键再拾取另一方向的面作为第二偏移参考。在“偏移参考”内分别修改偏移距离为25

和 30。重命名为“垂直于平面和偏移的基准轴”。最后单击“确定”按钮，完成该基准轴的创建。

6.3.6 通过曲线上一点并与曲线相切创建基准轴

（1）打开模型文件 6_4 创建基准轴。

（2）单击“模型”选项卡上的基准轴按钮，弹出“基准轴 ”对话框。

（3）单击选中圆柱的曲线，按住“Ctrl”键拾取曲线上一点，如图 6.20 所示。重命名为“与曲线相切的基准轴”。最后单击“确定”按钮，完成该基准轴的创建。

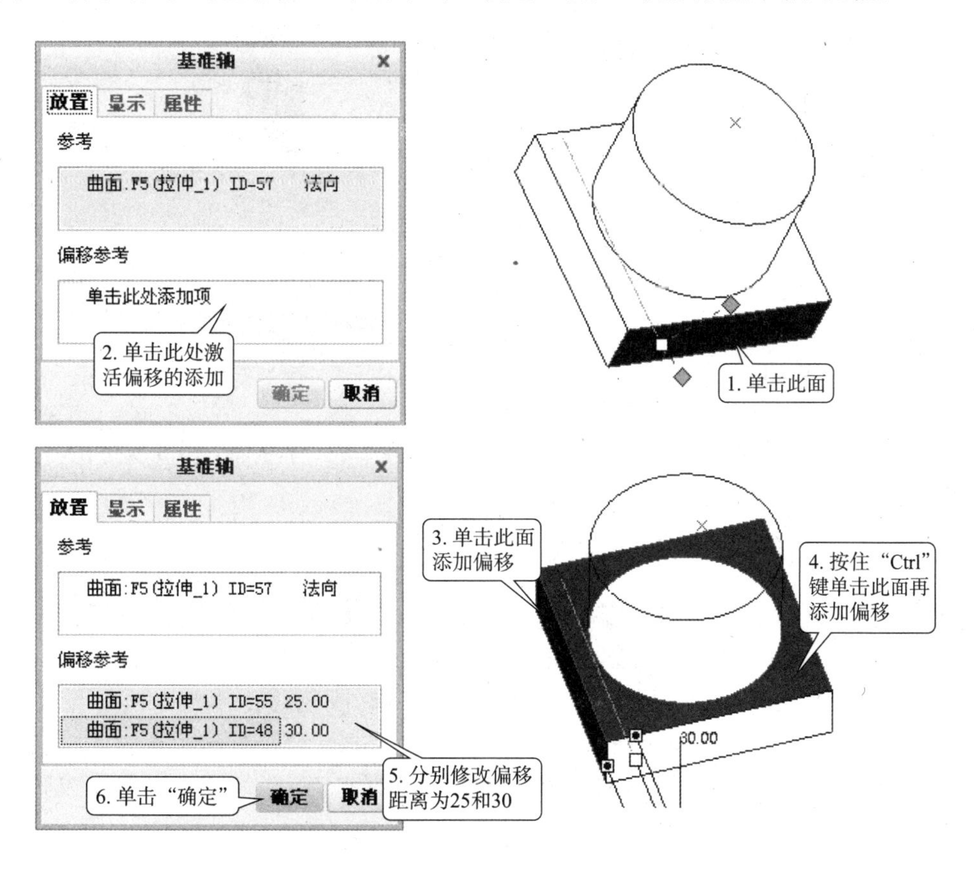

图 6.19 垂直于平面和偏移创建基准轴

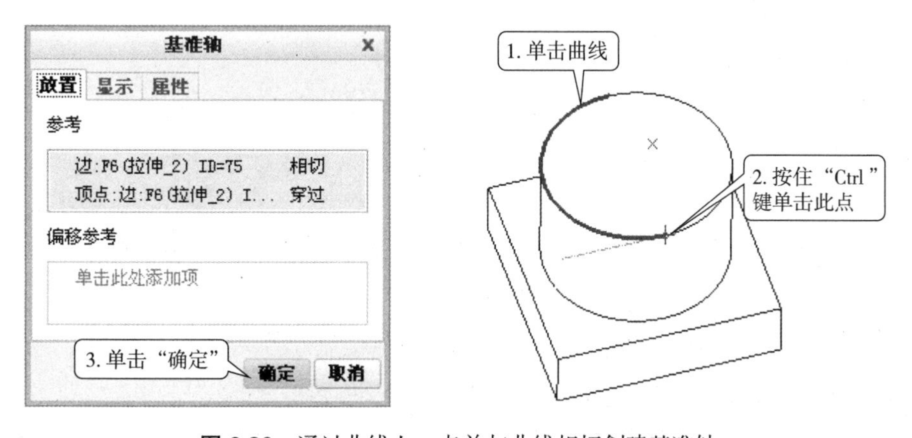

图 6.20 通过曲线上一点并与曲线相切创建基准轴

6.3.7　通过圆柱形曲面轴线创建基准轴

（1）打开模型文件6_4创建基准轴。

（2）单击“模型”选项卡上的基准轴按钮，弹出“基准轴 ”对话框。

（3）单击选中圆柱面，确认参考曲面为“穿过”，如图6.21所示。重命名为“通过圆柱面的基准轴”。最后单击“确定”按钮，完成该基准轴的创建。

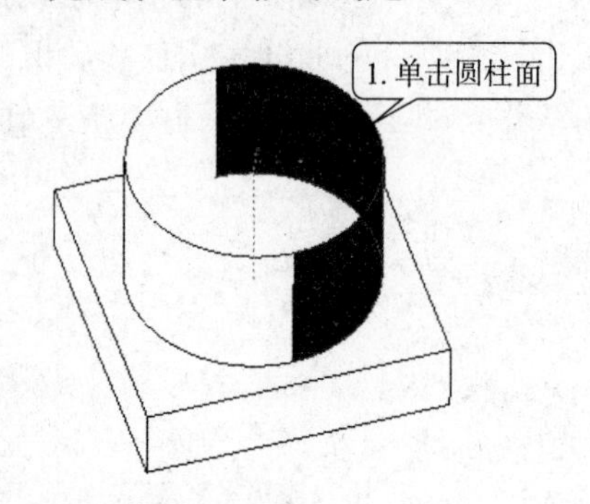

图6.21　通过圆柱面轴线创建基准轴

6.4 基准点

基准点是重要的辅助特征，它可以辅助建立基准平面、基准轴，以及实体的孔特征，在创建复杂的曲面和曲线时也会用到基准点。

6.4.1　通过曲线或边线创建基准点

（1）打开模型文件6_5创建基准点。

（2）单击“模型”选项卡上的基准点按钮，弹出“基准点”对话框。

（3）在绘图区域拾取如图6.22所示的直边。修改偏移比率为0.78。绘图区基准点以白色方框显示，并标有比例值0.78，表示基准点到曲线起始点的实际长度为整条曲线长度的0.78倍。重命名为“直边上的基准点”。单击“确定”完成该基准点的创建。

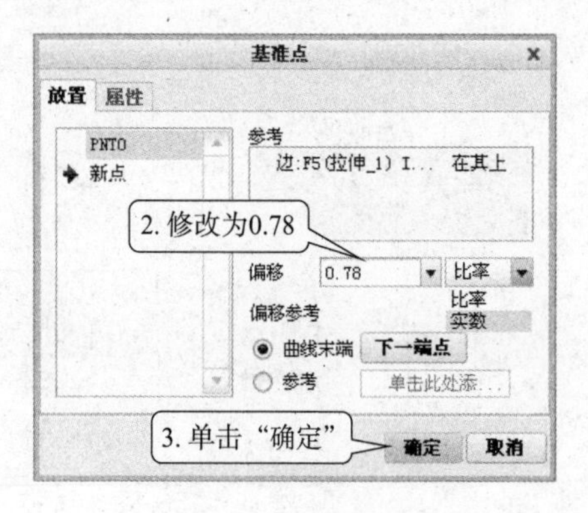

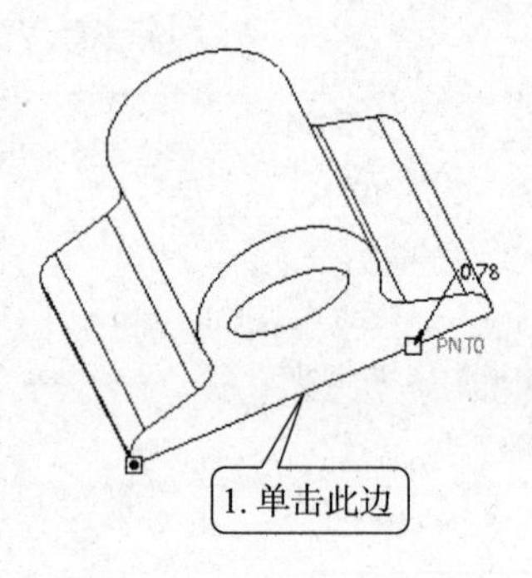

图6.22　过一直边创建基准点

“基准点”对话框中各选项说明如下。

（1）“偏移”选项组：“偏移”选项为实数时，列出了偏移距离的尺寸值。“实数”

形式按照基准点到起始点的实际长度给出偏移值，如图 6.23（a）所示。在尺寸值框中可以修改数值。偏移选项为“比率”形式时，如图 6.22 所示，按照比例给出偏移值。双击该比例值可以进行修改，以控制点的位置。

（2）“曲线末端”单选按钮：以所选曲线的端点为起始点参考决定偏移值。如果单击其后的“下一端点”按钮，可以切换线段的另一端点为起始点。

（3）选中“参考”按钮，选中该单选按钮，然后在模型中需要选择一个平面作为参考对象。在“偏移”文本框中输入偏移距离，如图 6.23（b）所示。

（4）创建新的基准点：如果还需要创建新的基准点，在“基准点”对话框中选择“新点”选项即可。

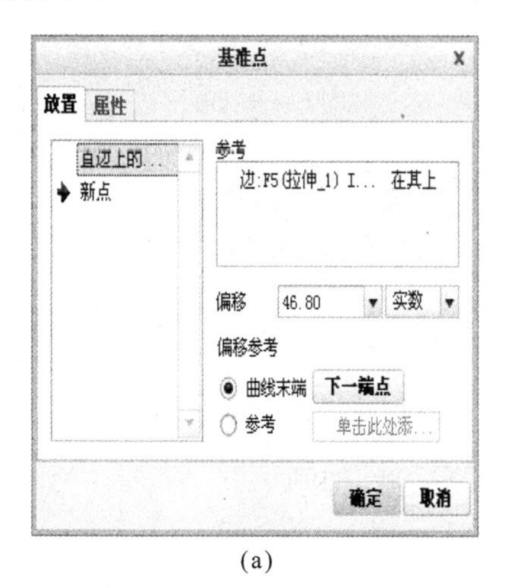

(a)

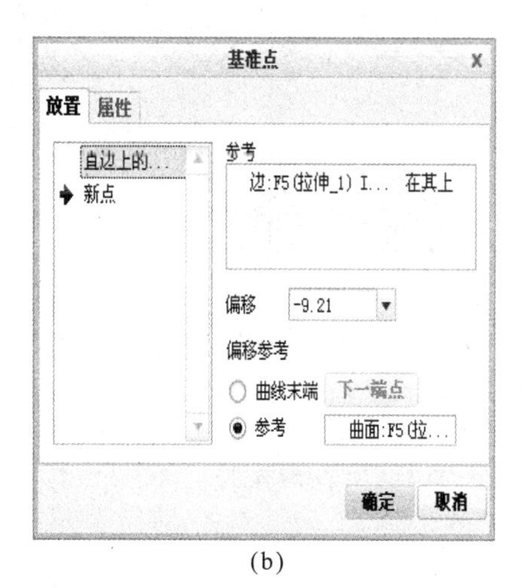

(b)

图 6.23 “基准点”对话框

6.4.2 通过圆和椭圆的中心创建基准点

（1）打开模型文件 6_5 创建基准点。

（2）单击“模型”选项卡上的基准点按钮，弹出“基准点 ”对话框。

（3）在绘图区域拾取椭圆边。

（4）打开“参考”下拉列表，选择参考为“居中”，如图 6.24 所示。

（5）重命名为“通过椭圆中心的基准点”。

（6）单击“确定”完成该基准点的创建。

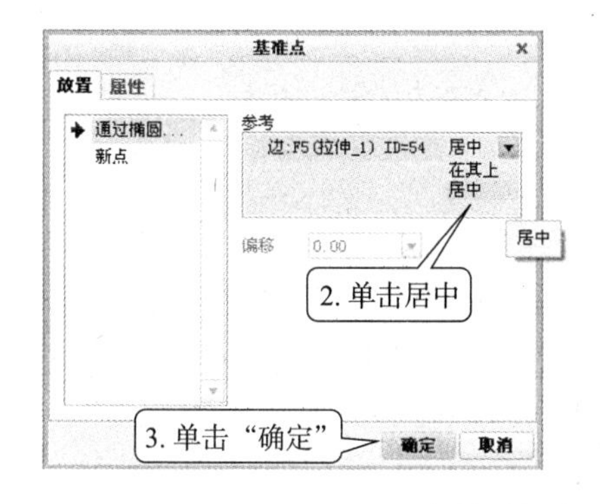

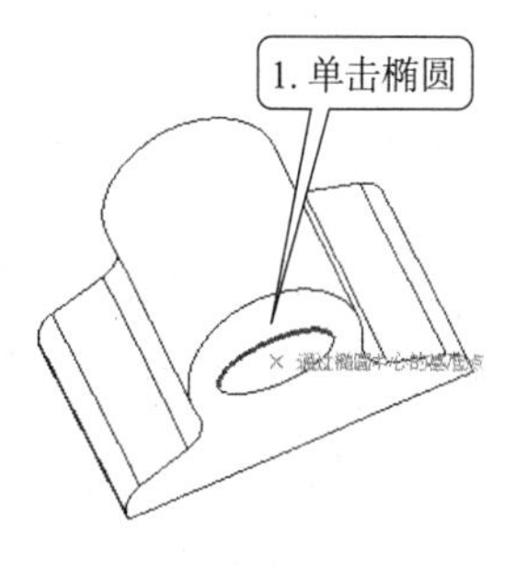

图 6.24 在椭圆的中心处创建基准点

6.4.3　在曲面上创建基准点

（1）打开模型文件 6_5 创建基准点。

（2）单击“模型”选项卡上的基准点按钮，弹出“基准点 ”对话框。

（3）在绘图区拾取圆柱面。

（4）单击“偏移参考”空白框，激活偏移参考的拾取；在绘图区单击拾取模型前面作为第一参考；按住“Ctrl”键单击拾取左侧斜面作为第二参考，如图 6.25 所示。修改偏移距离为 20 和 10。

（5）重命名为“曲面上的基准点”。

（6）单击“确定”完成该基准点的创建。

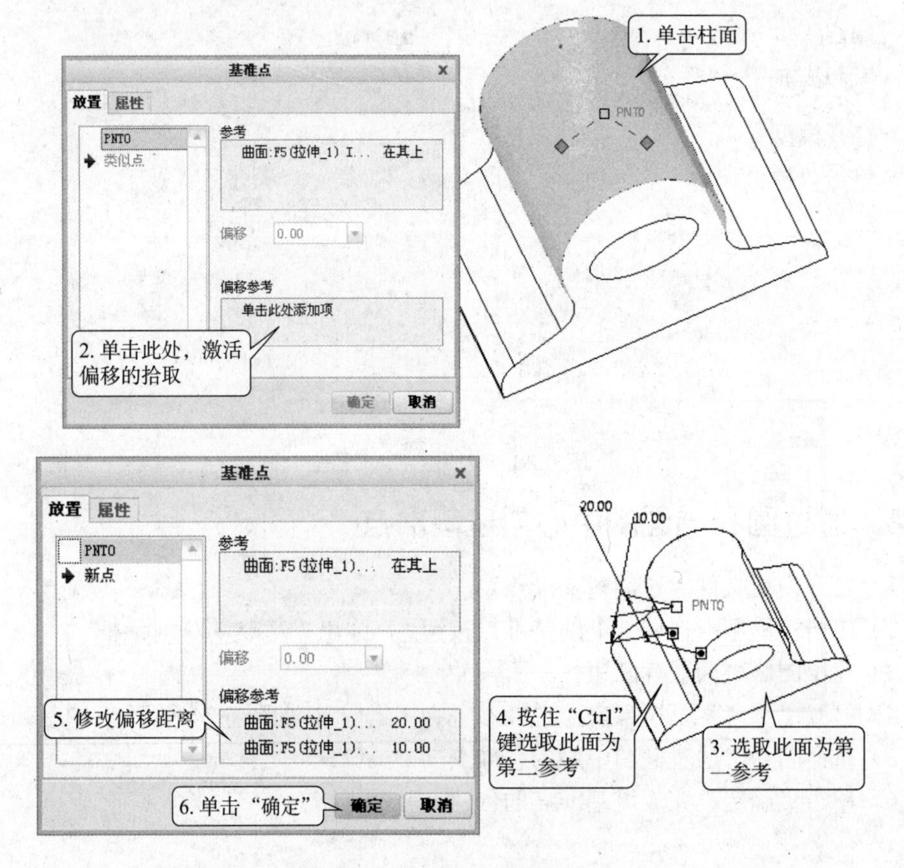

图 6.25　在曲面上创建基准点

6.4.4　通过偏移顶点创建基准点

（1）打开模型文件 6_5 创建基准点。

（2）单击“模型”选项卡上的基准点按钮，弹出“基准点 ”对话框。

（3）在绘图区域，按住“Ctrl”键的同时，拾取一直边和直边的顶点，如图 6.26 所示。

（4）输入偏移距离为 -15，并回车。

（5）重命名为“偏移顶点的基准点”。

（6）单击“确定”完成该基准点的创建。

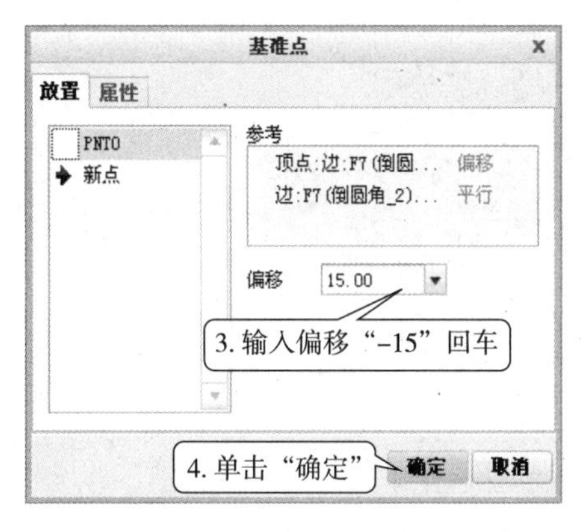

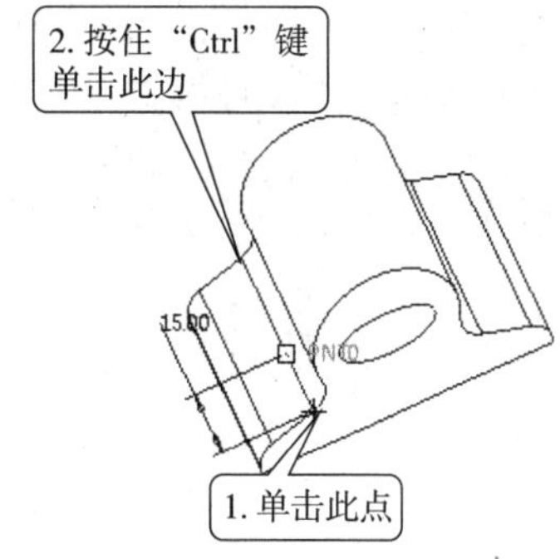

图 6.26　创建偏移顶点的基准点

6.4.5　通过偏移已有的基准点创建基准点

（1）打开模型文件 6_5 创建基准点。

（2）单击“模型”选项卡上的基准点按钮 点，弹出“基准点 ”对话框。

（3）在绘图区，按住“Ctrl”键的同时分别单击拾取一基准点和一平面。

（4）打开“参考”下拉列表，选择参考为“法向”，如图 6.27 所示。

（5）重命名为“偏移已有点的基准点”。

（6）单击“确定”完成该基准点的创建。

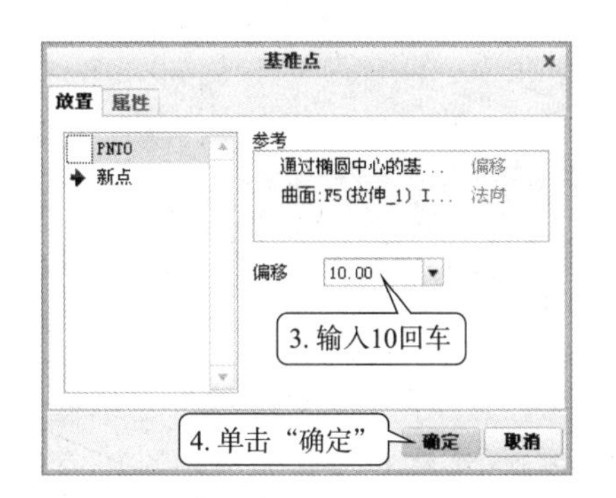

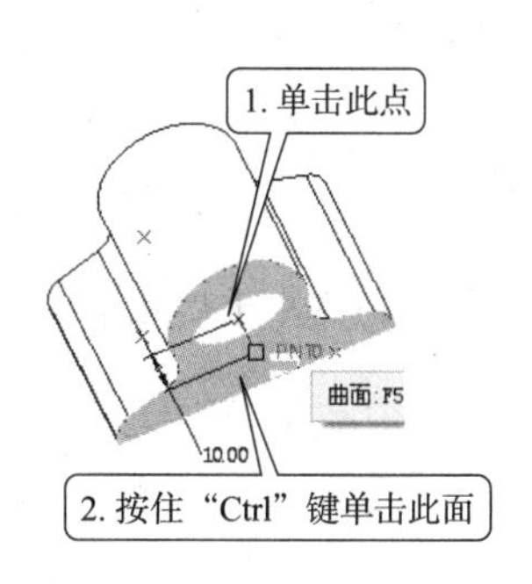

图 6.27　偏移已有的基准点来创建基准点

6.4.6　通过相交曲面或平面的交点创建基准点

（1）打开模型文件 6_5 创建基准点。

（2）单击“模型”选项卡上的基准点按钮 点，弹出“基准点 ”对话框。

（3）按住“Ctrl”键在绘图区域拾取三个相交曲面，如图 6.28 所示。

（4）重命名为“三曲面交点的基准点”。

（5）单击“确定”完成该基准点的创建。

6.4.7　通过曲线和曲线交点创建基准点

（1）打开模型文件 6_5 创建基准点。

（2）单击“模型”选项卡上的基准点按钮 点，弹出“基准点 ”对话框。

（3）按住“Ctrl”键在绘图区域拾取两相交曲线，如图6.29所示。

（4）重命名为“通过两曲线交点的基准点”。

（5）单击“确定”完成该基准点的创建。

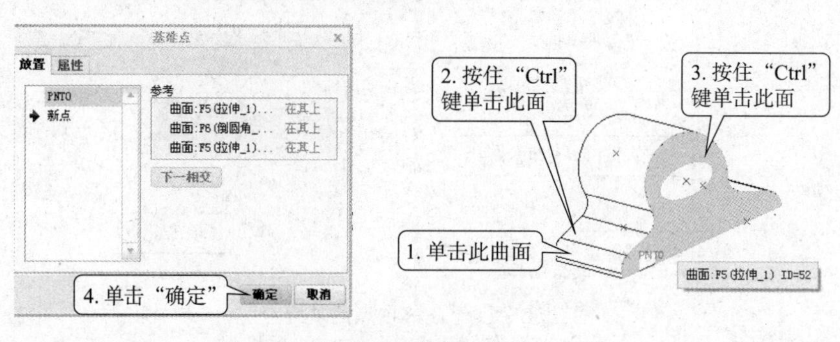

图6.28　通过两相交曲面交点的基准点

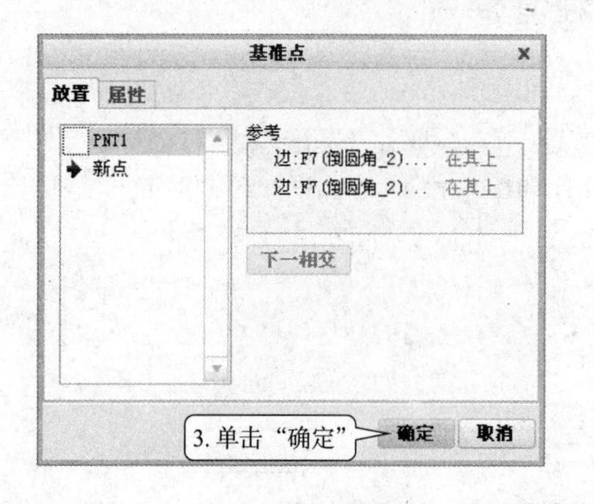

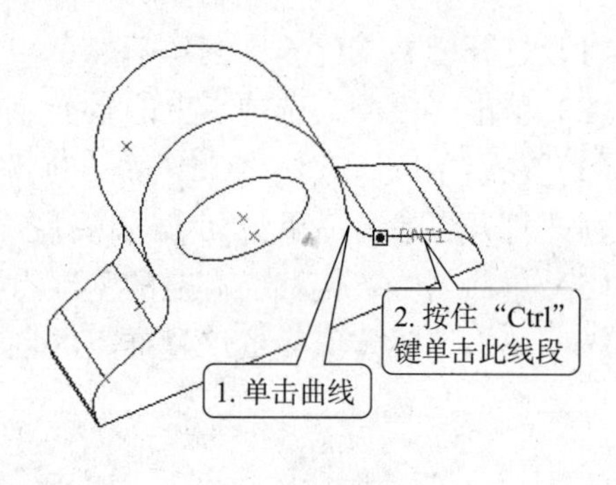

图6.29　通过两曲线交点创建基准点

6.4.8　通过曲线和曲面的交点创建基准点

（1）打开模型文件6_5创建基准点。

（2）单击“模型”选项卡上的基准点按钮，弹出“基准点”对话框。

（3）按住“Ctrl”键在绘图区域拾取一条曲线和一个曲面，如图6.30所示。

（4）重命名为“过曲面和曲线交点的基准点”。

（5）单击“确定”完成该基准点的创建。

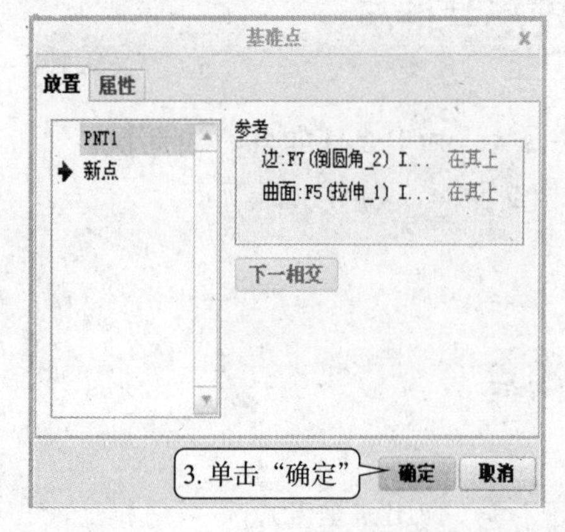

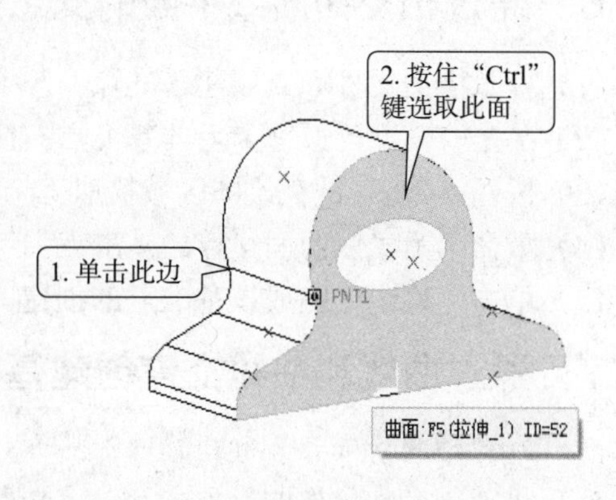

图6.30　通过曲线和曲面的交点创建基准点

6.5 基准坐标系

基准坐标系是特征创建的基础，利用它可以确定模型的相对位置。坐标系包括笛卡儿、圆柱和球坐标系。不同的坐标系需要不同的参数来确定位置。

基准坐标系在 Creo 2.0 中主要用于以下几个方面。

（1）数据输入→输出的重要基准：基准坐标系是 Creo 2.0 的几何输出与输入使用的参考。

（2）质量特性计算的基准：质量特性的计算（包含质量中心的位置与质量惯性矩的参考点）都必须使用坐标系表示其位置与参数。

（3）测量距离的基准：以坐标系为测量的基准，除了可以是测实际距离外，更可以显示相对坐标系三个轴向的投影长度。

（4）复制特征的基准：有许多零件是以坐标系来定位所有的特征，这样的特征在复制多零件的其他位置或是其他特征上时，都必须使用坐标系作为特征复制的基准。

（5）零件设计和组装的基准：如果在每一个组件上建立相同的参考坐标系，在组装时只要选取坐标系就可以轻松地将组件组装到正确的位置。

（6）作为加工基准的参考：对于大多数普通的建模任务，还可使用坐标系作为方向参考。

在 Creo 2.0 中，基准坐标系的创建方法有多种，下面分别进行介绍。

6.5.1 通过三个平面创建坐标系

通过三个平面创建坐标系，是指以三个平面的交点确定坐标系的原点位置，所选择的第一个平面的法向方向指定为 X 轴的方向，第二个平面的法向方向指定为 Y 轴，选择第三个平面的法向方向指定为 Z 轴，确定的坐标系。

（1）打开模型文件 6_5 创建基准点。

（2）单击“模型”选项卡上的基准坐标系按钮，弹出“坐标系 ”对话框。

（3）按住“Ctrl”键在绘图区域拾取三个面。Creo 2.0 将自动生成原点位于三面交汇点，X 轴垂直于拾取的第一个面，Y 轴垂直于第二个拾取面，Z 轴垂直于 X 轴和 Y 轴的坐标系，如图 6.31 所示。

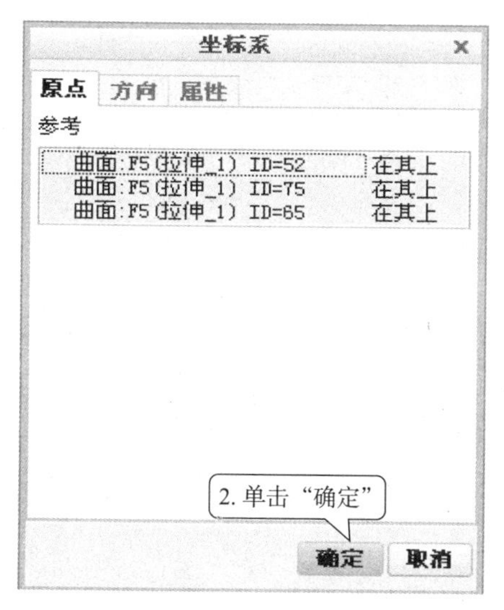

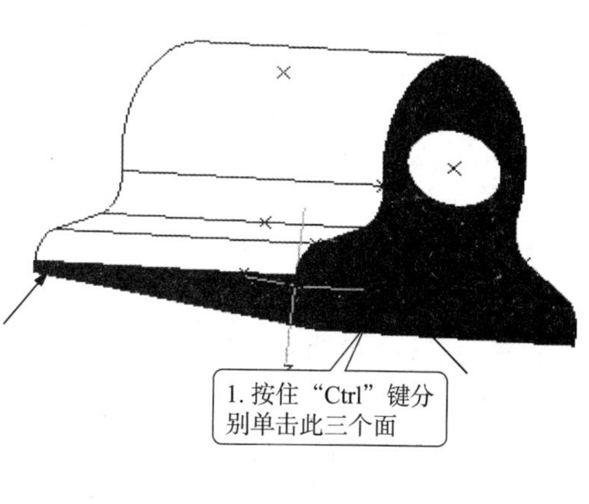

图 6.31 通过三个面创建坐标系

（4）重命名为“通过三个面的坐标系”。

（5）单击“确定”完成该坐标系的创建。

如果不满意系统默认的坐标系，可以在“坐标系”对话框的“方向”选项卡中，设置坐标系的X轴、Y轴方向，如图6.32所示，系统会根据右手原则确认坐标系的Y轴方向。单击“反向”按钮，即可将对应坐标轴的方向反向。

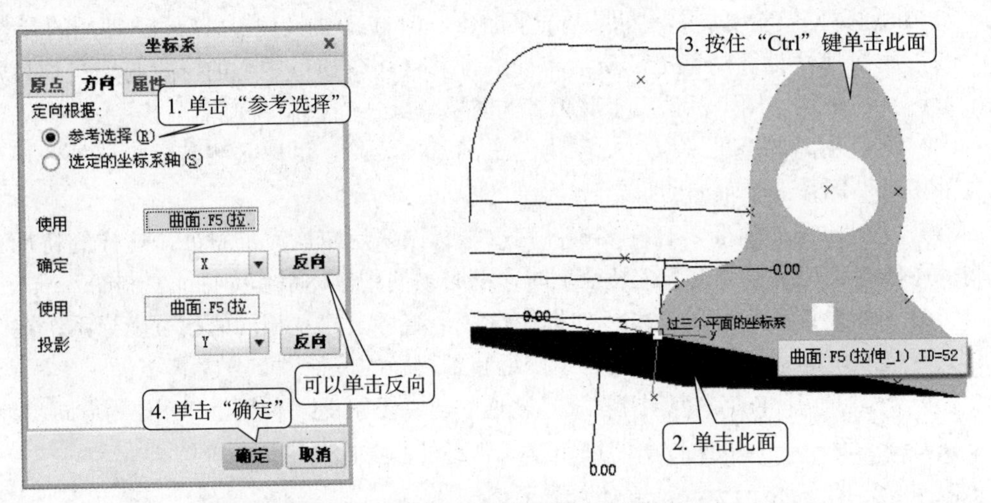

图6.32　“坐标系”对话框的“方向”选项卡

6.5.2　通过两边/轴线创建坐标系

（1）打开模型文件6_5创建基准点。

（2）单击“模型”选项卡上的基准坐标系按钮，弹出“坐标系 ”对话框。

（3）按住“Ctrl”键在绘图区域分别拾取两个轴，如图6.33所示。

（4）重命名为“通过两轴的坐标系”。

（5）单击“确定”完成该坐标系的创建。

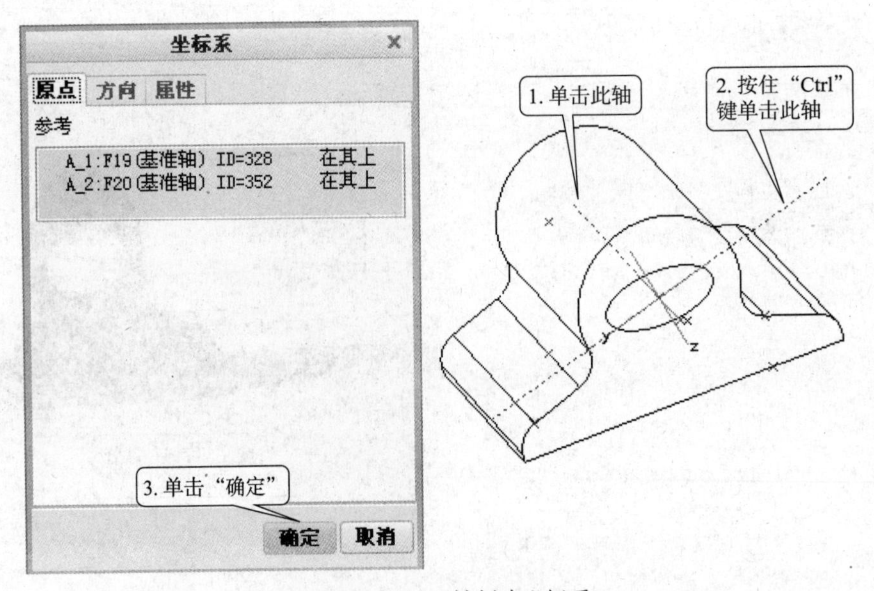

图6.33　通过两轴创建坐标系

6.5.3 通过偏移坐标系创建坐标系

（1）打开模型文件 6_5 创建基准点。

（2）单击“模型”选项卡上的基准点按钮※，弹出“坐标系 ”对话框。

（3）按住“Ctrl”键在绘图区域拾取原有的坐标系，如图 6.34 所示。

（4）在“偏移类型”下拉列表框中，选择一种偏移类型（笛卡儿坐标、圆柱坐标、球坐标或者自文件），接着分别设置在X轴、Y轴、Z轴方向上的偏移距离，如图6.34所示。

（5）在“方向”选项卡中，输入新坐标系相对于参考坐标系的旋转角度，即可重新定位坐标系的 X 轴、Y 轴方向，如图 6.34 所示。

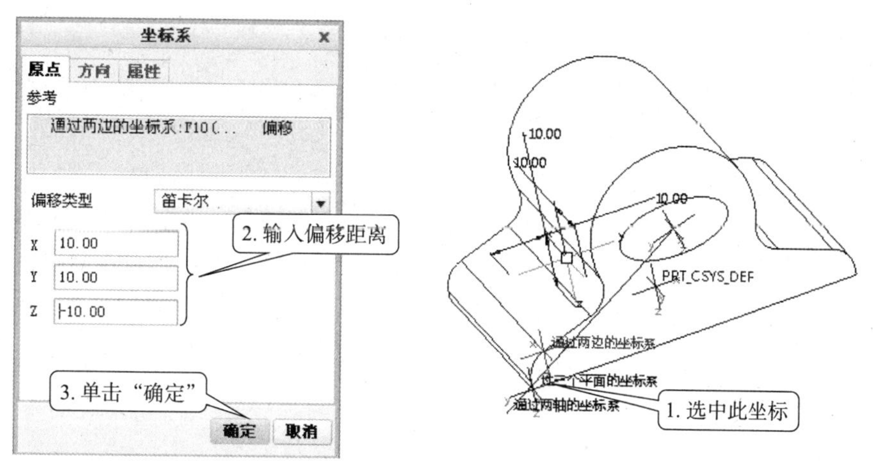

图 6.34 通过偏移坐标系创建坐标系

（6）在“属性”选项卡重命名该坐标系为“通过三个面的坐标系”。

（7）单击“确定”完成该坐标系的创建。

思考与练习

1. 建立基准轴都有哪些方法？请试着练习。
2. 建立基准平面都有哪些方法？请试着练习。
3. 建立基准点都有哪些方法？请试着练习。
4. 建立基准坐标系都有哪些方法？请试着练习。
5. 如何给基准重命名？
6. 如何改变基准平面在屏幕上显示的大小？
7. 如何改变基准坐标系的方向？

第7章 简单模型设计

在这一章节中，我们先从设计简单的基本体入手，来逐步熟悉常用的建模操作流程。构成立体的基本单元是简单的基本体，如柱、锥和球等。复杂的立体一般都是由这些简单的基本体经过切割或组合而形成的，如图 7.1 所示。

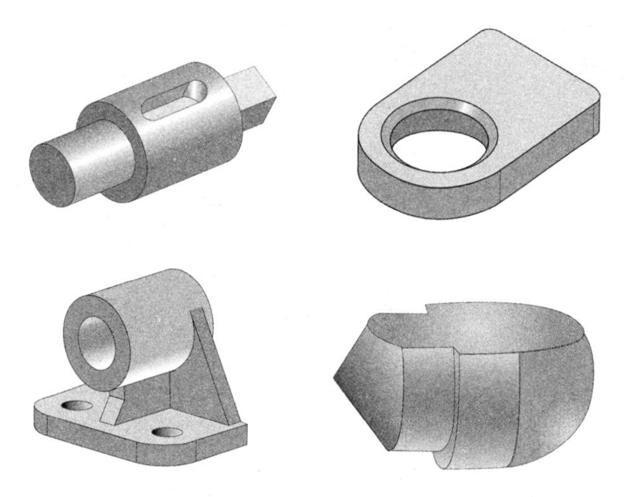

图 7.1 立体的构成

7.1 常见基本体建模设计

基本体一般分为两种，即平面立体和曲面立体。常见的平面立体有棱柱、棱锥和棱台；常见的曲面立体有圆柱、圆锥、球、圆环等。本节主要介绍这些常见基本体的建模方法。

7.1.1 常见基本体建模步骤分析

我们先来分析这些常见基本体的建模步骤和方法，如表 7.1 所示。

7.1.2 棱柱的建模设计

如图 7.2 所示，以创建一个高度为 80mm，底面边长为 60mm 的正六棱柱为例，来讲解棱柱的建模方法。

表 7.1

分　类	图　例	特征面实形	常用建模方法
棱柱			棱柱的特征面非常明显，而且在高度特定方向上，特征面的截面不发生变化，所以可以先草绘棱柱的特征面，然后使用拉伸命令完成棱柱的创建工作
棱台			方法一：棱台的特征面在高度方向上，特征面的截面逐渐缩小，可以先草绘棱台底面的特征面，然后使用带锥度拉伸命令完成棱台的创建工作
			方法二：棱台的特征面在高度方向上，特征面的截面逐渐缩小，所以可以先分别草绘棱台底面和顶面的两个特征面，然后使用扫描混合命令完成棱台的创建工作
棱锥			方法一：棱锥的特征面也是在高度方向上，特征面的截面逐渐缩小为一点，所以也是先草绘棱锥的特征面，然后使用带锥度拉伸命令完成棱锥的创建工作
		×	方法二：棱锥的特征面也是在高度方向上，特征面的截面逐渐缩小为一点，所以先分别草绘棱锥底面和锥顶的特征面（锥顶特征面为一个点），然后使用扫描混合命令完成棱锥的创建工作

续表 7.1

分　类	图　例	特征面实形	常用建模方法
圆柱		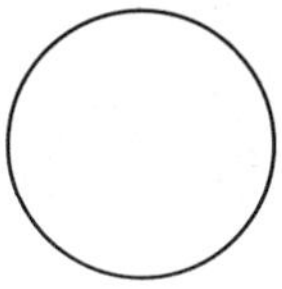	方法一：圆柱的拉伸特征面非常明显，在轴线方向上，拉伸特征面的截面不变，先草绘圆柱的拉伸特征面，然后使用拉伸命令完成圆柱的创建工作
		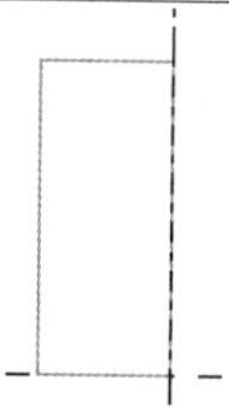	方法二：圆柱的旋转特征面为长方形，在旋转方向上，特征面的截面不变，先草绘圆柱的旋转特征面和旋转轴线，然后使用旋转命令完成圆柱的创建工作
圆锥	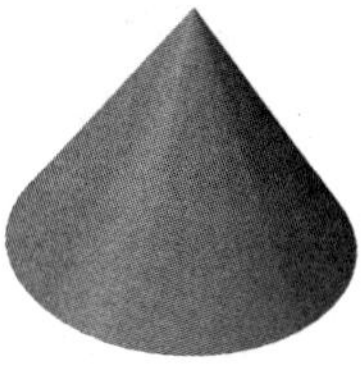	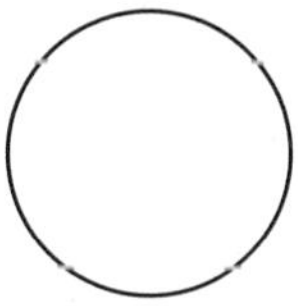	方法　：圆锥的特征面在轴线方向上，特征面的截面逐渐缩小为一个点，先草绘圆锥的特征面，然后使用带锥度拉伸命令完成圆锥的创建工作
		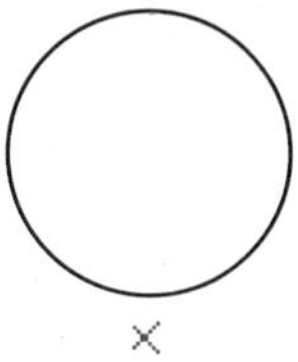	方法二：圆锥的特征面在轴线方向上，特征面的截面逐渐缩小为一个点，先分别草绘圆锥底面和锥顶的特征面，然后使用扫描混合命令完成圆锥的创建工作
		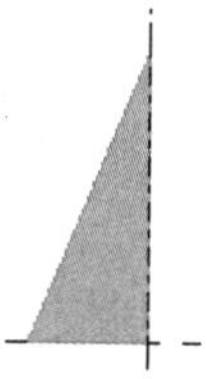	方法三：圆锥的旋转特征面为直角三角形，在旋转方向上，特征面的截面不变，先草绘圆锥的旋转特征面和旋转轴线，然后使用旋转命令完成圆锥的创建工作
球		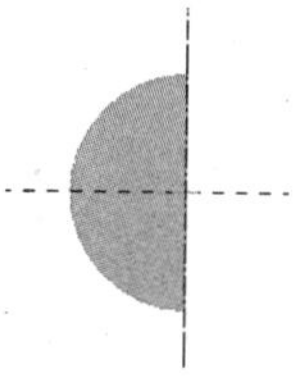	球的旋转特征面为半圆形，在旋转方向上，特征面的截面不变，先草绘圆锥的旋转特征面和旋转轴线，然后使用旋转命令完成球的创建工作
圆环		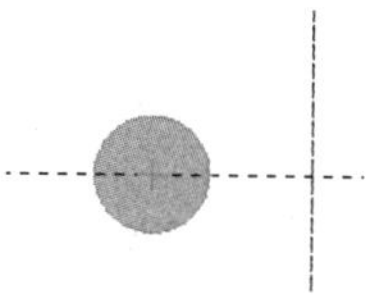	方法一：圆环的旋转特征面为圆形，在旋转方向上，特征面的截面不变，先草绘圆环的旋转特征面和旋转轴线，然后使用旋转命令完成圆环的创建工作
		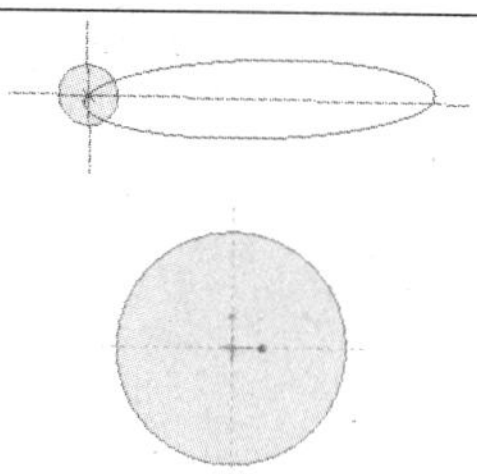	方法二：圆环的特征面在扫描轨迹方向上，特征面的截面不变，先分别绘制扫描轨迹和扫描的特征面，然后使用扫描命令完成圆环的创建工作

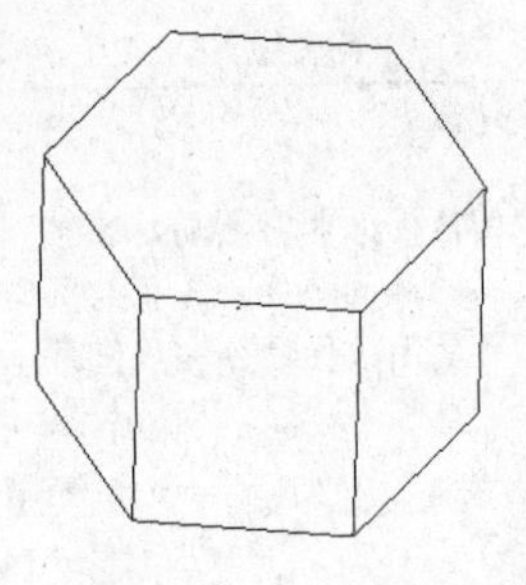

图 7.2 正六棱柱

创建棱柱的最简单的建模方法就是拉伸建模，具体步骤如下。

（1）单击“文件”>“新建”，弹出“新建”对话框，在“类型”中选中“零件”，“子类型”为“实体”，在“名称”文本框中输入“ZLLZ”，取消选中“使用默认模板”复选框，单击“确定”按钮。

（2）弹出“新文件选项”对话框，模板选项中选择“mmns_part_solid”，单击“确定”按钮，进入零件建模界面。

（3）在“模型”选项卡中单击“拉伸”按钮，弹出“拉伸”操控板。

（4）单击“放置”选项卡，在弹出的下滑板中单击“定义”按钮，弹出“草绘”对话框，选择 TOP 基准面作为草绘平面，其余为默认设置，单击“草绘”按钮，进入草绘器，开始草绘。

（5）单击草绘器的“调色板”按钮，弹出“草绘器调色板”对话框，单击对话框的“多边形”选项卡使之展开，如图 7.3 所示。双击“多边形”选项卡中的“侧六边形”，然后在绘图区适当位置单击左键，放置该六边形，同时系统自动打开“旋转调整大小”操控板。单击“草绘器调色板”对话框上的“关闭”按钮，关闭调色板对话框。

（6）在“旋转调整大小”操控板上，输入六边形边长大小比例为 60（若选用 mmns_part_solid 模板时，边长是 60mm），并回车，单击✔按钮，退出“旋转调整大小”操控板，返回到草绘器中。

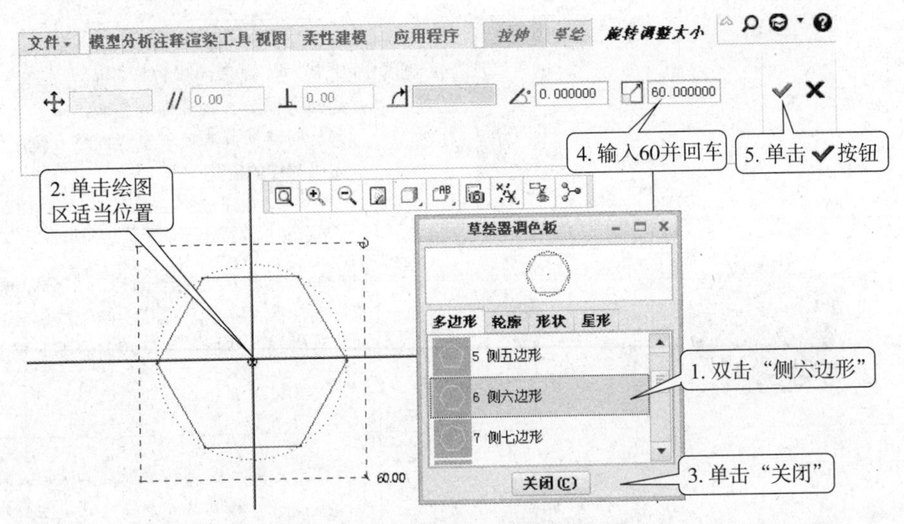

图 7.3 “旋转调整大小”操控板

（7）现在给六边形中心和坐标原点加上重合约束，使之重合（很多情况下，需要六边形中心与坐标原点重合，对投影生成工程图和后续装配都有好处。），步骤如下：在草绘器的“约束组”单击“重合”按钮，单击六边形的中心，再单击图 7.4（a）中的基准面，即可使点与该基准面重合；再次单击六边形的中心，再单击图 7.4（b）中的基准面，则使点与坐标原点重合。单击✔按钮，完成草图绘制。系统自动返回“拉伸”操控板。

（8）在“拉伸”操控板中选择拉伸类型为“指定深度”，输入深度为 80 并回车，

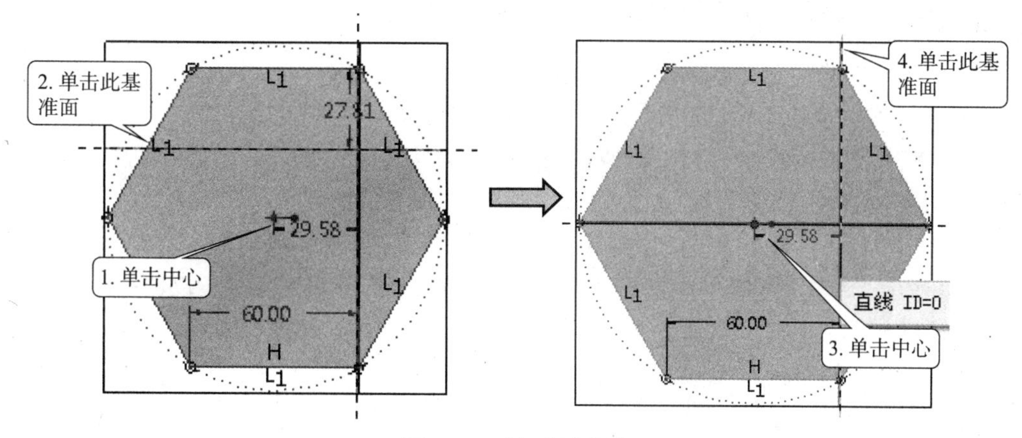

图 7.4 正六边形草绘

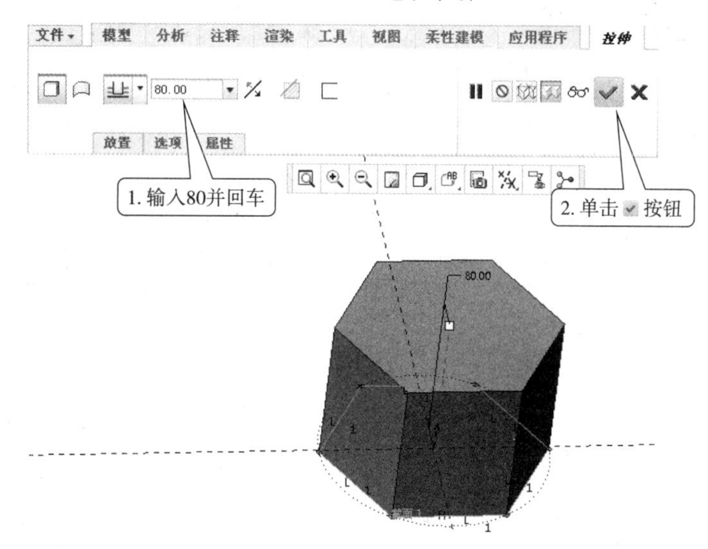

图 7.5 “拉伸”操控板

六棱柱模型预显如图 7.5 所示。单击✔按钮，生成拉伸特性。

7.1.3 棱台的建模设计

1. 用锥度拉伸来创建棱台

利用拉伸命令来创建棱台，是最简单的建模方法。但需要知道拉伸锥度，具体步骤如下。

（1）操作步骤同 7.1.2 棱柱的建模设计的第（1）步和第（2）步，文件名为“WULENGTAI”，进入零件模型设计模式。

（2）在“模型”选项卡中单击“拉伸”按钮，弹出“拉伸”操控板。

（3）单击“放置”>“定义”按钮，弹出“草绘”对话框，选择 TOP 基准面作为草绘平面，其余为默认设置，单击“草绘”按钮，进入草绘器，开始草绘。

（4）单击草绘器的“调色板”按钮，弹出“草绘器调色板”对话框，单击“多边形”选项卡 > 双击“侧五边形”，然后在绘图区适当位置单击左键，放置该五边形，同时系统自动打开“旋转调整大小”操控板。在草绘器调色板对话框，单击“关闭”按钮，关闭该对话框。

（5）在“旋转调整大小”操控板，输入五边形大小比例为60并回车，单击“确定”按钮，退出“旋转调整大小”操控板，返回到草绘器中。

（6）现在给五边形中心和坐标原点加上重合约束，使之重合，步骤参见7.1.2中的第（7）步。单击✔按钮，完成草图绘制。系统自动返回“拉伸”操控板。

（7）在“拉伸”操控板中，选择拉伸类型为“指定深度”，输入“60”并回车，如图7.6所示。单击“选项”>选中“添加锥度”复选框，并输入锥度角度值30并回车，五棱台预显如图7.6所示。单击✔按钮，生成拉伸特征。Creo 2.0 M020版本的拉伸锥度范围是-30°～+30°。Creo 3.0版本已经可以是89.9°了。

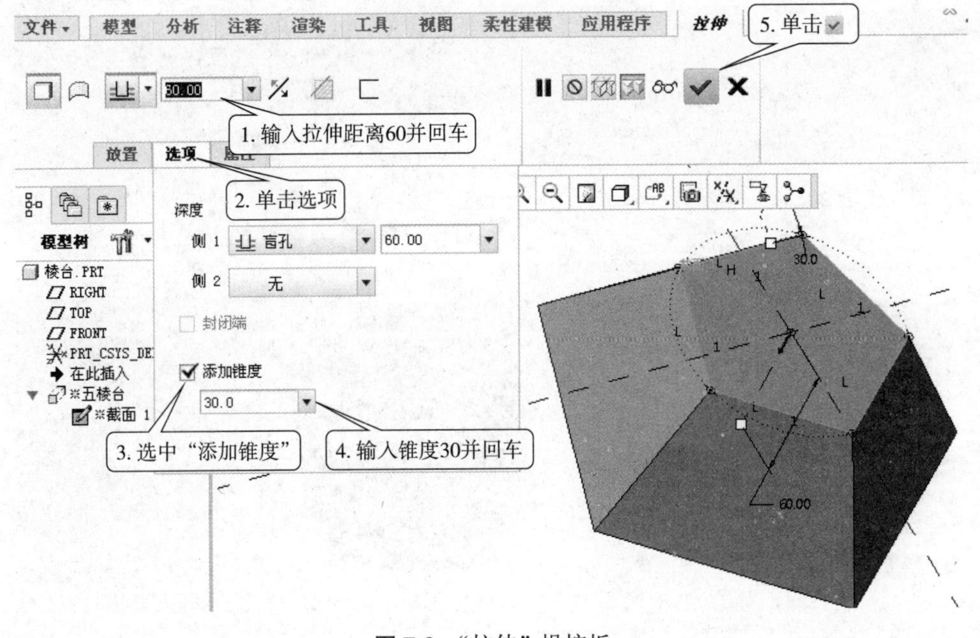

图7.6 “拉伸”操控板

2. 使用扫描混合命令创建棱台

如果不知道棱台的拉伸锥度，那么只能使用扫描混合命令来建模，具体步骤如下。

（1）新建一个零件文件，操作步骤同7.1.2棱柱的建模设计的第（1）步和第（2）步，文件名为“LIULENGTAI”，进入零件模式界面。

（2）创建参考面——棱台顶面。在“模型”选项卡上，单击“平面”命令，弹出“基准平面”对话框，单击选取“TOP面”作为参考平面，偏移距离输入60（棱台的高度）并回车，在“属性”选项卡重命名为“棱台顶面”，单击“确定”按钮，完成棱台顶面的创建，如图7.7所示。

（3）草绘扫描轨迹。单击“模型”选项卡的“草绘”命令，打开“草绘”对话框，单击选取“RIGHT面”作为拉伸轨迹的草绘平面，单击“草绘”按钮，进入草绘器。为了保证轨迹直线的两个端点分别在棱台顶面和TOP面上，可用参考命令来实现。单击草绘器的参考命令，弹出“参考”对话框，单击选取“棱台顶面”作为参考，这样绘图的时候，可以保证点在参考面内，如图7.8所示。单击“线链”命令，绘制一条直线如图7.9所示。单击“确定”按钮，结束该扫描轨迹的草绘。

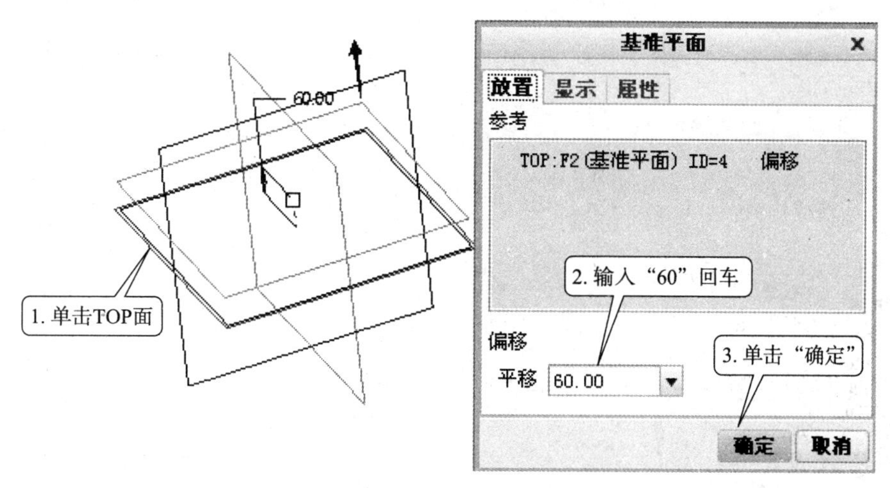

图 7.7　创建参考面——棱台顶面

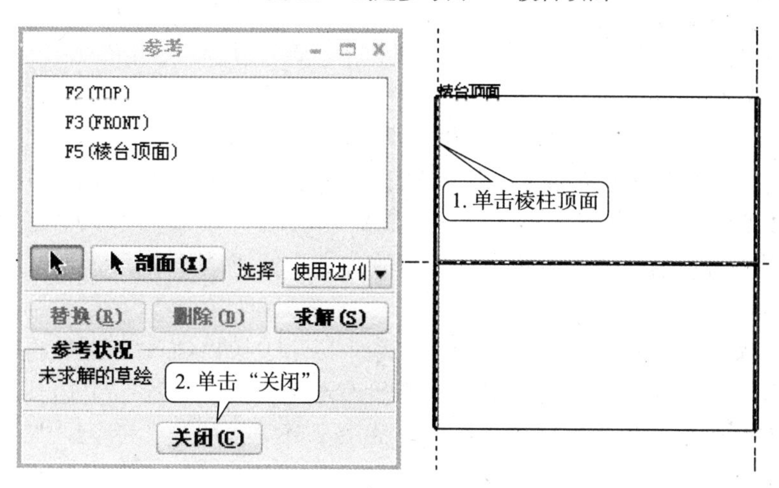

图 7.8　创建参考

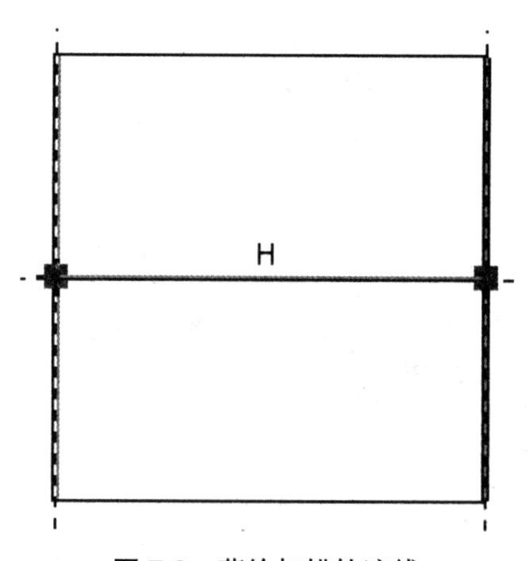

图 7.9　草绘扫描轨迹线

（4）确认扫描轨迹。单击“模型”选项卡的扫描混合命令扫描混合，打开“扫描混合”操控板，单击“参考”，打开“参考”下滑板，在绘图区，单击选取刚刚绘制的直线作为扫描轨迹，如图 7.10 所示。

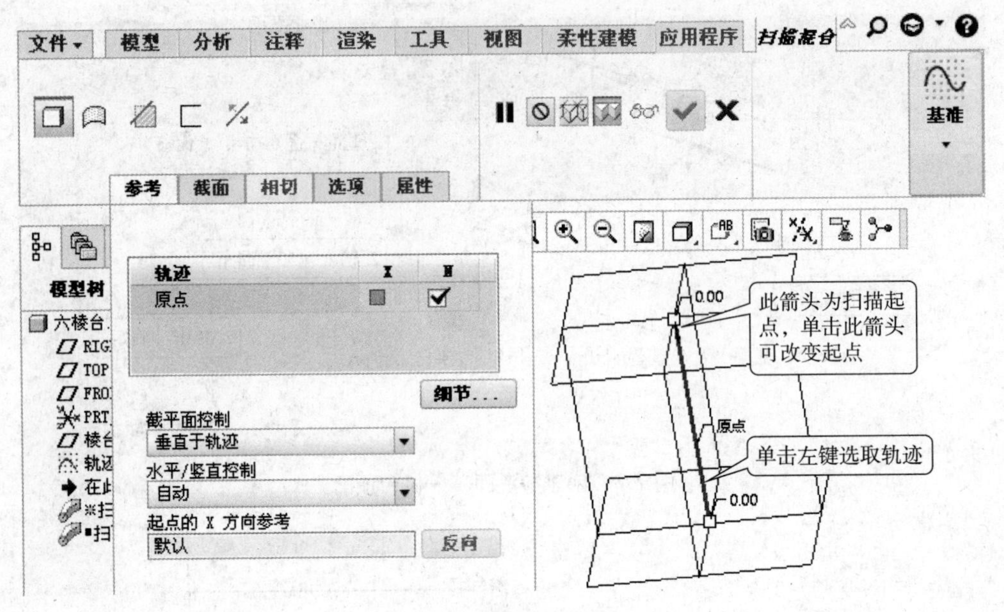

图 7.10 拾取扫描轨迹

（5）绘制扫描起始的草绘截面1。单击“截面”，打开“截面”下滑板，单击“草绘”按钮，如图7.11所示，则进入草绘器开始绘制截面1。草绘一个边长为50的正六边形，确保正六边形中心与扫描轨迹起点重合。单击“确定”完成截面1的草绘，返回“扫描混合”操控板。

（6）绘制扫描终止的草绘截面2。单击“截面”下滑板的“插入”按钮，再单击“草绘”按钮，如图7.12所示，则进入草绘器开始草绘截面2。草绘一个边长为20的正六边形，确保正六边形中心与扫描轨迹终点重合。单击“确定”，返回“扫描混合”操控板。

（7）这时能看见六棱台的预显图形。单击“确认”完成棱台的创建，如图7.13所示。

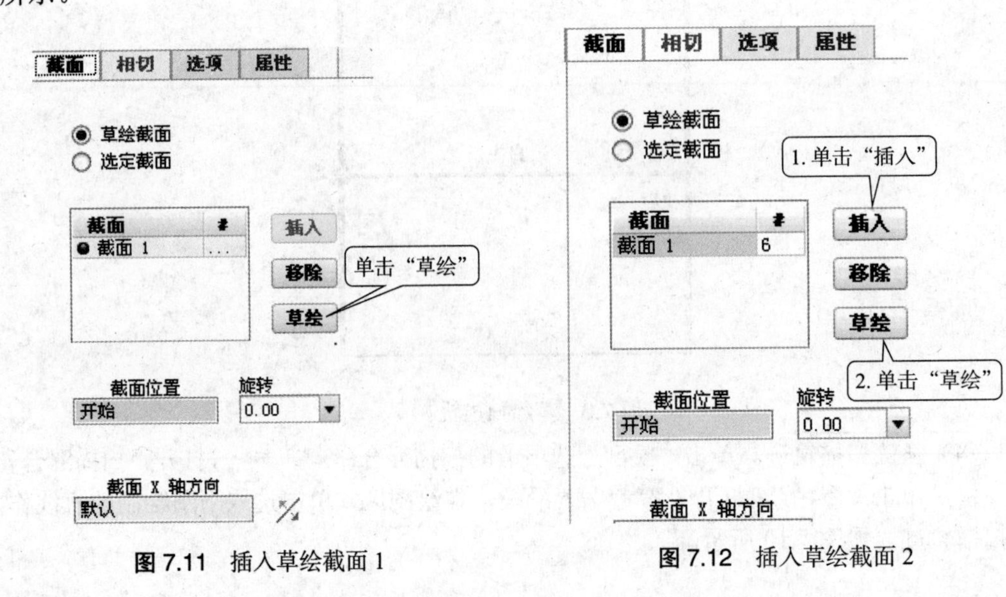

图 7.11 插入草绘截面1

图 7.12 插入草绘截面2

7.1.4 棱锥的建模设计

创建棱锥一般有两种方法，一种是锥度拉伸建模（已知锥度），另一种是使用扫描混合命令建模。这里介绍使用扫描混合命令创建棱锥的操作步骤。

（1）新建一个零件文件。文件名为“ZLLZU”，并且进入零件模型设计模式。

（2）创建参考面——棱锥顶点。在“模型”选项卡，单击“平面”命令，弹出“基准平面”对话框，单击选取“TOP 面”作为参考平面，偏移距离输入 60（棱锥的高度）并回车，在“属性”选项卡重命名为“锥顶参考面”，单击“确定”按钮，完成锥顶参考面的创建。

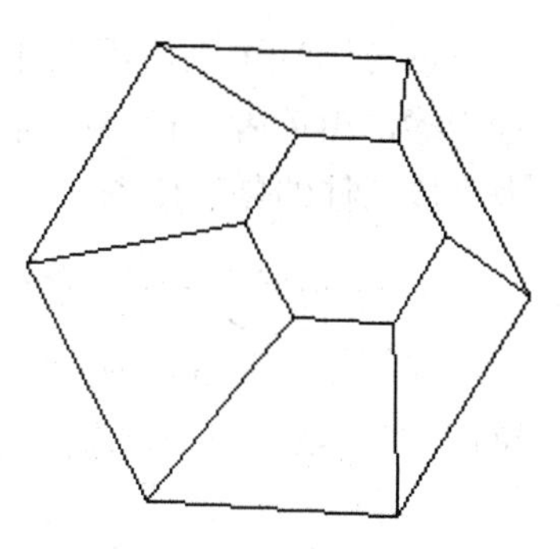

图 7.13　创建的六棱台

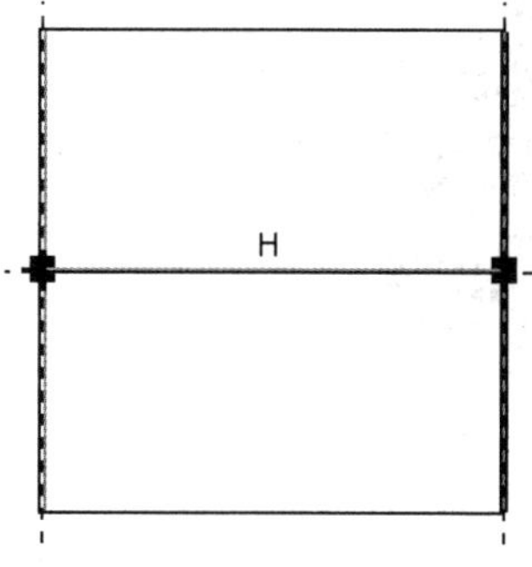

图 7.14　草绘扫描轨迹线

（3）草绘扫描轨迹。单击“模型”选项卡的草绘命令，打开“草绘”对话框，单击选取“RIGHT 面”作为拉伸轨迹的草绘平面，单击“草绘”按钮，系统进入草绘器。绘制一条直线如图 7.14 所示。单击“确定”命令，结束该扫描轨迹的草绘。

（4）确认扫描轨迹。单击“模型”选项卡的扫描混合命令扫描混合，打开“扫描混合”操控板，单击“参考”，打开“参考”下滑板，在绘图区，单击选取刚刚绘制的直线为扫描轨迹。

（5）绘制扫描起始的草绘截面 1。单击“截面”打开“截面”下滑板，单击“草绘”按钮，则进入草绘器开始草绘截面 1。草绘一个边长为 50 的正六边形，确保正六边形中心与扫描轨迹起点重合。单击“确定”，返回“扫描混合”操控板。

（6）绘制扫描终止的草绘截面 2。单击“截面”下滑板的“插入”按钮，再单击“草绘”按钮，则进入草绘器开始草绘截面 2。草绘如图 7.15 所示的一个点，确保此点与扫描轨迹终点重合。单击“确定”完成截面 2 的草绘，返回“扫描混合”操控板。

（7）这时已经能看见正六棱锥的预显图形。单击“确认”完成棱锥的创建，如图 7.16 所示。

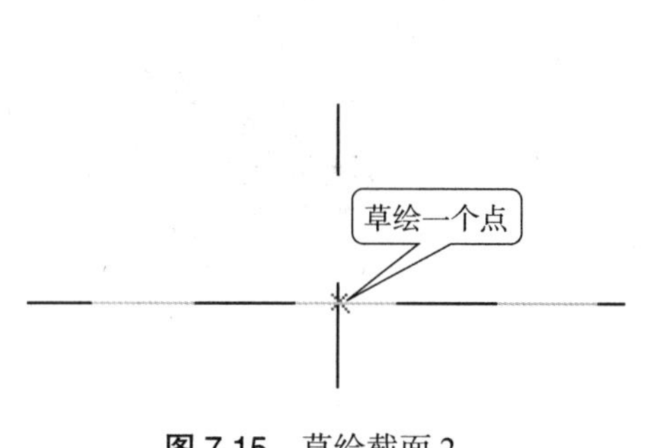

图 7.15　草绘截面 2

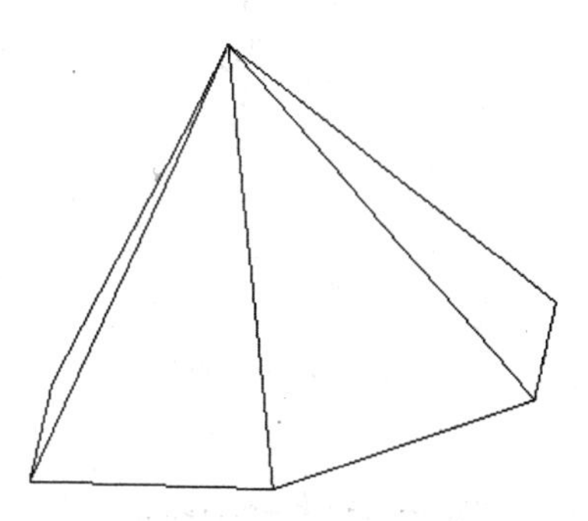

图 7.16　创建的正六棱锥

7.1.5　圆柱的建模设计

创建圆柱可以使用拉伸命令和旋转命令完成。在这里，我们只介绍创建圆柱的关键步骤，由读者自行参照前面第4章、第5章介绍的拉伸命令和旋转命令的使用方法，来完成圆柱的创建任务。

1. 使用拉伸命令创建圆柱

先草绘一个直径为60的圆，然后，打开“拉伸”操控板，设置拉伸类型为“对称拉伸”，输入拉伸深度为“80”并回车。单击“确定”按钮，生成圆柱特征，如图7.17所示。

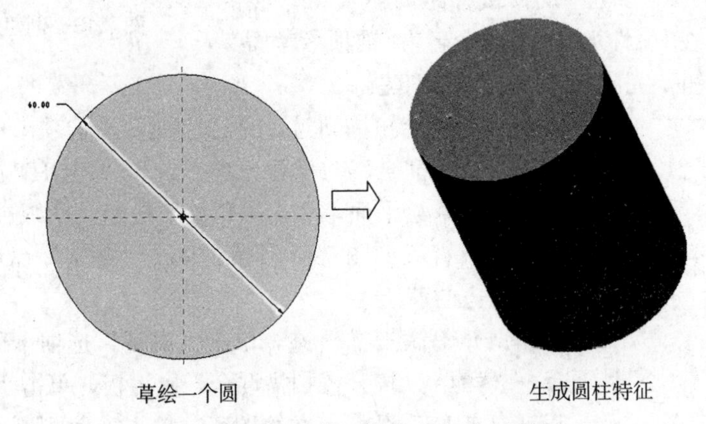

图7.17　使用拉伸命令创建圆柱

2. 使用旋转命令创建圆柱

先草绘一个矩形（宽度为30，高度为80），再绘制一条中心线作为旋转特征的旋转轴线，此轴线要和矩形的一条边重合，如图7.18左图所示。然后打开“旋转”操控板，接受系统提供的默认角度360°，单击“确定”按钮，生成圆柱特征，如图7.18所示。

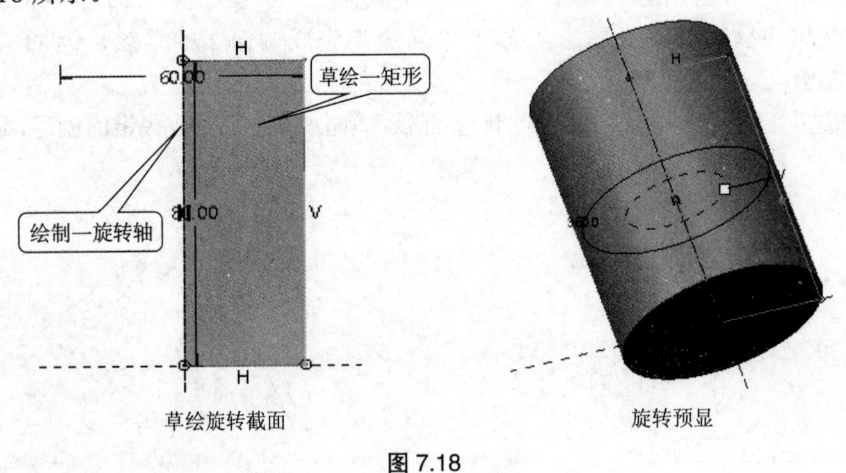

图7.18

7.1.6　圆锥的建模设计

创建圆锥除了使用锥度拉伸命令（在已知锥度的情况下）以外，还可以使用旋转

命令或者扫描混合命令创建。这里介绍使用扫描混合命令创建圆锥的具体操作步骤。

（1）创建一个新文件，文件名为“YUANZHUI”。

（2）创建参考面——圆锥顶点。在“模型”选项卡，单击“平面”命令，弹出“基准平面”对话框，单击选取 TOP 面为参考，偏移距离输入 60（棱锥的高度）并回车，在“属性”选项卡重命名为“锥顶参考面”，单击“确定”按钮，完成锥顶参考面的创建。

（3）草绘扫描轨迹。单击“模型”选项卡的草绘命令，打开“草绘”对话框，单击选取 RIGHT 面为拉伸轨迹的草绘平面，单击“草绘”按钮，系统进入草绘器。绘制一条直线，如图 7.19 所示。单击“确定”命令，结束该扫描轨迹的草绘。

（4）确认扫描轨迹。单击“模型”选项卡的扫描混合命令 扫描混合，打开“扫描混合”操控板，单击“参考”打开“参考”下滑板，在绘图区单击选取刚刚绘制的直线为扫描轨迹。

（5）绘制扫描起始的草绘截面 1。单击“截面”打开“截面”下滑板，在上面单击“草绘”按钮，进入草绘器开始草绘截面 1。草绘一个直径为 50 的圆，确保圆心与扫描轨迹起点重合，如图 7.20 所示。单击“确定”完成截面 1 的草绘，返回“扫描混合”操控板。

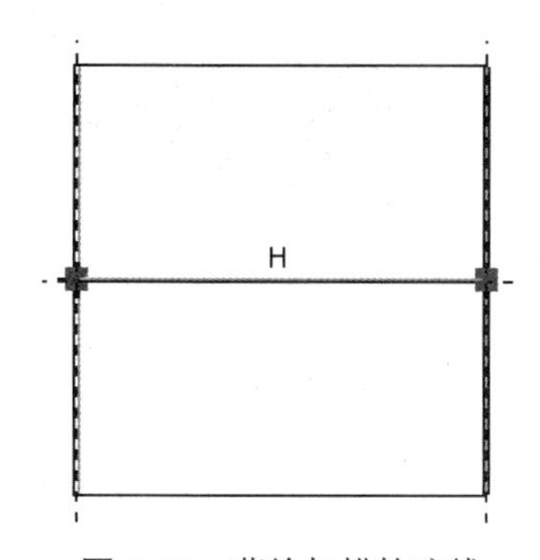

图 7.19　草绘扫描轨迹线

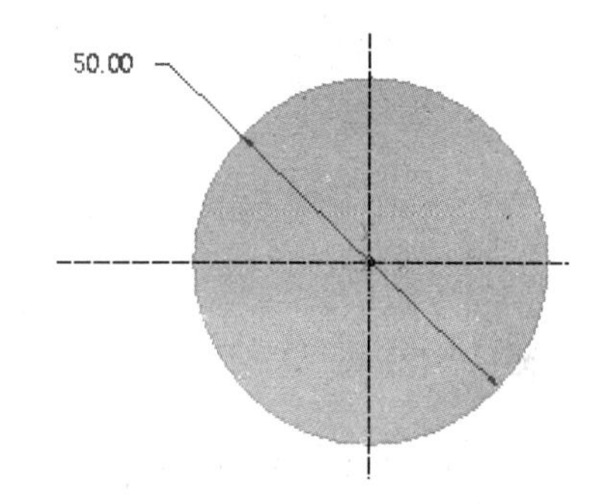

图 7.20　扫描起始的草绘截面 1

（6）绘制扫描终止的草绘截面 2。单击“截面”下滑板的“插入”按钮，再单击“草绘”按钮，则进入草绘器开始草绘截面 2。草绘一个点，确保此点与轨迹终点重合，如图 7.21 所示，单击“确定”完成截面 2 的草绘，返回“扫描混合”操控板。

（7）这时已经能看见圆锥的预显图形。单击“确认”完成圆锥的创建，如图 7.22 所示。

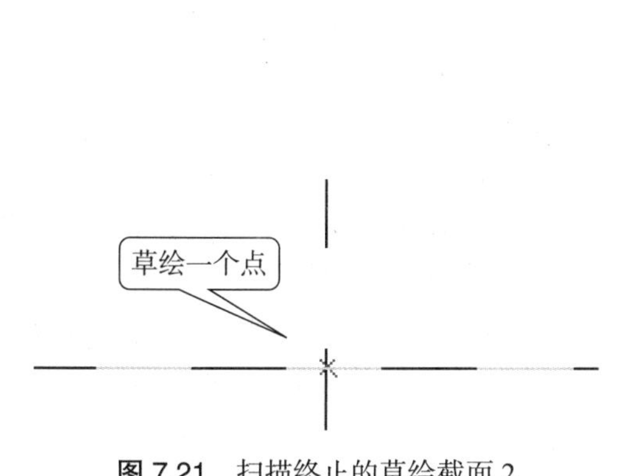

图 7.21　扫描终止的草绘截面 2

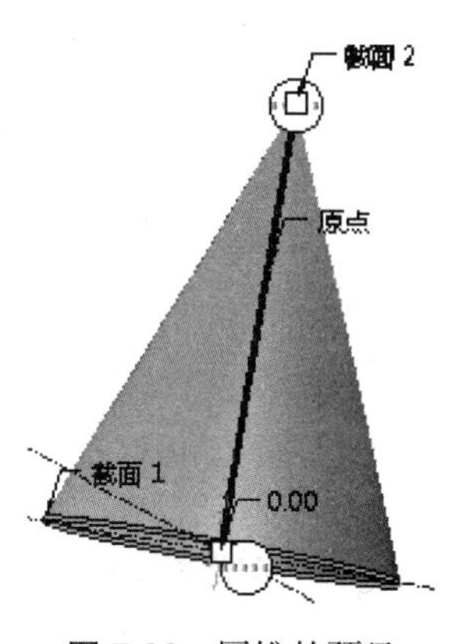

图 7.22　圆锥的预显

7.1.7　球的建模设计

球只能使用旋转特征来构建。

（1）新建一个模型文件，文件名为“QIU”。单击“旋转”命令 旋转，打开“旋转”操控板，选择草绘平面，系统进入草绘器。

（2）绘制旋转截面。在绘图区，草绘一个半圆，如图7.23所示。

（3）绘制旋转轴线。单击草绘器“基准”组的“中心线”命令，绘制一条基准中心线作为旋转特征的旋转轴线，确保轴线与半圆的直径边重合，然后结束草绘，返回“旋转”操控板。这时，已经出现球形预显图形，如图7.24所示。单击“确定”完成球的创建。

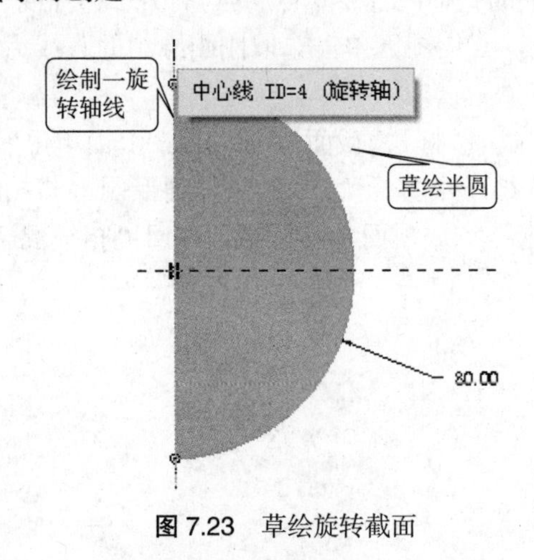

图7.23　草绘旋转截面

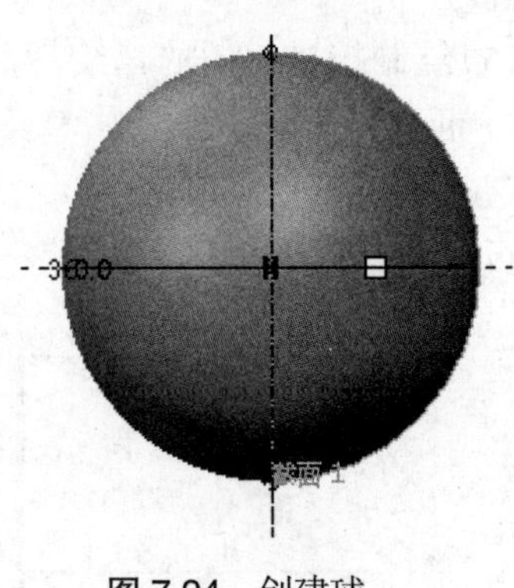

图7.24　创建球

7.1.8　圆环的建模设计

创建圆环的使用旋转命令和扫描命令来建模，这里只介绍使用扫描命令建模的方法，具体步骤如下。

（1）新建一个零件文件，文件名为“YUANHUAN”。

（2）草绘扫描轨迹。单击“模型”选项卡的草绘命令，打开“草绘”对话框，单击选取FRONT面为扫描轨迹的草绘平面，系统进入草绘器。绘制如图7.25所示的圆为扫描轨迹。单击“确定”按钮，结束该扫描轨迹的草绘。

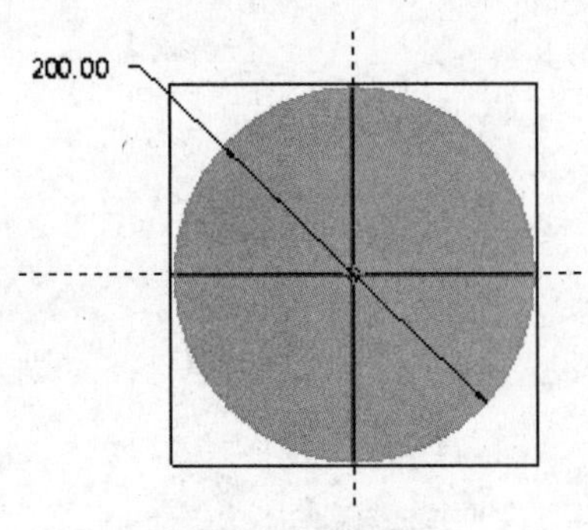

图7.25　草绘扫描轨迹

（3）选取扫描轨迹。单击“模型”选项卡的扫描命令 扫描，打开“扫描”操控板，在绘图区单击选取刚刚绘制的圆为扫描轨迹。

（4）绘制扫描截面。单击“扫描”操控板的“创建截面”按钮，则系统会自动计算找到一个过轨迹起点，与轨迹垂直的平面，作为草绘平面直接进入草绘器，此时可以开始绘制扫描草绘截面。草绘一个直径为20的圆，确保圆心与轨迹起点重合，如图7.26所示。单击“确定”完成扫描截面的绘制，返回“扫描”操控板。

（5）这时能看见圆环的预显图形。单击“确认”完成圆环的创建，如图 7.27 所示。

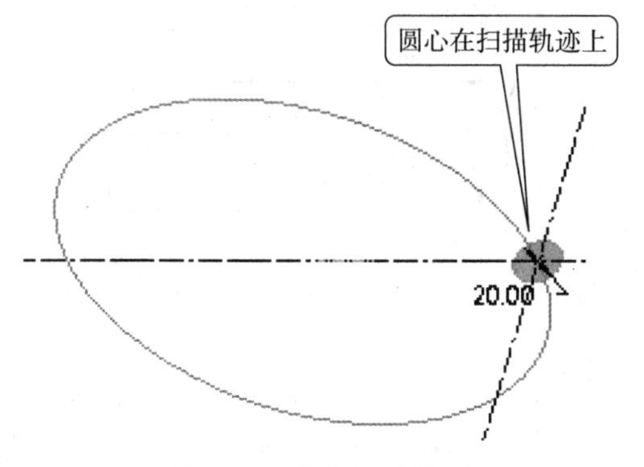

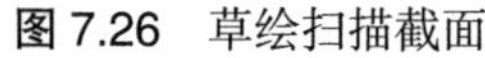
图 7.26 草绘扫描截面

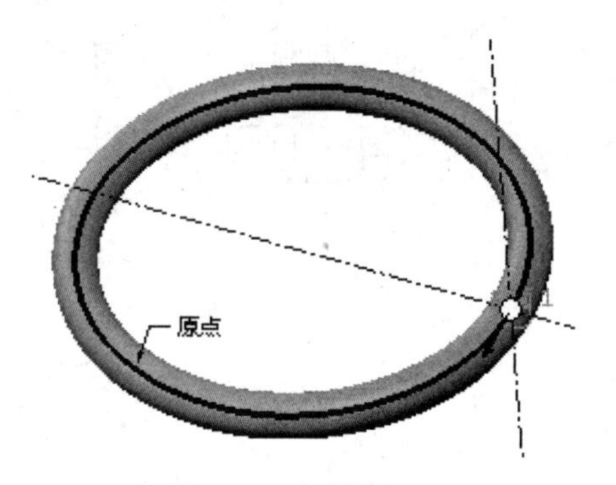

图 7.27 扫描预显

也可以使用旋转命令创建圆环，读者可尝试一下。

在这一节中，我们使用了拉伸、旋转、扫描、扫描混合等命令，其中，扫描和扫描混合两个命令在机械零件建模过程中使用的次数比较少，所以，在本书中没有详细地介绍。读者可参阅其他专业图书进行深入学习。

7.2 组合体建模设计 1

任何组合体都是由基本体相互叠加或切割而形成的，所以创建组合体，就需要按照组合体的构成顺序，进行叠加或切割操作，以完成建模设计。

在使用计算机进行建模设计之前，建议读者拿一支铅笔，在一张白纸上先把建模的思路画出来。尤其对于初学者，这一步骤很重要。它可以帮助读者理清组合体建模的思路和流程。笔者建议初学者要特别注意：第一次完成一个组合体的建模设计后，一定要把完成时间记录下来。然后，第二天再做一次，过了三四天再重复一次，一个月以后再做一次。看一看创建同一个模型的完成时间是不是缩短了。如果操作时间缩短了，说明读者已经初步掌握了零件建模的步骤和流程，反之，如果完成的时间延长了，则说明读者要抓紧时间多做一些练习。

创建如图 7.28 所示的组合体，其创建思路如图 7.29 所示。

7.2.1 创建拉伸基体

（1）新建一个零件模型文件，文件名为“ZHTSL1”。

（2）在“模型”选项卡中单击“拉伸”按钮，弹出“拉伸”操控板。

（3）选择 FRONT 基准面作为草绘平面，其余为默认设置，单击“草绘”按钮，进入草绘器，开始草绘。在绘图区，草绘如图 7.30 所示的截面，单击“确定”结束草绘，返回“拉伸”操控板。

（4）在“拉伸”操控板中，拉伸类型选为“对称拉伸”，输入拉伸深度为 42 并回车。单击按钮，生成拉伸基体特征，如图 7.31 所示。

7.2.2 叠加圆柱

（1）在“模型”选项卡中单击“拉伸”按钮，弹出“拉伸”操控板。

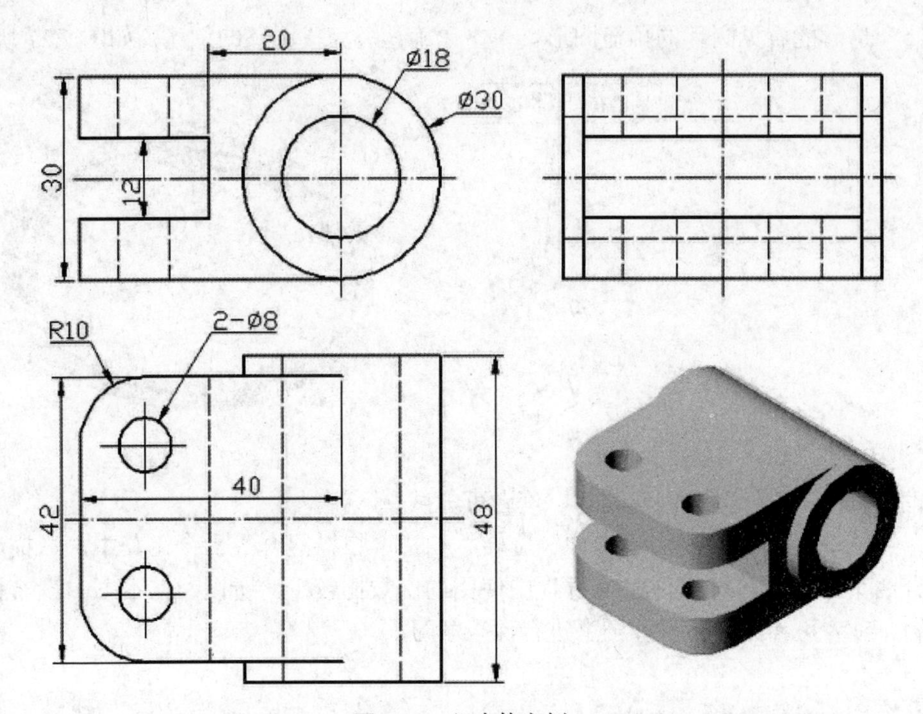

图 7.28　组合体实例 1

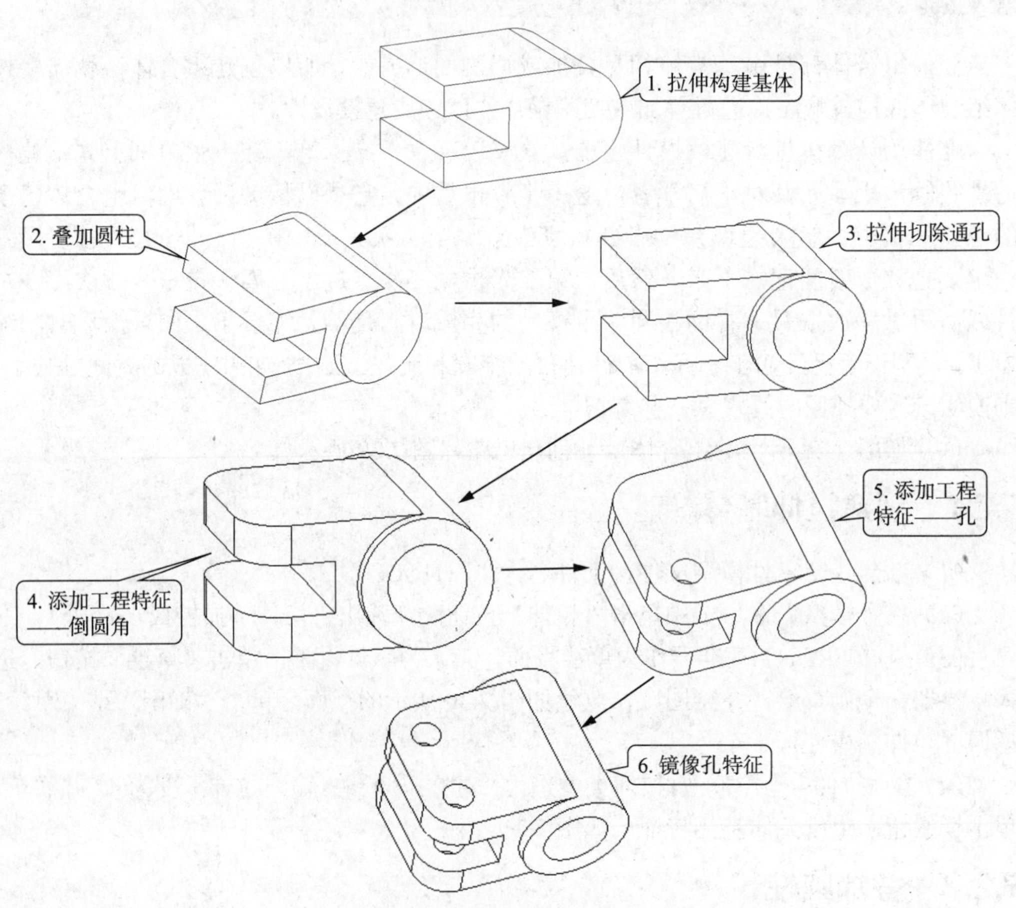

图 7.29　创建组合体实例 1 的操作步骤

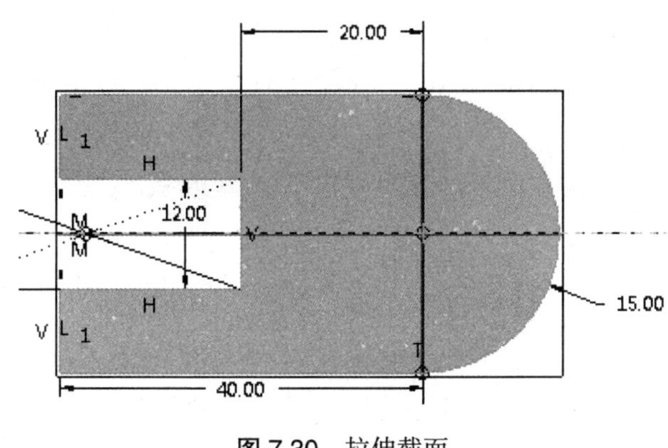

图 7.30 拉伸截面

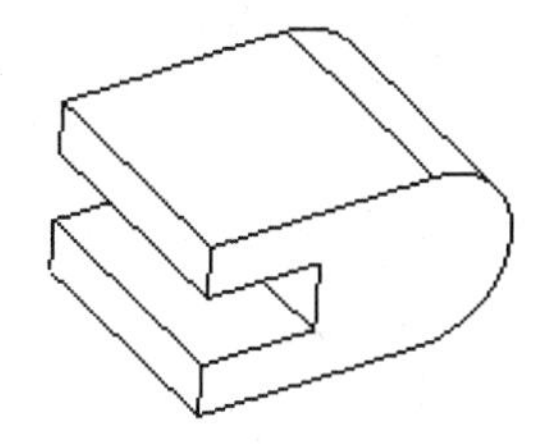

图 7.31 拉伸基体

（2）选择 FRONT 基准面作为草绘平面，其余为默认设置，单击“草绘”按钮，进入草绘器，开始草绘。在绘图区，草绘如图 7.32 所示的截面，单击“确定”结束草绘，返回“拉伸”操控板。

（3）在“拉伸”操控板中，拉伸类型选为“对称拉伸”，输入拉伸深度为 48 并回车。单击“确定”按钮，生成圆柱特征，如图 7.33 所示。

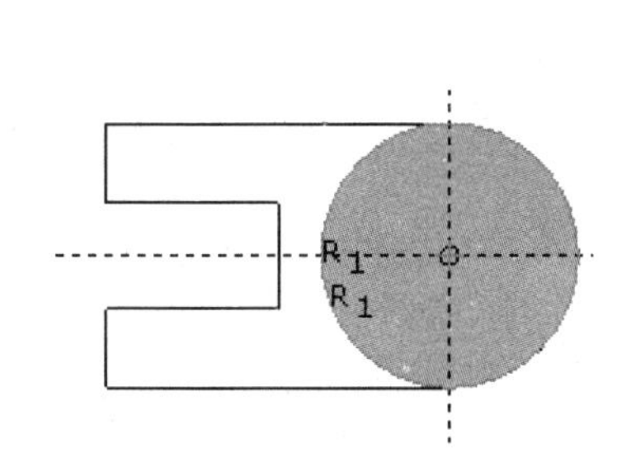

图 7.32 拉伸截面

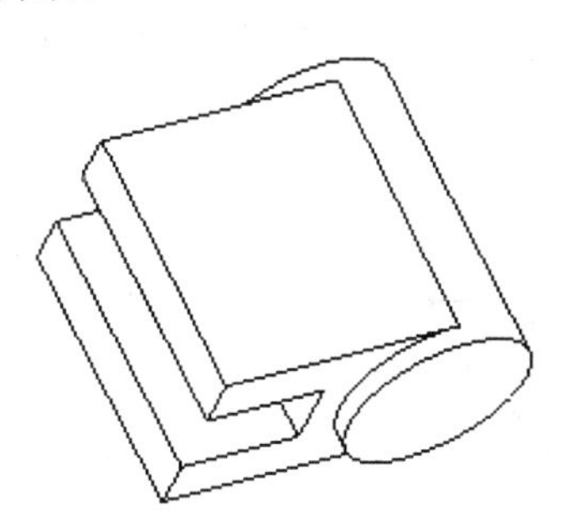

图 7.33 叠加圆柱

7.2.3 拉伸切除通孔

（1）在“模型”选项卡中单击“拉伸”按钮，弹出“拉伸”操控板。

（2）选择 FRONT 基准面作为草绘平面，其余为默认设置，单击“草绘”按钮，进入草绘器，开始草绘。在绘图区，草绘如图 7.34 所示的截面，单击“确定”结束草绘，返回“拉伸”操控板。

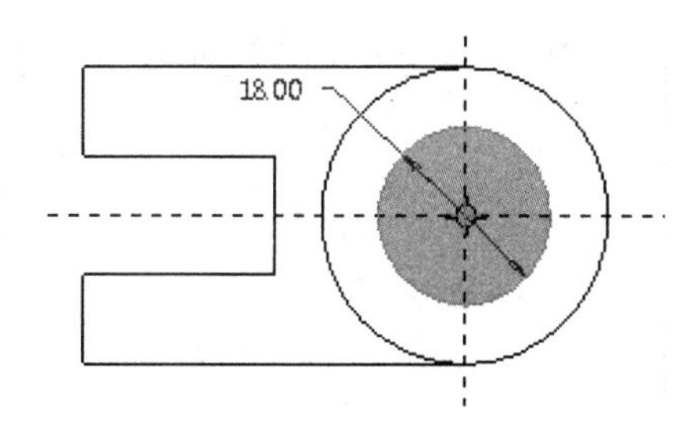

图 7.34 拉伸截面

（3）在“拉伸”操控板中，选中“去除材料”按钮。单击“选项”按钮，打开“选项”下滑板，将“侧 1”的拉伸类型选为“穿透”，“侧 2”的拉伸类型也选为“穿透”，如图 7.35 所示。单击“确定”按钮，生成拉伸切除特征，如图 7.36 所示。

7.2.4 添加工程特征——倒圆角

（1）在“模型”选项卡中单击“倒圆角”按钮 倒圆角，弹出“倒圆角”操控板。

（2）在“倒圆角”操控板中输入圆角半径 10 并回车，按住 Ctrl 键的同时，单击进

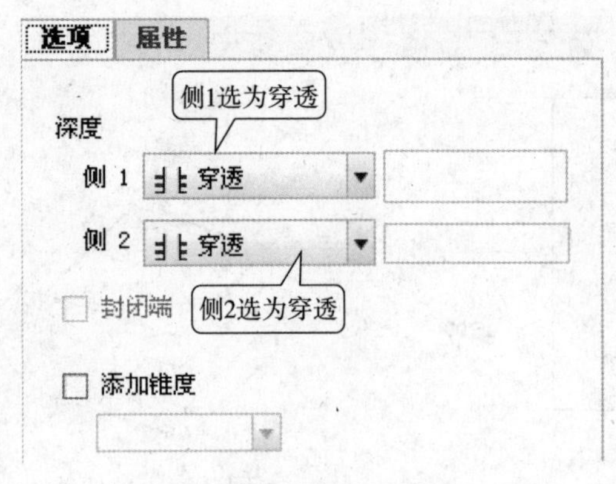

图 7.35 拉伸选项板设置

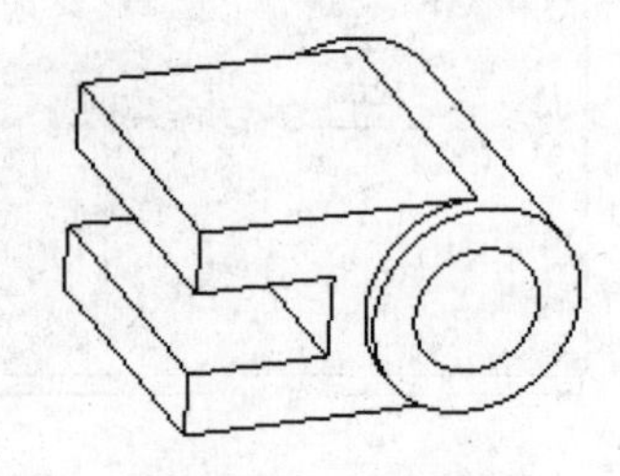

图 7.36 叠加圆柱

行选取如图 7.37 所示的 8 条棱边，单击✔按钮，结束倒圆角建模的操作。结果如图 7.38 所示。

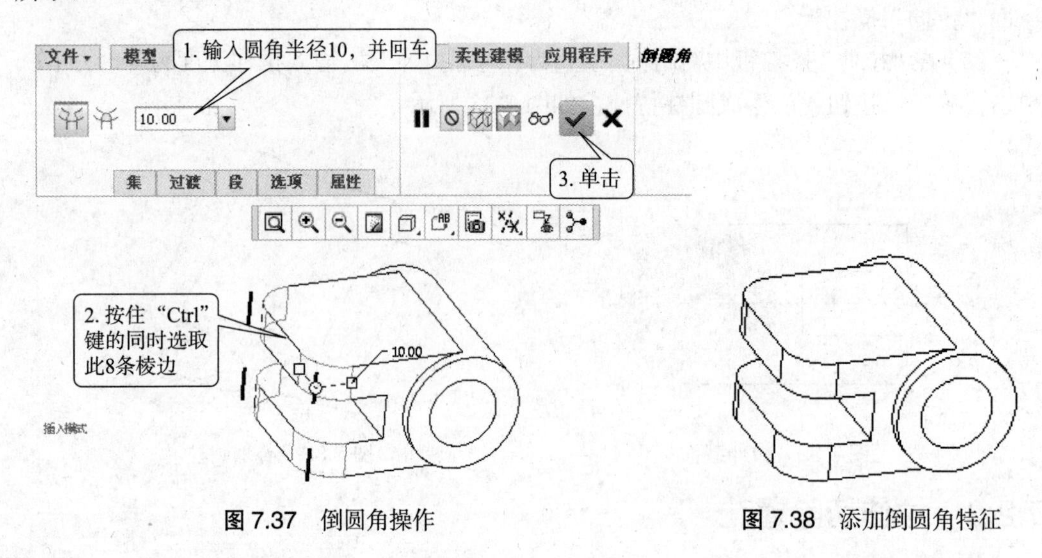

图 7.37 倒圆角操作

图 7.38 添加倒圆角特征

7.2.5 添加工程特征——钻孔

（1）在“模型”选项卡中单击“孔”命令按钮，弹出“孔”操控板。

（2）单击“放置”选项卡，在弹出的“放置”下滑板，单击选取孔的放置面。然后，单击偏移参考下面的空白区，以激活偏移参考的选取，如图 7.39 所示。

（3）按住 Ctrl 键的同时单击选择如图 7.40 所示的两个面，分别修改偏移尺寸为 10 并回车。孔径输入 8 并回车，孔深选为“穿透”，如图 7.40 所示。单击✔按钮，完成孔特征的创建，如图 7.41 所示。

7.2.6 镜像钻孔

（1）单击选中模型树的“孔 1”特征，然后再单击“模型”选项卡中的“镜像”命令，弹出“镜像”操控板。

（2）单击模型的对称基准面为镜像对称面，如图 7.42 所示。在“镜像”操控板单击“确定”，完成镜像特征的创建，如图 7.43 所示。

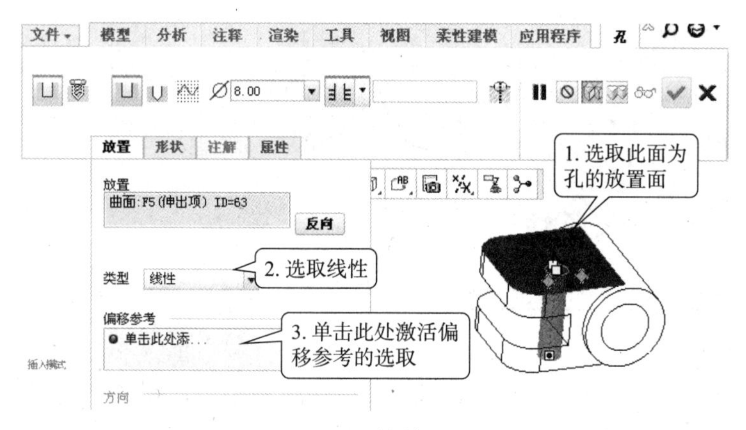

图 7.39 拉伸截面

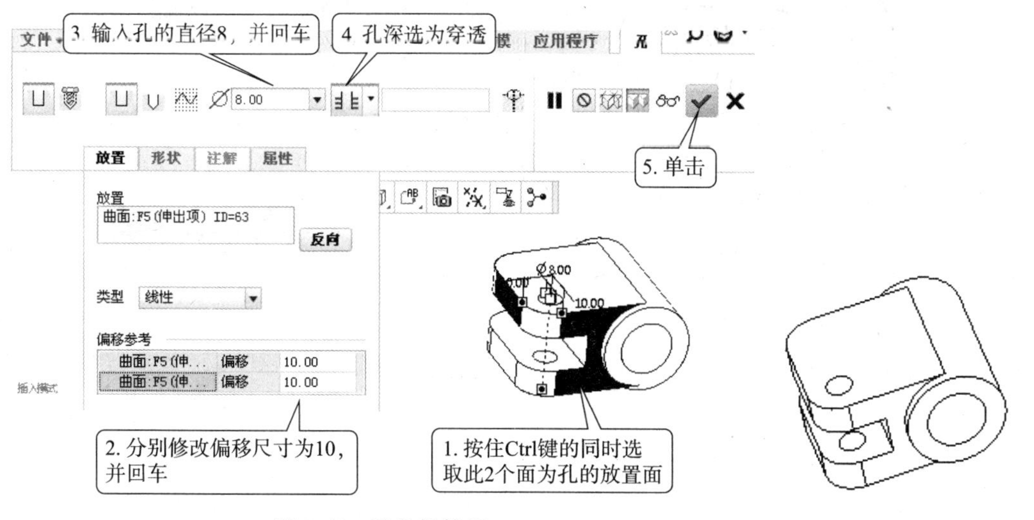

图 7.40 孔的操控板

图 7.41 添加工程特征——孔

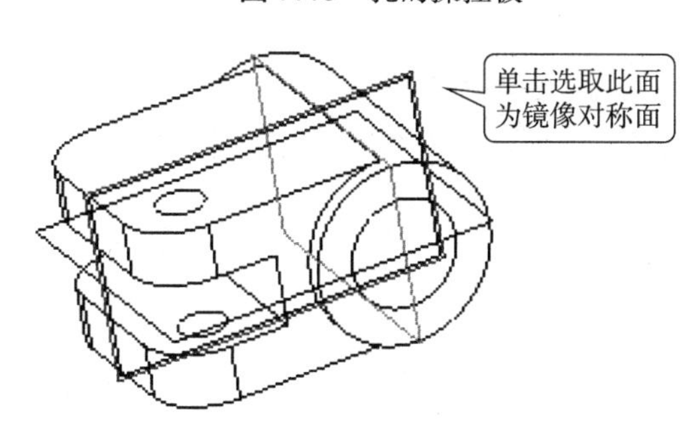

图 7.42 选取镜像对称面

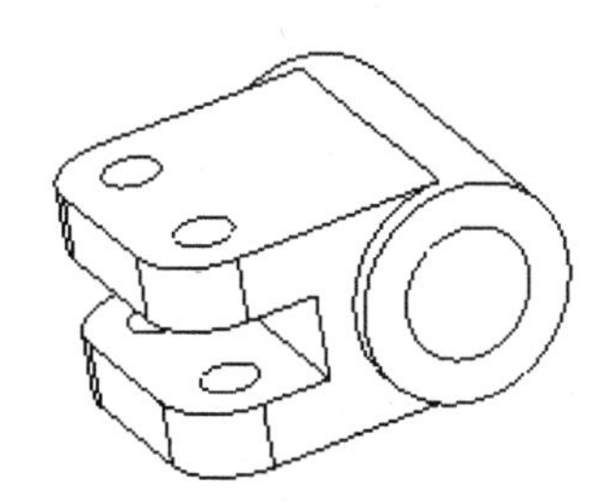

图 7.43 镜像后的模型

7.3 组合体的建模设计 2

创建如图 7.44 所示的组合体，绘制步骤如图 7.45 所示。

7.3.1 创建旋转基体

（1）新建一个零件模型文件，文件名为“ZHTSL2”。

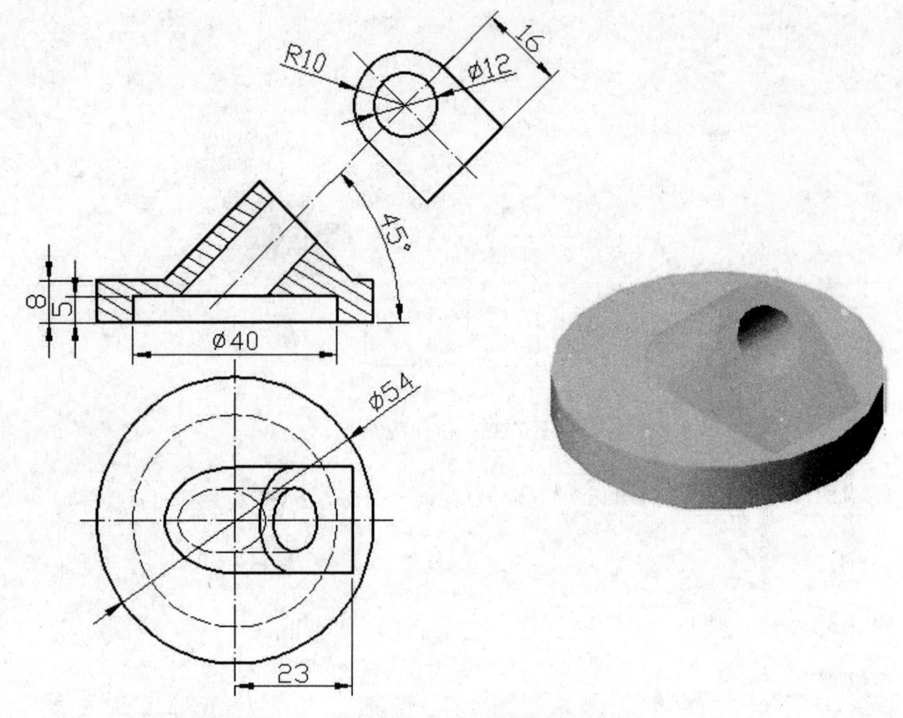

图 7.44　组合体实例 2

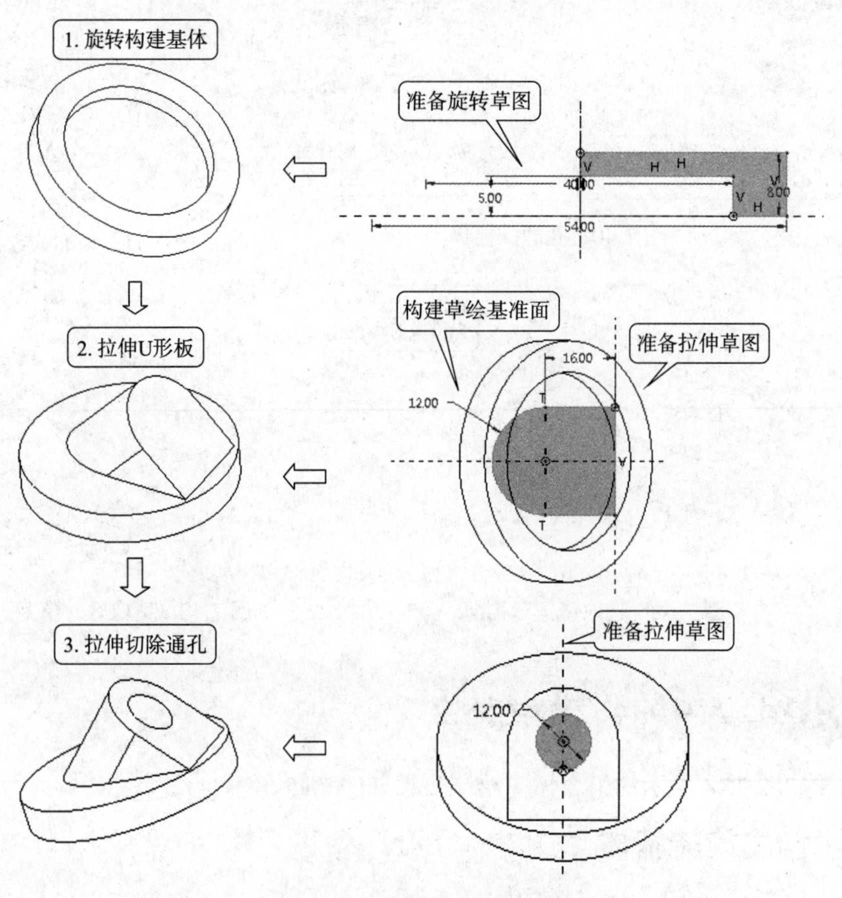

图 7.45　创建组合体实例 2 的操作步骤

（2）在“模型”选项卡中单击“旋转”按钮 旋转，弹出“旋转”操控板。

（3）选择 RIGHT 基准面作为草绘平面，其余为默认设置，单击“草绘”按钮，进入草绘器，开始草绘。在绘图区，草绘如图 7.46 所示的截面和旋转轴线，单击“确定”结束草绘，返回“旋转”操控板。

（4）在“旋转”操控板中，确定旋转角度为 360°。单击“确定”按钮✔，生成旋转基体特征，如图 7.47 所示。

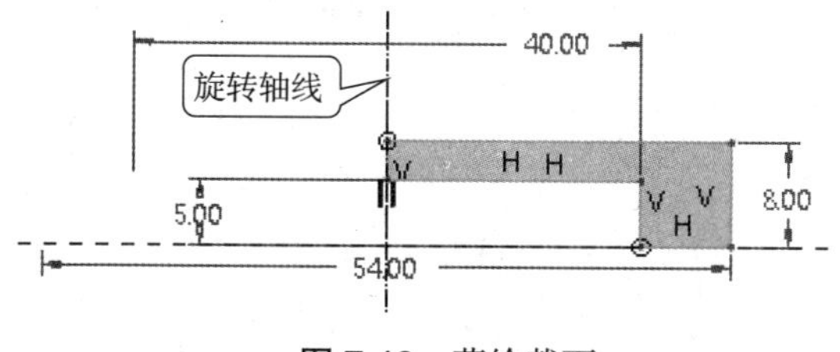

图 7.46 草绘截面

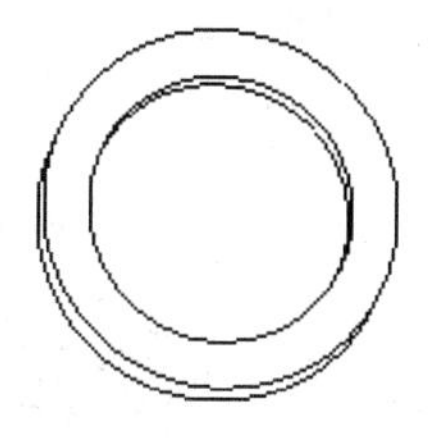

图 7.47 旋转基体

7.3.2 叠加 U 形板

U 形板只能用拉伸造型，这个 U 形板是倾斜的，系统已有基准面都不能作为草绘平面，为了绘制拉伸草绘截面，我们先要创建一个与水平倾斜 45°的，距离底板中心 23mm 的一个草绘基准面，步骤如下。

（1）创建第 1 个基准点。单击“模型”选项卡上的基准点按钮 点，弹出“基准点”对话框。单击拾取底板上表面，单击“偏移参考”下面的空白框激活偏移参考选项。如图 7.48 所示，按住 Ctrl 键的同时分别单击拾取 RIGHT 基准面和 TOP 基准面，分别修改偏移距离为 23 和 0，如图 7.49 所示。

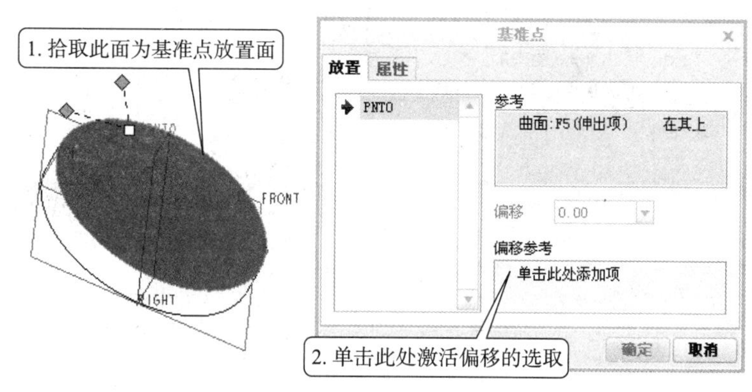

图 7.48 创建第 1 个基准点

（2）创建第 2 个基准点。在“基准点”对话框中，单击“新点”以创建第 2 个基准点。使之在底板的上表面，所在位置距离 RIGHT 基准面为 23，距离 TOP 基准面为 10，如图 7.49 所示。单击“确定”完成该基准点的创建。

（3）创建过 2 个基准点的基准轴。单击“模型”选项卡上的基准轴按钮 轴，弹出“基准轴”对话框。按住 Ctrl 键的同时单击拾取刚创建的两个基准点，单击“确定”完成该基准轴的创建，如图 7.51 所示。

（4）创建 U 形板的草绘基准面。单击“模型”选项卡上的基准面按钮▱，弹出“基准面”对话框。按住 Ctrl 键的同时单击拾取刚创建的基准轴和底板上表面，如图 7.52

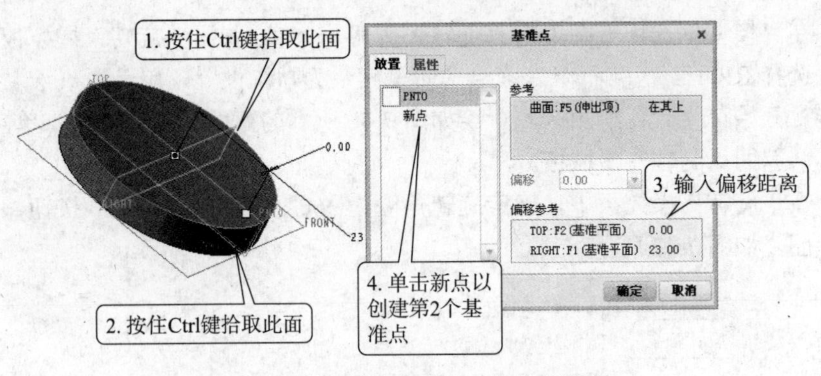

图 7.49 设置第 1 个基准点的偏移距离

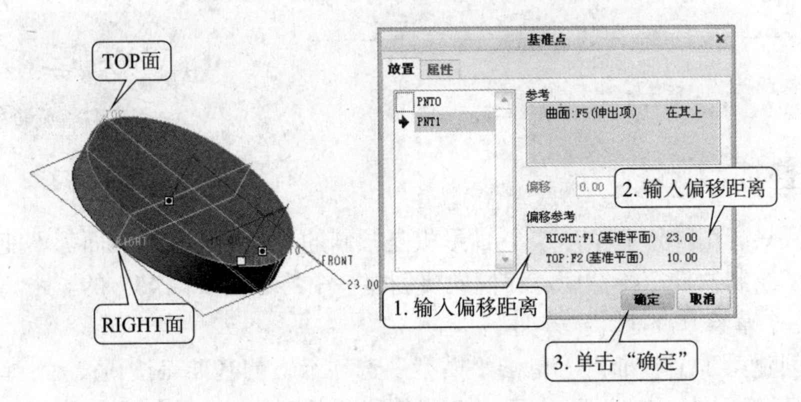

图 7.50 创建第 2 个基准点

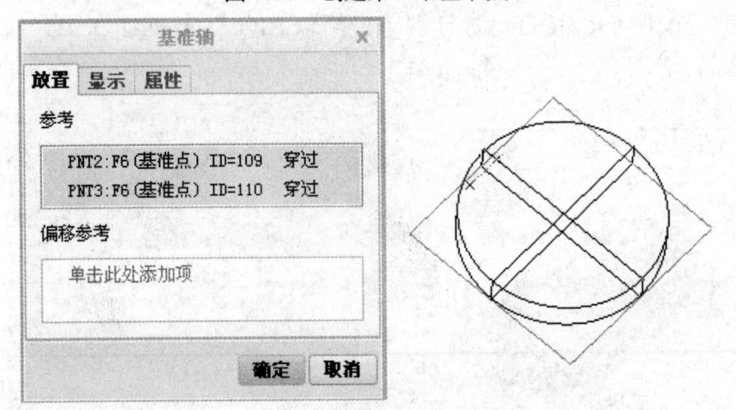

图 7.51 创建基准轴

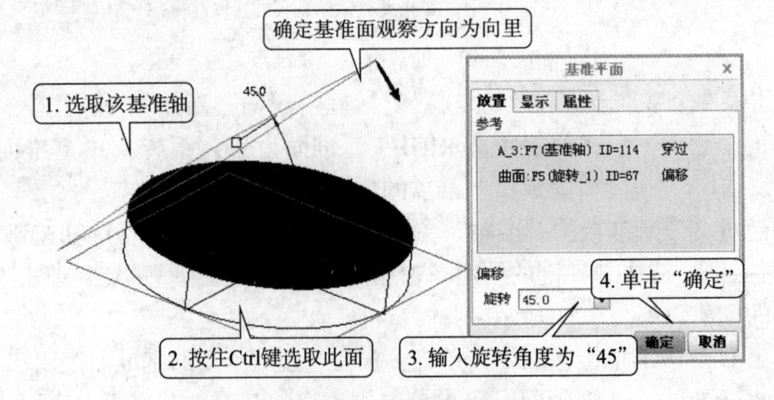

图 7.52 创建基准面

所示，设置旋转角度为“45”，单击“确定”完成该基准面的创建。

（5）创建U形板。在“模型”选项卡中单击“拉伸”按钮，弹出“拉伸”操控板。

（6）单击“放置”选项卡，在弹出的下滑板中单击“定义”按钮，弹出“草绘”对话框，选择刚刚创建的基准面作为草绘平面，其余为默认设置，单击“草绘”按钮，进入草绘器，开始草绘。在绘图区，草绘如图7.53所示的截面，单击“确定”结束草绘，返回“拉伸”操控板。

（7）在“拉伸”操控板中，拉伸类型选为“拉伸至下一曲面”。单击按钮“确定”，生成拉伸圆柱特征，如图7.54所示。

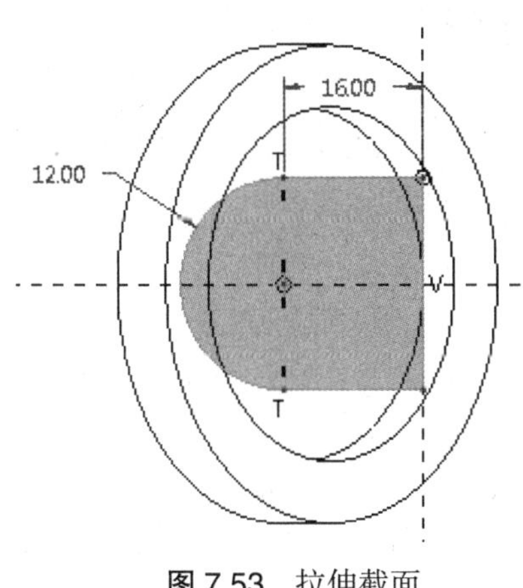

图7.53 拉伸截面

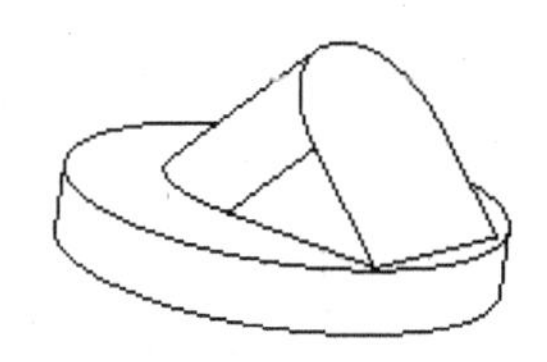

图7.54 叠加U形板

7.3.3 拉伸切除通孔

（1）在“模型”选项卡中单击“拉伸”按钮，弹出“拉伸”操控板。

（2）单击“放置”选项卡，在弹出的下滑板中单击“定义”按钮，弹出“草绘”对话框，选择U形板的倾斜的上端面作为草绘平面，其余为默认设置，单击“草绘”按钮，进入草绘器，开始草绘。在绘图区，草绘如图7.55所示的截面，单击“确定”结束草绘，返回“拉伸”操控板。

（3）在“拉伸”操控板中，选中“去除材料”。将拉伸类型选为“穿透”，单击按钮，生成拉伸切除特征，如图7.56所示。

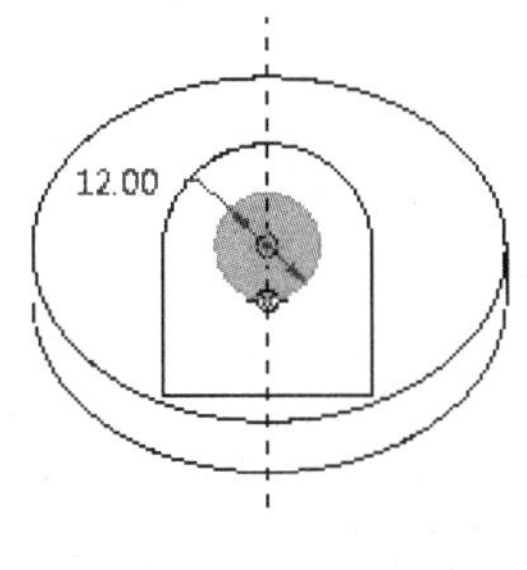

图7.55 拉伸截面

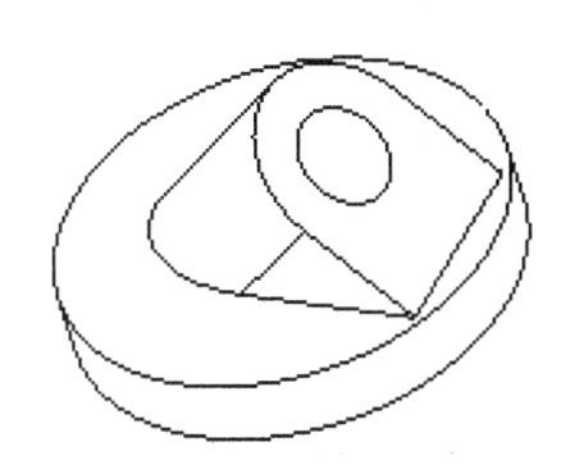

图7.56 拉伸切除通孔

7.4 组合体的建模设计 3

构建如图7.57所示组合体，其构建过程如图7.58所示。

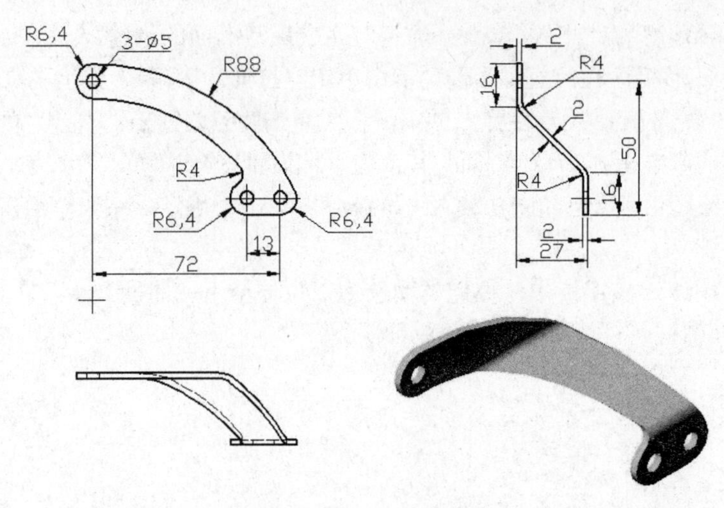

图 7.57　组合体实例 3

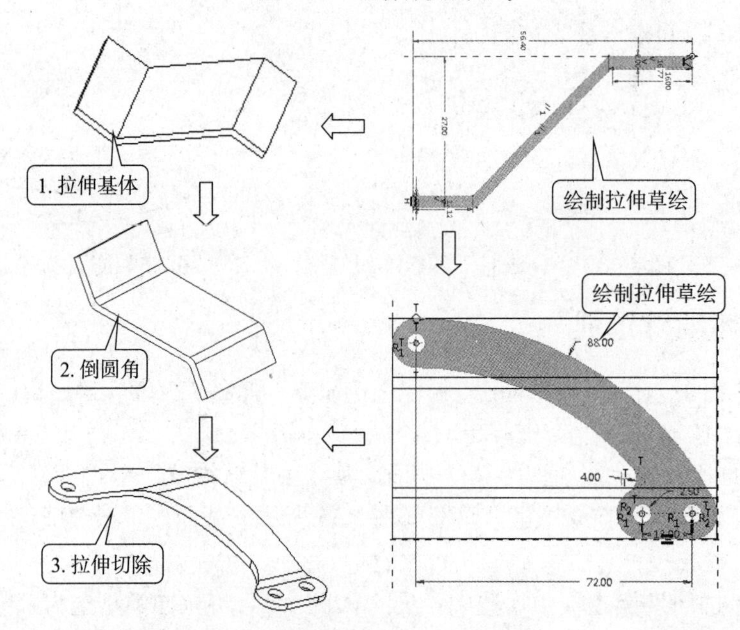

图 7.58　组合体实例 3 的创建步骤

7.4.1　拉伸基体特征

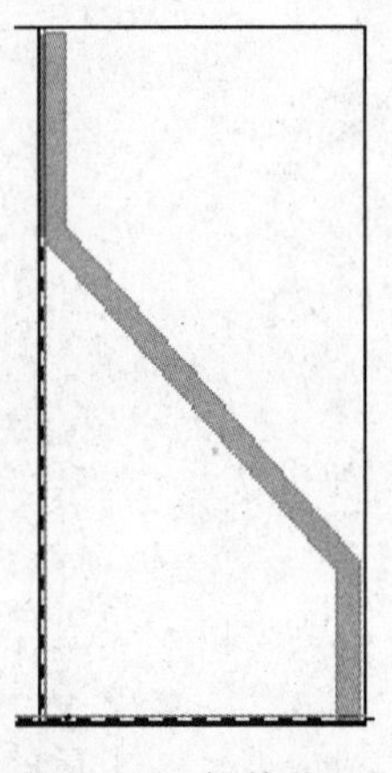

图 7.59　拉伸截面

（1）在“模型”选项卡中单击“拉伸”按钮，弹出“拉伸”操控板。

（2）单击“放置”选项卡，在弹出的下滑板中单击“定义”按钮，弹出“草绘”对话框，选择 RIGHT 基准面作为草绘平面，其余为默认设置，单击“草绘”按钮，进入草绘器，开始草绘。在绘图区，草绘如图 7.59 所示的截面，单击“确定”结束草绘，返回“拉伸”操控板。

（3）在“拉伸”操控板中，拉伸类型选为“对称拉伸”，输入拉伸深度为 84.8 并回车。单击按钮，生成拉伸特征如图 7.60 所示。

7.4.2 添加工程特征——倒圆角

（1）在“模型”选项卡中单击“倒圆角”按钮 倒圆角，弹出“倒圆角”操控板。

（2）在“拉伸”操控板中输入圆角半径 4 并回车，按住 Ctrl 键的同时，单击选取基体里面的 4 条棱边，单击按钮，结束倒圆角建模操作。结果如图 7.61 所示。

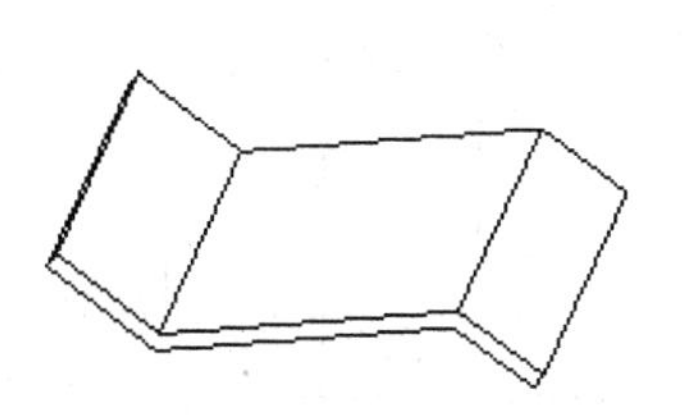

图 7.60　拉伸基体特征

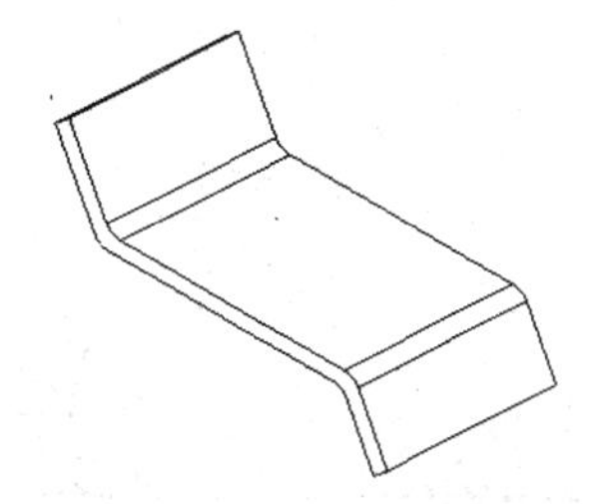

图 7.61　添加倒圆角特征

7.4.3 反向拉伸切除

（1）在“模型”选项卡中单击“拉伸”按钮，弹出“拉伸”操控板。

（2）单击“放置”选项卡，在弹出的下滑板中单击“定义”按钮，弹出“草绘”对话框，选择 TOP 基准面作为草绘平面，其余为默认设置，单击“草绘”按钮，进入草绘器，开始草绘。在绘图区，草绘如图 7.62 所示的截面，单击按钮结束草绘，返回“拉伸”操控板。

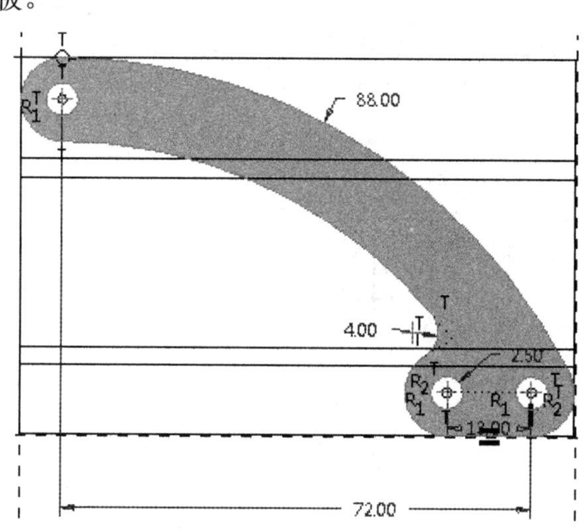

图 7.62　拉伸截面

（3）在“拉伸”操控板中，拉伸类型选为“穿透”，选中去除材料按钮，选中切除按钮右侧的反向切除按钮。单击按钮，生成反向拉伸切除特征，如图 7.63 所示。

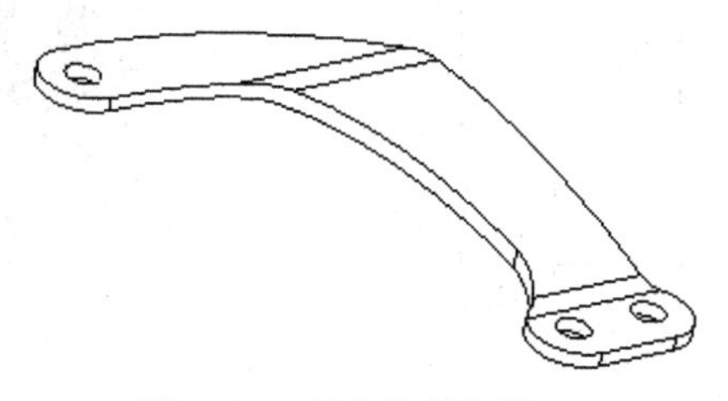

图 7.63　反向拉伸切除

思考与练习

1. 简述圆锥、圆柱、球、圆环等模型的设计步骤。
2. 尝试完成图 7.64 ～图 7.66 所示的模型。

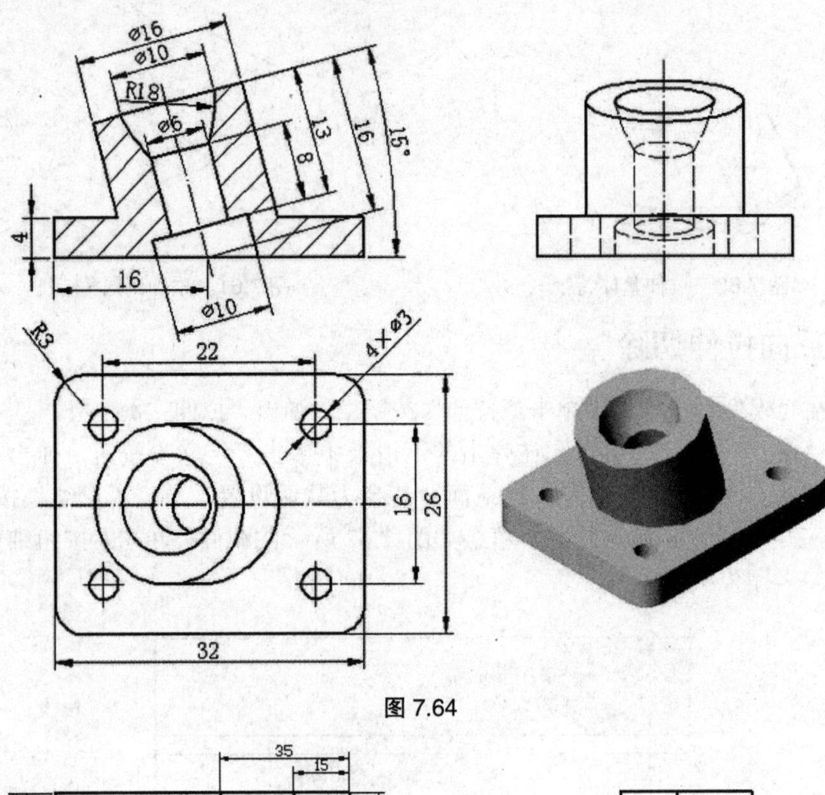

图 7.64

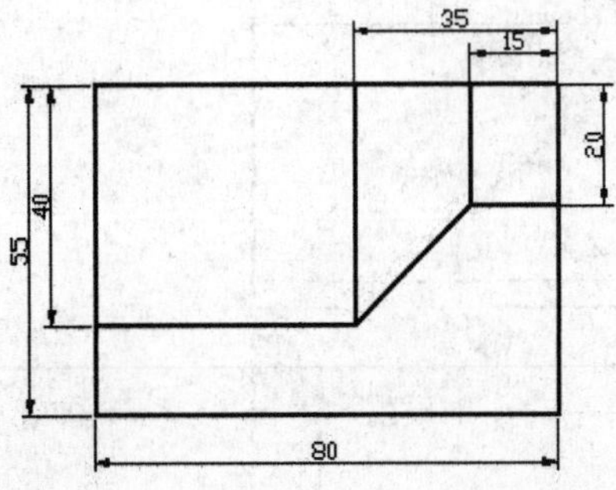

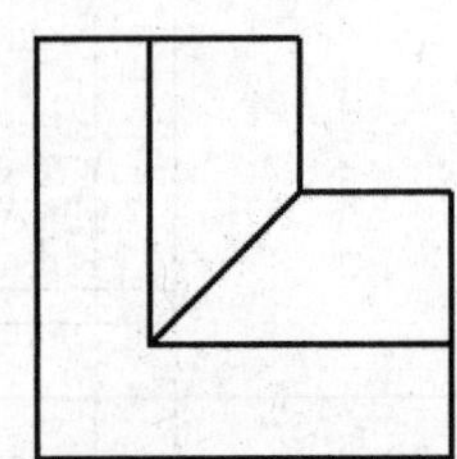

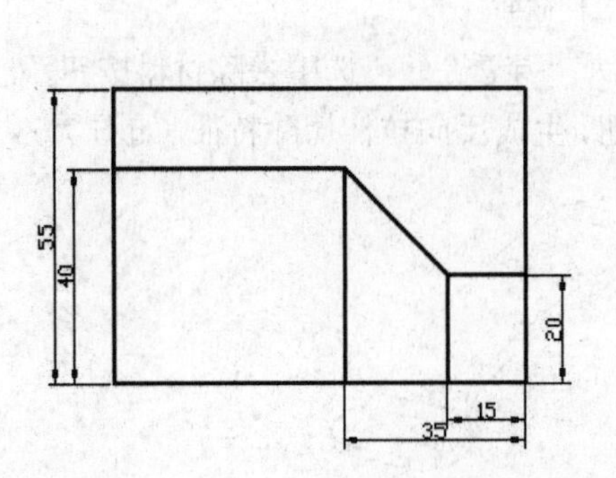

图 7.65

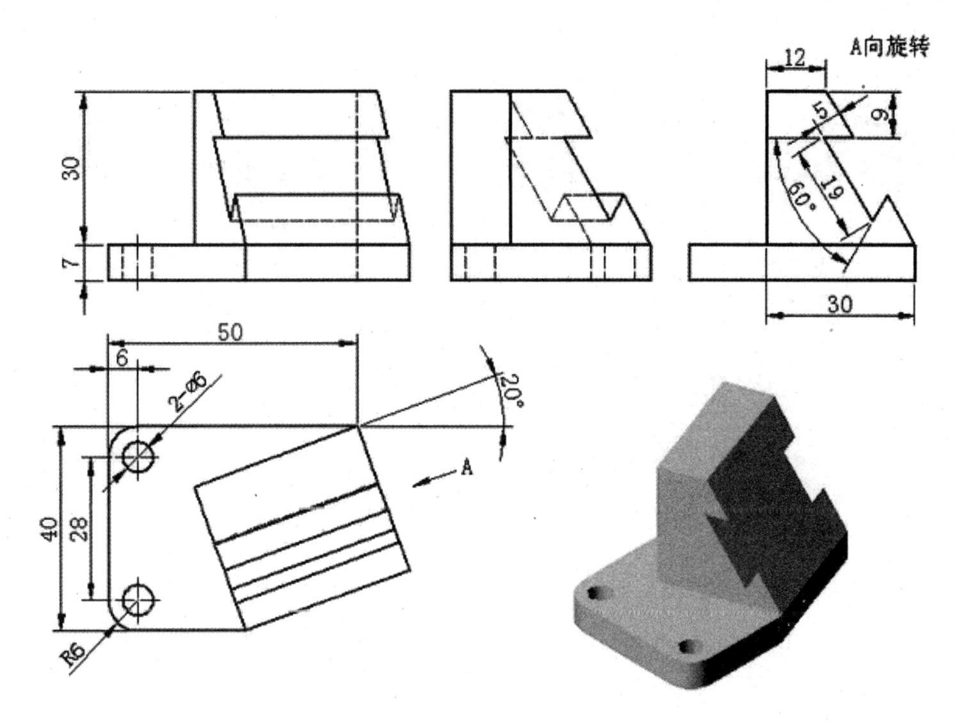

图 7.66

第8章 典型零件设计

8.1 轴套类零件设计

轴套类零件是机械设备中重要的零件之一，应用很广泛，多用于传递动力或支撑其他零件，如轴、套筒、衬套、套管、螺杆等。其结构特点是：由同轴线、不同直径的圆柱、圆锥等回转体组成，同时零件上常有退刀槽、键槽、倒角、中心孔等结构，如图 8.1 所示。套类零件和轴类零件结构相似，只是套类零件一般是中空的。

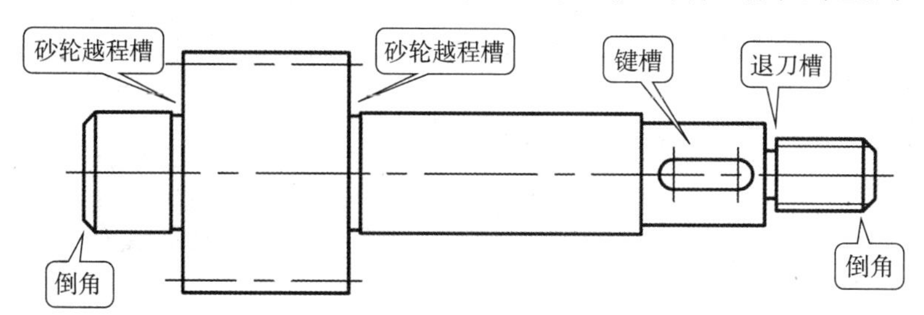

图 8.1　一般轴零件结构

8.1.1　轴类零件的设计流程

1. 设计思路

轴套类零件的基本体结构特点是：一系列直径不同的同轴圆柱体，如图 8.2 所示。前文已述，圆柱体的建模，可以使用拉伸或旋转命令建模。但是，使用拉伸命令建模一次只能创建一段圆柱，如果创建如图 8.2 所示的轴（有 5 段直径不同的同轴圆柱体构成），需要使用 5 次拉伸命令，比较麻烦，而且以后修改零件也不方便。而采用旋转特征的话，只需一次就可以构建出整个轴的基本体。所以，轴套类零件一般采用旋转特征建模来构建零件的基本体。

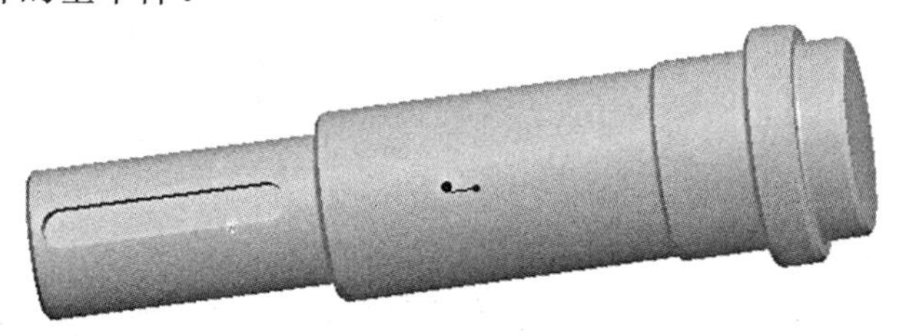

图 8.2　轴模型

创建键槽只能使用拉伸切除命令。如果轴上有螺纹孔或者钻孔等工艺结构，建议使用孔特征来创建，要比旋转、拉伸更为简单、实用。如果轴上有退刀槽等工艺结构，则应该在基本体的基础上使用拉伸切除来创建。

最后，轴套类零件一般都需要承受较大载荷，为了避免在尖角处的应力集中导致的裂缝，常常在轴的受力段设计成圆角，这部分结构要使用倒圆角特征来创建。轴的两端，为了操作安全，要设计成倒角结构，使用倒角特征来创建。

2. 设计流程

以创建图 8.2 的轴为例，来说明轴套类零件的一般建模过程，设计流程如表 8.1 所示。

表 8.1　轴的设计流程

步　骤	命　令	图　标	创建结果
1. 构建基本体	旋转建模	旋转	
2. 创建键槽	拉伸切除	拉伸	
3. 创建圆角	倒圆角	倒圆角	
4. 创建倒角	倒角	倒角	

8.1.2　创建毛坯轴

（1）新建一个零件模型文件，文件名为“axes”，进入零件模型设计模式。

（2）单击“旋转”按钮，弹出“旋转”操控板，单击“放置”>“定义”，以定义旋转截面。选择 TOP 基准面作为草绘平面，其余为默认设置。单击“草绘”按钮，进入草绘器。

（3）草绘如图 8.3 所示的截面，单击✔按钮，退出草绘器，返回到“旋转”操控板，此时绘图区已出现毛坯轴的预显图形，单击✔按钮，完成毛坯轴的创建，如图 8.4 所示。

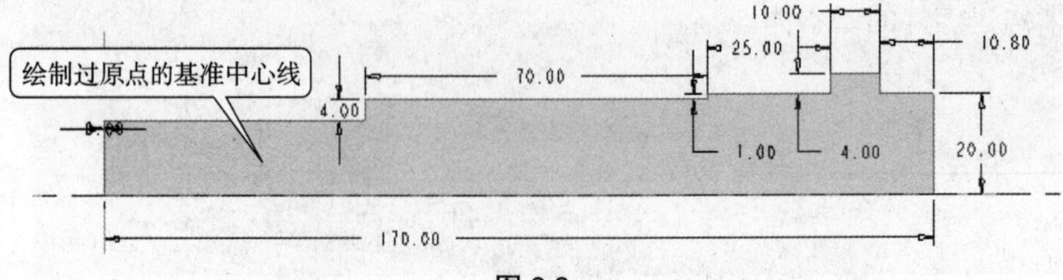

图 8.3

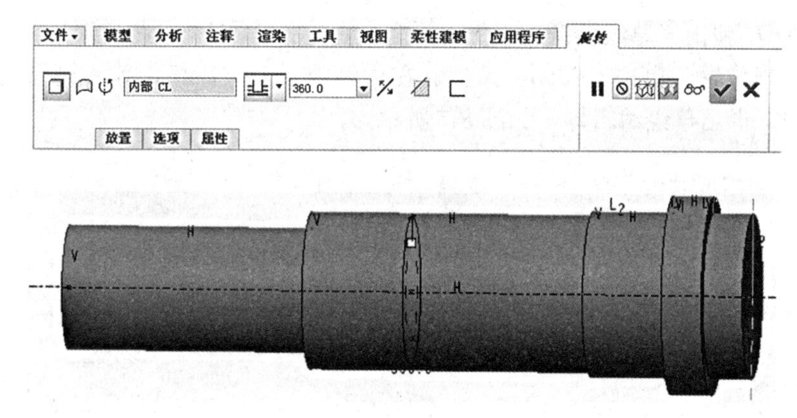

图 8.4

8.1.3 切割键槽

（1）创建基准平面 DTM1。单击“模型”选项卡上“平面”按钮，弹出“基准平面”对话框，单击“参考”收集器，选取 TOP 基准面为参考平面，偏移数值为 11，如图 8.5 所示，单击“确定”按钮，则建立了 DTM1 基准面。

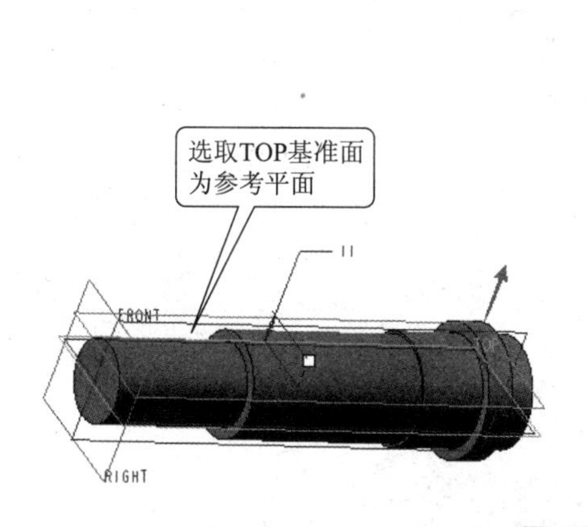

图 8.5

（2）在“模型”选项卡上单击“拉伸”按钮，弹出“拉伸”操控板，单击“放置”>“定义”，弹出“草绘”对话框，选择 DTM1 基准面作为草绘平面，其余为默认设置，单击“草绘”按钮，进入草绘模式，如图 8.6 所示。

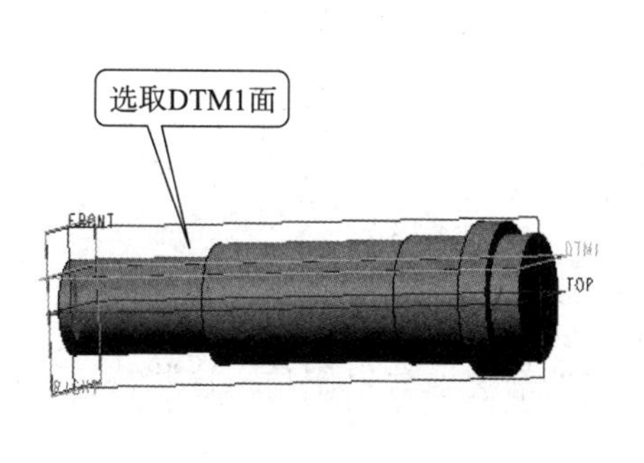

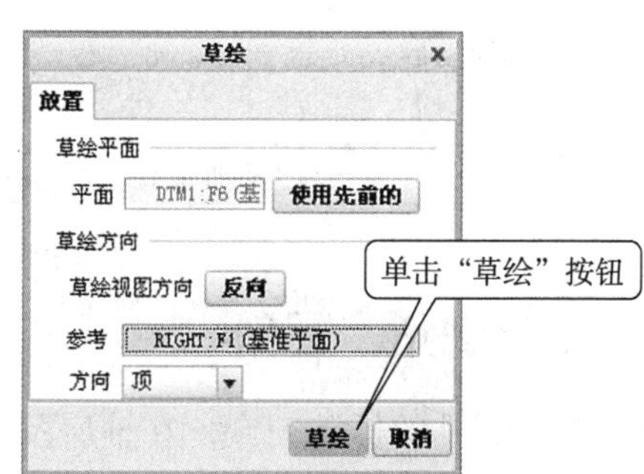

图 8.6

（3）绘制键槽草绘图。单击“草绘视图”按钮，使草绘平面与屏幕平行。单击“调色板”按钮，弹出“草绘器调色板”对话框，单击“形状”>“跑道形”，将“跑道形”拖到屏幕适当位置，单击“关闭”按钮。在比例因子的空白栏中输入键槽宽度“10”，单击✔按钮，退出草绘编辑器，如图 8.7 所示。

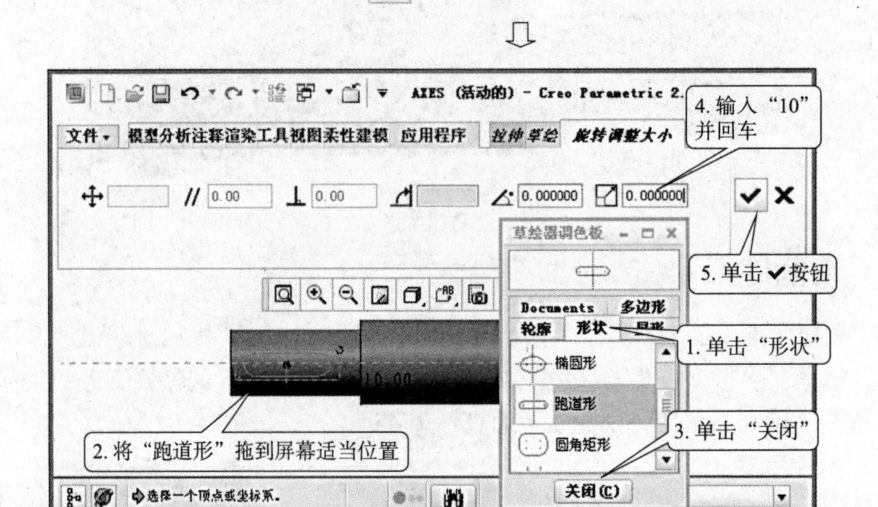

图 8.7

（4）先标注键槽的尺寸，然后，在“拉伸”操控板中选择“拉伸至与所有曲面相交”选项，选择“去除材料”按钮，如图 8.8 所示。单击“拉伸”操控板的✔按钮，完成键槽的创建。

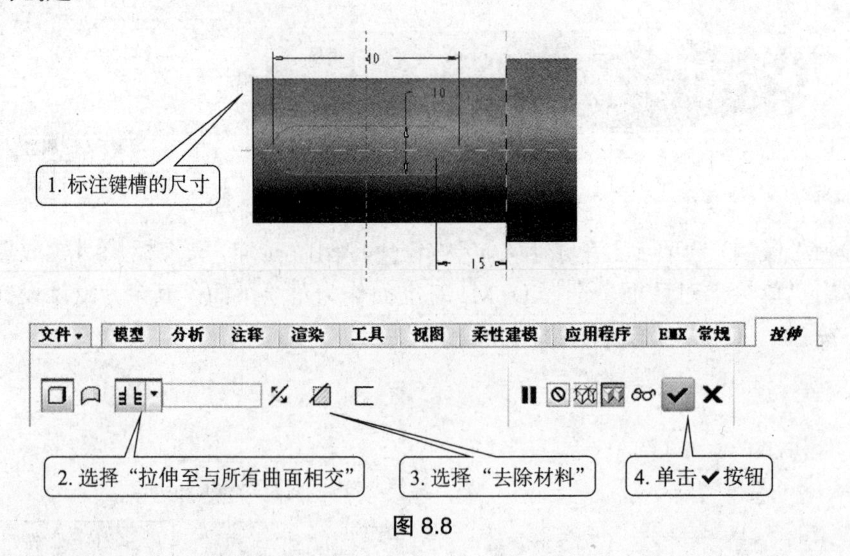

图 8.8

8.1.4　创建倒角、圆角

为了轴上零件的拆装安全，在轴肩及周端处都会修剪出倒角，这些特征可以通过倒角及倒圆角命令创建。

1. 创建圆角

单击“倒圆角”按钮，弹出“倒圆角”操控板，在文本框中输入圆角半径为“1.5”。选择图 8.9 所示轴根部 4 条曲线，作为倒圆角图元，单击✔按钮。

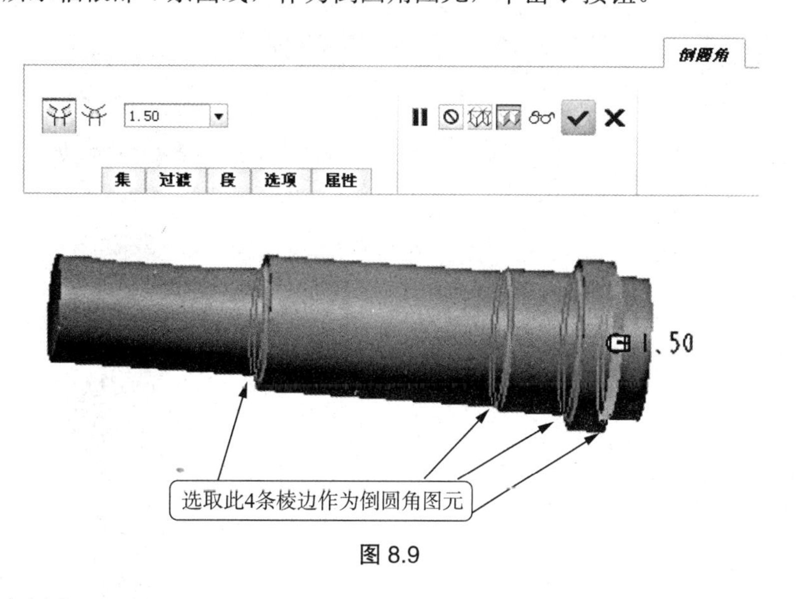

图 8.9

2. 创建倒角

单击“倒角”按钮，弹出“边倒角”操控板，选择倒角类型为“45×D”，输入 D 为 1 并回车。选择 6 条棱边进行倒角，如图 8.10 所示。

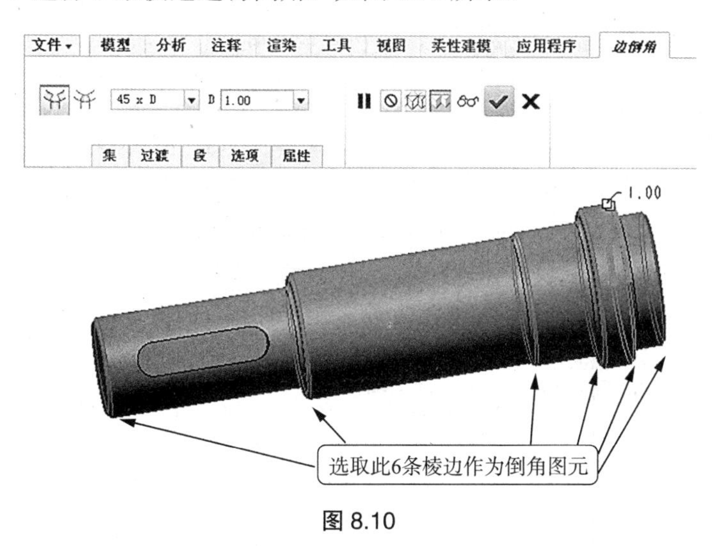

图 8.10

8.2 轮盘类零件设计

轮盘类零件主要有各种手轮、皮带轮、法兰盘及端盖等，其结构特点是：主体部分一般是径向尺寸大于轴向尺寸的回转体，其径向分布有螺孔或者光孔、销孔、轮辐等结构。

下面以一个轴承端盖为例，说明轮盘类零件的设计方法。

8.2.1　轴承端盖的设计流程

轴承端盖的设计流程如表 8.2 所示。

表 8.2　轴承端盖的设计流程

步　骤	命　令	图　标	创建结果
1. 构建基本体	旋转	旋转	
2. 创建孔	孔		
3. 创建阵列	阵列		
4. 创建倒角	倒角	倒角	

8.2.2　创建轴承端盖毛坯

（1）新建一个零件模型文件，文件名为“cover”，进入零件模型设计模式。

（2）在“模型”选项卡中单击“旋转”按钮，弹出“旋转”操控板，单击“放置”>“定义”按钮，选择 TOP 基准面作为草绘平面，其余为默认设置，单击“草绘”按钮，进入草绘模式。草绘如图 8.11 所示形状的截面，然后单击✔按钮，退出草绘编辑器。

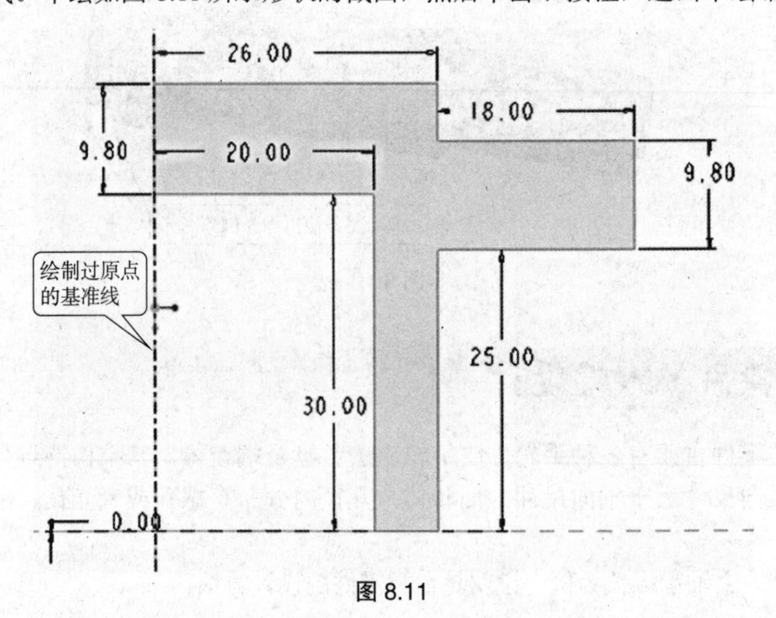

图 8.11

（3）“旋转”操控板的选项设置如图 8.12 所示，单击“旋转”操控板中的✔按钮，完成轴承端盖毛坯创建。

图 8.12 轴承端盖毛坯模型

8.2.3 创建孔特征

本例中先用“孔”工具创建一个孔，再利用“阵列”工具创建其余的孔。

（1）在“模型”选项卡中单击“孔”工具按钮，弹出“孔”操控板。在“孔”操控板中，单击“简单孔”，输入钻孔直径为“9”并回车，选择“穿透”选项。

（2）单击“放置”，在弹出的下滑板中单击左键以激活“放置”收集器，选择轴承端盖法兰盘为孔的放置面。选择钻孔类型为“径向”，单击左键以激活“偏移参考”收集器，按住“Ctrl”键分别选择轴承端盖的中心轴和 RIGHT 基准面作为参考，输入与中心轴偏移距离“35”并回车，输入距 RIGHT 基准面偏移尺寸“0”，然后回车，即定义了孔与轴线的距离为 35mm，并且孔的轴线在 RIGHT 基准面上。轴承端盖孔预显如图 8.13 所示。

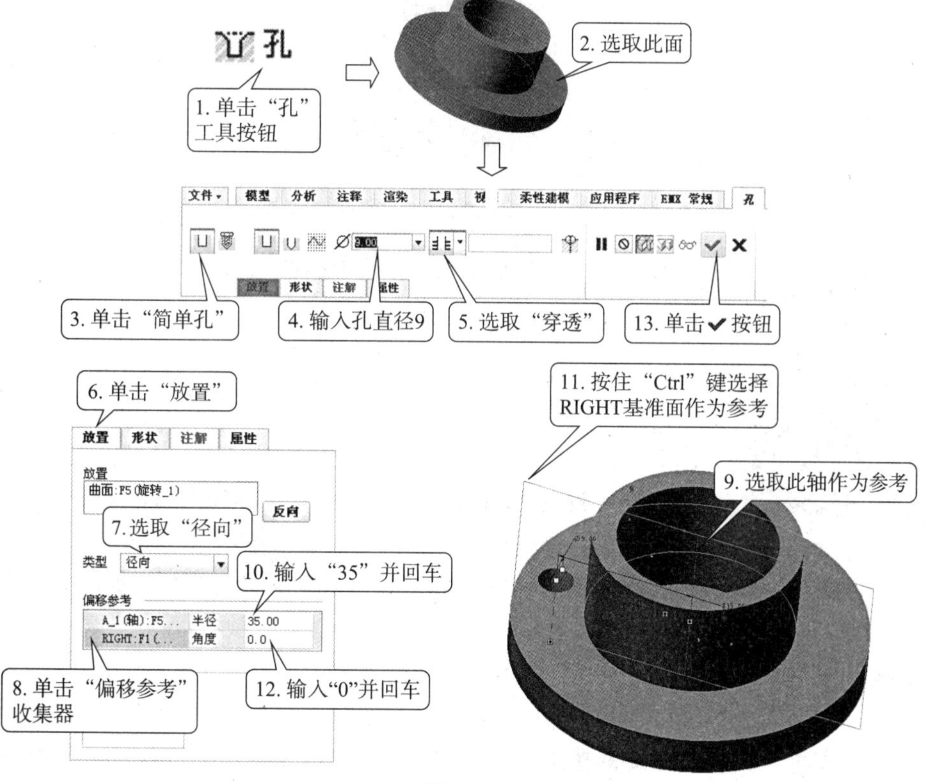

图 8.13

（3）单击✔按钮，完成孔特征的创建，模型如图 8.14 所示。

图 8.14 创建孔特征

8.2.4 阵列孔特征

（1）单击选取要阵列的孔特征，然后单击“阵列”按钮，弹出“阵列”操控板。

（2）单击“阵列”操控板中的“轴”选项，选择轴线。输入需阵列的孔的个数为“4”并回车，输入角度增量为 90°（即 360° /4=90°）并回车，轴承端盖如图 8.15 所示。

（3）单击✔按钮，生成阵列孔特征，如图 8.16 所示。

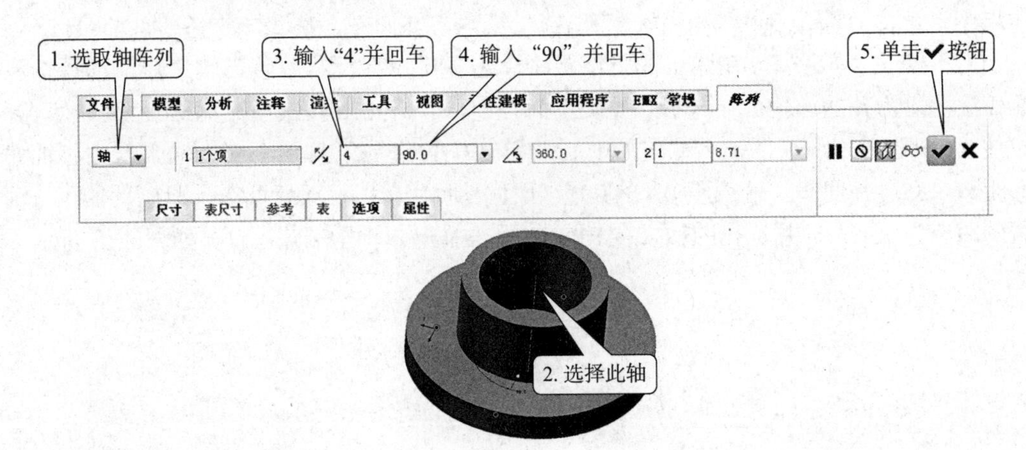

图 8.15

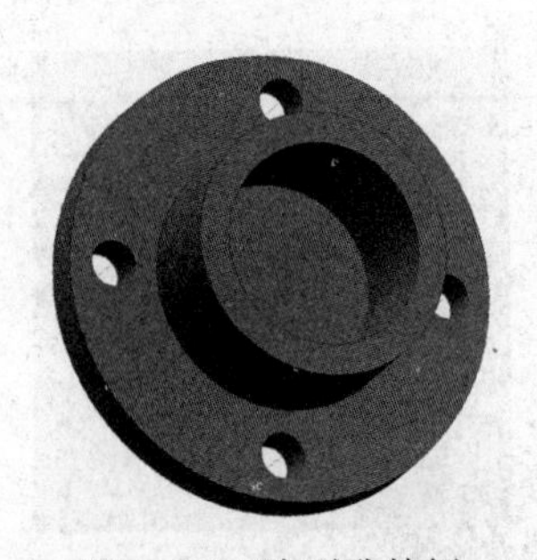

图 8.16 阵列孔特征

8.2.5 创建倒圆角和倒角特征

（1）单击“模型”选项卡中的“倒圆角”按钮，弹出“倒圆角”操控板，输入圆角半径为“2”并回车，如图 8.17 所示。选择轴承端盖上表面边缘作为倒圆角图元，单击✔按钮。

（2）单击“倒角”按钮，弹出“边倒角”操控板，选择倒角类型为“D1xD2”，D1 输入“3”并回车，D2 输入“1.5”并回车，选择图 8.18 所示图元为倒角图元。在“边倒角”操控板中单击✔按钮，生成轴承端盖最终模型，如图 8.19 所示。

8.3 叉架类零件设计

叉架类零件包括各种用途的拨叉、支架(座)、中心架等。叉架类零件多由肋板、耳片、

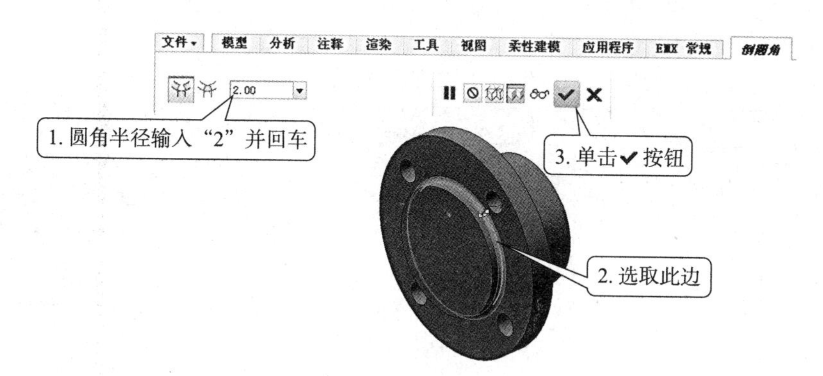

图 8.17 创建圆角特征

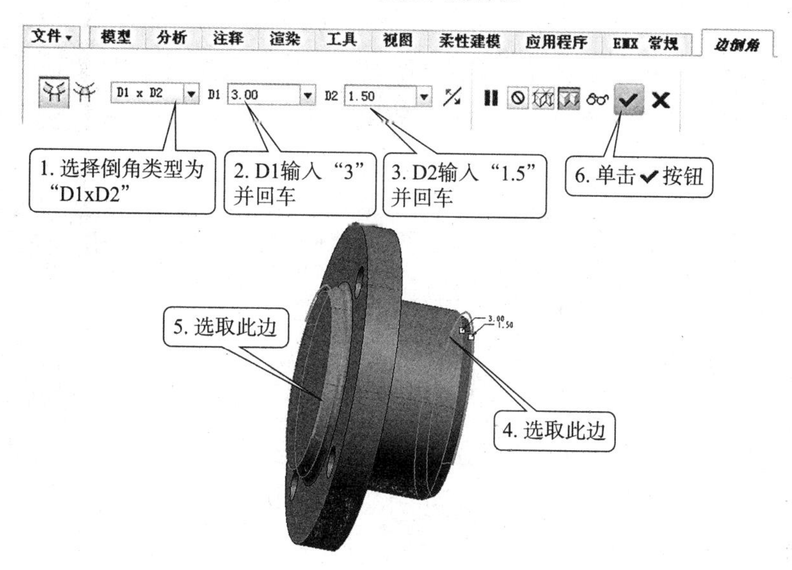

图 8.18

图 8.19 创建倒角特征

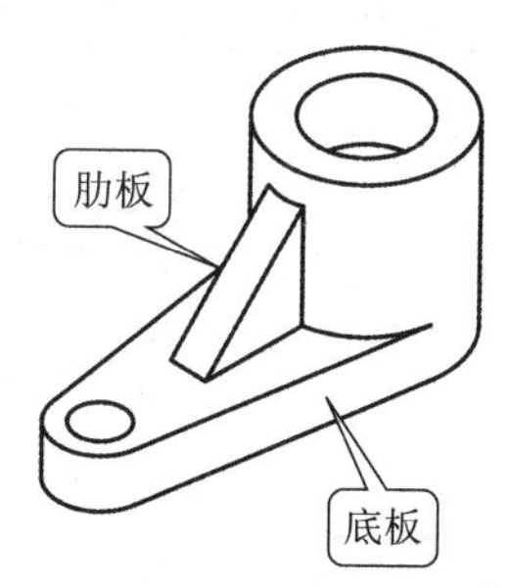

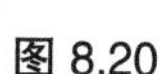
图 8.20

底板等结构组成，如图 8.20 所示。

下面我们就以一个支座零件为例，介绍叉架类零件设计的基本方法。

8.3.1 支座零件设计流程

图 8.21 支 座

支座是常见的机件，它由基本特征创建而成。在图 8.21 所示的支座中，要使用拉伸、孔、倒圆角和倒角等命令来绘制。表 8.3

所示为支座的设计流程。

表 8.3　支座的设计流程

步　骤	命　令	图　标	创建结果
1. 创建底板	拉伸、倒圆角、孔、镜像	拉伸、倒圆角、、	
2. 创建圆筒	拉伸、孔	拉伸、	
3. 创建立板	拉伸	拉伸	
4. 创建肋板	轮廓筋	筋	
5. 创建圆角、倒角	倒圆角、倒角	倒圆角、倒角	

8.3.2　创建底板

（1）新建一个零件模型文件，文件名为“zhouchengzuo”。

（2）单击“拉伸”工具按钮，弹出“拉伸”操控板，单击“放置”>“定义”，弹出“草绘”对话框，选择 TOP 基准面为草绘平面，单击“草绘”按钮，进入草绘模式。绘制拉伸截面，如图 8.22 所示。

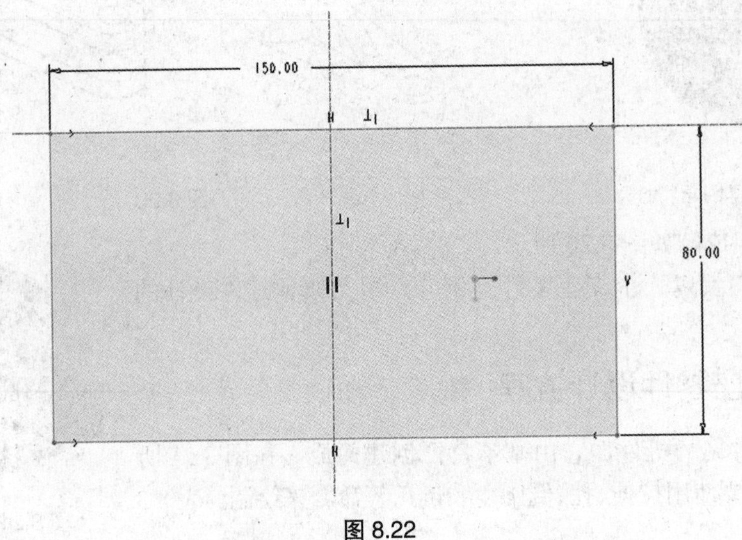

图 8.22

（3）单击✔按钮，退出草绘器。在“拉伸”操控板上输入拉伸深度值为“20”并回车，如图 8.23（a）所示，拉伸方向如图 8.23（b）所示。单击✔按钮，长方体创建完成。

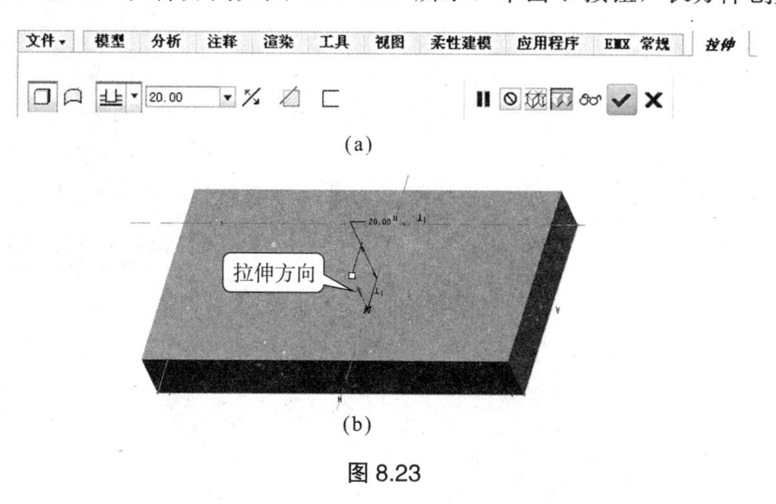

(a)

(b)

图 8.23

（4）单击“倒圆角”工具按钮，弹出“倒圆角”操控板，在文本框中输入圆角半径为“20”，选取需要倒圆角的两个棱边，单击✔按钮，完成倒圆角，效果如图 8.24 所示。

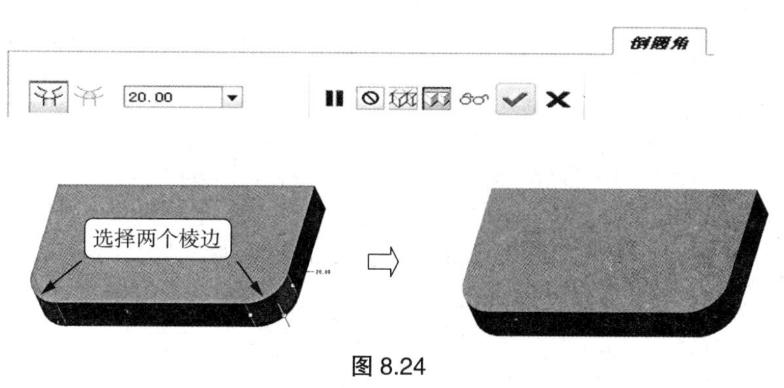

图 8.24

（5）单击“孔”工具按钮，创建简单孔，输入钻孔直径为“20”，选择“穿透”选项。单击“放置”选项卡，在“放置”收集器中，单击底板的上表面为孔的放置面，上表面变成绿色，并且出现孔的预显形状和决定孔位置的两个控制标柄，拖动一个位置控制标柄到底板的前端面，拖动另一个位置控制标柄到底板的左侧面，然后修改偏移尺寸，都是“25”，如图 8.25（a）所示。单击✔按钮，完成孔特征的创建，模型如图 8.25（b）所示。

（6）选中孔特征，单击“镜像”工具按钮，选取 RIGHT 基准面为镜像平面，单击✔按钮，完成镜像特征的创建，效果如图 8.26 所示。

8.3.3 创建圆筒

（1）单击底板的后端面，单击“拉伸”工具，进入草绘器。单击“草绘视图”按钮，使草绘平面与屏幕平行。绘制如图 8.27 所示的截面。

（2）单击✔按钮，退出草绘器。观察预显图形的拉伸方向是否正确，如果不正确，单击“反向拉伸”按钮。输入侧 1 的深度值为“68”并回车，最后单击✔按钮，完成圆筒的创建，如图 8.28 所示。

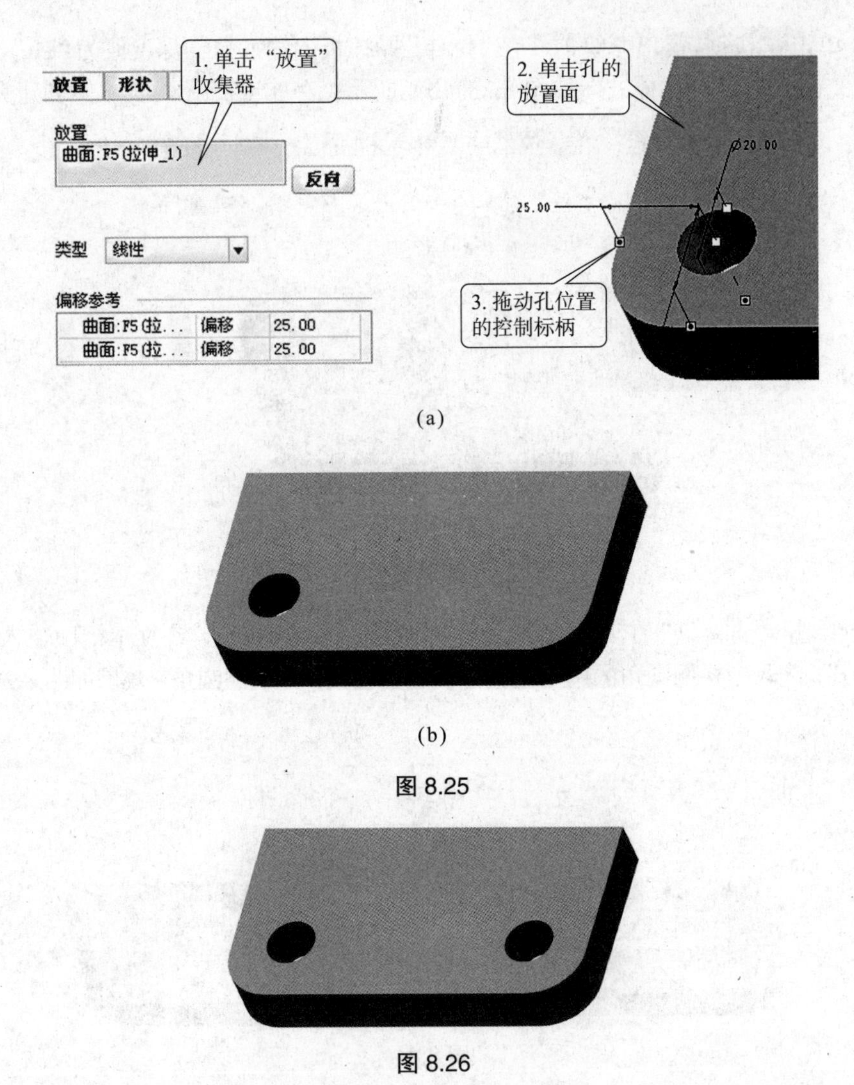

(a)

(b)

图 8.25

图 8.26

（3）单击“孔”工具按钮，在圆筒的上表面创建一个通孔。“孔”操控板的设置如图 8.29（a）所示。完成效果如图 8.29（b）所示。

8.3.4　创建筋特征

在创建筋特征之前，要先使用拉伸命令创建圆筒与底板之间的立板，读者可根据图 8.30 所示的数据自行创建。效果如图 8.31 所示。

下面介绍创建轮廓筋的一般步骤。

（1）单击“筋”工具右侧的向下的小黑箭头，在下拉菜单中选择“轮廓筋”按钮，弹出“轮廓筋”操控板，如图 8.32 所示。单击“参考”>“定义”按钮，系统弹出“草绘”对话框。选择“RIGHT”基准平面作为草绘平面，单击“草绘”按钮，进入草绘模式。

（2）绘制如图 8.32 所示尺寸的截面。注意材料填充方向，如果指向不对（图 8.32），单击箭头调整其指向。

（3）在“轮廓筋”操控板上输入筋的厚度值为“10”。单击⁄按钮，筋特征在草绘平面的一侧换到另一侧，再单击换到与草绘平面对称，如图 8.33 所示。单击✔按钮，完成筋特征的创建，效果如图 8.34 所示。

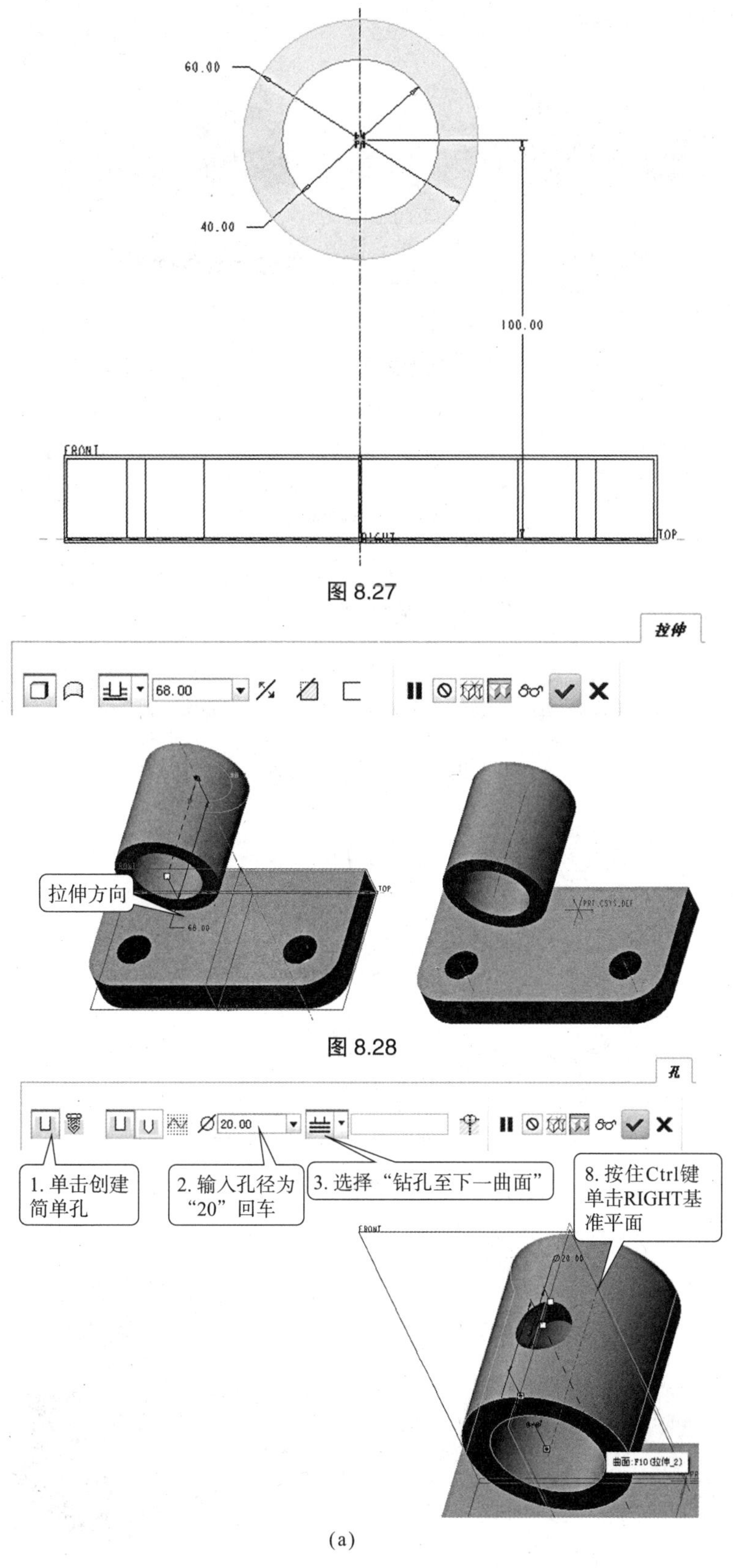

图 8.27

图 8.28

(a)

图 8.29

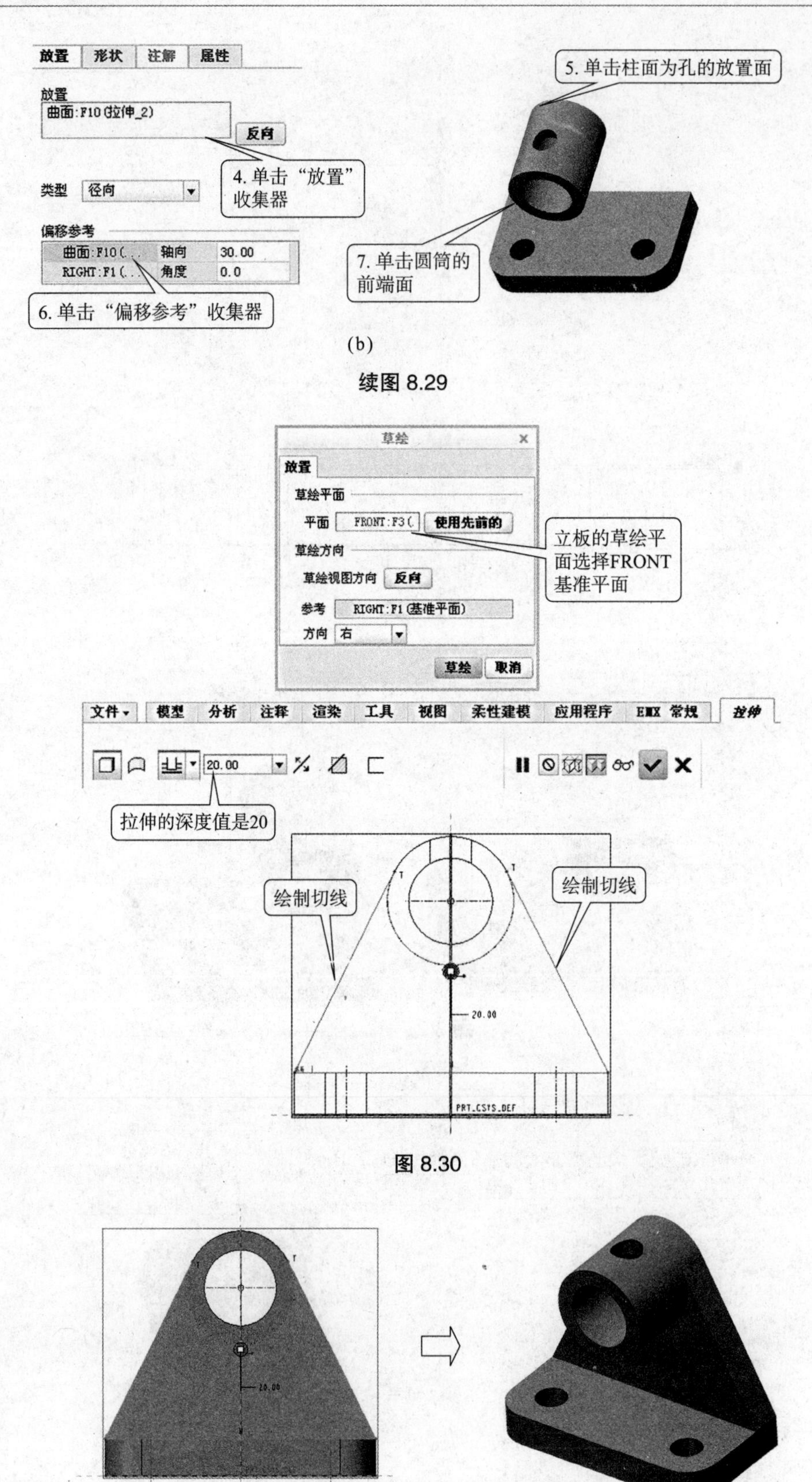

(b)

续图 8.29

图 8.30

图 8.31

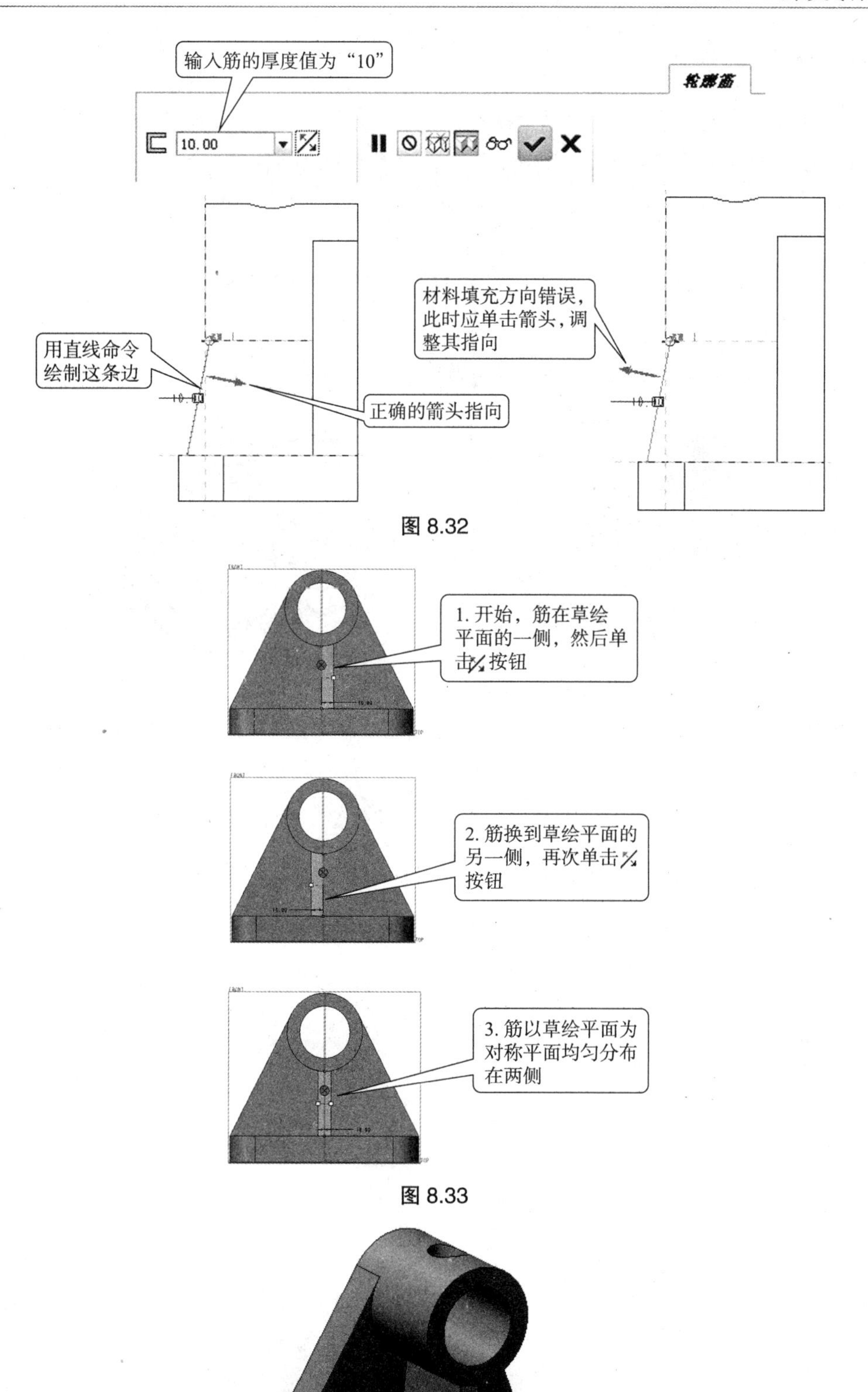

图 8.32

图 8.33

图 8.34

8.3.5　倒角修剪

（1）单击“倒角”按钮，采用“D×D”的倒角方式，使每边方向上倒角尺寸为 2。选择倒角边，单击✔按钮，完成倒角的创建，如图 8.35 所示。

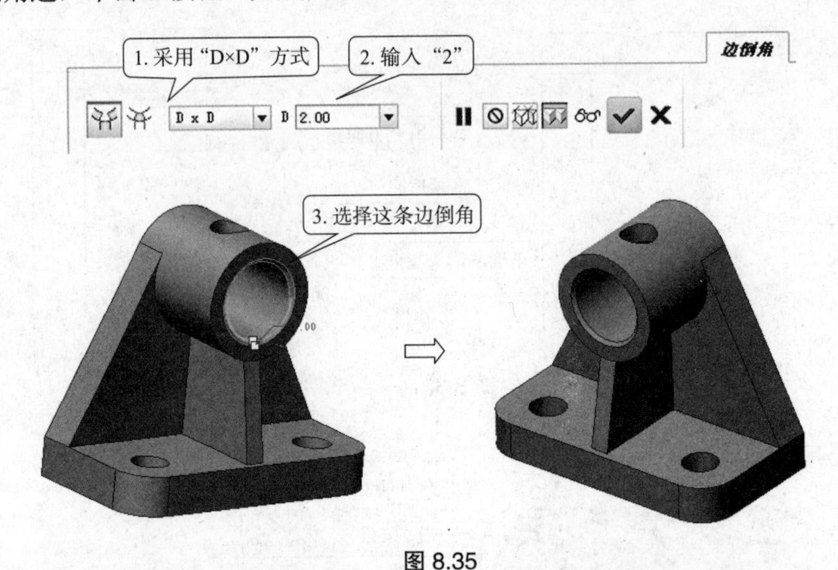

图 8.35

（2）单击“倒圆角”按钮，设置圆角半径为 2。选择如图 8.36 所示的边进行倒圆角设置。单击✔按钮，完成倒圆角的创建，如图 8.36（a）所示。再次使用倒圆角工具，选择图 8.36（b）所示的边进行倒圆角设置，单击✔按钮，完成倒圆角的创建。

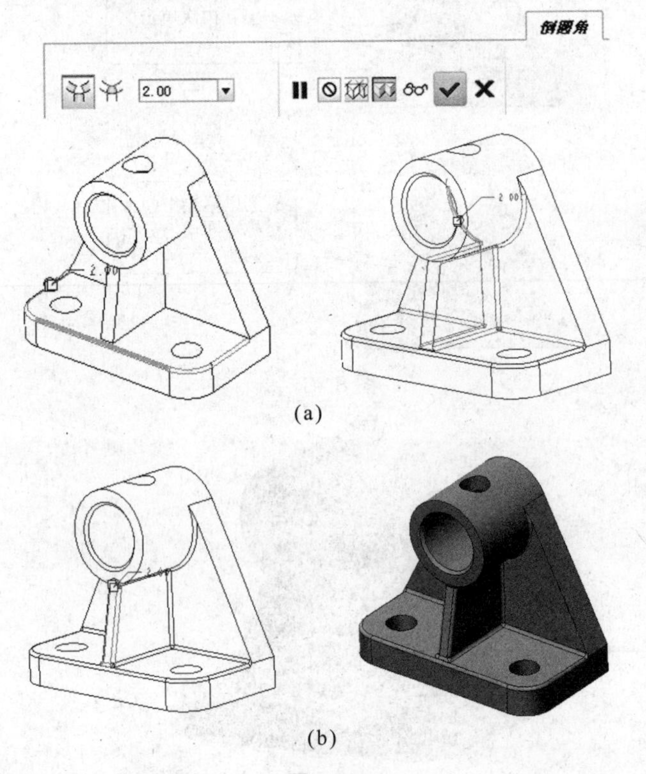

图 8.36

8.4 箱体类零件设计

箱体类零件一般起着容纳、支承、定位和密封等作用，这类零件多数是中空的壳体形状，通常具有轴孔、凸台、筋板、铸造圆角、拔模斜度等结构。箱体类零件的内、外结构都比较复杂，形式多种多样。在工业产品设计过程中，箱体类零件的设计是必不可少的。

8.4.1 箱体类零件设计流程

在 Creo 2.0 中，箱体类零件设计主要会涉及拉伸特征、壳特征、加强筋特征、扫描特征、拔模特征、孔特征等。油沟一般可以利用去除材料的扫描特征来创建。若已知拔模斜度，可以利用拔模特征创建箱体的拔模斜度，若拔模斜度未知，则用扫描混合来创建。

下面以图 8.37 所示的箱体零件为例，介绍箱体类零件的一般设计流程，如表 8.4 所示。

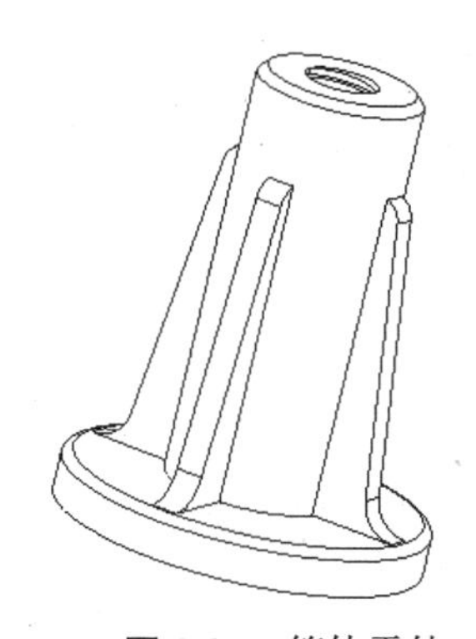

图 8.37 箱体零件

表 8.4 箱体的设计流程

步 骤	命 令	图 标	创建结果
1. 创建基本体	旋转	旋转	
2. 创建内螺纹	螺旋扫描	螺旋扫描	
3. 创建筋板	轮廓筋	轮廓筋	

续表 8.4

步　骤	命　令	图　标	创建结果
4. 创建筋板的圆角	倒圆角	倒圆角	
5. 成组	组	组	▶ 旋转 1 ▶ 螺旋扫描 1 ▶ 组LOCAL_GROUP ➔ 在此插入
6. 创建筋板阵列	阵列	阵列	
7. 创建倒角、圆角特征	倒角、倒圆角	倒圆角 倒角	

8.4.2　创建底座的基本体

（1）新建一个文件名为“dizuo”的零件，取消默认模板，选择 mmns_part_solid 模板，进入零件模式。

（2）单击“旋转”命令按钮旋转，系统将弹出“旋转”操控板。

（3）选择 RIGHT 基准平面为草绘平面，进入草绘模式。绘制旋转截面，如图 8.38 所示。单击✔按钮完成草绘。

（4）单击✔按钮，创建底座基本体，如图 8.38 所示。单击“保存”命令，设计过程中注意养成及时存盘的习惯，以防断电等意外情况。

8.4.3　创建底座的内螺纹

（1）单击“螺旋扫描”按钮，系统将弹出“螺旋扫描”操控板，如图 8.39 所示。

（2）单击“参考”，打开“参考”下滑板，如图 8.40 所示。在“参考”下滑板中单击“定义”按钮，选择 RIGHT 面或者 TOP 面为草绘平面来草绘螺旋扫描轮廓。

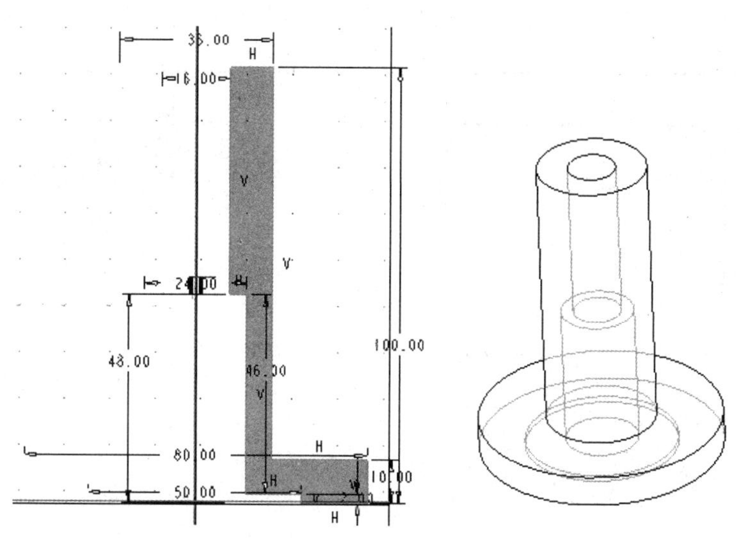

图 8.38 底座基本体的旋转草绘和立体图

（3）草绘螺旋扫描轮廓如图 8.41 所示，单击✔按钮，系统返回“螺旋扫描”操控板。

（4）单击“截面”按钮，来创建螺旋扫描截面，进入截面草绘模式。

（5）绘制扫描截面，如图 8.42 所示，单击✔按钮，返回“螺旋扫描”操控板。

（6）在“螺旋扫描”操控板，单击去除材料按钮，螺距值输入“4”，选择“右旋”，如图 8.43 所示。单击✔按钮，创建出螺旋扫描的方牙内螺纹，如图 8.44 所示。

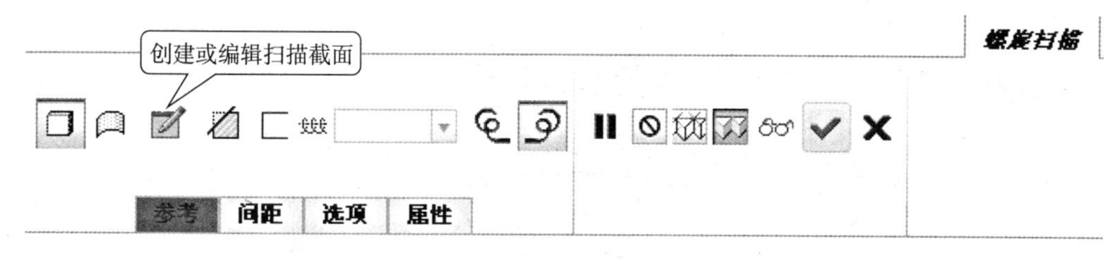

图 8.39 “螺旋扫描”操控板

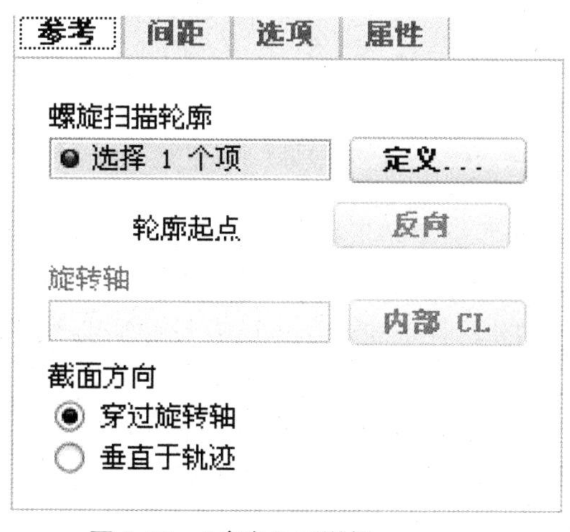

图 8.40 “参考”下滑板

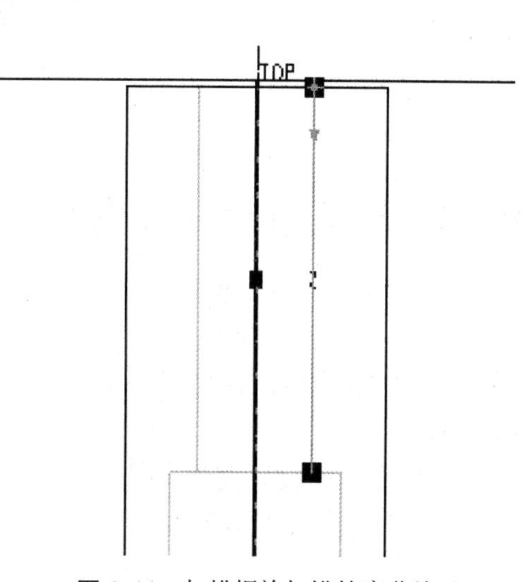

图 8.41 扫描螺旋扫描轮廓草绘

图 8.42　扫描螺旋截面草绘

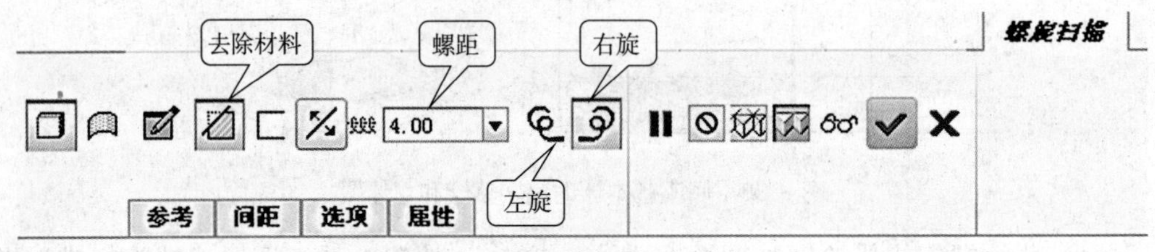

图 8.43 “螺旋扫描”操控板

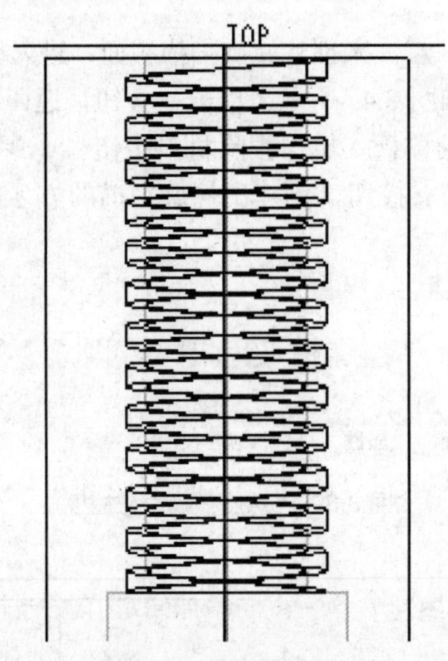

图 8.44　螺旋扫描效果

8.4.4　创建底座的一个筋板

（1）单击“轮廓筋”按钮，系统将弹出“轮廓筋”操控板，选择 RIGNT 面或者 TOP 面作为轮廓筋草绘平面，草绘如图 8.45 所示图元。然后结束草绘，返回“轮廓筋”操控板。轮廓筋的草绘必须是开放的，但是加上形体已有轮廓后必须是封闭的。

（2）输入筋板厚度为“6”，单击按钮，完成一个筋板的创建，如图 8.46 所示。分别将筋板上方和下面各做一个半径分别为 5 和 8 的圆角，如图 8.47 所示。

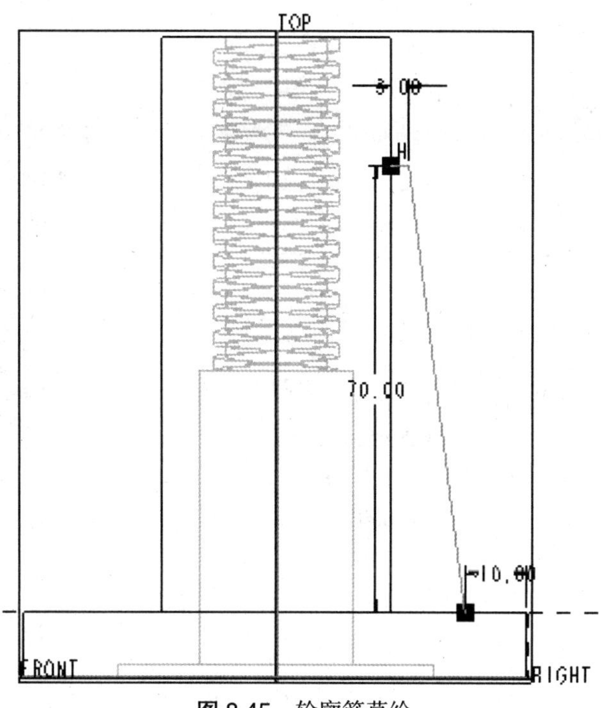

图 8.45 轮廓筋草绘

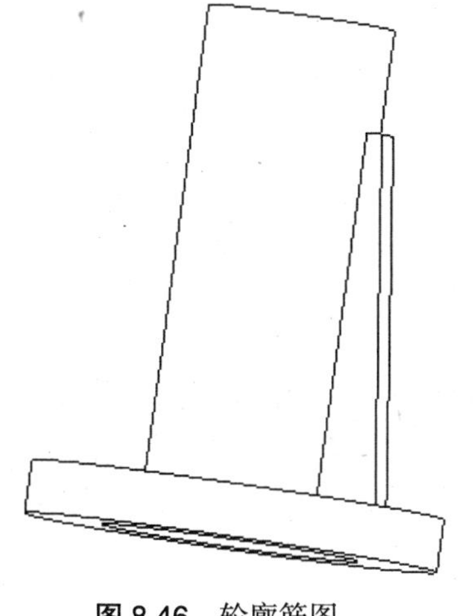
图 8.46 轮廓筋图

图 8.47 轮廓筋的圆角

8.4.5 创建底座的筋板阵列

（1）在模型树中，单击选中轮廓筋特征，按住“Ctrl”键的同时再单击选取倒圆角 1 特征和倒圆角 2 特征，如图 8.48（a）所示。单击“操作”下拉菜单中的“组”命令，可将这三个特征成组，如图 8.48（b）、（c）所示。成组后可以一起做阵列，设计效率更高。

（2）单击“阵列”按钮，选取轴阵列，阵列成员个数为 4，阵列后效果如图 8.49 所示。

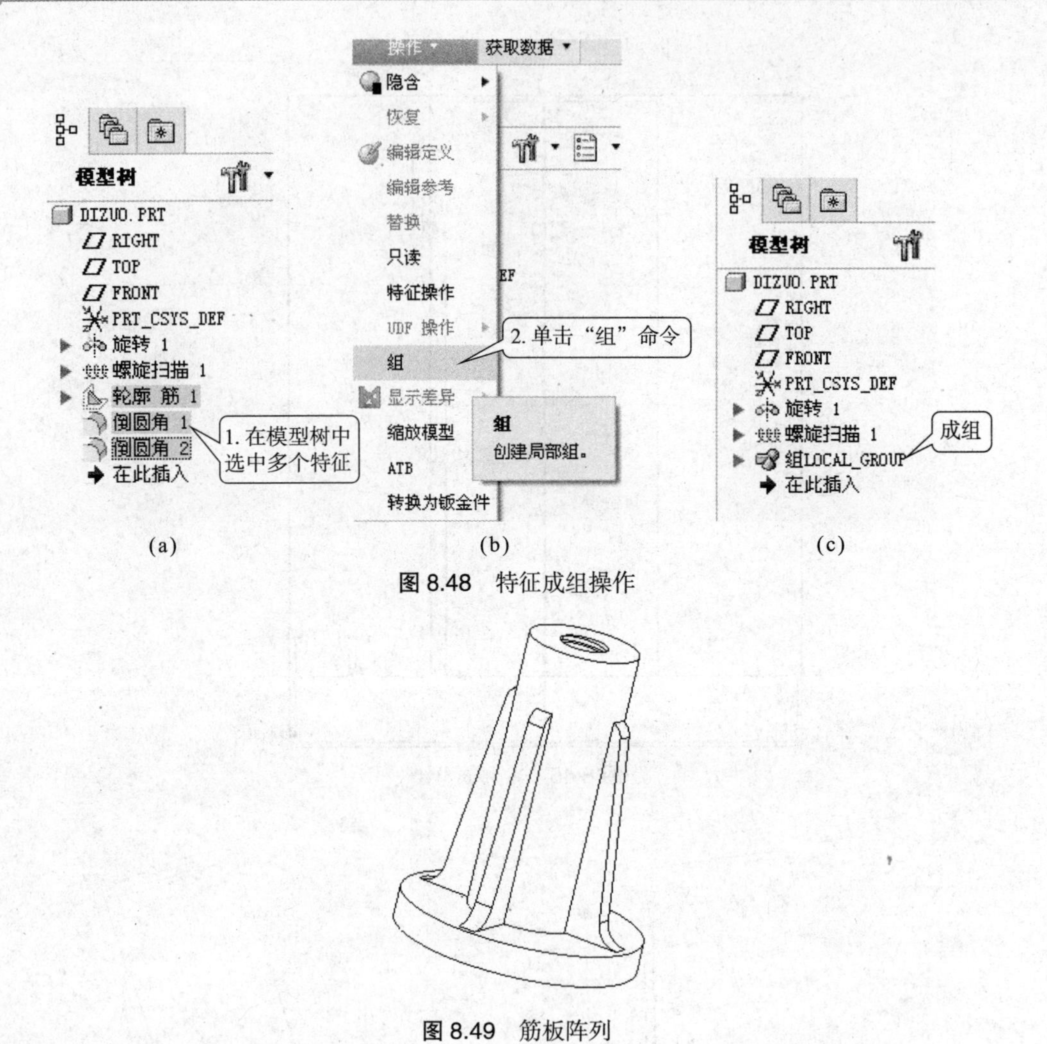

图 8.48 特征成组操作

图 8.49 筋板阵列

8.4.6 创建倒角与倒圆角

（1）单击“倒角”工具按钮，倒角采用“D×D”的倒角方式，使每边方向上倒角尺寸为“2”。选择倒角边，单击按钮，完成倒角的创建，效果如图 8.50 所示。

（2）单击“倒圆角”工具按钮，输入圆角半径为“2”，选取需要倒圆角的边，单击完成按钮，完成倒圆角，效果如图 8.50 所示。

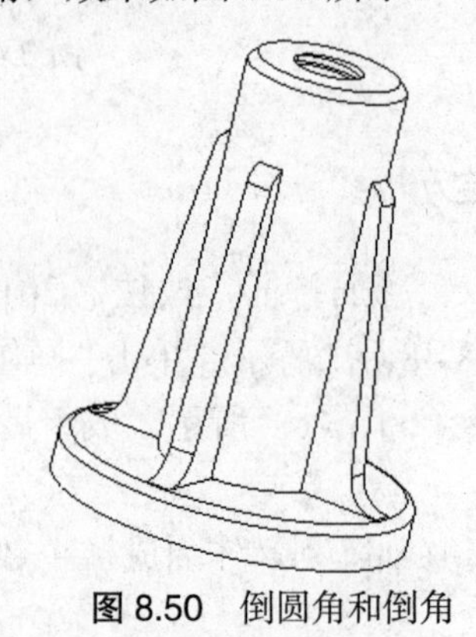

图 8.50 倒圆角和倒角

8.4.7 分析和计算底座质量

（1）单击“文件→准备→模型属性”，弹出“模型属性”对话框，如图 8.51 所示。

（2）赋予零件材质。在“模型属性”对话框的“材质”一列后面单击“更改”按钮，弹出材料对话框，如图 8.52 所示，双击选择“HT250”（灰口铁 250），单击“确定”，赋予该零件材质 HT250。

（3）零件赋予了材质以后，就可以查询该零件的质量，转动惯量的属性，方法如下：对零件分析计算需要用“分析”选项卡。单击“分析”打开“分析”选项卡，如图 8.53 所示。

（4）单击“分析”选项卡中的“质量属性”，弹出“质量属性”对话框，如图 8.54 所示。

（5）选取模型树最上端的整个零件特征，单击 60 按钮，则计算出当前零件质量属性，显示在“质量属性”对话框内，详细信息如图 8.55 所示。

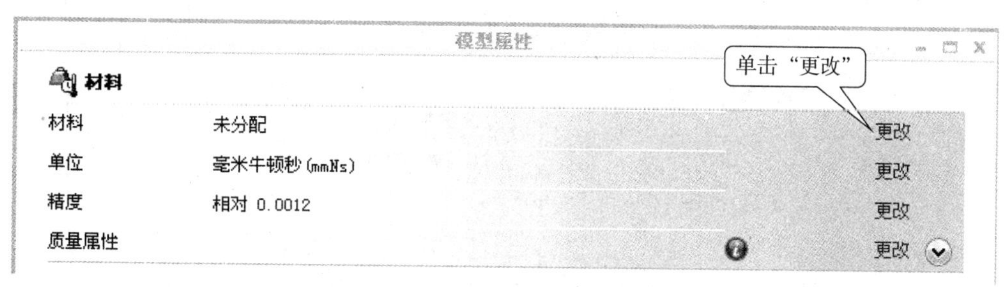

图 8.51 “模型属性”对话框

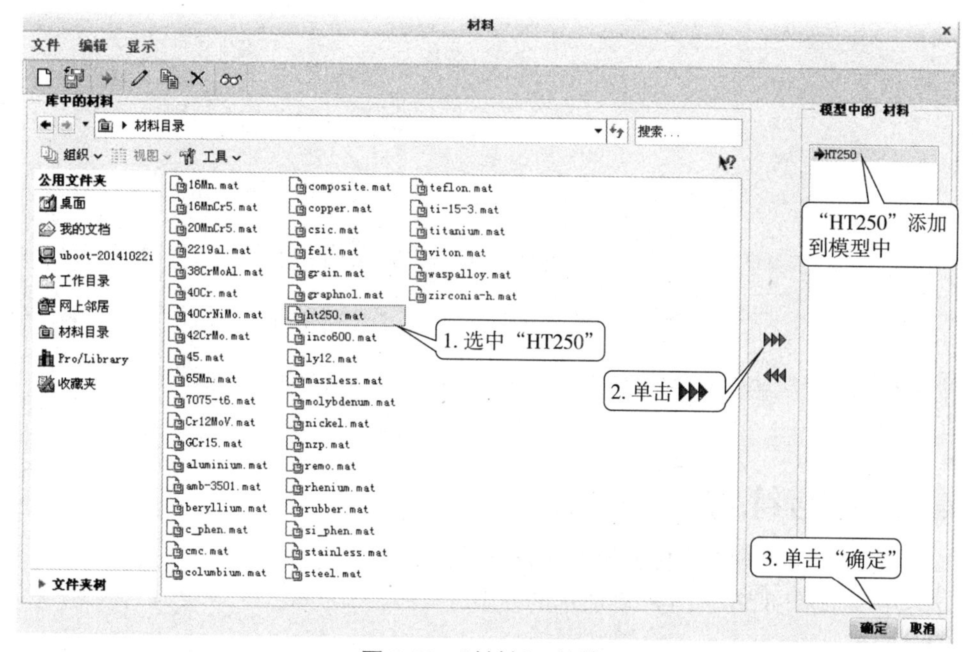

图 8.52 “材料”对话框

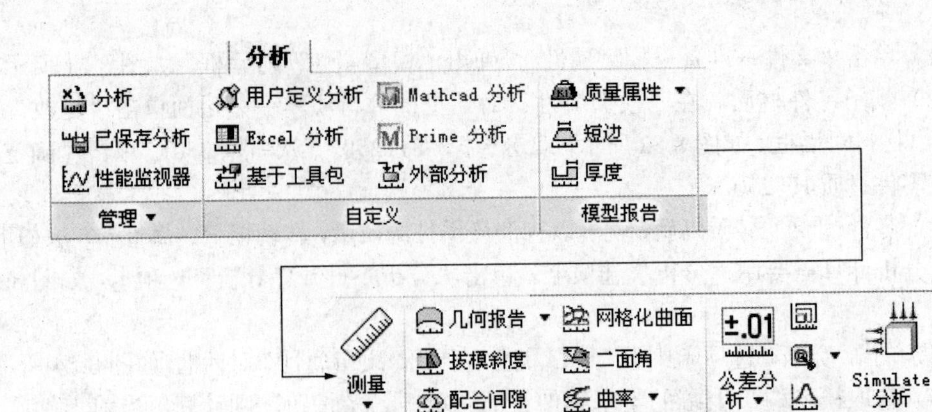

图 8.53 “分析”选项卡

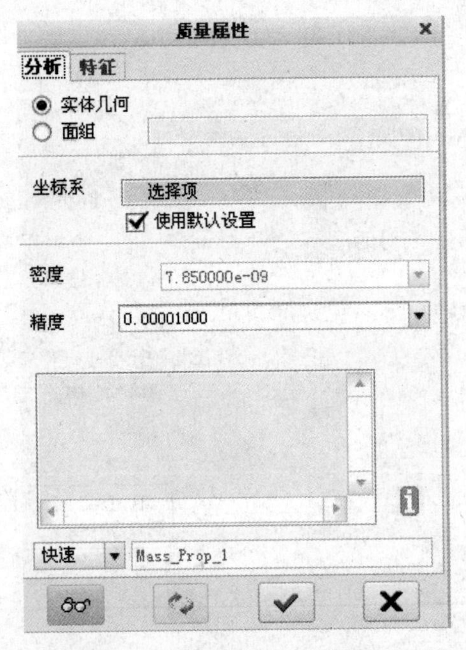

图 8.54 “质量属性”对话框

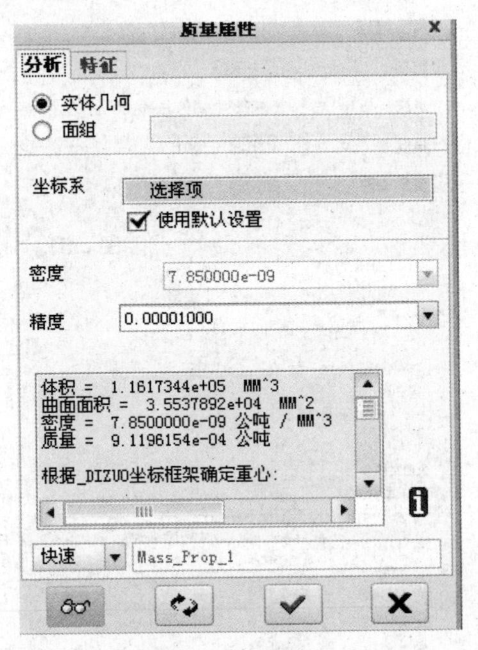

图 8.55 查询结果

思考与练习

1. 简述轴类、轮盘类零件的设计流程。
2. 尝试完成图 8.56 ～图 8.60 所示的模型。

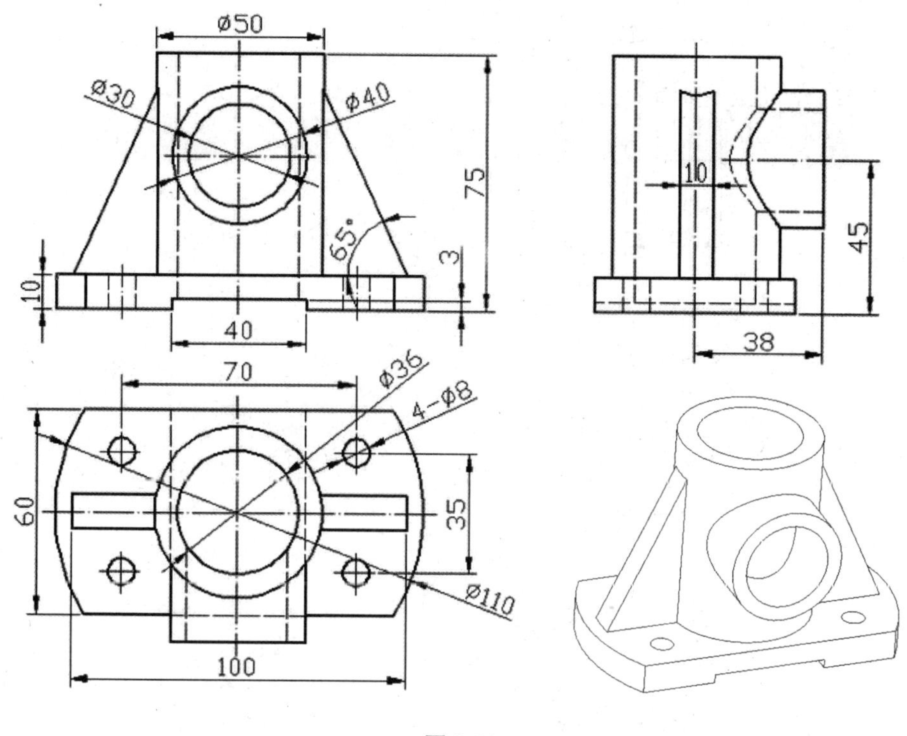
ø50
ø30
ø40
75
65°
3
10
40
10
45
38
70
ø36
4-ø8
60
35
ø110
100

图 8.56

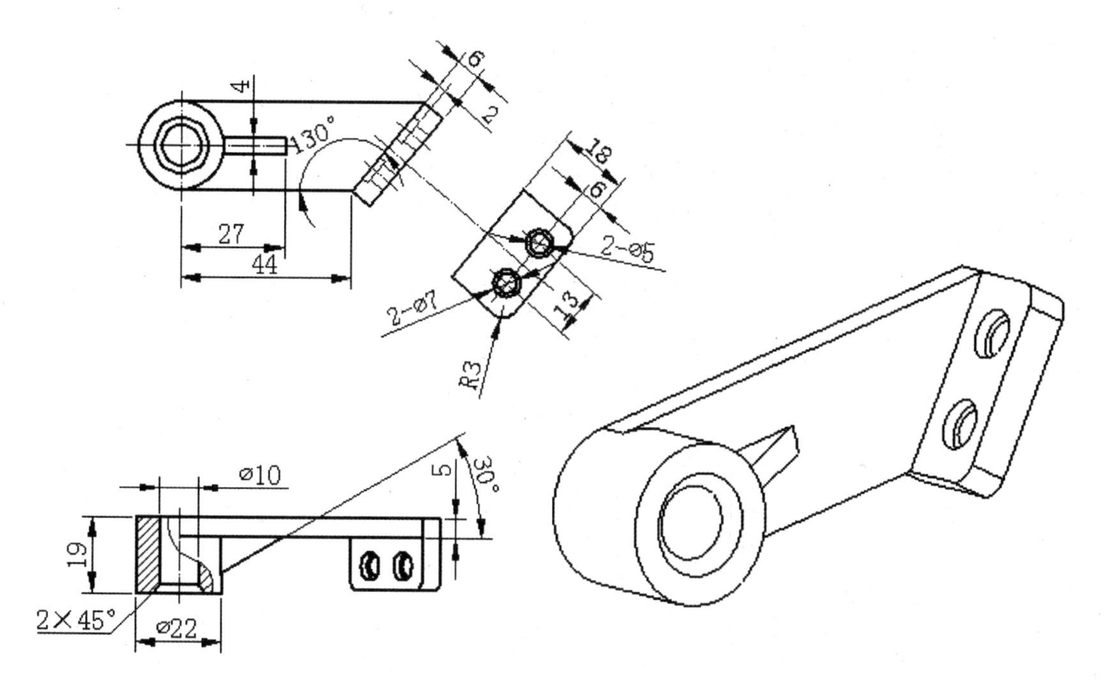
6
4
2
130°
18
6
27
44
2-ø5
2-ø7
13
R3
ø10
5
30°
19
2×45°
ø22

图 8.57

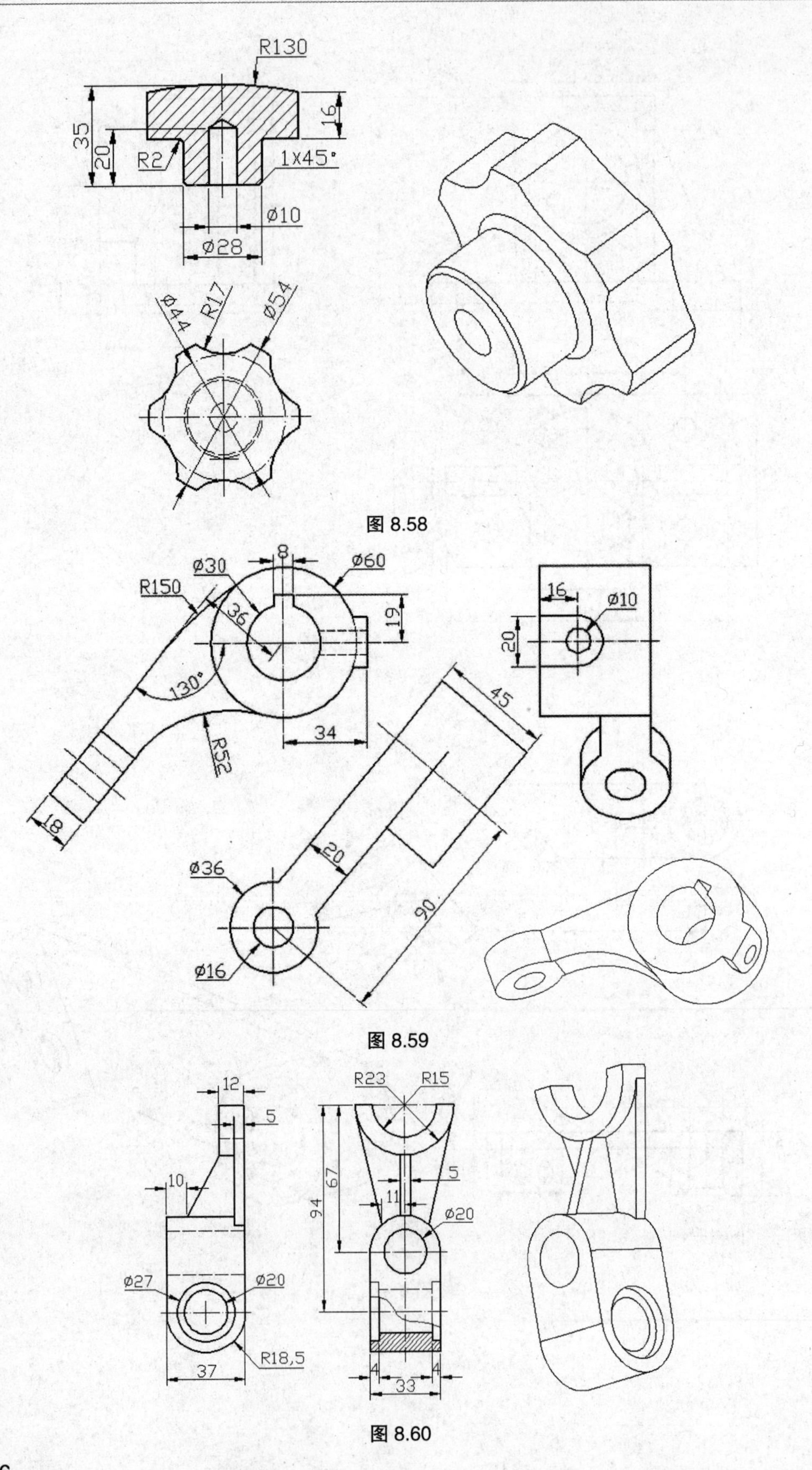

图 8.58

图 8.59

图 8.60

第9章

创建工程特征

9.1 孔特征

孔特征是指在模型上切除实体材料后留下的中空结构，是工程零件设计中最常见的一种结构，特别在机械零件中应用广泛。利用孔特征创建命令可向模型中添加简单孔、草绘孔和标准孔。

9.1.1 “孔”操控板

打开模型文件 9-1.prt，单击“模型”选项卡中的孔特征按钮，打开“孔”操控板，如图 9.1（a）所示。“孔”操控板上面部分按钮的含义如图 9.1（b）、（c）所示。

“放置”下滑板：单击“放置”标签，显示如图 9.1（d）所示的“放置”下滑板。

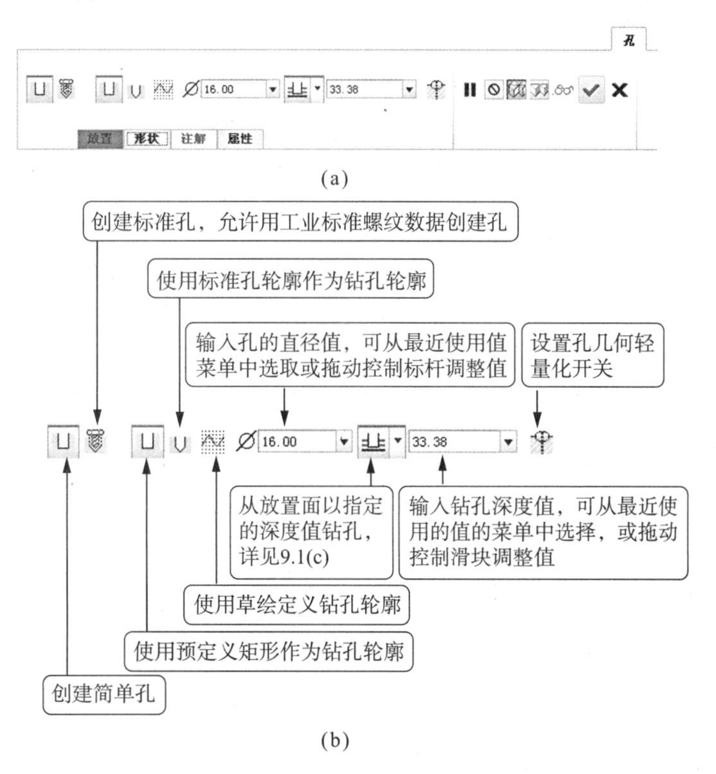

图 9.1 “孔”操控板

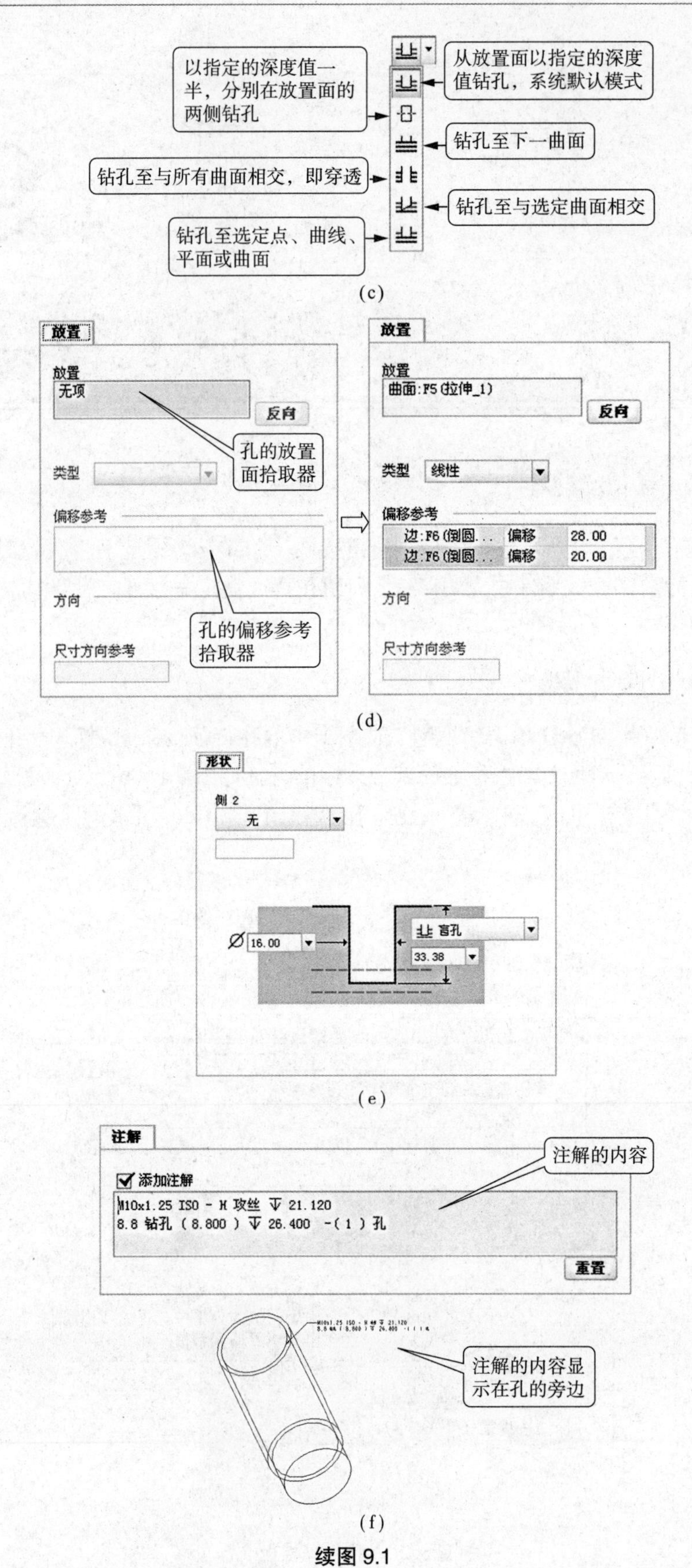

以指定的深度值一半，分别在放置面的两侧钻孔
从放置面以指定的深度值钻孔，系统默认模式
钻孔至下一曲面
钻孔至与所有曲面相交，即穿透
钻孔至与选定曲面相交
钻孔至选定点、曲线、平面或曲面
(c)
放置
放置
无项
反向
孔的放置面拾取器
类型
偏移参考
孔的偏移参考拾取器
方向
尺寸方向参考
放置
放置
曲面:F5(拉伸_1)
反向
类型
线性
偏移参考
边:F6(倒圆... 偏移 28.00
边:F6(倒圆... 偏移 20.00
方向
尺寸方向参考
(d)
形状
侧 2
无
16.00
盲孔
33.38
(e)
注解
添加注解
M10x1.25 ISO - H 攻丝 ∇ 21.120
8.8 钻孔 (8.800) ∇ 26.400 -(1) 孔
重置
注解的内容
注解的内容显示在孔的旁边
(f)

续图 9.1

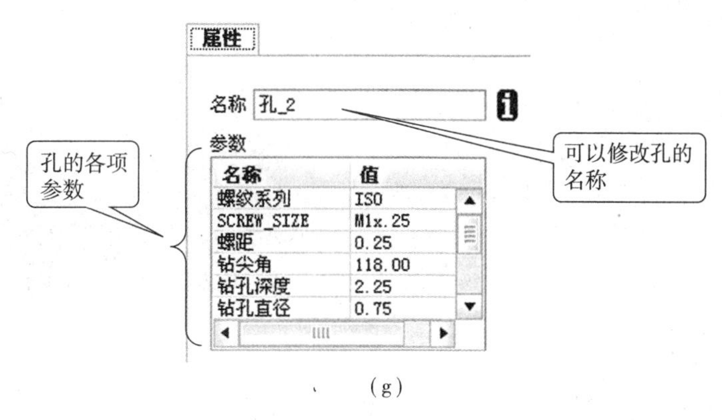

(g)

续图 9.1

在“放置”下滑板中单击“孔的放置面拾取器”来激活它，然后用鼠标单击拾取某面作为孔的放置面。单击“孔的偏移参考拾取器”以激活孔的偏移参考的选取，然后选择孔位置的参考图元，一个以上的参考图元时，必须按住 Ctrl 键的同时鼠标左键单击选取。然后设定孔与参考图元的偏移距离。孔的类型选项里，有线性、径向等类型。

“形状”下滑板：单击“形状”标签，显示当前孔特征的形状和尺寸，可以在这里修改直径和深度数值。需要的话，可以定义孔在放置面另一侧——侧 2 的深度值等，如图 9.1（e）所示。

“注解”下滑板：只在创建标准孔时出现，可显示标准螺纹孔的信息，如螺纹的尺寸、钻孔深度等，如图 9.1（f）所示。

“属性”下滑板：显示孔的名称和相关参数，也可以对孔的名称进行修改，如图 9.1（g）所示。

9.1.2 创建同轴孔

下面以创建一个同轴孔为例，说明创建同轴孔的一般操作步骤。

（1）打开模型文件 9-1.prt。

（2）创建孔特征。单击孔命令按钮，在“孔”操控板上，单击“放置”弹出“放置”下滑板，选择图 9.2 所示平面为放置平面，按住“Ctrl”键的同时，单击 A_1 轴。

（3）将孔的直径改为“20”，深度改为“45”，如图 9.3 所示。

（4）单击✔按钮，孔特征创建完成。单击按钮，然后单击“确定”按钮，保存该模型文件。

图 9.2

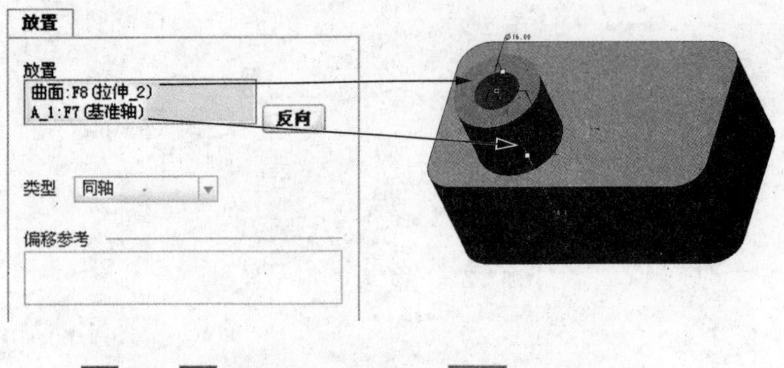

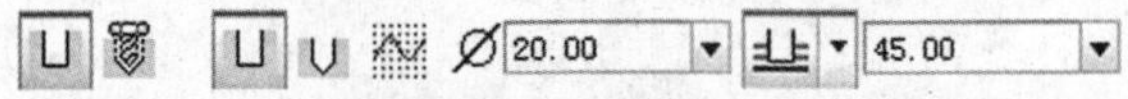

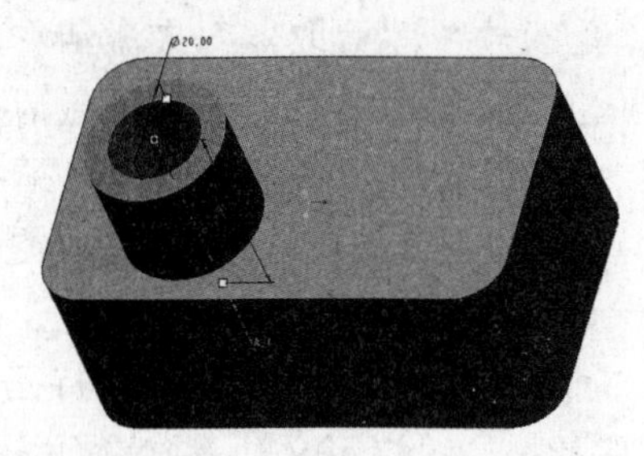

图 9.3

9.1.3　创建简单孔

下面以创建一个简单孔为例，说明创建简单孔的一般操作步骤。

（1）打开模型文件 9-2.prt。

（2）创建孔特征。单击孔命令按钮，在弹出的“孔”操控板上，单击“放置”标签弹出“放置”下滑板，选择圆柱的上表面为孔的放置平面。

（3）单击偏移拾取器激活孔偏移参考的选取。鼠标左键单击选取 FRONT 面为孔的一个偏移参考。选取两个及两个以上的图元时，必须按住 Ctrl 键的同时用鼠标选取才能继续添加参考。按住“Ctrl”键的同时，单击 RIGHT 面为孔的另一个偏移参考，如图 9.4 所示。

（4）更改偏移值分别为：距离 FRONT 面 60 并回车；距离 RIGHT 面 30 并回车。

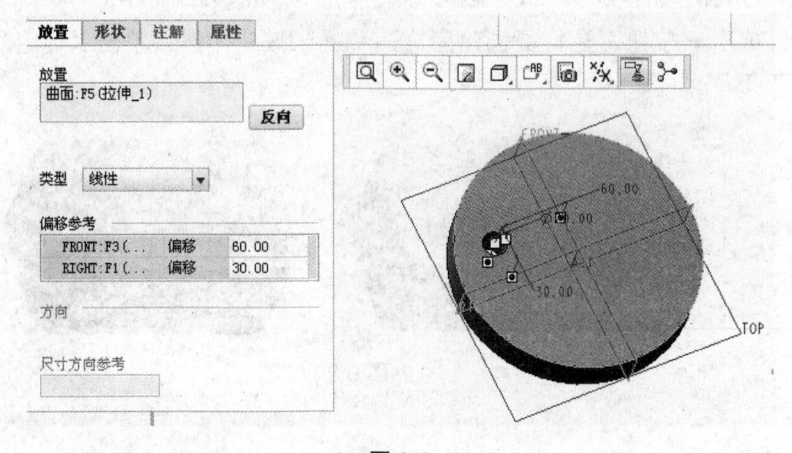

图 9.4

（5）将孔的直径改为“20”，深度改为“穿透”，如图 9.5 所示。

（6）单击✔按钮，孔特征创建完成。单击💾按钮，然后单击“确定”按钮，保存该模型文件。

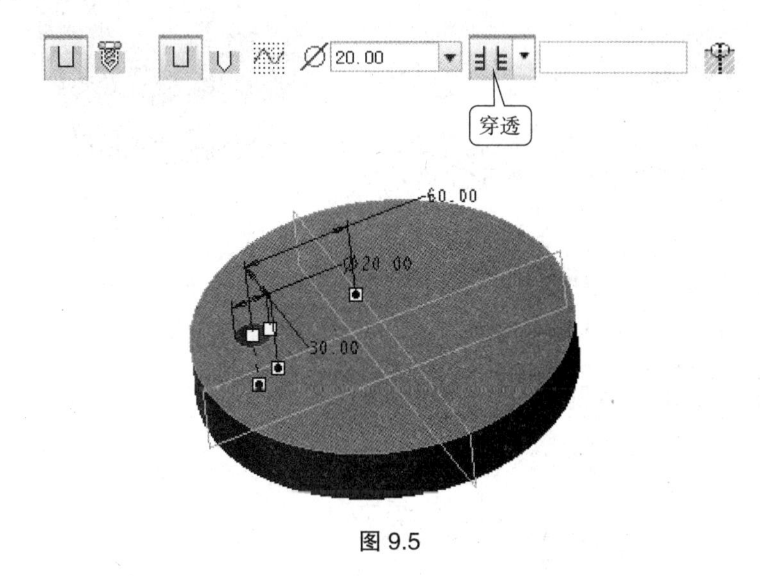

图 9.5

9.1.4 创建标准轮廓孔

单击“模型”选项卡中的孔特征按钮，弹出“孔”操控板。单击“标准轮廓孔”按钮，显示标准轮廓孔的“孔”操控板，如图 9.6 所示。下面以创建沉孔为例，说明创建标准轮廓孔的一般步骤。

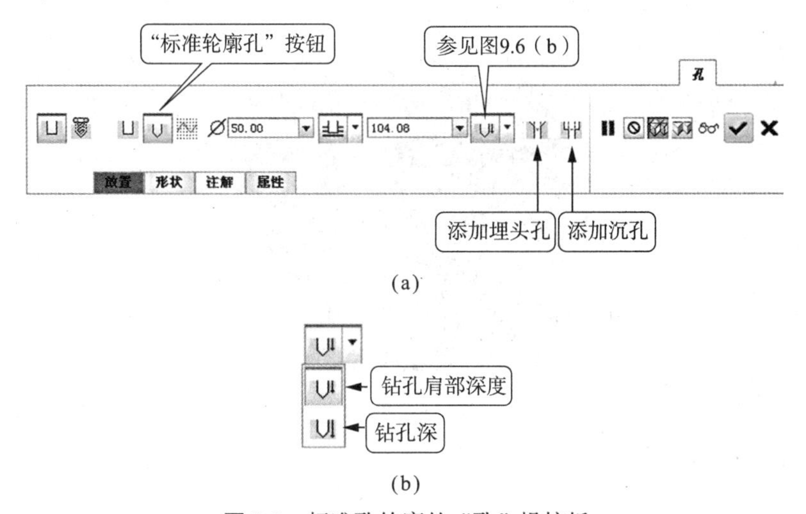

图 9.6　标准孔轮廓的“孔”操控板

（1）打开模型文件 9-3.prt。单击“模型”选项卡上的孔特征按钮，弹出“孔”操控板。在“放置”下滑板中，设置标准轮廓孔的放置面和位置，如图 9.7 所示。

（2）单击“标准轮廓孔”按钮，然后单击按钮，再单击“形状”标签，展开“形状”下滑板，显示当前孔特征的形状和尺寸，如图 9.8 所示，按设计要求修改尺寸。单击✔按钮，完成埋头孔的创建。

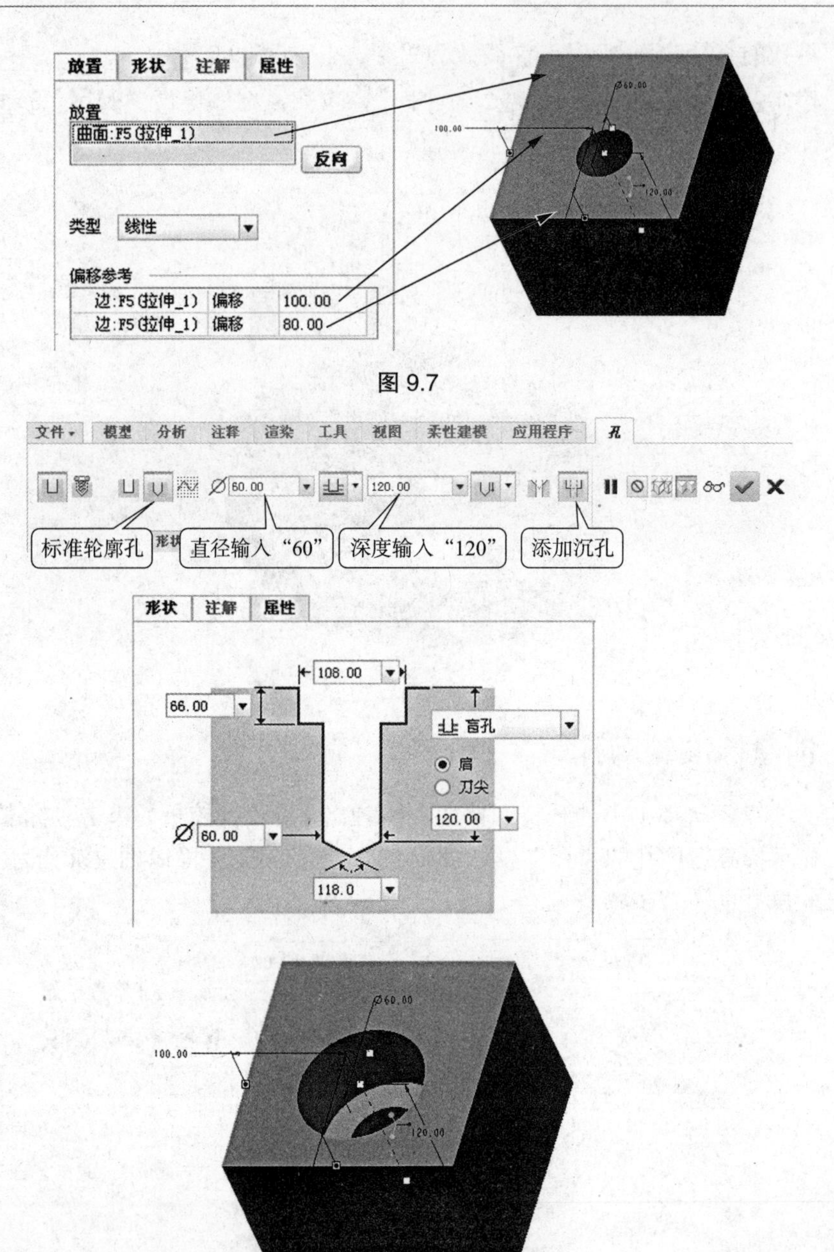

图 9.8

9.1.5　创建标准孔

（1）打开模型文件 9-4.prt。单击“模型”选项卡中的孔特征按钮，弹出“孔”操控板，然后单击按钮，显示标准孔特征操控板，选取“ISO”标准，选取螺孔尺寸为“M20×2”，选取深度为“穿透”。

（2）打开“放置”下滑板，设置标准孔的放置面和位置，如图 9.9 所示。

（3）单击按钮，完成标准螺孔的创建。

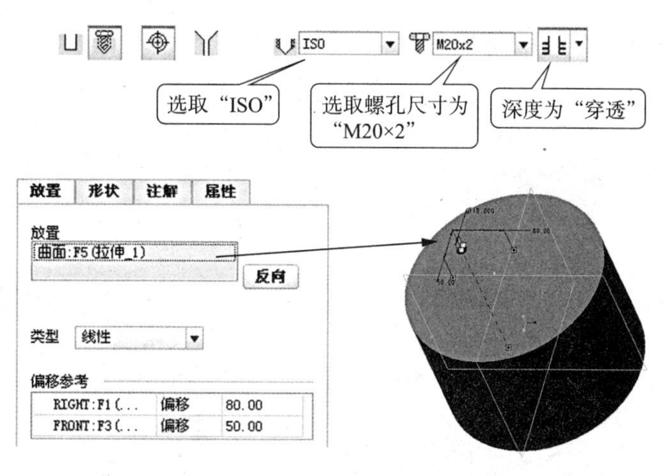

图 9.9

9.1.6 孔的放置类型与参考设置

在“放置”下滑板中有一个“类型”选项，系统会根据孔放置平面的具体情况提供给设计者一些可选项。例如，在圆柱曲面上创建孔特征，只能选择“径向”，如图 9.10 所示。读者可参考表 9.1 的内容，尝试着做一些练习，仔细体会孔放置时的操作技巧。

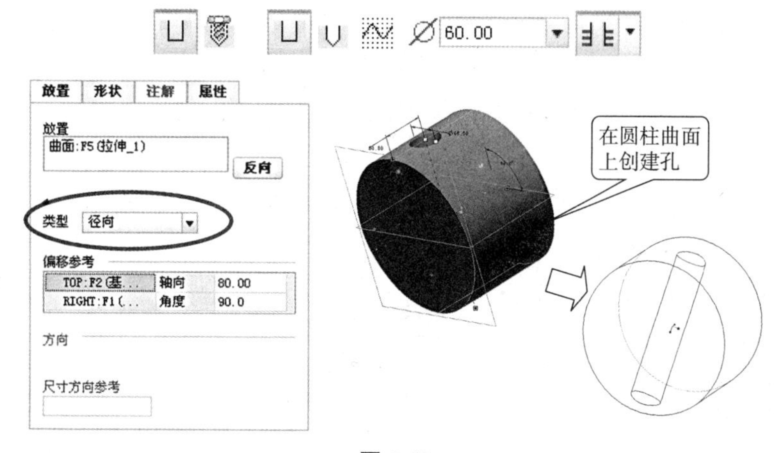

图 9.10

表 9.1 孔的放置类型与参考

放置形式	特 点	主参考	次参考
线性	使用两个线性尺寸在曲面上放置孔	实体平面或基准平面，圆柱体或圆锥体曲面	两个实体平面或基准平面
径向	使用一个线性尺寸和一个角度尺寸放置孔	实体平面或基准平面	轴＋实体平面或基准平面
		圆柱体或圆锥实体曲面	两个实体平面或基准平面
直径	通过绕直径参考旋转孔来放置孔。此放置类型除了使用线性和角度尺寸之外还将使用轴	实体平面、曲面或基准平面	基准轴或轴＋实体平面或基准平面
同轴	将孔放置在轴与曲面的交点处（曲面必须与轴垂直）	曲面、基准平面、基准轴或轴	基准平面或规则圆弧面（基准轴必须通过圆弧面中心）
在点上	将孔与位于曲面上的或偏移曲面的基准点对齐	基准点	无

9.2 壳特征

壳特征是指移除实体上一个或多个表面，并挖空实体内部的材料，得到厚度为指定值的薄壁。设计铸造零件模型时，经常会创建壳特征。一般创建壳特征的流程是：首先选择要移除的表面，然后指定保留的模型壁的厚度，如图 9.11 所示。

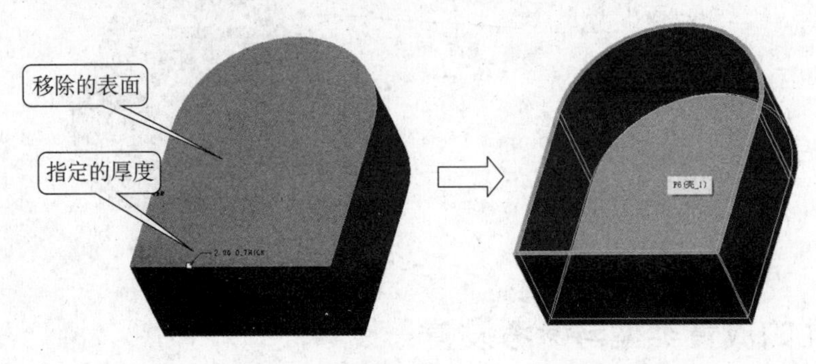

图 9.11

9.2.1 创建壳特征

（1）打开模型文件 9-5.prt。单击“模型”选项卡中“壳”工具按钮，打开“壳”操控板，如图 9.12 所示。

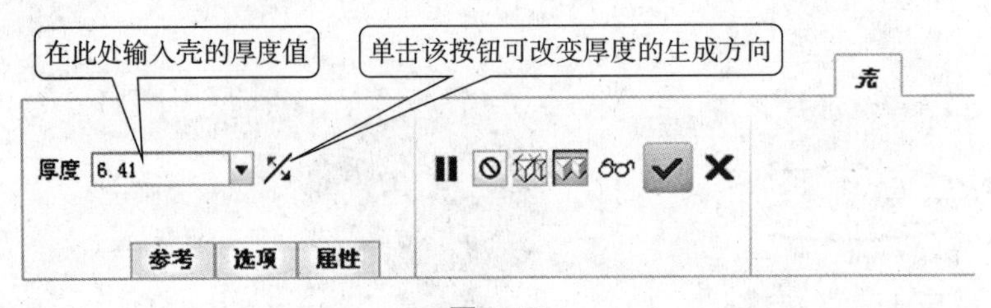

图 9.12

（2）选择如图 9.13 所示上表面为移除表面，输入壳的厚度值为“2”，单击按钮，完成壳特征的创建。

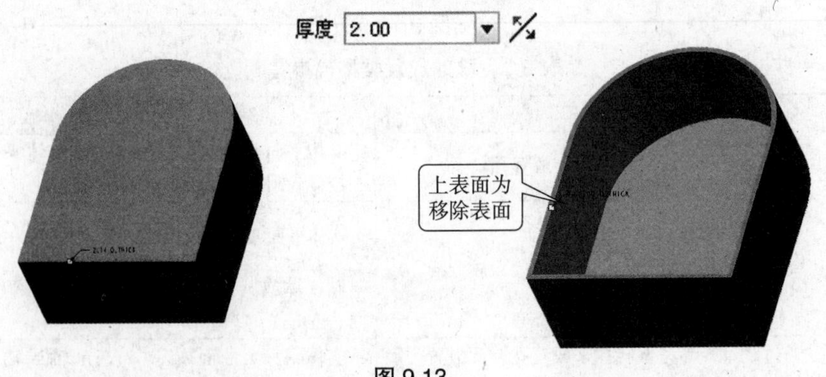

图 9.13

（3）在“模型树”中单击刚才创建好的壳特征，右键单击，选择“编辑定义”。系统打开“壳”操控板。单击“参考”下滑板，在“非默认厚度”收集器处单击，如图 9.14（a）所示，然后选择如图 9.14（b）所示的表面，输入厚度值为“6”，单击按钮，则

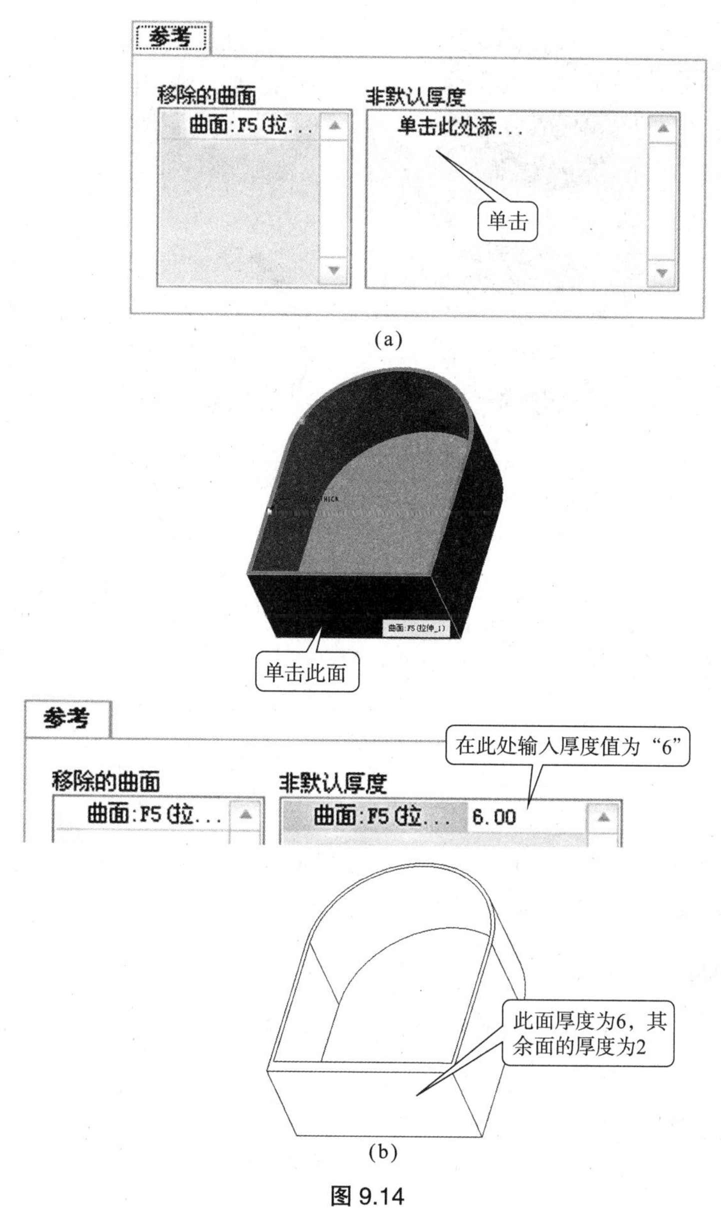

图 9.14

完成非默认厚度壳特征的创建。

9.2.2 注意事项

（1）设计过程中会因为某些特征建立的先后顺序不同，而产生不同的结果，如图 9.15 所示。

（2）如果模型要创建倒圆角特征，应该先创建倒圆角特征，然后再创建壳特征，如图 9.16 所示。

9.3 圆角特征

圆角特征是在模型的边线建立的平滑圆曲面特征，它可以使模型的造型达到更好

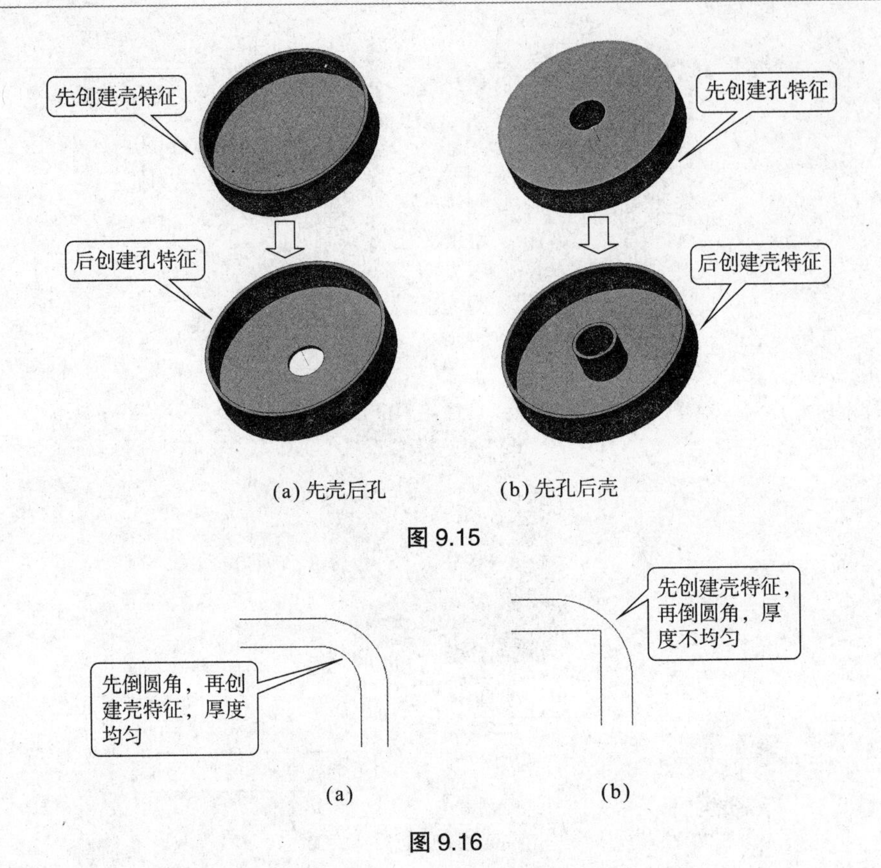

(a) 先壳后孔　　(b) 先孔后壳

图 9.15

图 9.16

的效果，并满足一些制造工艺的需要。在实际生产中，圆角特征的应用非常广泛，几乎所有的工业产品都具有圆角特征。

9.3.1 “倒圆角”操控板

单击“模型”选项卡中的“倒圆角”工具按钮，如图 9.17 所示，将弹出“倒圆角”操控板。

9.3.2 创建恒定倒圆角

（1）创建一个长方体模型。

（2）单击“模型”选项卡中的“倒圆角”工具按钮，将弹出“倒圆角”操控板。

（3）选择如图 9.18 所示的棱进行倒圆角，设置倒角半径为“50”。也可以先选中长方体的顶面，按下 Ctrl 键的同时选中右端面，则可以将这两个面的相交线倒圆角。

（4）单击按钮，完成倒圆角的创建，完成效果如图 9.19 所示。

9.3.3 创建可变倒圆角

（1）创建一个长方体模型。

（2）单击“模型”选项卡中的“倒圆角”工具按钮，弹出“倒圆角”操控板。

（3）选择图 9.20 所示的棱进行倒圆角，设置倒角半径为“25”。

（4）将鼠标移到其中任意一方形拖拽点，右击后出现“添加半径”方框，单击“添加半径”方框。这时在该线段两端各出现一个添加半径控制点。选取其中一个尺寸数

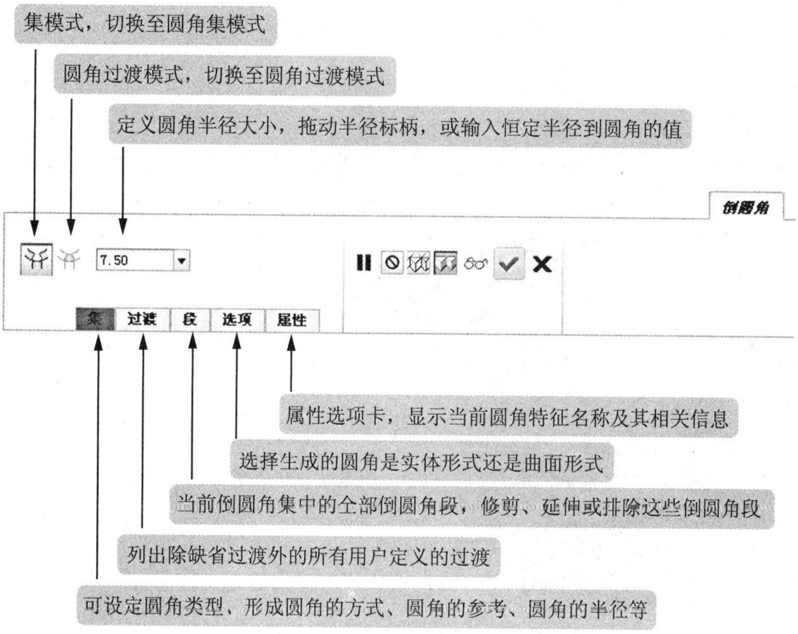

集模式，切换至圆角集模式
圆角过渡模式，切换至圆角过渡模式
定义圆角半径大小，拖动半径标柄，或输入恒定半径到圆角的值
倒圆角
7.50
集
过渡
段
选项
属性
属性选项卡，显示当前圆角特征名称及其相关信息
选择生成的圆角是实体形式还是曲面形式
当前倒圆角集中的全部倒圆角段，修剪、延伸或排除这些倒圆角段
列出除缺省过渡外的所有用户定义的过渡
可设定圆角类型、形成圆角的方式、圆角的参考、圆角的半径等

图 9.17

50.00
集
过渡
段
选项
属性
集 1
*新建集
圆形
0.00
滚球
延伸曲面
完全倒圆角
通过曲线
参考
边:F5(拉伸_1)
细节...
骨架
细节...
半径
1 50.00
1 值
参考
选择这条棱倒圆角
顶面
右端面

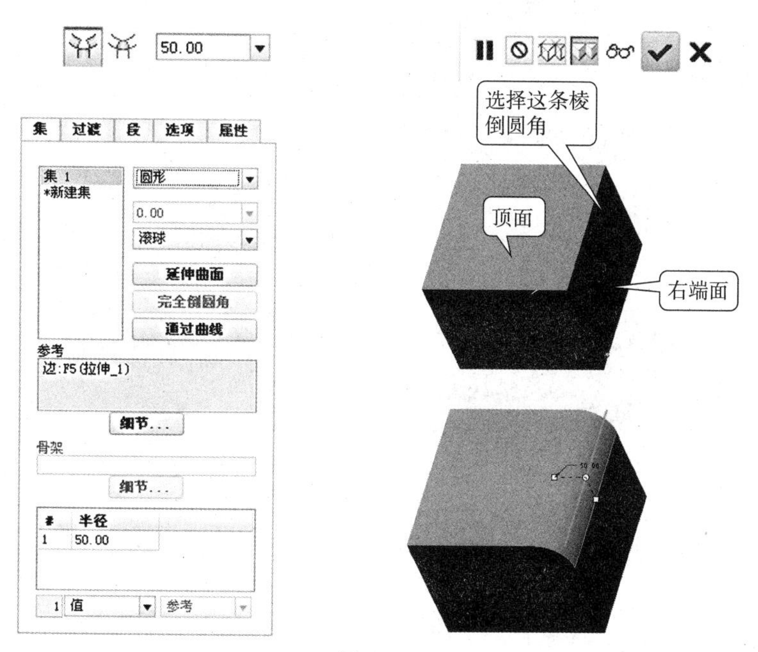

图 9.18

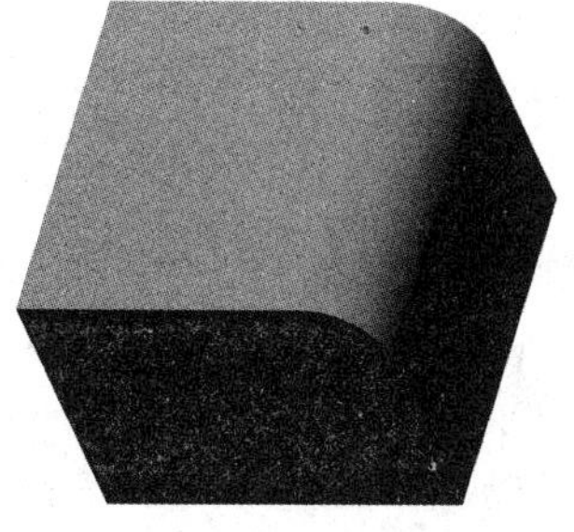

图 9.19　创建恒定圆角特征

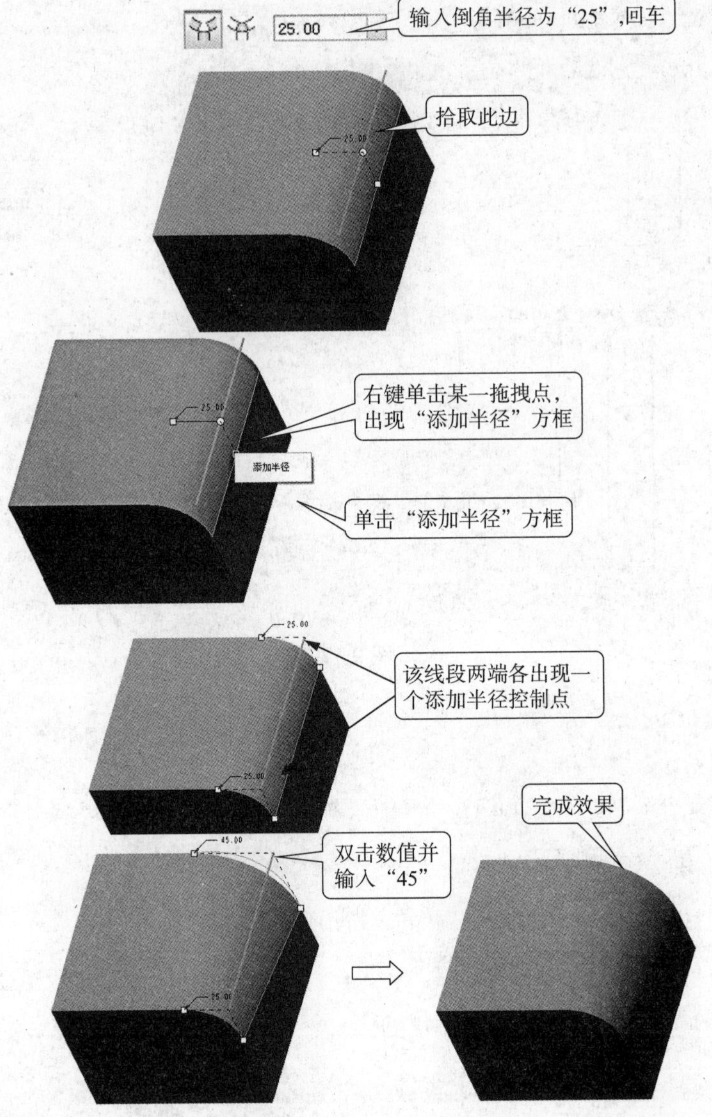

图 9.20　创建可变圆角特征

值双击，可以对该圆角半径值进行修改。

（5）观察结果，确定正确无误后单击✔按钮，完成可变圆角的创建，效果如图 9.20 所示。

9.3.4　创建完全倒圆角

（1）打开长方体模型 9-6.prt。

（2）单击“模型”选项卡中的“倒圆角”工具按钮，弹出“倒圆角”操控板。

（3）按住“Ctrl”键，选择如图 9.21（a）所示的面 1 和面 2，即这长方体的左侧面和右侧面作为参考面。此时系统默认设置“完全倒圆角”选项，系统提示选取一个驱动曲面，如图 9.21（b）所示。再选取顶面，如图 9.21（c）所示，单击✔按钮，完成完全倒圆角特征的创建，效果如图 9.21（d）所示。

如果想把几条边的圆角放入同一组（集）中，即同时具有一个圆角半径，应按下

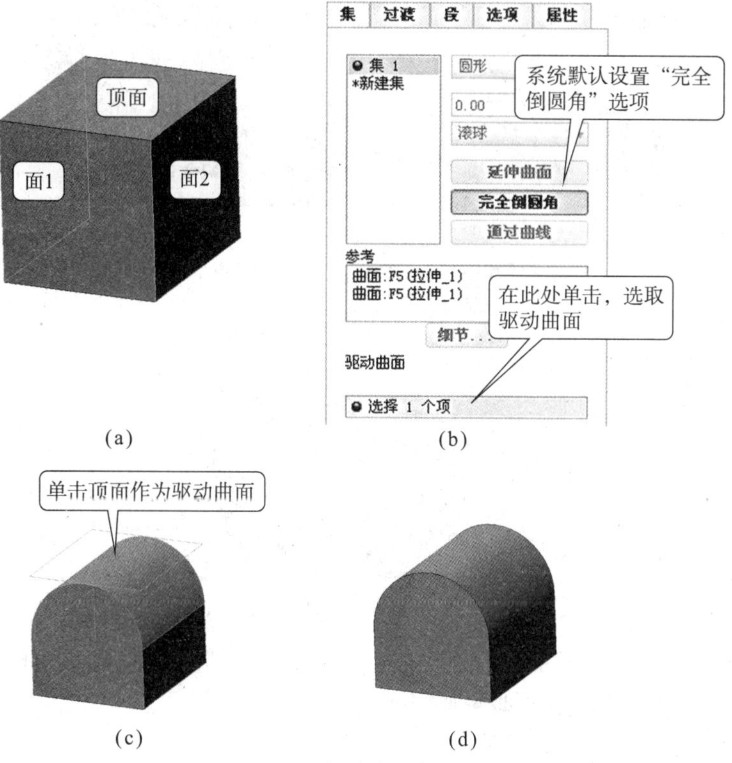

(a)　(b)　(c)　(d)

图 9.21　创建完全倒圆角

Ctrl 键，然后单击要加入的边线即可。

9.3.5　自动倒圆角功能

自动倒圆角功能是新增功能，单击“模型”选项卡上的“自动倒圆角”命令，如图 9.22 所示，弹出“自动倒圆角”操控板。

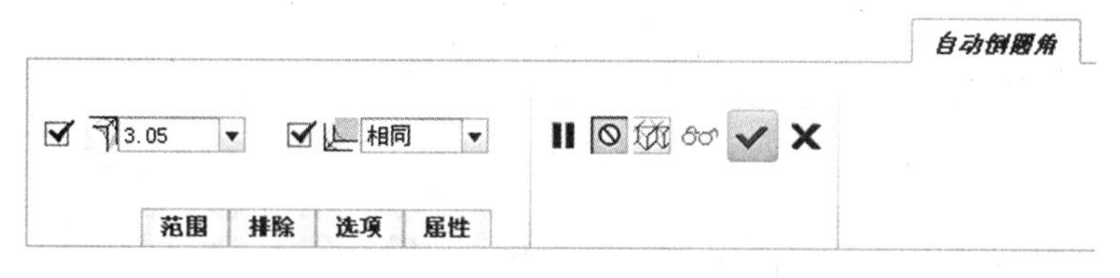

图 9.22

创建自动倒圆角的步骤很简单：

（1）打开长方体模型 9-7.prt。

（2）打开“自动倒圆角”操控板，选取不做圆角的边和目的链，如图 9.23（a）所示。

（3）设置凸边圆角的半径为 15，单击确定按钮，完成“自动倒圆角”的创建，除上一步选择的边，其余的边都倒圆角，效果如图 9.23（b）所示。

9.4　倒角特征

倒角特征是在模型的边线建立的过渡平面或曲面特征。倒角特征可以改善模型的造型达到更好的效果并满足一些制造工艺的需要。在实际生产中，倒角特征的应用广泛。

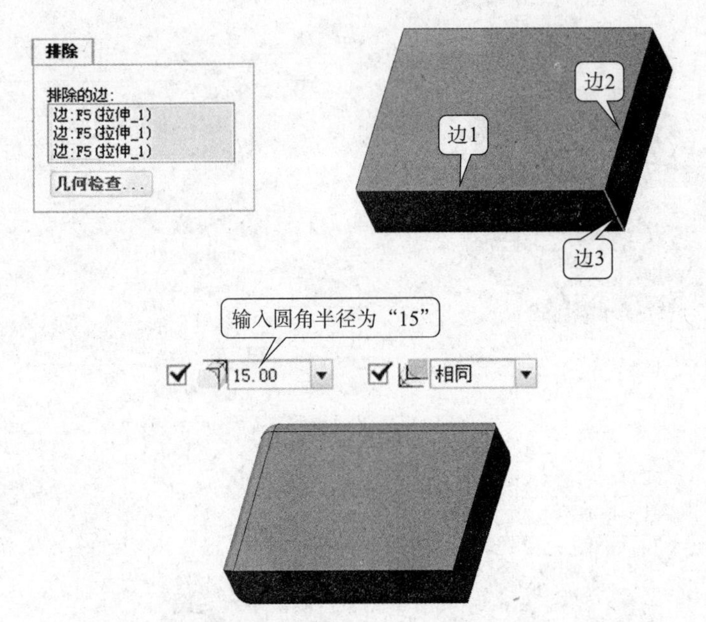

图 9.23　创建自动倒圆角特征

Creo 2.0 提供两种方式的倒角，即边倒角和拐角倒角，并可对多边构成的倒角接头进行过渡设置。建立倒角的基本原则同倒圆角。

9.4.1　“边倒角”操控板

单击“模型”选项卡中的“倒角”工具按钮，选择“边倒角”，则弹出“边倒角”操控板，如图 9.24 所示。

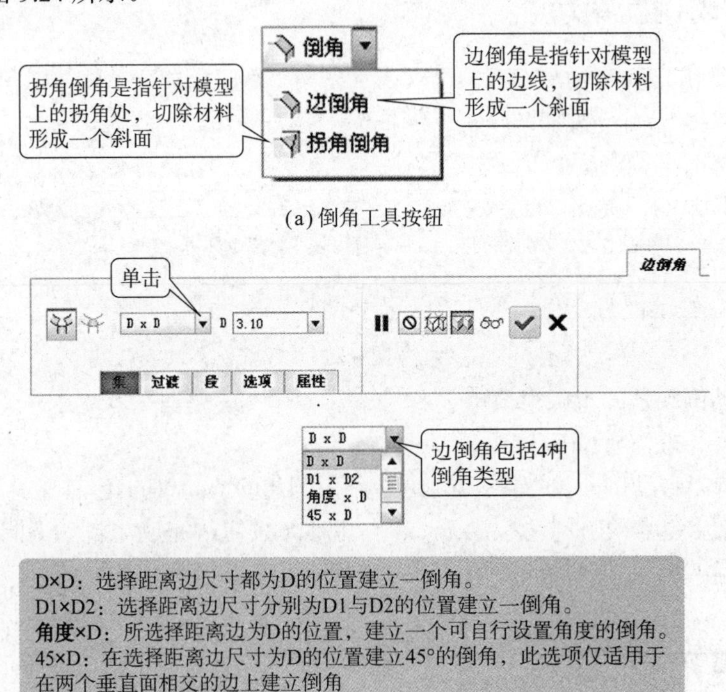

(a) 倒角工具按钮

(b) “边倒角”操控板

图 9.24

9.4.2 创建边倒角特征

（1）创建一个长方体模型。

（2）单击“模型”选项卡中的“边倒角”工具按钮，弹出“边倒角”操控板。

（3）选择长方体的倒角边进行倒角，倒角采用D×D的倒角方式，使每边方向上倒角尺寸为“10”，如图9.25所示。

（4）观察结果，确定正确无误后单击按钮，完成倒角的创建，效果如图9.25所示。

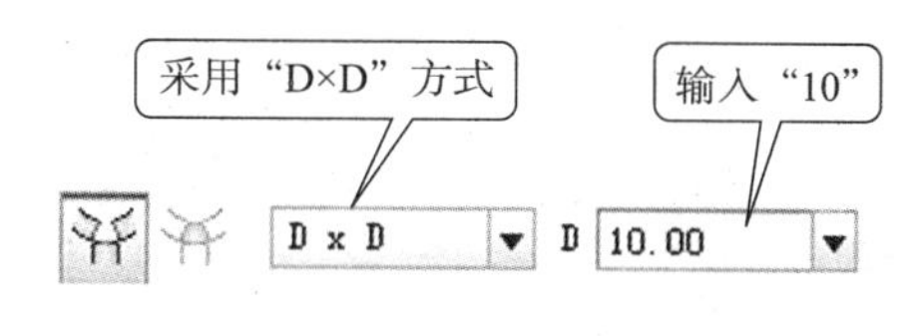

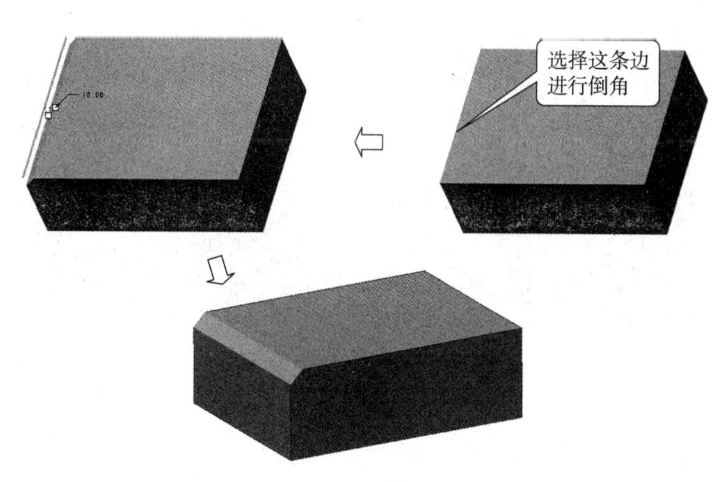

图9.25　创建边倒角特征

9.4.3 创建拐角倒角特征

（1）创建一个长方体模型。

（2）单击“模型”选项卡中的“拐角倒角”命令按钮，打开“拐角倒角”操控板。

（3）选择长方体某一顶点进行倒角，分别输入D1、D2、D3的尺寸值，然后单击按钮，完成拐角倒角的创建，效果如图9.26所示。

9.5 筋特征

筋特征是用来加固模型的薄壁或者腹板伸出项。因为筋特征是依附在模型之间的特征，所以使用筋特征时必须已经存在其他的特征。

根据相邻平面的类型不同，生成的筋分为：轨迹筋和轮廓筋两种形式。轮廓筋和轨迹筋都只需要一个开放的草绘截面，两者最主要的区别是：轨迹筋的增加材料方向与草绘平面垂直，而轮廓筋的增料方向与草绘平面平行。

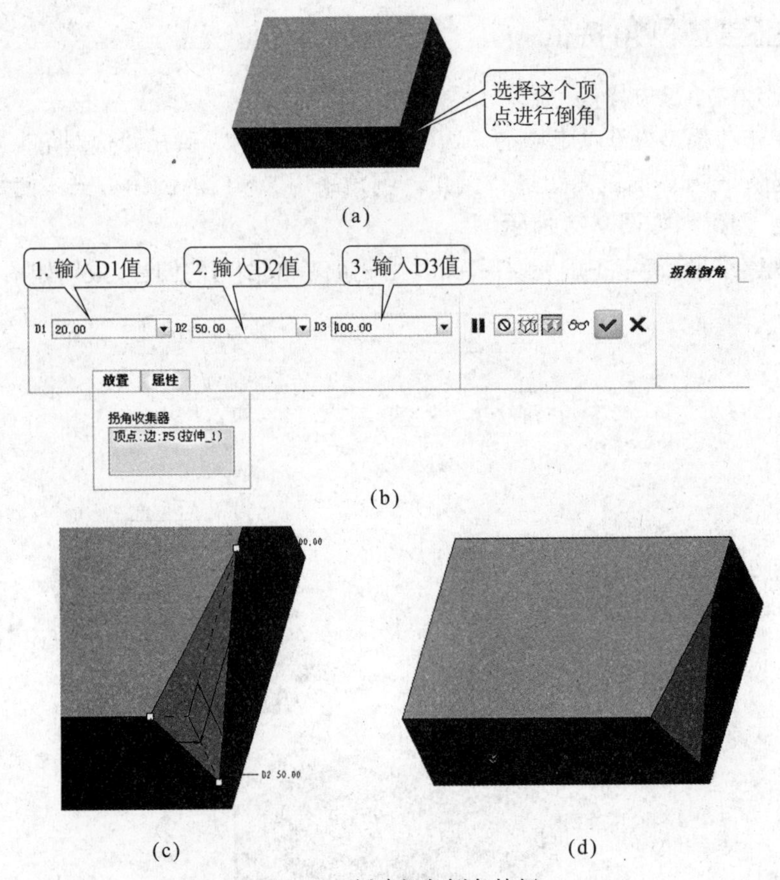

(a)

(b)

(c)　(d)

图 9.26　创建拐角倒角特征

9.5.1　“轮廓筋”操控板

单击“模型”选项卡中的“轮廓筋”工具按钮，弹出的“轮廓筋”操控板，如图 9.27 所示。

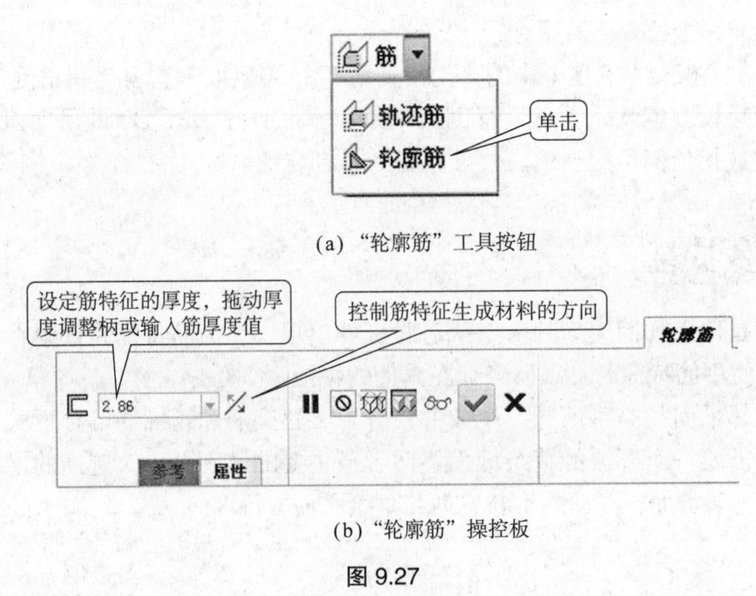

(a)“轮廓筋”工具按钮

(b)“轮廓筋”操控板

图 9.27

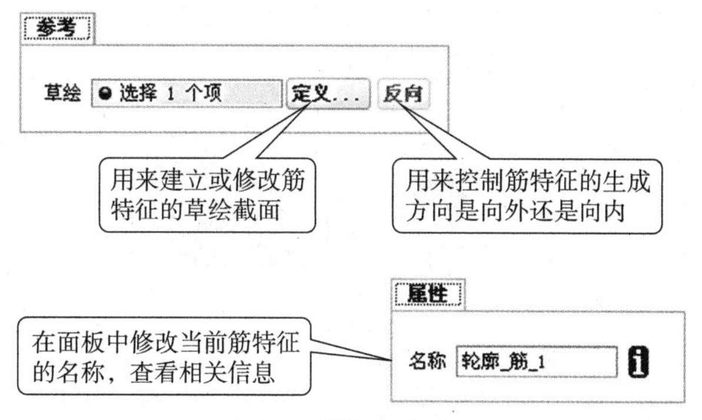

(c)"参考"下滑板和"属性"下滑板

续图 9.27

9.5.2 创建轮廓筋特征

(1）打开型文件 9-8.prt，如图 9.28（a）所示。

(2）单击"模型"选项卡中"轮廓筋"工具按钮，弹出"轮廓筋"操控板。

(3）单击"参考"选项卡→"定义"按钮，系统将自动弹出"草绘"对话框，选择"FRONT"基准平面为草绘平面，其他设置不变。

技术点拨：筋特征的剖面必须是开放的，而且绘制的线段的端点必须位于现有特征的轮廓上，与现有特征加起来形成一个封闭的填充区。

(4）单击"草绘器"的参考按钮，在弹出的"参考"对话框中，添加如图 9.28（b）所示的两个面为草绘参考，单击"关闭"按钮关闭"参考"对话框。设置参考的目的

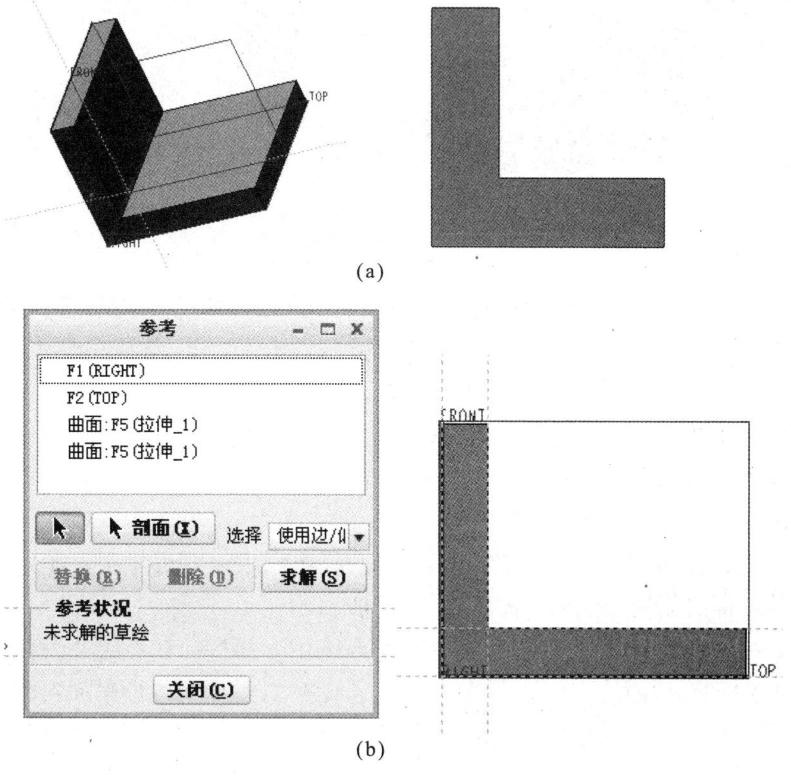

(a)

(b)

图 9.28

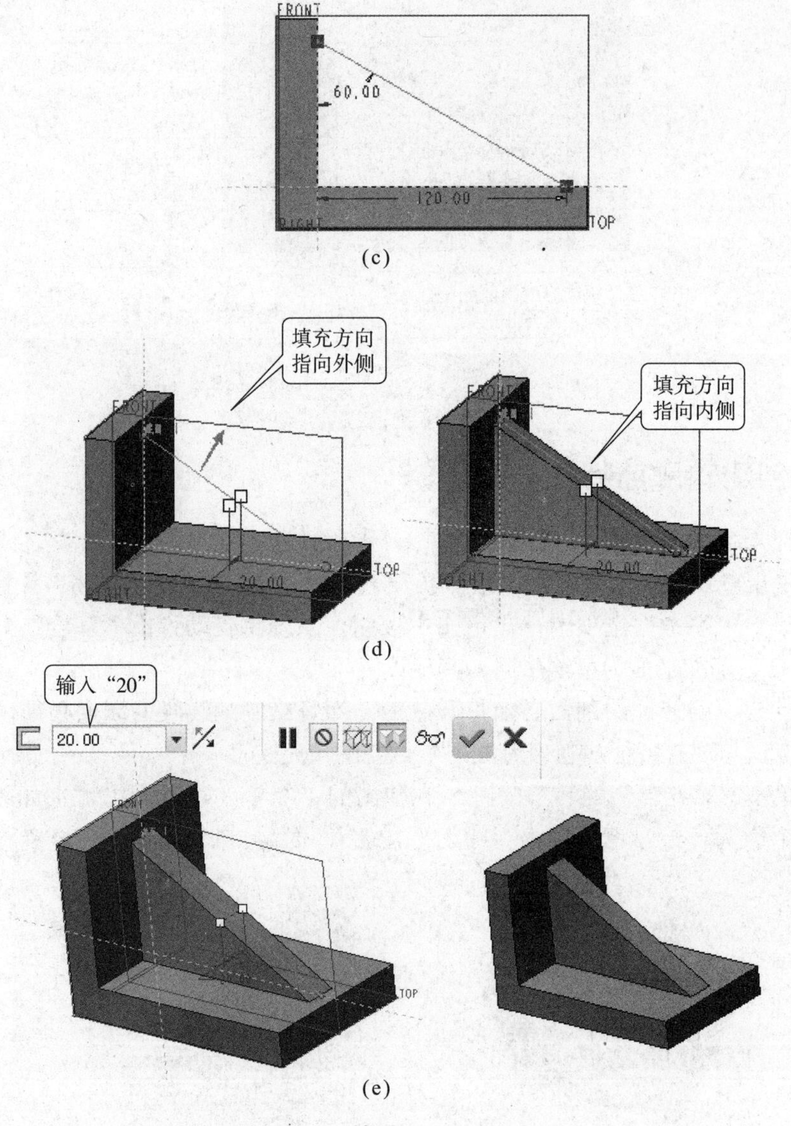

(c)

(d)

(e)

续图 9.28

是绘制草绘时，可以保证草绘元素位于参考上，比如线段、点等与参考重合。

（5）绘制一条直线，使得该线段的两个端点都位于参考上，形状和尺寸如图 9.28（c）所示。

（6）此时的填充方向指向外侧，不能生成筋特征。单击"参考"下滑板的反向按钮**反向**，或者直接单击箭头，材料填充方向都会指向另一侧，如图 9.28（d）所示，能够预览到填充材料。

（7）在"轮廓筋"操控板上输入筋的厚度值为"20"。观察结果，确定后单击✓按钮，完成筋特征的创建，效果如图 9.28（e）所示。

（8）如果在"轮廓筋"操控板上，单击 按钮，筋特征在草绘平面的左侧，再次单击筋变换到草绘平面的右侧，再次单击筋又变换到相对于草绘平面对称的状态，如图 9.29 所示。

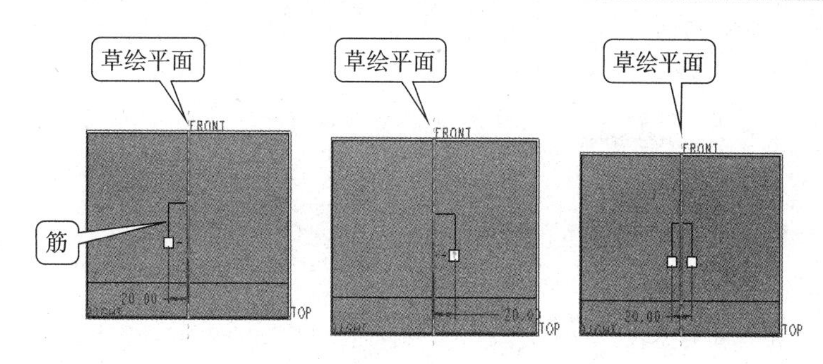

图 9.29 创建轮廓筋特征

9.5.3 创建轨迹筋特征

轨迹筋的创建和轮廓筋类似，创建轨迹筋的步骤如下。

（1）打开模型文件 9-9.prt。下面在这个模型上创建轨迹筋。

（2）单击“模型”选项卡中“轨迹筋”按钮 轨迹筋，选取该壳体顶面为轨迹筋草绘放置面，绘制如图 9.30（b）所示草图，草绘线条的端点可以不在特征轮廓上，也可以超出轮廓。单击按钮结束草绘，返回到“轨迹筋”操控板。

（3）在“轨迹筋”操控板上，设置厚度为“8”，单击按钮，设置肋板形式为带圆角，单击其上的“形状”按钮，系统将展开“形状”选项卡，修改圆角半径，或者双击屏幕上标示的半径值，修改半径为“3”，屏幕预显如图 9.31（a）所示，并单击按钮完成轨迹筋的创建。

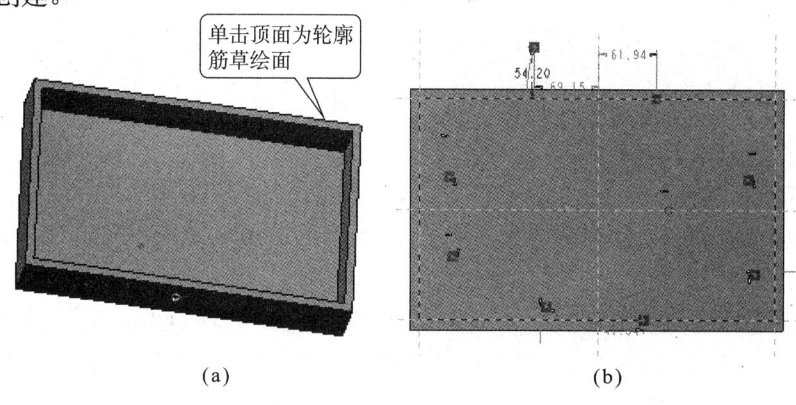

(a) (b)

图 9.30

9.6 构造特征

机械零件上，往往会有一些构造特征，常见的构造特征主要包括螺纹、凹槽等，这些特征不用生成真实的特征，只需要系统修饰一下即可，这就是修饰螺纹、修饰凹槽。本节主要介绍修饰螺纹特征的创建方法。

9.6.1 修饰螺纹特征

螺纹修饰是表示螺纹直径的修饰特征。与其他修饰特征不同，修改螺纹不能修改线型，并且螺纹也不会受到“环境”菜单中隐藏线显示设置的影响。螺纹以默认极限

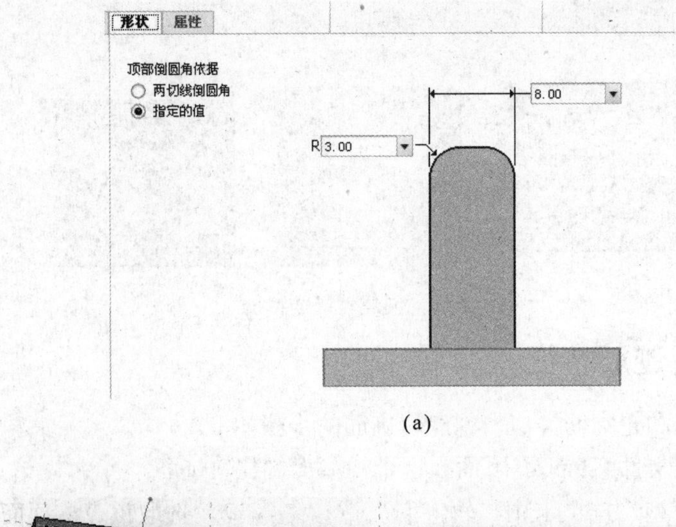

(a)

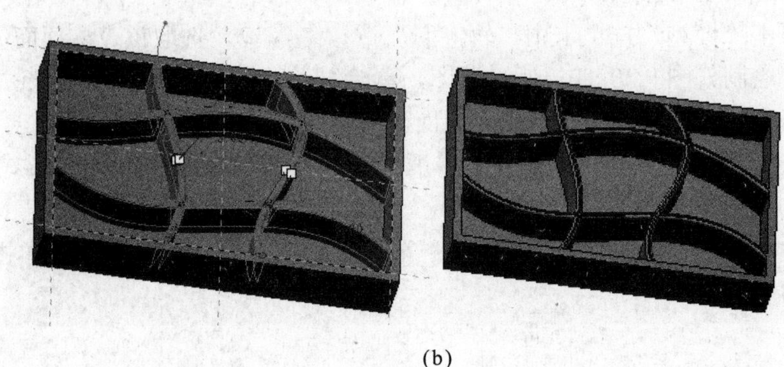

(b)

图 9.31

公差设置来创建。

修饰螺纹可以是外螺纹或内螺纹，也可以是盲孔或贯通的情况。通过指定螺纹内径或螺纹外径 (分别对于外螺纹和内螺纹)、起始曲面和螺纹长度或终止边，来创建修饰螺纹。

对于起始曲面，可选取面组曲面、常规曲面或分割曲面 (比如属于旋转特征、倒角、倒圆角或扫描特征的曲面)。对于终止曲面，可选取任何实体曲面或一个基准平面。

9.6.2　修饰螺纹特征操控板

单击“模型”选项卡中工程下拉菜单里的“修饰螺纹”命令按钮修饰螺纹，如图 9.32（a）所示。弹出的“修饰螺纹”操控板，如图 9.32（b）～（c）所示。

9.6.3　创建螺纹修饰

（1）打开模型文件 9-10.prt。下面在这个模型上创建修饰螺纹。

（2）单击“模型”选项卡的工程下拉菜单里的“修饰螺纹”命令按钮修饰螺纹，系统弹出“螺纹”操控板。

（3）单击“放置”选项卡，单击圆柱的圆柱面为螺纹的放置面。信息栏中又提示选择螺纹起始面，单击圆柱有倒角一侧的端面，如图 9.33 所示。

（4）选取 ：“按指定值从选定平面创建螺纹”选项，输入深度值为 80 并回车。

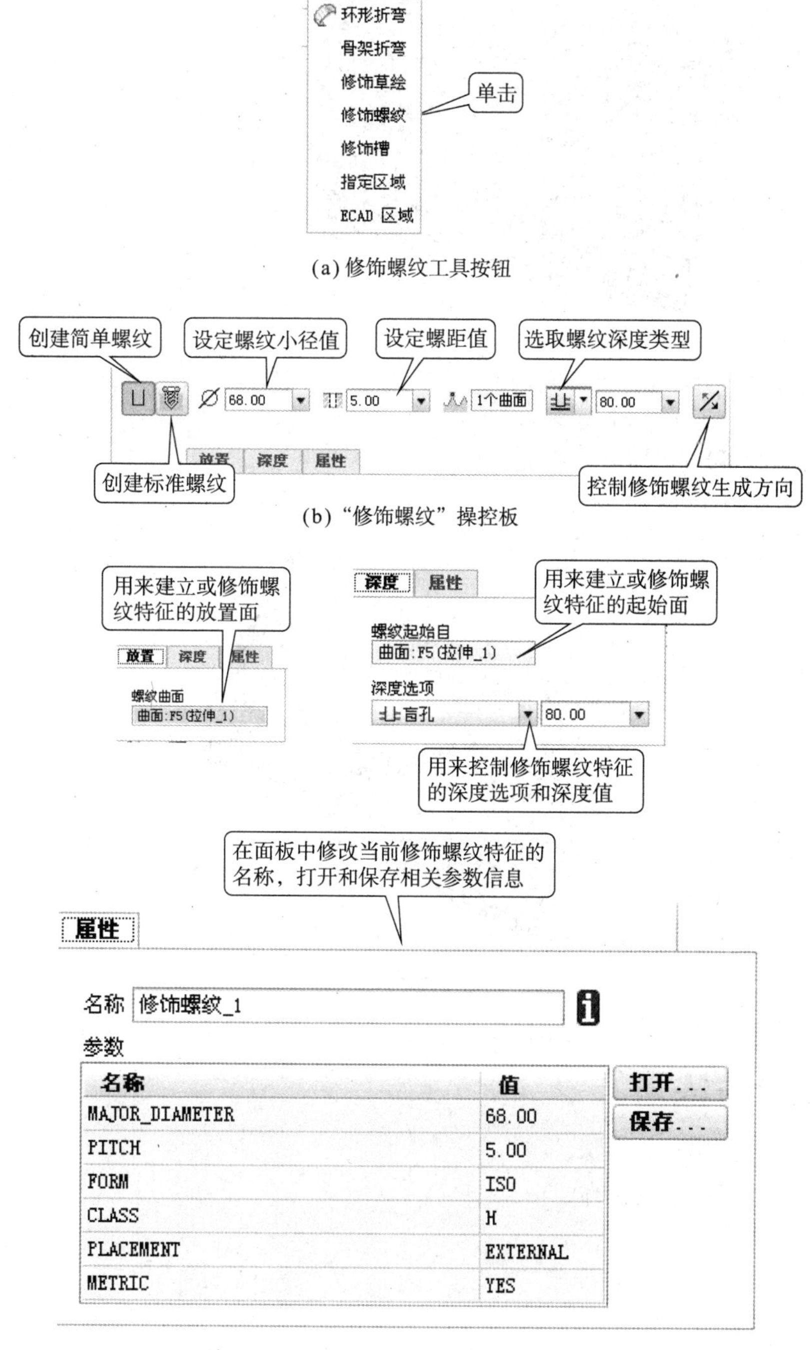

(a) 修饰螺纹工具按钮

(b)“修饰螺纹”操控板

(c)“放置”下滑板、“深度”下滑板和“属性”下滑板

图 9.32

（5）如图 9.34 所示，输入螺纹小径为 68 并回车，输入螺纹螺距为 5 并回车，如图 9.34 所示，单击☑按钮，完成修饰螺纹的创建，如图 9.35 所示。

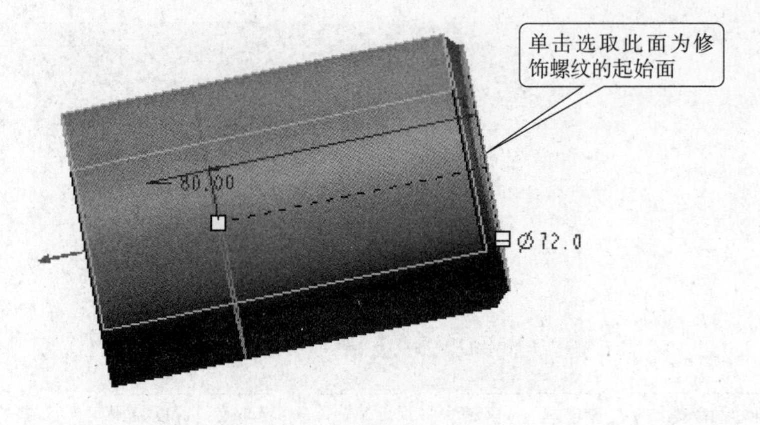

图 9.33

图 9.34

图 9.35　创建修饰螺纹特征

思考与练习

1. 简述创建简单孔的步骤。
2. 简述创建轮廓筋的步骤。

第10章 特征操作

特征操作包括特征复制、特征镜像、特征投影、特征相交、特征偏移，可以通过对特征操作来满足各项设计要求，同时能够大大提高建模的效率。

10.1 特征复制

复制是建模过程中经常使用的一个工具，灵活使用复制特征，可加速模型的建立。复制功能针对的是单个特征、局部组或多个特征，经过复制后产生相同特征的结果。复制的结果可以和原有特征的外形尺寸相同，也可以不同。复制特征时，用户可以修改特征三方面的内容：参照、尺寸以及放置位置 。

特征复制的使用方法，新参考方式复制的特点与方法、相同参考方式复制的特点与方法、镜像方式复制的特点与方法、移动方式复制的特点与方法将在下面逐一介绍。

10.1.1 特征复制的方法

复制的方法:可使用“复制”、“粘贴”、“选择性粘贴”命令复制和放置特征、几何、曲线和边链。使用此功能，可复制和粘贴两个不同模型之间或者相同零件两个不同版本之间的特征，操作步骤相同。单击“模型”选项卡中的“复制”按钮、“粘贴”按钮和“选择性粘贴”按钮。也可以用传统的键盘操作调用，“Ctrl+C”组合键可将选取的项目复制到剪贴板上;“Ctrl+V”组合键可以粘贴选定项目。单击“模型”选项卡中的“复制”命令按钮，选中对象后，再单击“粘贴”命令按钮，系统显示“复制”操控板。

10.1.2 简单特征的复制

下面举例说明，简单特征的复制方法。

（1）打开模型文件 10-1.prt，如图 10.1（a）所示。

（2）在“模型树”中左键单击，选中“凸台”，如图 10.1（b）所示。然后，在“模型”选项卡中单击“复制”命令，接着单击“粘贴”命令，如图 10.1（c）所示，系统弹出“拉抻”操控板。

（3）单击“放置”下滑板 >“编辑”按钮，如图 10.1（d）所示，弹出“草绘”对话框，选择前表面作为草绘平面，系统自动选择底面作为参考平面，单击“草绘”按钮，进入草绘模式，如图 10.1（e）所示。

（4）拖动鼠标在前表面上单击，出现草绘图形，修改尺寸，如图 10.1（f）所示。完成后单击✔按钮，退出草绘模式。

（5）返回的“拉伸”操控板，修改拉伸深度为“40”，如图 10.1（g）所示，单击✔按钮，

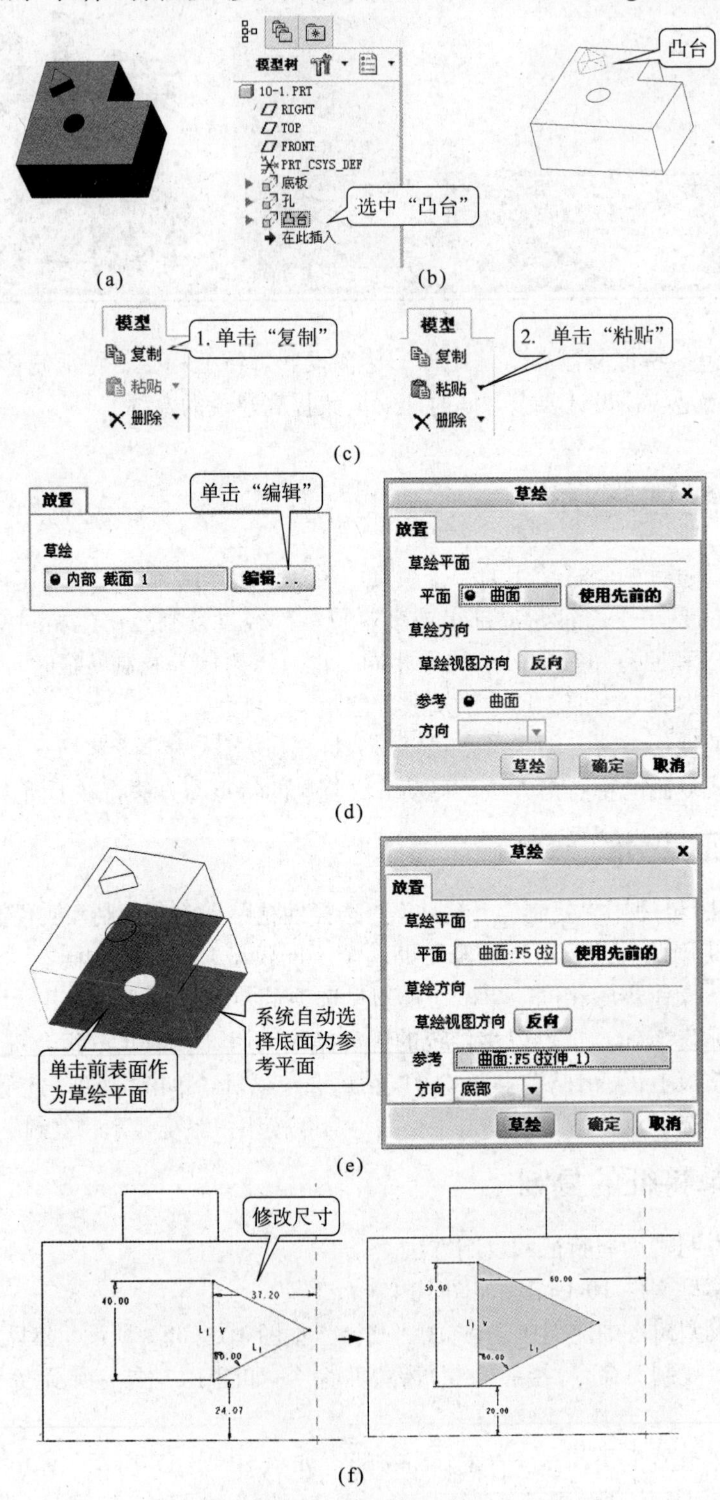

图 10.1　复制特征

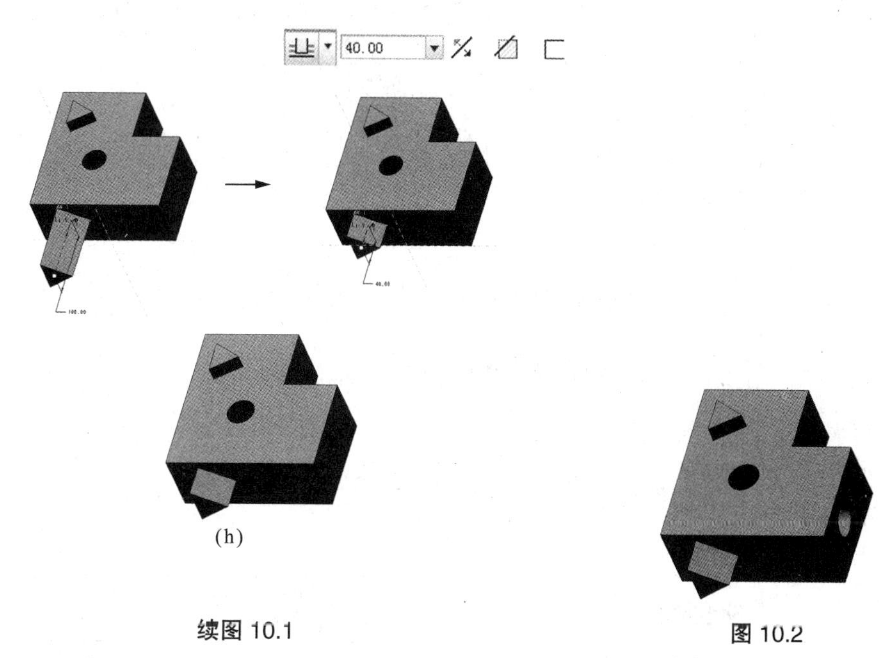

续图 10.1

图 10.2

特征复制操作完成，效果如图 10.1（h）所示。

读者可尝试把刚才模型上的孔复制、粘贴到模型的另一个表面上，如图 10.2 所示。

10.2 镜　像

镜像特征既可以镜像模型的全部特征，也可以镜像实体的局部特征。创建镜像特征时，必须首先选取对象特征，然后单击“镜像”命令按钮，选择镜像面，产生镜像特征。基准面、实体平面、平面曲面等都可以是镜像平面，镜像命令是实体建模的重要工具之一，对简化绘图过程和提高绘图效率具有积极意义。对镜像的原始特征进行修改时，镜像的特征也会随之变化，这是由于镜像后的特征与原始特征之间存在着依附关系。

下面举例说明镜像命令的使用方法。

（1）打开模型文件 10-2.prt，如图 10.3（a）所示。把整个模型作为镜像的对象特征，在“模型树”中选中所有特征。在“模型”选项卡中单击“镜像”命令按钮，系统自动弹出“镜像”操控板，如图 10.3（b）所示。

（2）如图 10.3（c）所示，选择 A 面为镜像平面，单击✔按钮，完成镜像特征的操作，如图 10.3（d）所示。

10.3 阵列特征

阵列特征在建模过程中，如果需要建立许多相同或类似的特征，如法兰的固定孔等，就需要使用阵列特征。使用阵列特征可建立多个相同的特征，设计效率非常高；若修改原始特征，其阵列特征相应自动更新。

阵列是参数控制的，因此用户可以通过改变阵列参数，如实例数、实例之间的间距和原始特征尺寸，可方便、快捷地修改设计。在阵列中改变原始特征尺寸时，系统

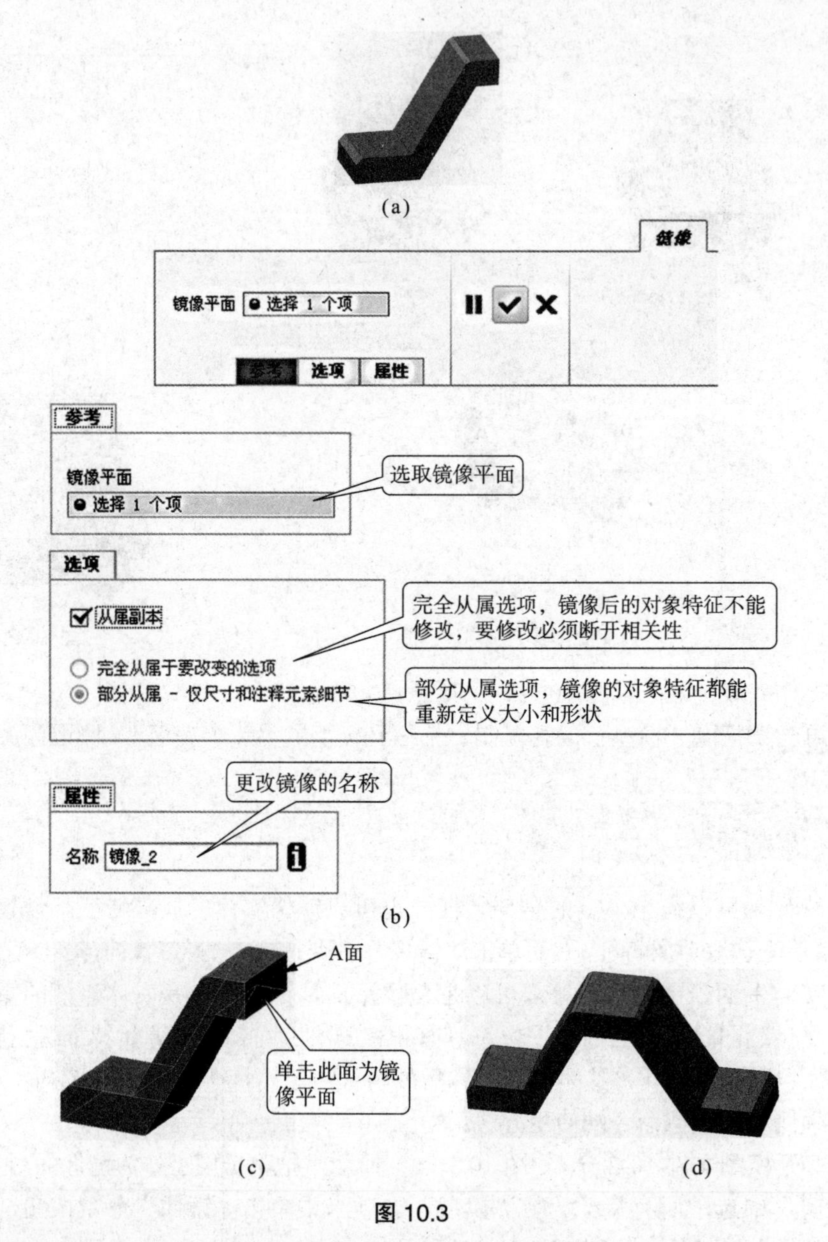

(a)
(b)
(c)
(d)

图 10.3

会自动更新整个阵列。修改阵列比分别修改特征更为有效。

系统只能对单个特征进行阵列。如果需要阵列多个特征则必须创建一个组（成组详见 10.4），然后对这个组进行阵列。

阵列能方便和快捷地对包含在一个阵列中的多个特征同时执行操作。例如，可方便地复制阵列特征(包含所有实例)，或将阵列添加到层中。阵列特征是对某一原始特征，通过阵列尺寸的关系，建立的多个与原始特征相同或相似的新特征。原始特征称为父特征，阵列后的特征称为子特征，当修改父特征时，子特征也随之变化。

在 Creo 2.0 中，特征阵列分为“尺寸”、“方向”、“轴”、“表”、“参考”、“填充”、“曲线”、“点”等 8 种类型。

（1）尺寸：选择原始特征参考尺寸当做特征阵列驱动尺寸，并明确在参考尺寸方向的特征阵列数量。尺寸方式的特征阵列，又分为线性尺寸驱动和角度尺寸驱动两种。

在以线性尺寸为驱动尺寸时，又有单方向阵列与双方向阵列之分。

（2）方向：通过选取平面、直边、坐标系或轴指定方向，可使用拖动句柄设置阵列增长的方向和增量来创建阵列。方向阵列可以单向或双向。

（3）轴：通过选取基准轴来定义阵列中心，可使用拖动句柄设置阵列的角增量和径向增量以创建径向阵列。也可将阵列拖动成为螺旋形。

（4）表：通过使用阵列表，并明确每个子特征的尺寸值来完成特征的阵列。

（5）参考：通过参考已有的阵列特征创建一个阵列。

（6）填充：将子特征填充到草绘区域来完成特征阵列。

（7）曲线：通过指定阵列成员的数目或阵列成员间的距离来沿着草绘曲线创建阵列。

（8）点：草绘点上的阵列成员。

根据不同的阵列尺寸方式来分类，又可以把阵列分为下面三种类型。

线性阵列：又称笛卡儿坐标系型、直线型阵列，以特征的相对位置尺寸增量来进行阵列操作。

环形阵列：又称旋转型阵列，以特征的相对角度增量来进行阵列操作。

填充阵列：相对比较复杂，通过草绘模式，绘制要填充的区域。

根据不同的阵列方向来分类，又可以把阵列分为下面两种类型。

单方向阵列：就是特征沿指定的某一个方向生成的阵列，它所产生的阵列都是单方向的。

双方向阵列：是沿着平面上的两个方向生成的阵列，它产生的阵列都是双方向的，两个方向都必须指定阵列的数目。

10.3.1 尺寸阵列

在零件模型中选中要阵列的特征，“阵列”工具按钮被激活。创建尺寸阵列时，应选择特征尺寸并明确选定尺寸方向的阵列子特征间距以及阵列子特征数。尺寸阵列有单向阵列和双向阵列之分，根据选择尺寸的类型又分为线性阵列和角度阵列。

下面举例说明尺寸阵列特征的创建方法。

（1）打开模型文件 10-3.prt，选中孔特征，单击“模型”选项卡中“阵列”工具按钮▦，在“阵列”操控板上，选择“尺寸”阵列方式，如图 10.4（a）所示。

（2）单击“尺寸”按钮，弹出“尺寸”下滑板，如图 10.4（b）所示。“尺寸”下滑板分为“方向 1”和“方向 2”两部分，根据阵列要求，选定一个方向或两个方向的阵列尺寸。如果用关系式控制阵列间距，可选中“按关系定义增量”选项，并单击“编辑”按钮打开记事本，在记事本中输入和编辑关系式。

（3）单击模型中的一个尺寸 25 作为第一方向尺寸，在“尺寸”下滑板方向 1 尺寸相应的“增量”栏中输入该方向的尺寸增量 50 并回车，完成设置如图 10.4（b）所示。

（4）在“阵列”操控板中输入第一个方向的阵列数目（包括原始特征）5 并回车，如图 10.4（c）所示。如果这时单击☑按钮，就在第一个方向上添加了一列距离 50 的 5 个孔。

（5）下面我们继续添加第二方向：单击“阵列”操控板的第二方向来激活第二方向，或者在尺寸下滑板的方向 2 处单击也可以激活第二方向。单击模型另一个尺寸 25，第二方向个数设为 5 个，尺寸增量输入 50，如图 10.4（d）所示。

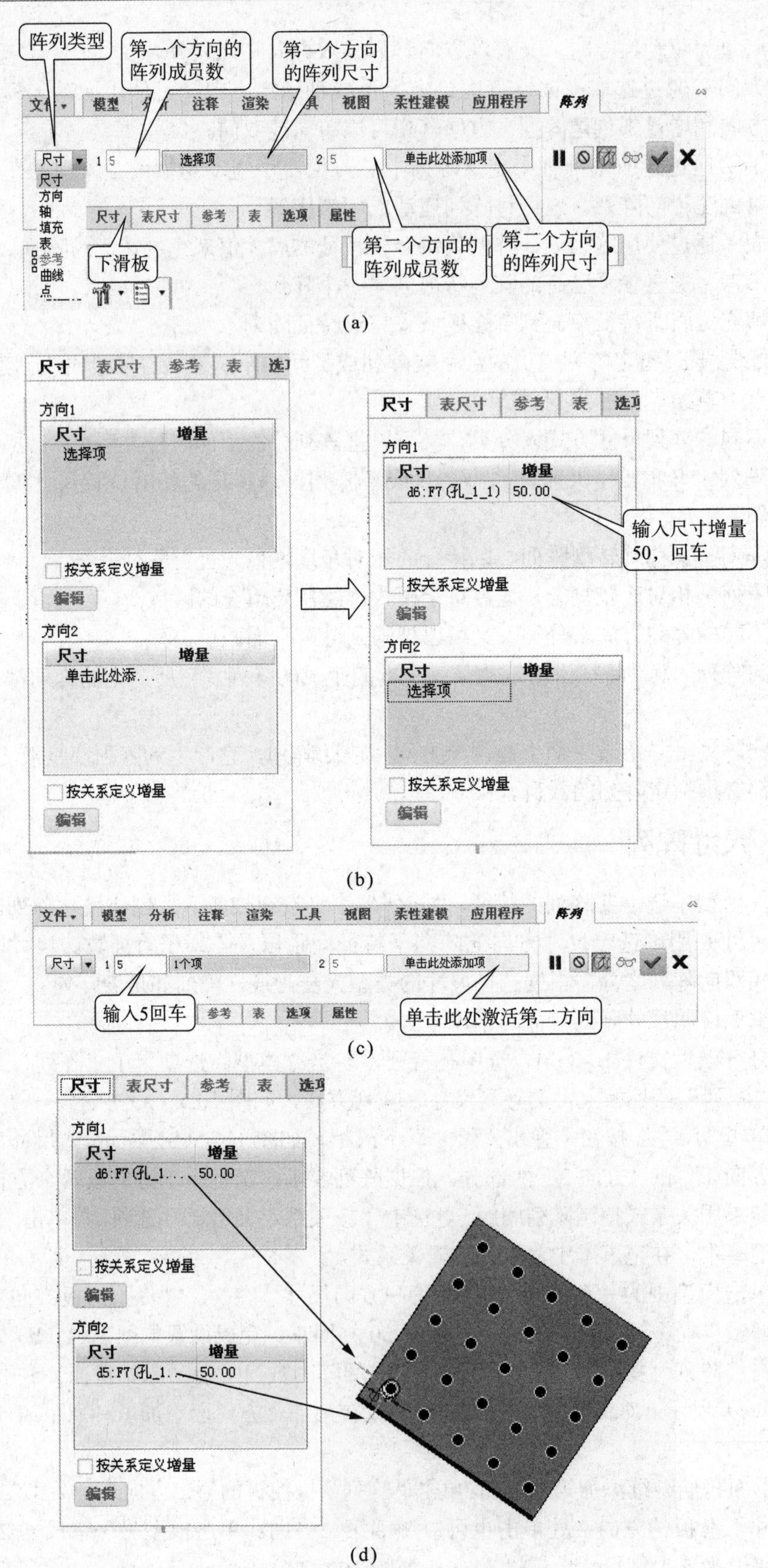

图 10.4 创建尺寸阵列特征

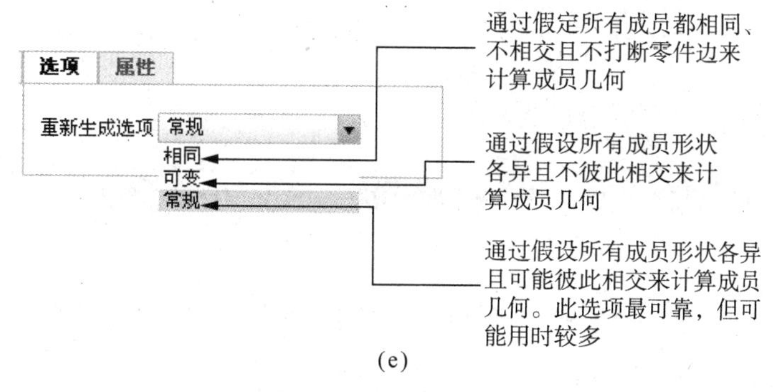

(e)

续图 10.4

（6）单击☑按钮，完成尺寸阵列的创建，如图 10.4（d）所示。

（7）“阵列”操控板的“选项”下滑板的说明，见图 10.4（e）。

技术点拨：如果在第一个阵列方向要选择多个尺寸，应按下“Ctrl”键，然后在模型中选择尺寸，并在“尺寸”面板相应的“增量”栏输入相应的尺寸增量。

10.3.2 方向阵列

创建方向阵列时，应选择参考，选择的对象可以为直线、平面、线性曲线、坐标系的轴、基准轴等，来定义阵列方向并明确选定阵列子特征间距以及阵列子特征数。方向阵列可以是单向或双向的。

下面举例说明方向阵列特征的创建方法。

（1）打开模型文件 10-4.prt，选中“三棱孔”特征，单击“模型”选项卡中的阵列工具按钮▦，选定“方向”阵列方式时，显示“阵列”操控板如图 10.5（a）所示。

（2）选择作为第 1 个方向参考的对象，单击选取底板的一条棱边为第一阵列方向，

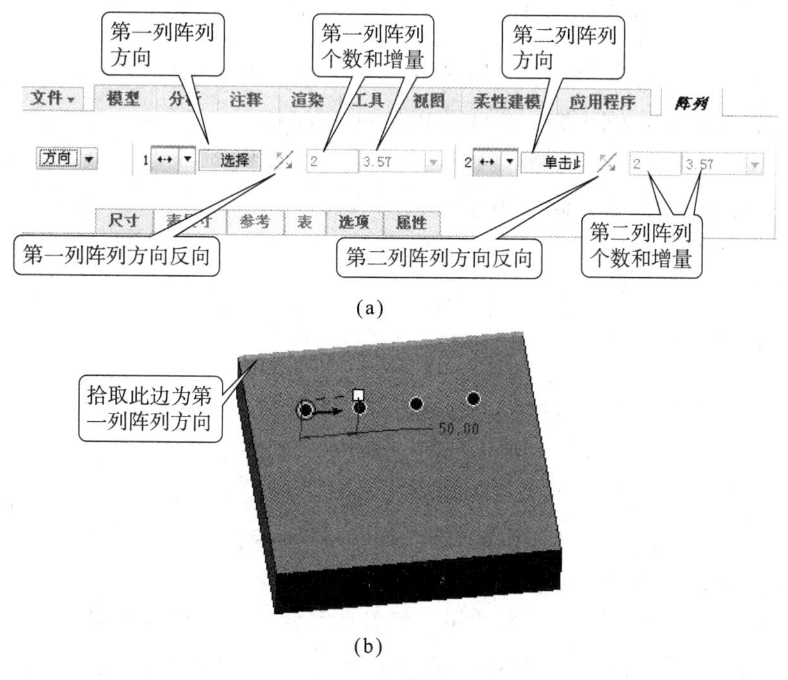

(a)

(b)

图 10.5 创建方向阵列

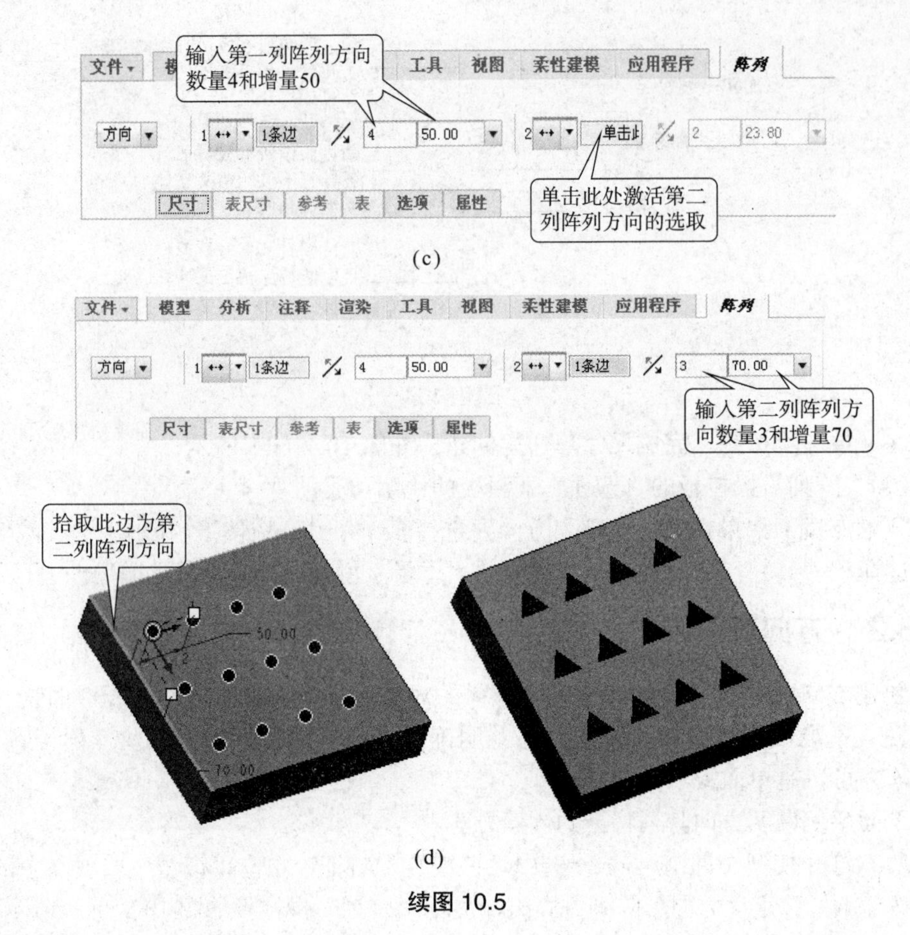

续图 10.5

如图 10.5（b）所示。

(3)输入第一阵列方向的数量为4，增量(即阵列成员之间的距离)为50，如图10.5(c)所示。

（4）选取第二方向参考：单击如图 10.5（c）所示的空白区激活第二方向参考，单击底板另一棱边为第二方向参考，如图 10.5（d）所示。

（5）输入第二阵列方向的数量为 3，增量为 70，如图 10.5（d）所示。单击☑按钮，完成方向阵列特征的创建，如图 10.5（d）所示。

技术点拨：创建可变阵列时，应首先激活“尺寸”下滑板中相应的方向栏，然后在模型中选择要阵列改变的尺寸。读者可自行尝试。

10.3.3 轴阵列特征

轴阵列允许用户在两个方向上放置成员。

（1）角度（第一方向）：阵列成员绕轴线旋转。默认轴阵列按逆时针方向等间距放置成员。

（2）径向（第二方向）：阵列成员被添加在径向方向上。

有两种方法可将阵列成员放置在角度方向。

（1）指定成员数（包括第一个成员）以及成员之间的距离（增量）。

（2）指定角度范围及成员数（包括第一个成员）。角度范围是 -360° ～ +360°，

阵列成员在指定的角度范围内等间距分布。

下面举例说明轴阵列特征的创建方法。

（1）打开模型文件 10-5.prt，选中“三棱孔”特征，单击“模型”选项卡中的“阵列”工具按钮▦，选定“轴”阵列方式时，显示“阵列”操控板如图 10.6（a）所示。

（2）选择底板的轴线作为轴阵列中心，输入第一阵列方向的数量为 6，成员之间的角度输入为 60，如图 10.6（b）所示。

（3）输入第二阵列方向的数量为 2，径向尺寸为 80 并回车，如图 10.6（b）所示。

（4）用鼠标单击模型中的黑点，则黑点消失，这个黑点对应的阵列成员将不会生成。依次选取如图 10.6（c）所示的三个阵列成员不生成。

（5）单击确定☑按钮，完成轴列特征的创建，如图 10.5（c）所示。

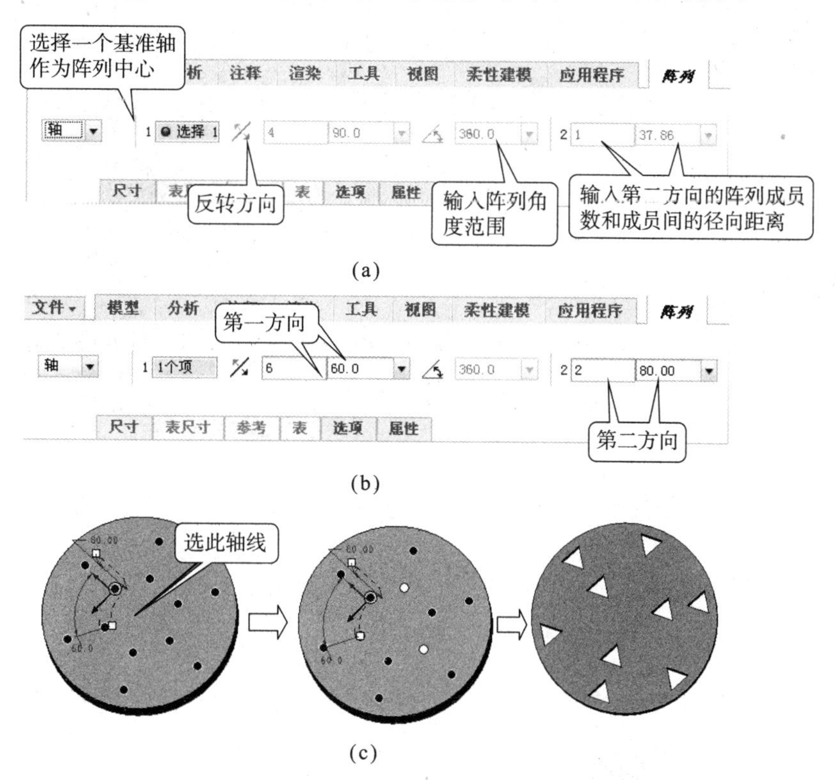

图 10.6　创建轴阵列

技术点拨：要反转阵列的方向，对各个方向单击反转按钮，或输入负增量。要创建可变阵列，在“尺寸”下滑板中添加要改变的尺寸。

10.3.4　填充阵列

使用填充阵列可在指定的区域内创建阵列特征。指定的区域可通过草绘一个区域或选择一条草绘的基准曲线来构成该区域。

下面举例说明创建填充阵列特征的方法。

（1）打开模型文件 10-6.prt，选中“孔”特征，单击“模型”选项卡中的“阵列”工具按钮▦，选定“填充”阵列方式时，显示“阵列”操控板，如图 10.7（a）所示。

（2）单击“参考”下滑板中的“定义”按钮，如图 10.7（b）所示，打开“草绘”对话框，绘制如图 10.7（c）所示正六边形。单击“确定”按钮，结束草绘。

（3）设定阵列与子特征之间的间距为30，其他设置如图10.7（d）所示。单击“确定”按钮，完成填充阵列特征的建立，效果如图10.7（e）所示。

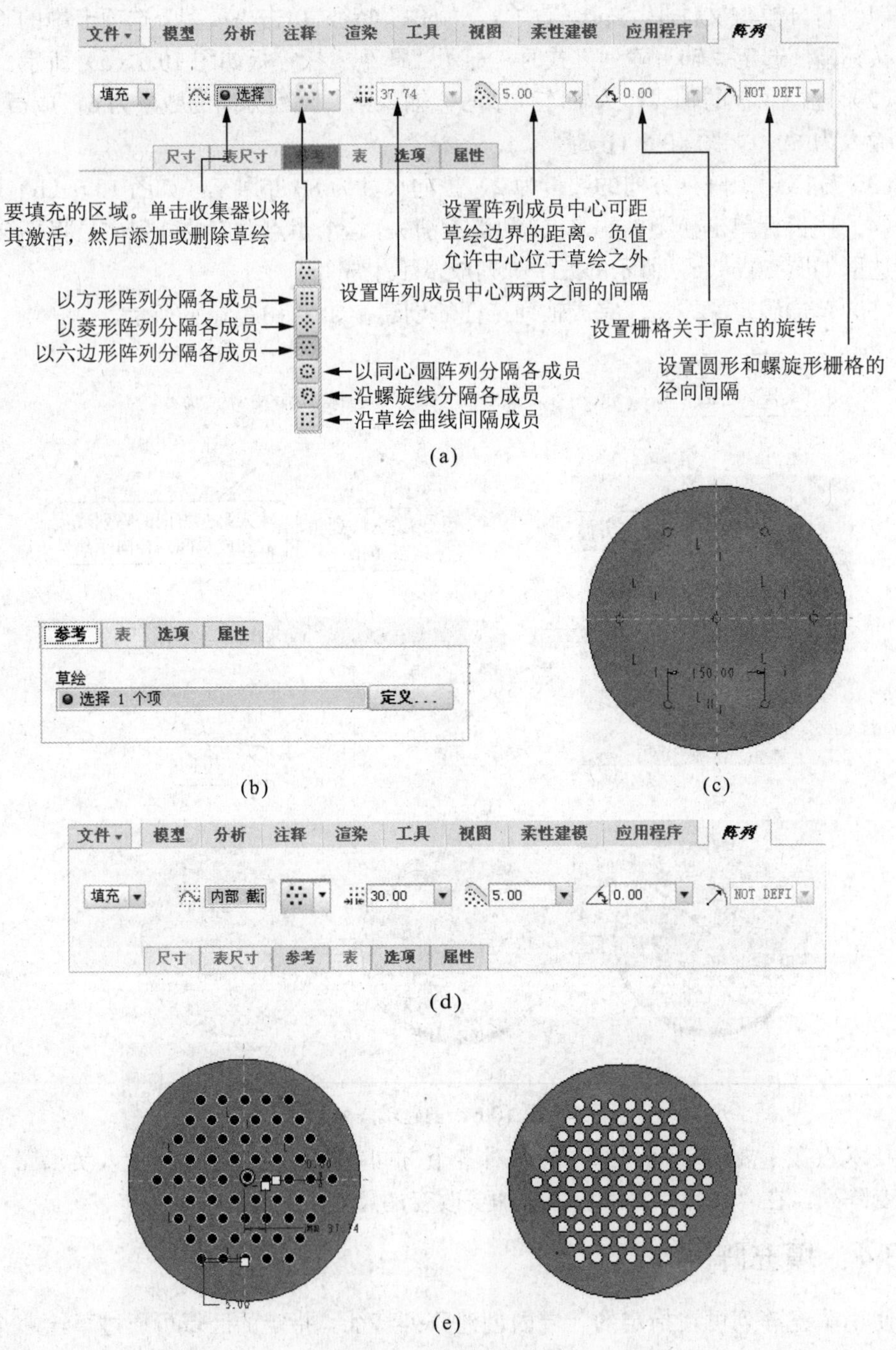

图10.7　创建填充阵列

技术点拨：阵列特征的中心与填充边界的最小值，可设置成负值，其结果是部分子特征将分布在填充区域之外。还可以设定阵列、子特征与填充边界的最短距离，以及网格关于原点的转角，对于圆弧或旋转网格，设定其径距。

其他阵列类型，如曲线阵列等，读者可自行尝试。

10.4 成 组

Creo2.0 可以将多个特征组合在一起，将这个组合后的特征作为单个特征，对其进行镜象或阵列等操作，从而提高设计效率，这就是成组。

下面举例说明成组的方法。

（1）打开模型文件 10-7.prt，模型树如图 10.8（a）所示，按下键盘“Ctrl”键，在模型树中分别选中“凸台”和“通孔”特征。

（2）单击右键弹出的快捷菜单，选择“组”，如图 10.8（b）所示，或者也可以在“模型”选项卡的“操作”下拉菜单中，单击“组”命令按钮，图 10.8（c）所示，这时模型树转变成图 10.8（d）所示，可见这两个特征已经组合为一个特征。可以把这个组作为单个特征进行镜象或阵列等操作。

（3）如果想取消组，则在模型树中选中该组，右键单击，在弹出的右键菜单中选择“取消分组”即可，如图 10.8（e）所示。

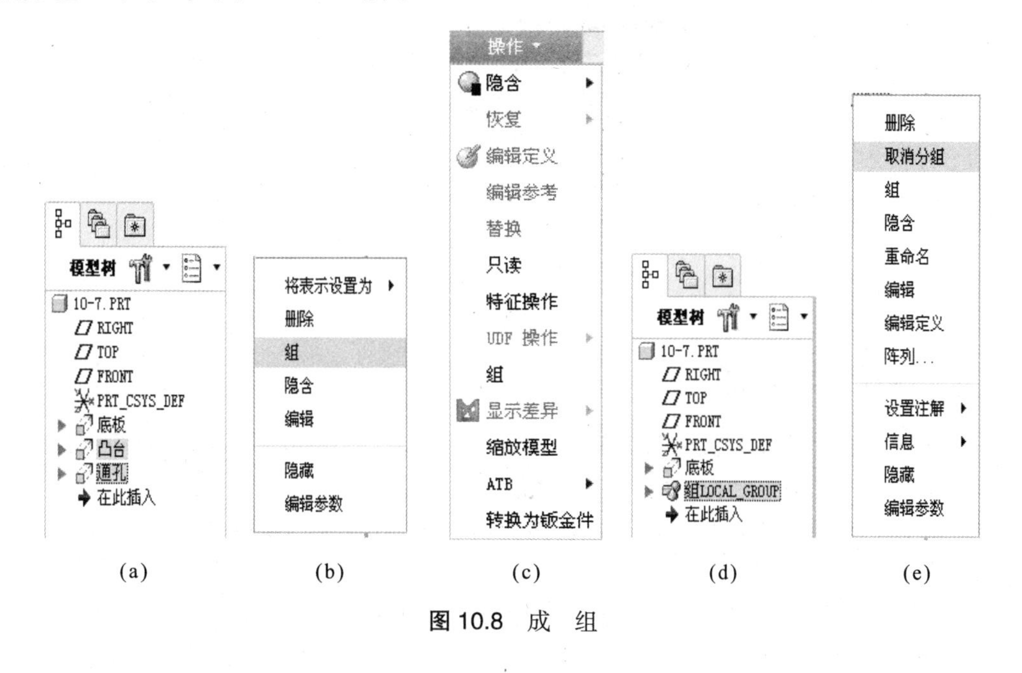

图 10.8 成 组

10.5 修 改

修改特征是指对已经创建的特征进行重新编辑，便于对特征进行有效的管理。

10.5.1 特征只读

为了确保某些特征稍后不会被修改，可将其设为只读。再生零件后，尺寸、属性和布置等只读特征不能修改也不能再生。但是可以添加特征到与只读特征相交的零件中。

特征成为只读时，Creo 2.0 使该特征和再生列表中该特征之前的所有特征变为只读，具体步骤如下。

（1）单击“模型”选项卡“操作”组下拉菜单的“只读”选项，如图 10.9（a）所示，系统弹出如图 10.9（b）所示的特征菜单管理器。在特征菜单管理器中，选中“选择”，在模型上选中想要设置为只读的特征即可。使用该菜单可实现对模型特征的只读操作。

（2）取消特征的只读属性的操作，与此相同，只是在特征菜单管理器中，选中“取消”，然后再选取要取消的特征即可。

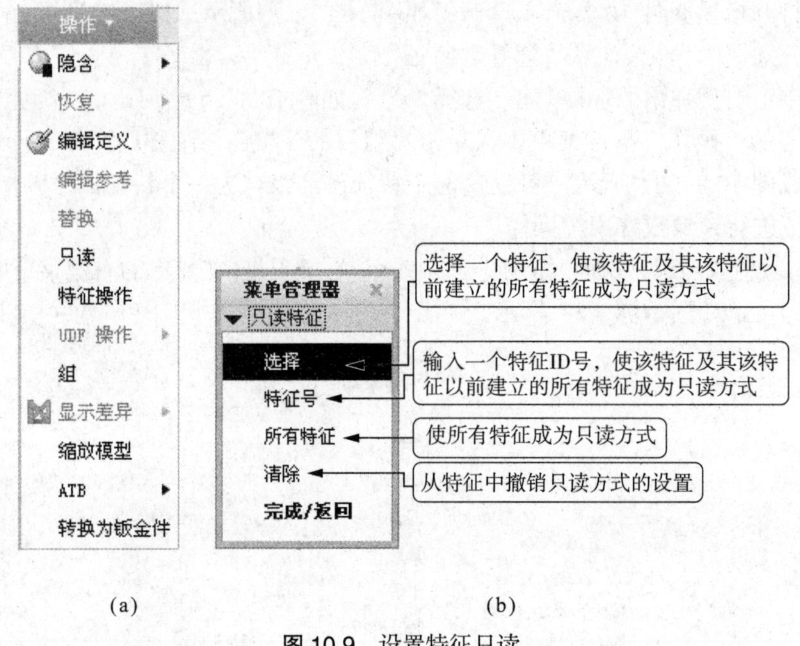

图 10.9　设置特征只读

10.5.2　重命名特征

根据工作时所在的应用程序，选取相应步骤。注意不能重命名模型树中的顶级零件或组件。若进行特征名称的修改，一般有下列几种方式。

（1）在模型树中选取特征名称，右键单击，在弹出快捷菜单中选择“重命名”并输入特征的新名称。

（2）在模型树中双击“特征”名称，然后在弹出的小文本框中输入新名称。

下面举例说明重命名特征的操作步骤。

打开模型文件 10-7.prt，在模型树中右击想要重命名的特征“通孔”，如图 10.10（a）所示。在弹出的右键菜单中，如图 10.10（b）所示，单击“重命名”，输入新名称“螺纹孔”如图 10.10（c）所示，即可重命名该特征。

10.5.3　编辑特征

编辑特征的一般步骤如下。

（1）选择模型树中的某特征，右键单击后，出现快捷菜单。

（2）在该快捷菜单中，选择“编辑定义”命令，打开该特征操控板。更改所选元素的名称、类型或放置的草绘。然后单击“确定”按钮以在图形窗口中查看所有更改。

编辑特征举例说明如下。

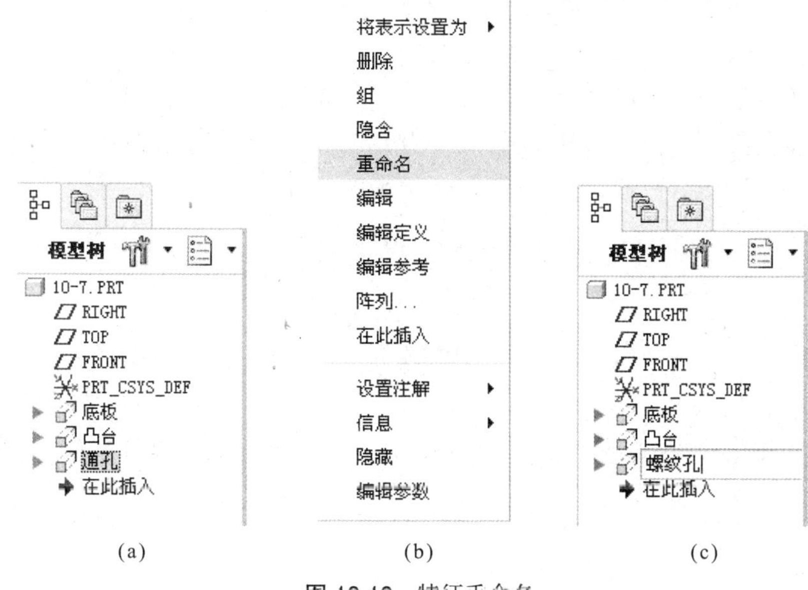

(a) (b) (c)

图 10.10 特征重命名

（1）打开模型文件 10-8.prt，如图 10.11（a）所示。

（2）模型树如图 10.11（b）所示，在模型树中分别选中特征"拉伸 2"，右键单击后，出现快捷菜单，如图 10.11（c）所示。在该快捷菜单中，选择"编辑定义"命令，打开该特征操控板。

（3）在该特征操控板中，单击"放置"下滑板的"编辑"按钮，如图 10.11（d）所示，则系统会打开原来的草绘，将原草绘修改为图 10.11（e）所示的圆，单击"确定"结束草绘，返回"拉伸"操控板。

（4）将该操控板的各项设置，修改为图 10.11（f）所示的内容，单击"确定"结束该特征的修改，模型被修改后的结果如图 10.11（g）所示。

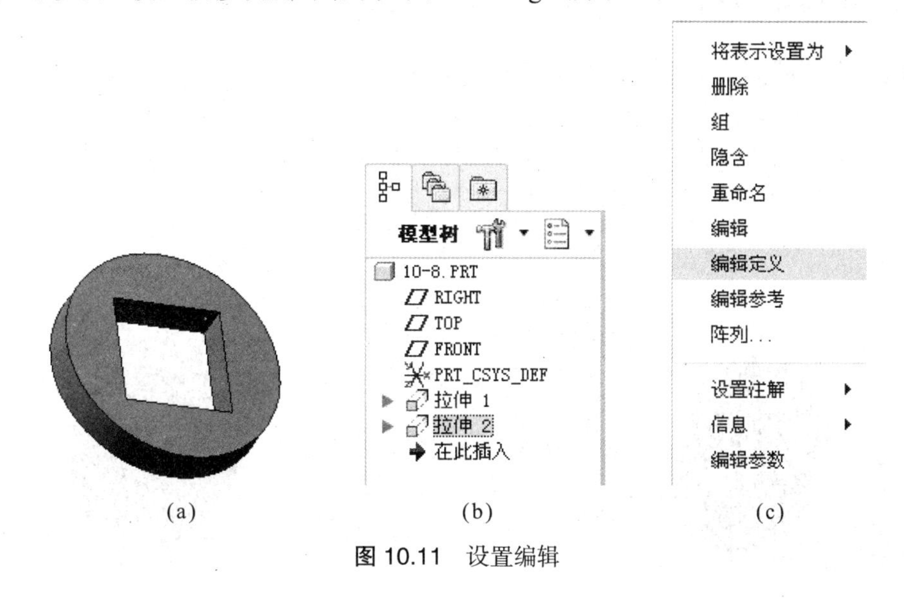

(a) (b) (c)

图 10.11 设置编辑

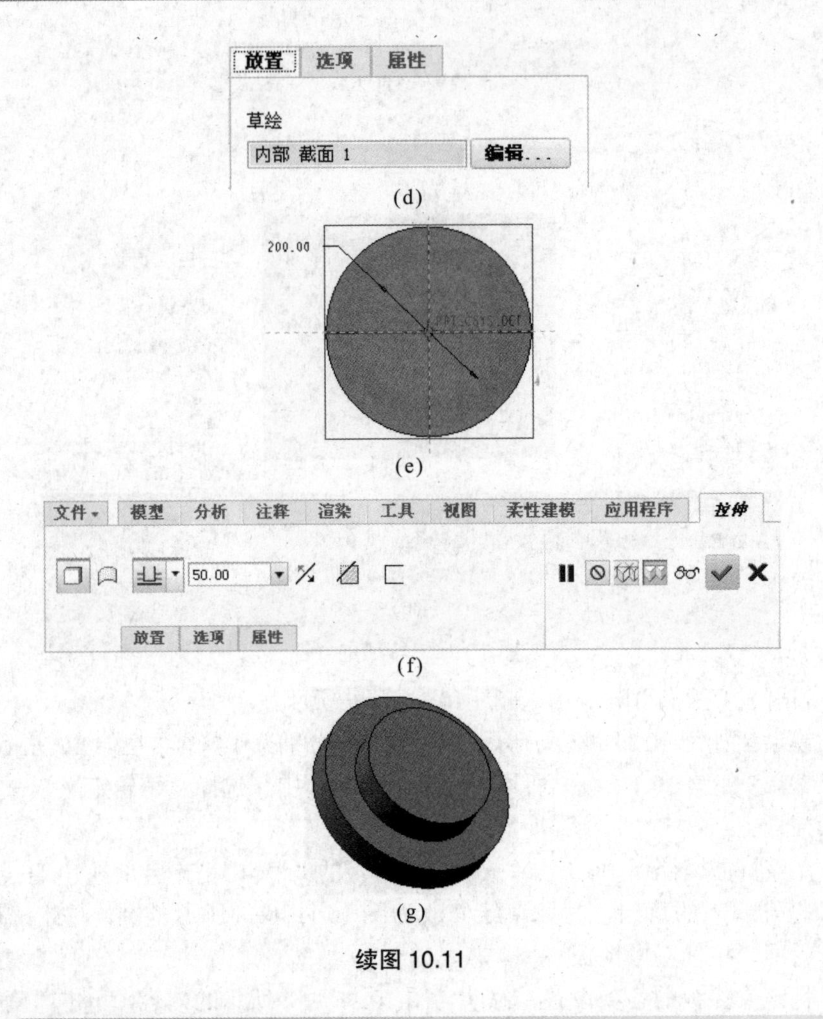

续图 10.11

10.6 排　序

特征排序的方法举例说明如下。

（1）打开模型文件 10-9.prt，如图 10.12（a）所示。

（2）模型树如图 10.12（b）所示，选择模型树中的某特征，按住鼠标左键不放，将这个特征拖曳到需要的位置上，此时模型树如图 10.12（c）所示。

（3）特征排序后的模型变化如图 10.12（d）所示。

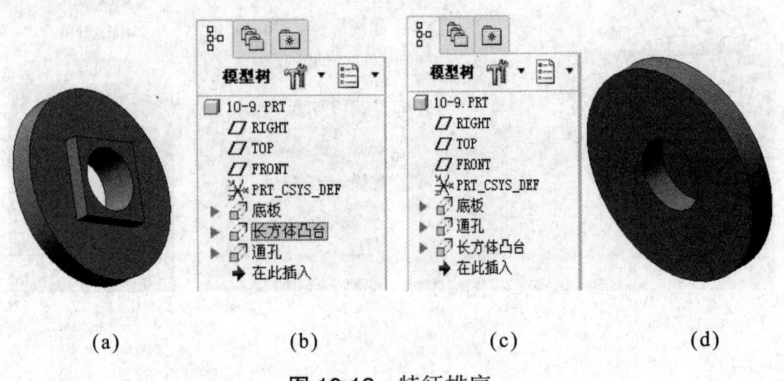

图 10.12　特征排序

10.7 插 入

在进行零件设计的过程中，有时候在建立了一个特征后需要在该特征之前先建立其他特征，使用插入模式可以实现这样的操作。

在建立新特征时，系统会将新特征建立在所有已建立的特征之后，通过模型树可以了解特征建立的顺序（由上而下代表顺序的前与后）。在特征创建过程中，使用特征插入模式，可以在已有的特征顺序队列中插入新特征，从而改变模型创建的顺序。

方法 1：在模型树中找到想插入位置的前一个特征右击，弹出右键菜单，如图 10.12（a）所示。单击“在此插入”即可进入特征插入模式，绘图区域右下方会出现文字“插入模式”，在此处插入新特征。在该特征之后的特征自动被隐含。新特征插入完成后，单击“模型”选项卡的“操作”下拉菜单中的“恢复→恢复全部”，即可将在步骤中隐含的特征全部恢复。或者在模型树中，再将“在此插入”拖至模型树的尾部即可。

方法 2：拖住模型树最下面的“在此插入”，将其拖至欲插入特征之后，然后即可在此处插入新特征。新特征建立完毕，再将“在此插入”拖至模型树的尾部即可。

特征插入方法举例说明如下。

（1）打开模型文件 10-9.prt，模型树如图 10.13（a）所示。

（2）选择模型树中的特征“长方体凸台”，单击鼠标右键，在弹出的右键菜单中，单击“在此插入”，如图 10.13（b）所示。或者直接将模型树最后的“在此插入”拖曳到“长方体凸台”特征之后，如图 10.13（c）所示，我们将可以在此插入新特征。

（3）插入一圆柱特征，如图 10.13（d）所示。在该特征之后的特征自动被隐含。

（4）在模型树中选中“在此插入”后，将其拖动到模型树所有特征的最后面，然后释放，如图 10.13（e）所示，完成特征的插入，此时模型变化如图 10.13（f）所示。新特征插入完成后，也可以单击“模型”选项卡的“操作”下拉菜单中的“恢复→恢复全部”，即可将在步骤中隐含的特征全部恢复，如图 10.13（g）所示。

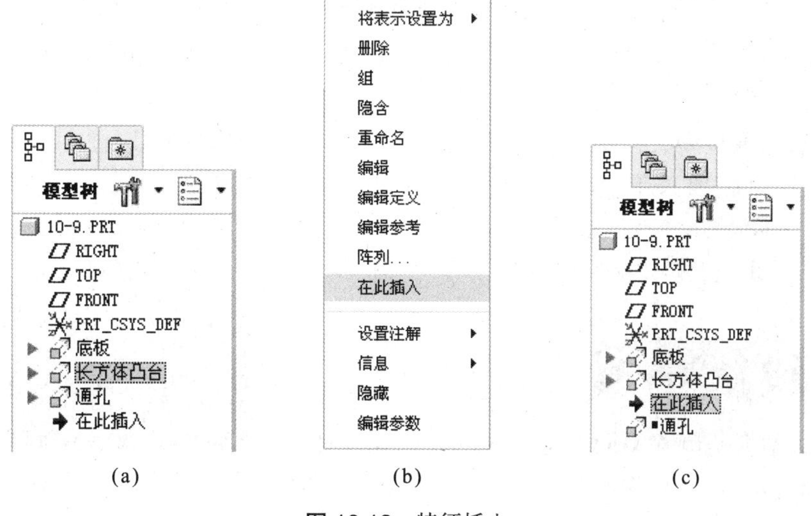

图 10.13 特征插入

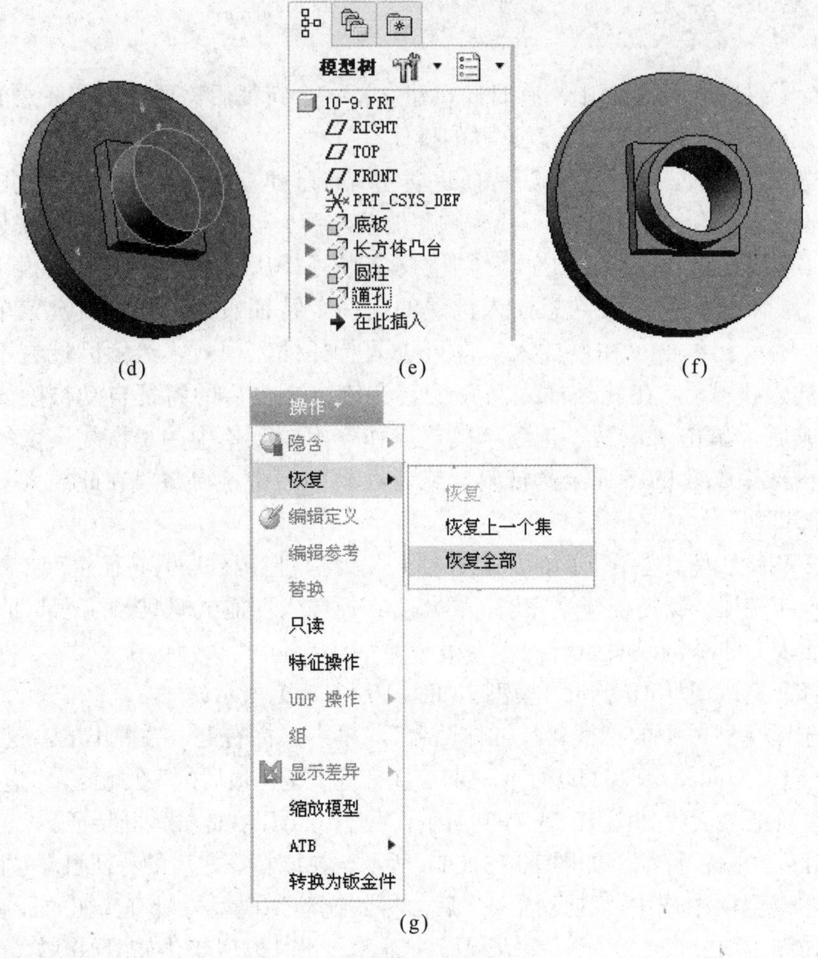

续图 10.13

10.8 删　除

特征的删除命令是将已经建立的特征从模型树和绘图区域中删除。删除特征的操作方法举例说明如下。

方法 1:打开模型文件 10-9.prt,在模型树中右击想要删除特征“圆柱”,如图 10.14(a)所示。在弹出的右键菜单中,如图 10.14（b）所示,单击“删除”,弹出“删除”对话框,如图 10.14（c）所示，在“删除”对话框中单击“确定”，即可删除该特征。

方法 2：在模型树中选中想要删除的“圆柱”，按下键盘上的“Delete”键即可。

10.9 隐含与隐藏

特征的隐含与删除不同，隐含的特征只是暂时不在图形中显示，不过可以随时恢复所隐含的特征。与删除命令类似的是，隐含特征时，其所包含的子特征也将同时被隐含。

隐含零件上的特征可以简化零件模型，由于隐含的特征不进行再生，因此可以减

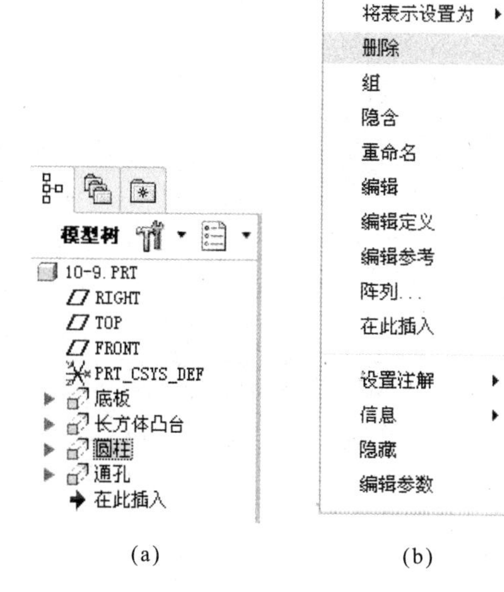

(a) (b)

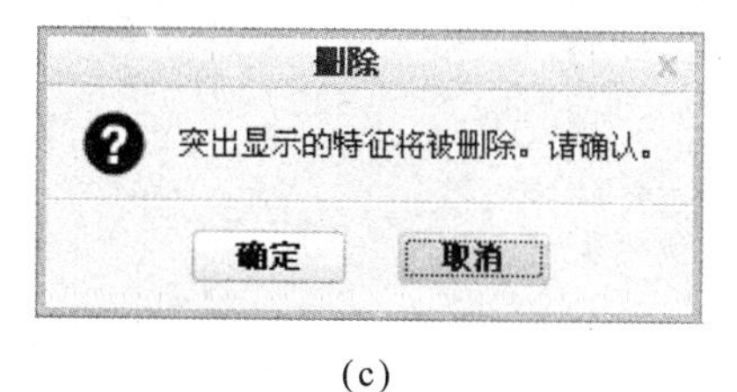

(c)

图 10.14 特征删除

少再生的时间。在设计过程中隐含某些特征，具有多种作用，比如：隐含其他区域后可以更加专注于当前工作区；隐含当前不需要的特征可以加速修改过程；隐含特征可以使显示内容较少从而加速显示的过程；隐含特征可以起到暂时删除特征的效果，可以尝试不同的设计迭代作用。

特征的隐藏是将特征暂时藏起来，不在图形窗口中显示，可在任何时间隐藏或者取消隐藏所选取的模型特征。基准面、基准轴、基准点、基准曲线、坐标系、含有轴、平面和坐标系的特征、面组以及组件原件都可以被隐藏，但并不是所有的特征都可以被隐藏，如实体特征。

Creo 2.0 允许用户对产生的特征进行隐含。隐含的特征可通过恢复命令进行恢复，而删除的特征将不可恢复。

10.9.1 隐含特征

一般对特征进行隐含，通过隐含、隐藏其他特征，使当前工作区只显示目前的操作状态。在“零件”模式下，零件中的某些复杂特征，如高级圆角、数组复制（阵列）等，这些特征的产生与显示通常会占据较多系统资源，将其隐含可以节省模型再生或刷新的时间。使用组件模块进行装配时，使用“隐含”命令，隐含装配件中复杂的特征可减少模型再生时间。如果隐含的特征具有子特征，则隐含特征后，其相应的子特征也随之隐含。

隐含特征的操作步骤举例说明如下。

（1）打开模型文件 10-9.prt。

（2）在模型树中，右键单击特征“长方体凸台”，如图 10.15（a）所示，在弹出的快捷菜单中单击“隐含”选项，如图 10.15（b）所示，在模型树中被选择的特征及其子特征高亮显示，同时弹出“隐含”对话框，如图 10.15（c）所示，以确认要隐含的特征。

（3）单击“隐含”对话框中的“确定”按钮，完成选定特征及其子特征的隐含，这时模型树如图 10.15（d）所示，模型如图 10.15（e）所示。

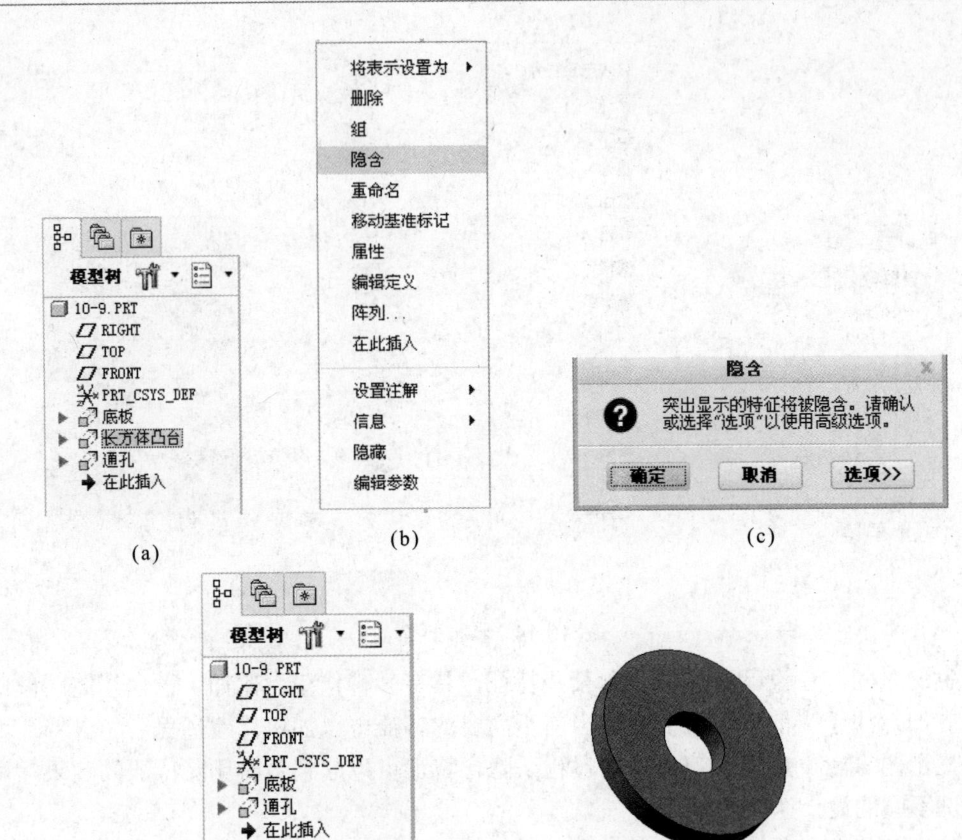

(a) (b) (c) (d) (e)

图 10.15 特征隐含

10.9.2 恢复特征

要恢复被隐含的特征,应单击“模型”选项卡中“操作”组下拉菜单中单击“恢复”选项，系统弹出如图 10.16 所示的级联菜单，选择其中的“恢复全部”即可。

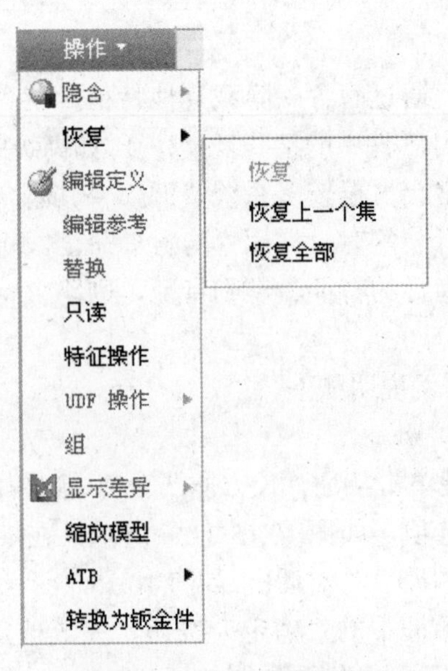

图 10.16 “恢复”隐含特征

• 恢复：恢复选定的特征。
• 恢复上一个集：恢复上次隐含的特征。
• 恢复全部：恢复所有隐含的特征。

思考与练习

1. 特征的隐含、恢复、删除之间的关系是什么？哪一种操作可以恢复？

2. 请举例说明如何在特征树中插入新特征。

3. 特征的复制有几种创建方式？请举例说明，并掌握一种以上复制方式的操作。

4. 特征的阵列有几种创建方式？请举例说明，并掌握一种以上阵列方式的操作。

5. 删除阵列特征但是要保存原特征，需要采用哪一种操作？是删除，还是删除阵列？

第11章 装配

一个产品往往是由多个零件组合而成的，零件的组合是在装配模式中完成的。完成零件设计后，将设计的零件按设计要求的约束条件或连接方式装配在一起才能形成一个完整的产品或机构装置。利用 Creo 2.0 提供的“组件”模块可实现模型的组装。在 Creo 2.0 系统中，模型装配的过程就是按照一定的约束条件或连接方式，将各零件组装成一个整体并能满足设计功能的过程。

11.1 创建装配文件

零件的装配是 Creo 2.0 的重要功能之一，可以实现大型、复杂组件的构建与管理。在 Creo 2.0 中有单独用于装配的模块。进入装配模式的方法如下。

（1）单击“文件”→“新建”命令，弹出“新建”对话框，在“类型”选项区中选中“装配”按钮，在“子类型”中选中“设计”按钮，在“名称”文本框中默认的组件名称为“asm0001”，可以输入装配体的新名称，如图 11.1 所示。

（2）取消选中“使用默认模板”复选框，最后单击“确定”按钮，弹出“新文件选项”对话框。“模板”选项中选择“mmns_asm_design”，如图 11.2 所示。然后单击“确定”

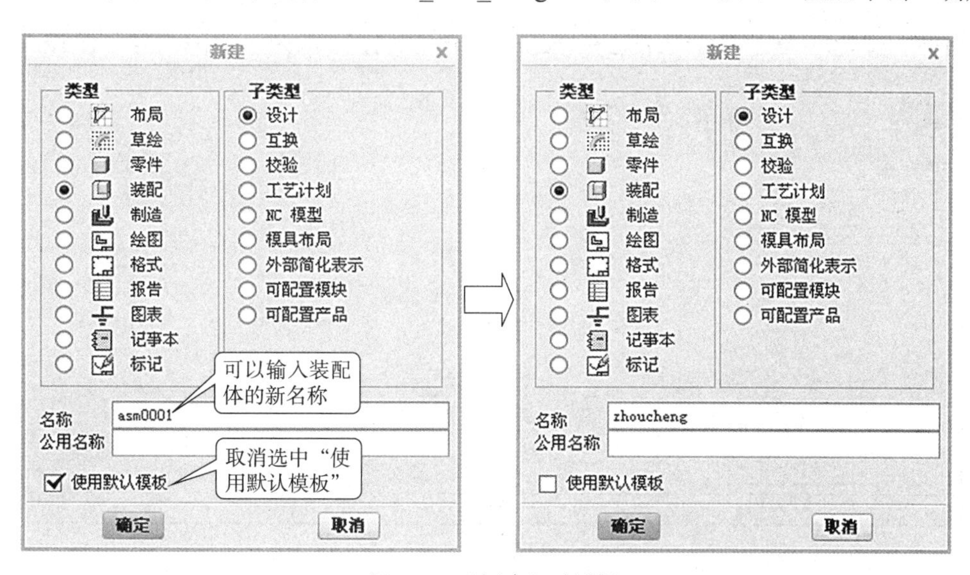

图 11.1 “新建”对话框

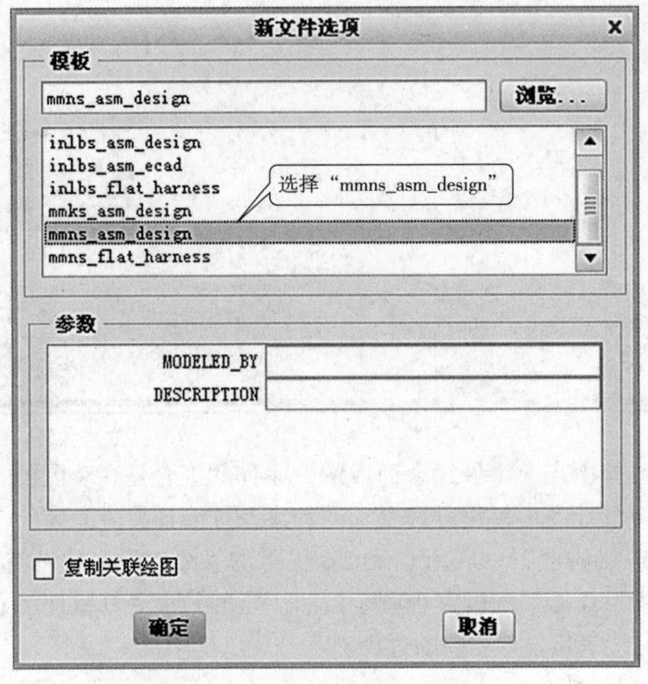

图 11.2 “新文件选项”对话框

按钮，进入装配模块的工作界面。（注：本节中新建一个装配文件都采用以上操作步骤。）

11.2 “元件放置”操控板

11.2.1 “元件放置”操控板

装配模式界面如图 11.3 所示，和零件设计界面相似，不同的是在“模型”选项卡

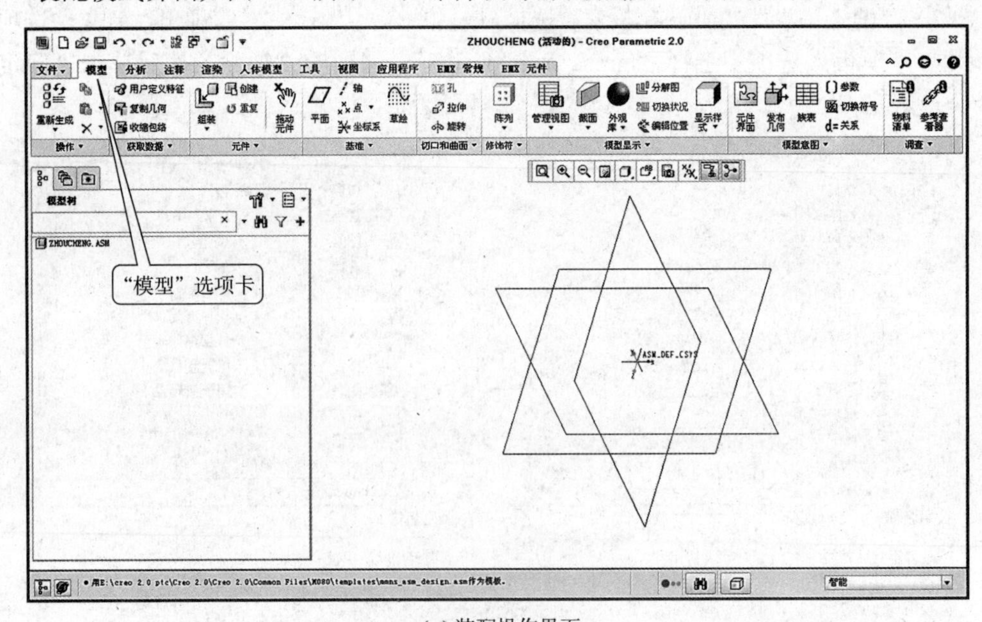

(a) 装配操作界面

图 11.3

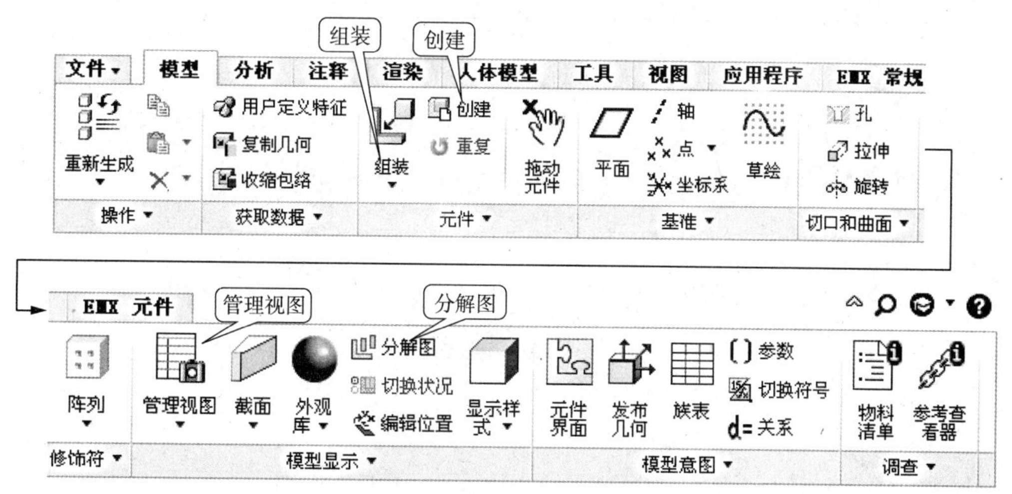

(b) 装配模式的“模型”选项卡

续图 11.3

中增加了“组装”按钮和“创建”按钮。在“模型显示”组中添加了“分解图”和“管理视图”等命令。这里主要介绍“组装”按钮，其他命令将在后面的章节详细介绍。

单击“模型”选项卡中的“组装”按钮，弹出图 11.4 所示“打开”对话框。

图 11.4 “打开”对话框

在“打开”对话框中，选择需要组装到当前组件中的单个零件或其他已完成装配的组件，单击“预览”可以查看元件是不是所要打开的元件。单击“打开”按钮，弹出“元件放置”操控板，如图 11.5 所示。

11.2.2 元件显示按钮

在“元件放置”操控板的右下方有两个按钮，是 Creo 2.0 中提供的用于控制插入元件显示方式的按钮，分别是：

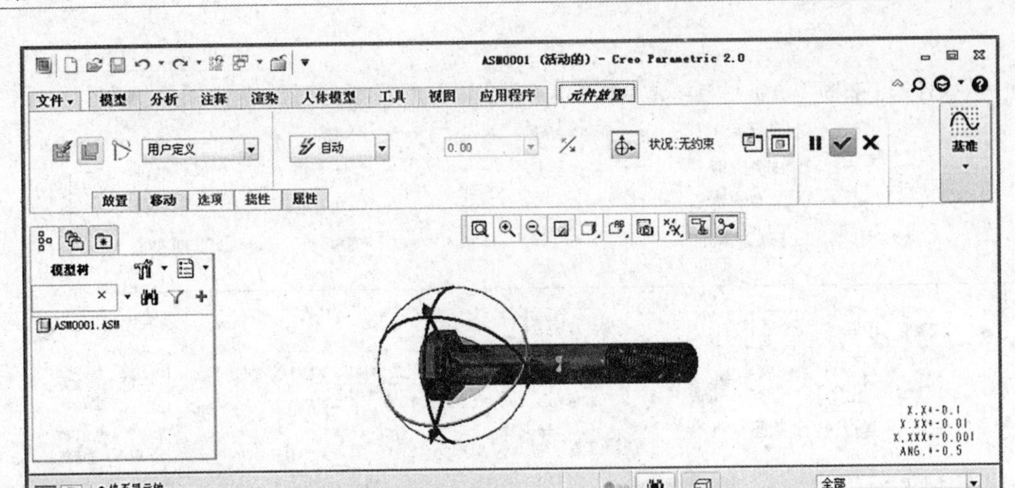

图 11.5 “元件放置”操控板

“指定约束时在单独窗口中显示元件”按钮，将插入的单个零件或其他已完成装配的组件显示在一个独立的工作窗口中，用户可以在该独立窗口中进行模型的操作，便于选择合适的元件参考选项，如图 11.6 所示。

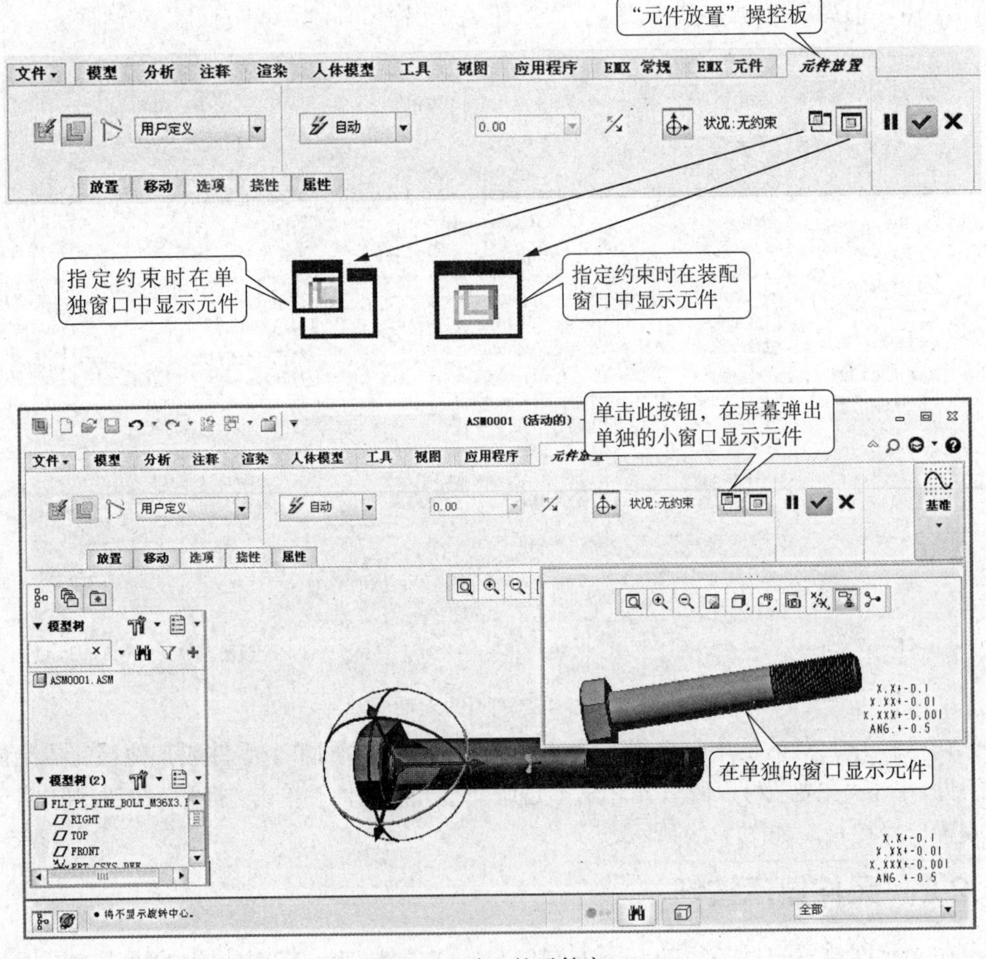

图 11.6 独立的元件窗口

“指定约束时在装配窗口中显示元件”按钮，将插入的单个零件或其他已完成装配的组件显示在组装模型的主窗口中，用户可以在主窗口中进行模型的操作。这一项是系统默认的选项。

11.2.3 放置命令

1. 元件预定义约束类型

在“元件放置”操控板中单击“用户定义”，弹出图11.7所示“预定义约束类型”下拉菜单，Creo2.0中提供了12种常用预定义约束类型作为元件放置方式，分别是：刚性、销、滑块、圆柱、平面、球、焊缝、轴承、常规、6DOF、万向、槽。使用约束集用于相应约束的定义，可以帮助用户快速装配组件。

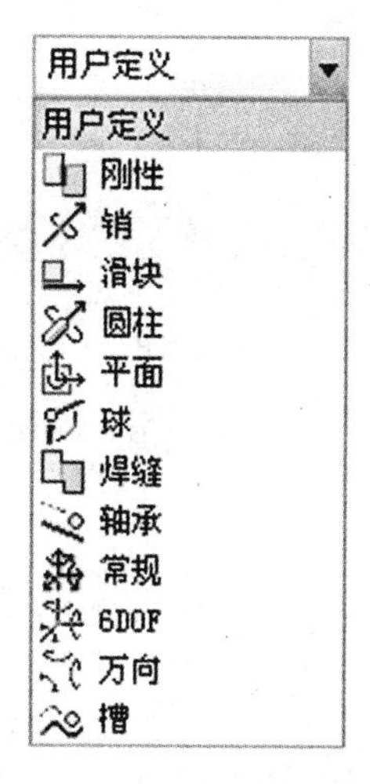

图11.7 元件的预定义约束类型

如果用户希望自定义放置类型及约束，用户可以直接单击“元件放置”操控板中的“放置”标签，打开“放置”下滑板，如图11.8所示。

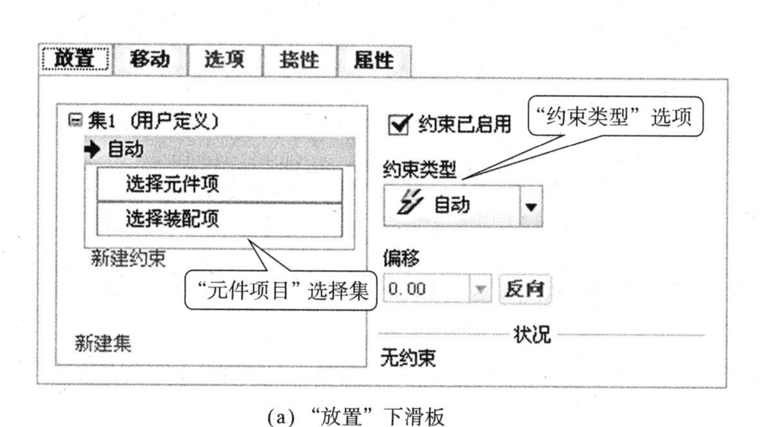

(a) “放置”下滑板

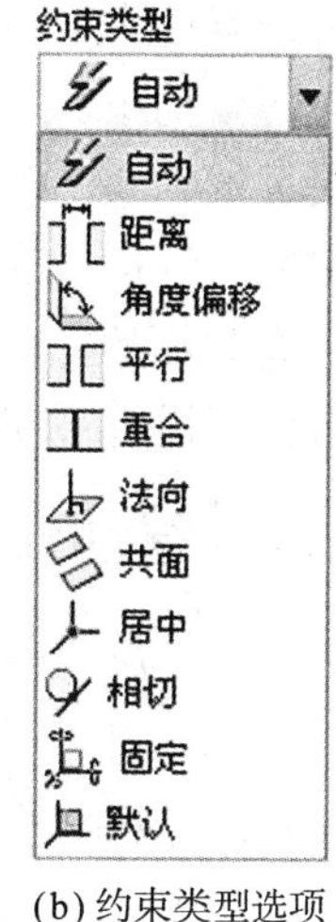

(b) 约束类型选项

图11.8

2. 约束类型

在“放置”对话框左侧为“元件项目”选择集，用于选择具有约束关系的两个相对元件项目。在“放置”对话框右侧的“约束类型”选项中，系统提供了11种约束类型，分别是：自动、距离、角度偏移、平行、重合、法向、共面、居中、相切、固定、默认，如图11.8所示。关于约束的具体应用，将在11.3节中详细介绍。

3. 偏移类型

在“放置”选项卡中单击“偏移”下拉列表框，可输入用户所需要的约束参数，如图11.9所示。

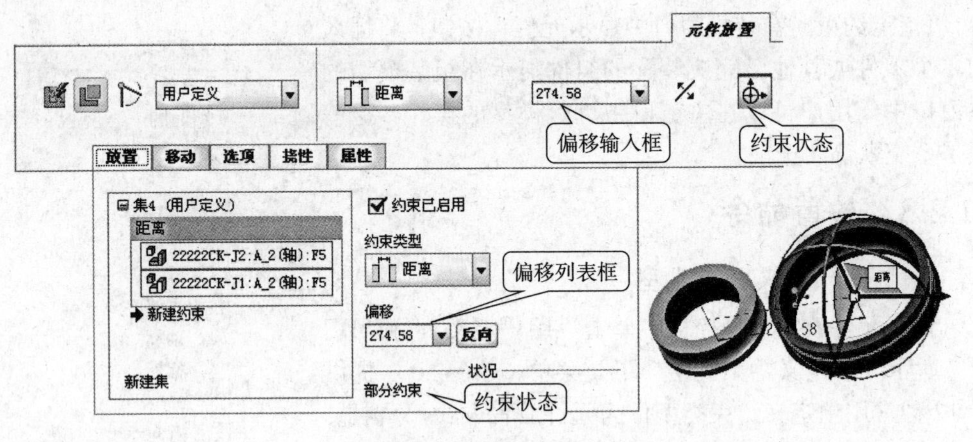

图 11.9 “偏移”输入框

4. 约束状态

在组装过程中，每加入一个约束条件，系统会自动检查给予的组装条件是否足够或是否有矛盾的地方，并且在显示组装状态的信息栏中更新放置状态的信息，如图 11.9 所示。主要的约束状态如下。

- 没有约束：表示没有任何的约束条件。
- 部分约束：表示约束条件不足以完全定义元件位置。
- 无效约束：表示约束条件相互矛盾。
- 完全约束：表示约束条件可以完全定义元件位置。
- 有假设的完全约束：表示约束条件没有完全定义元件的组装位置，也就是元件的 6 个自由度没有被完全约束。一般用于可动元件的约束，比如转动电机。

11.2.4 移动命令

在“元件放置”操控板中单击“移动”选项，弹出图 11.10 所示“移动”下滑板。在“移动”下滑板单击“运动类型”下拉菜单，弹出 4 种运动类型，分别是:定向模式、平移、旋转、调整。配合不同的元件运动类型，在元件上单击鼠标左键，可以实现元件的平移、

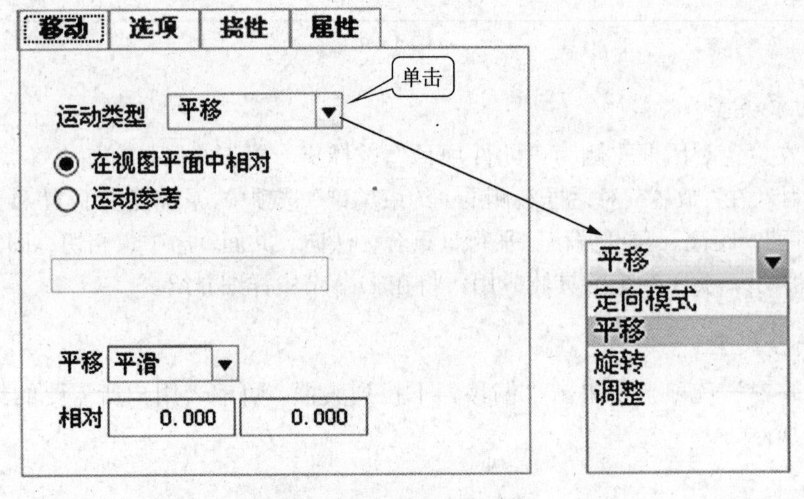

图 11.10 “移动”下滑板

旋转和调整。

移动的参考类型主要有两种，一种是“在视图平面中相对”，指相对于视图平面移动元件；另一种是“运动参考”，可以单独选取其他元件项作为放置元件的运动参考。选择该选项后，可以选择相对于参考“垂直”运动或“平行”运动。

单击“平移”下拉菜单，弹出“平移增量”选项。平移元件时，可以选择“平滑”的运动增量，也可以选择固定数值作为平移增量。平移元件时，在“相对”文本框中会动态显示元件相对于运动参考移动的水平和竖直距离。

11.3 装配约束类型

在装配过程中，要想将元件定位，需要对元件在 X、Y、Z 三个方向上的平移和旋转进行约束和限制。在 Creo 2.0 中提供了多种约束类型，下面将分别通过实例进行说明。

11.3.1 “自动”约束

此项为默认方式，选择该约束类型，然后选择相应的装配参考后，系统将自动以合适的约束类型进行装配。

11.3.2 “距离”约束

“距离”约束指将一个元件与组件之间距离确定。

（1）新建一装配体文件，接受系统默认给出的文件名称“asm0001”，进入装配模块的工作界面。

（2）单击“组装”按钮，打开 prt0007.prt 零件，选择“默认”约束，然后单击✓按钮，如图 11.11（a）、（b）所示。

（3）再次单击“组装”按钮，再次打开 prt0007.prt 零件，分别选择图 11.12 所示元件的两平面。选择“距离”约束类型，约束效果如图 11.12 所示。

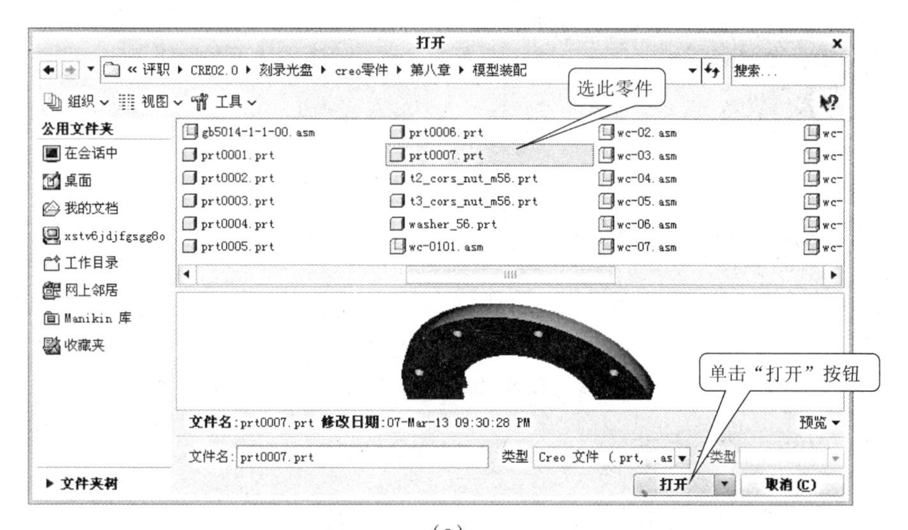

（a）

图 11.11　组装第一个零件

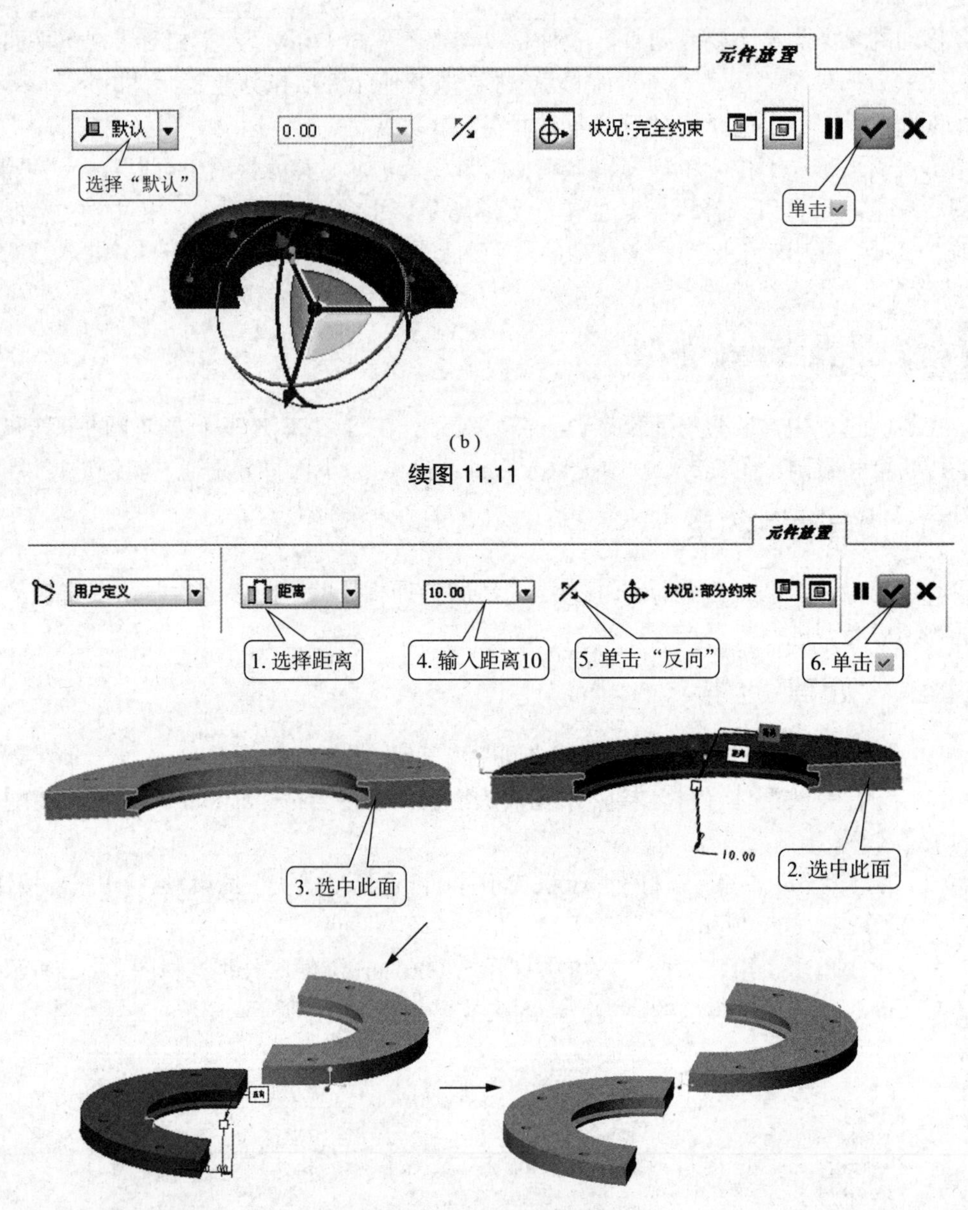

图 11.12 “距离”约束示例

11.3.3 “角度偏移”约束

“角度偏移”约束命令是指将元件参考与组件按某一角度放置。下面举例说明。仍然选择图 11.11 所示元件的两平面。选择“角度偏移”约束类型，约束效果如图 11.13 所示。在“放置”选项卡中单击设置角度偏移参数。

11.3.4 “平行”约束

“平行”约束是将元件的某一个平面平行约束到组件的某一平面上，一般用于具有平面的模型。下面举例说明。选择图 11.14 所示元件的两平面。选择“平行”约束类型，结果如图 11.14 所示。

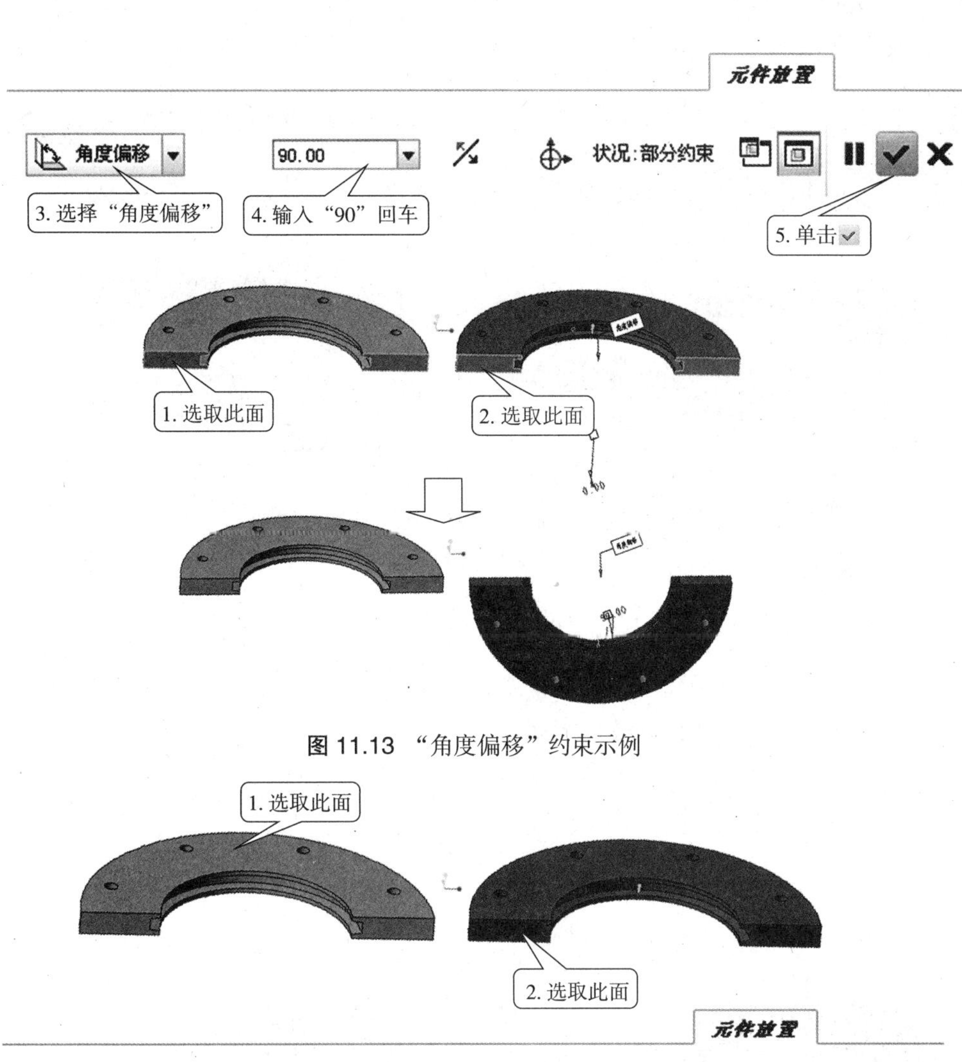

图 11.13 “角度偏移”约束示例

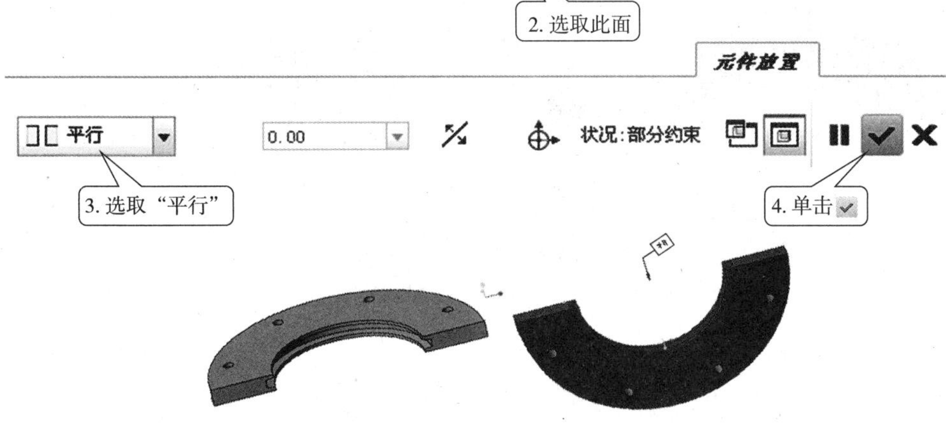

图 11.14 “平行”约束示例

11.3.5 “重合”约束

“重合”约束是将一个元件的面与组件的面对齐在同一个平面内。下面举例说明。分别选择两元件的两个轴线，结果如图 11.15 所示。选择“重合”约束类型，“重合”约束结果如图 11.15 所示。

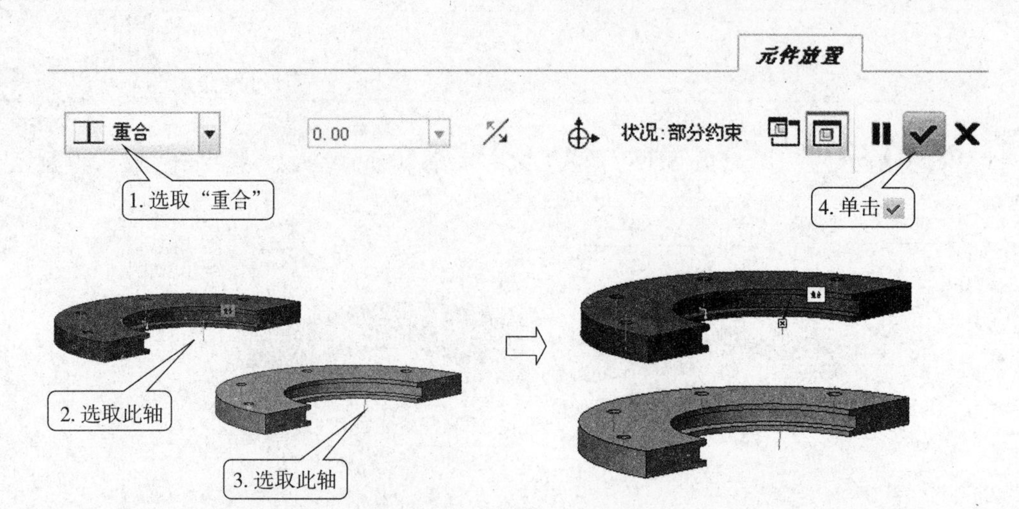

图 11.15 “重合”约束示例

11.3.6 “法向”约束

“法向”约束是将元件参考与组件参考垂直的约束。下面举例说明。首先选择“默认”约束，装配第一个零件 prt0007.prt，然后再组装第二个零件 prt0008.prt，选择“法向”约束类型，再分别选择元件的柱面和球面，结果如图 11.16 所示。

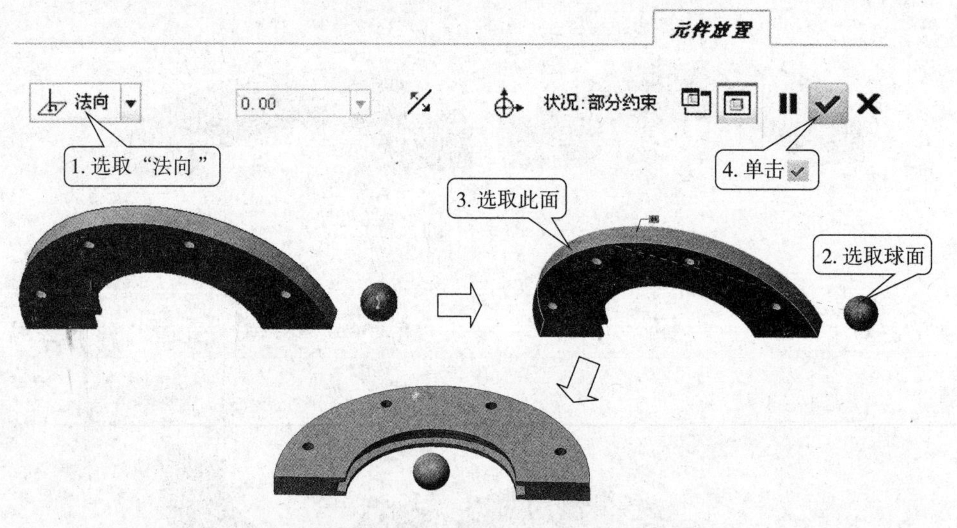

图 11.16 “法向”约束示例

11.3.7 “共面”约束

“共面”约束是将元件参考与组件参考共面的约束。下面举例说明。先按“默认”约束装配第一个零件 prt0002.prt，然后再装配第二个零件 prt0003.prt。选择如图 11.17 所示的元件的轴线和平面。选择“共面”约束类型。如果是两平面共面的约束，会恰好与两平面重合约束一样，因此会注释为重合。

11.3.8 “居中”约束

“居中”约束是将元件参考与组件参考同心的约束，通常选取圆弧或曲面作为参考。

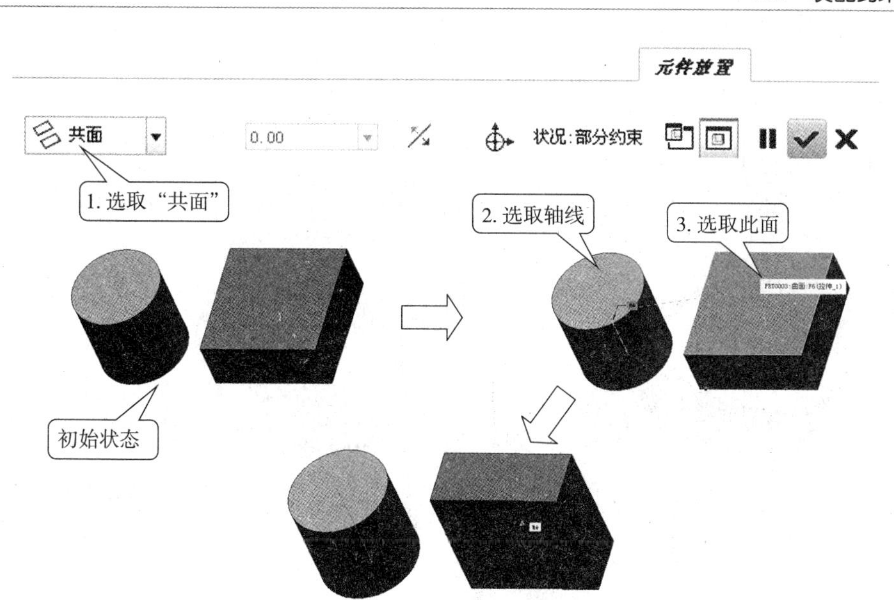

图 11.17 “共面”约束示例

下面举例说明。先按“默认”约束装配第一个零件 axes01.prt，然后再装配第二个零件 prt0004.prt。选择图 11.18 所示的元件上的约束曲面作为约束图元。选择“居中”约束类型，结果如图 11.18 所示。

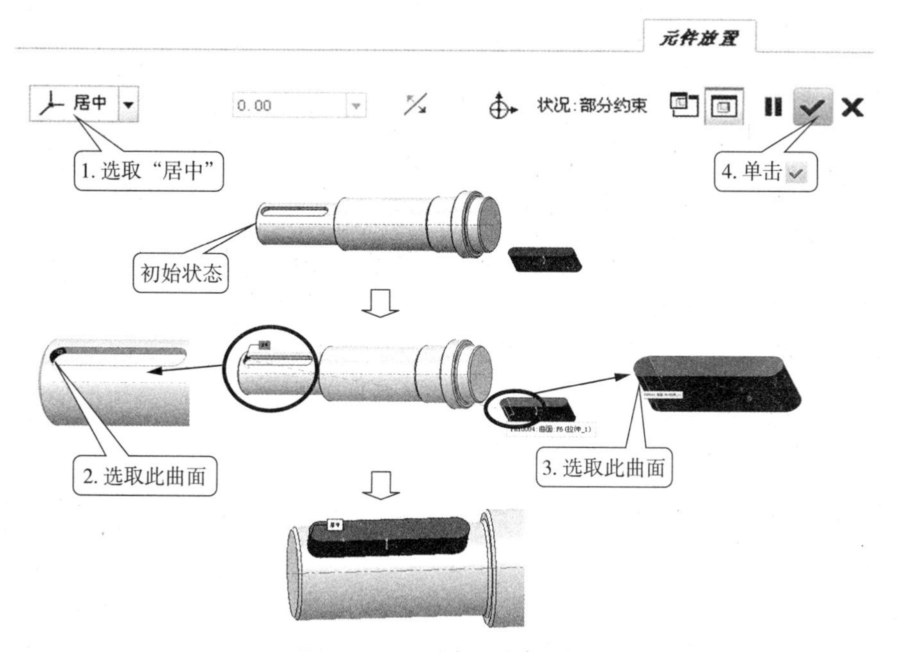

图 11.18 “居中”约束示例

11.3.9 “相切”约束

“相切”约束是将元件参考与组件参考相切的约束。下面举例说明。先按“默认”约束装配第一个零件 ck-01.prt，然后再装配第二个零件 ck-03.prt。选择图 11.19 所示的两个曲面作为参考。选择“相切”约束类型，结果如图 11.19 所示。

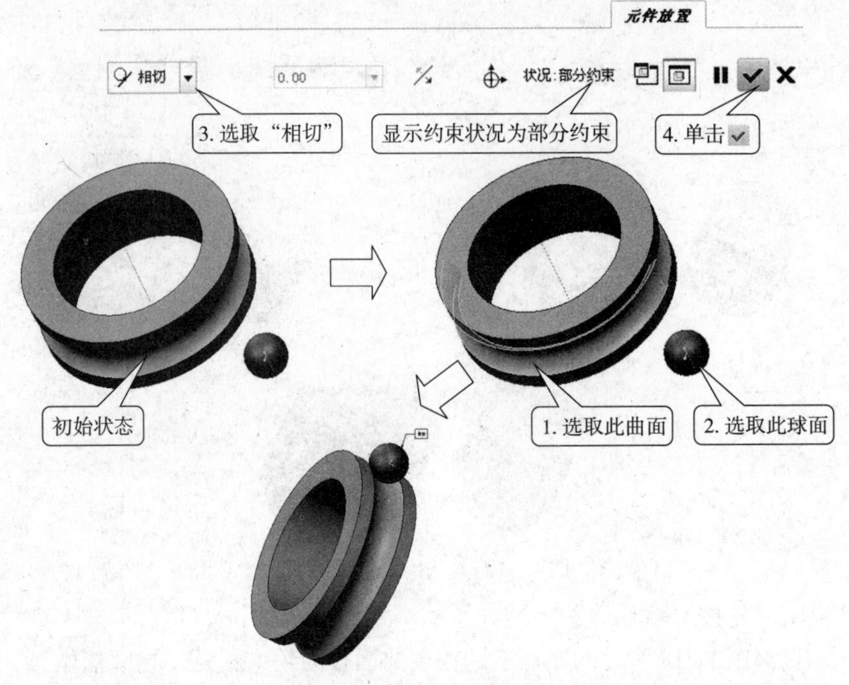

图 11.19 “相切”约束示例

11.3.10 “固定”约束

“固定”约束是将元件固定到当前位置。为了完全定义约束的元件，可以限制元件的自由度，使其“固定”在当前位置。下面举例说明。

（1）如图 11.19 所示两元件添加了“相切”约束后，显示目前约束状态为“部分约束”。我们继续为这两个元件添加约束。

（2）单击“放置”选项卡，打开“放置”下滑板，单击“新建约束”命令，并选择“固定”约束类型，此时元件又被添加了一个固定约束，约束状态转变为“完全约束”，如图 11.20 所示。

11.3.11 “默认”约束

“默认”约束是指在默认位置装配元件。用户不用定义元件约束，即可使插入元件在默认位置完全约束。一般用于组件中插入的第一个元件。系统将组件坐标系与插入元件的坐标系重合并固定。

（1）单击“组装”按钮，在弹出的对话框中选择图 11.21 所示轴承端盖。

（2）在“元件放置”操控板中单击“放置”选项卡，弹出“放置”对话框。此时的约束状态为“没有约束”。

（3）选择“默认”约束类型，系统将组件坐标系与插入元件的坐标系重合并固定。

（4）此时约束状态显示为“完全约束”，“放置”对话框如图 11.21 所示。

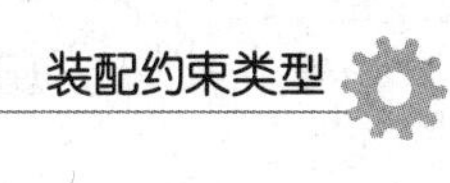

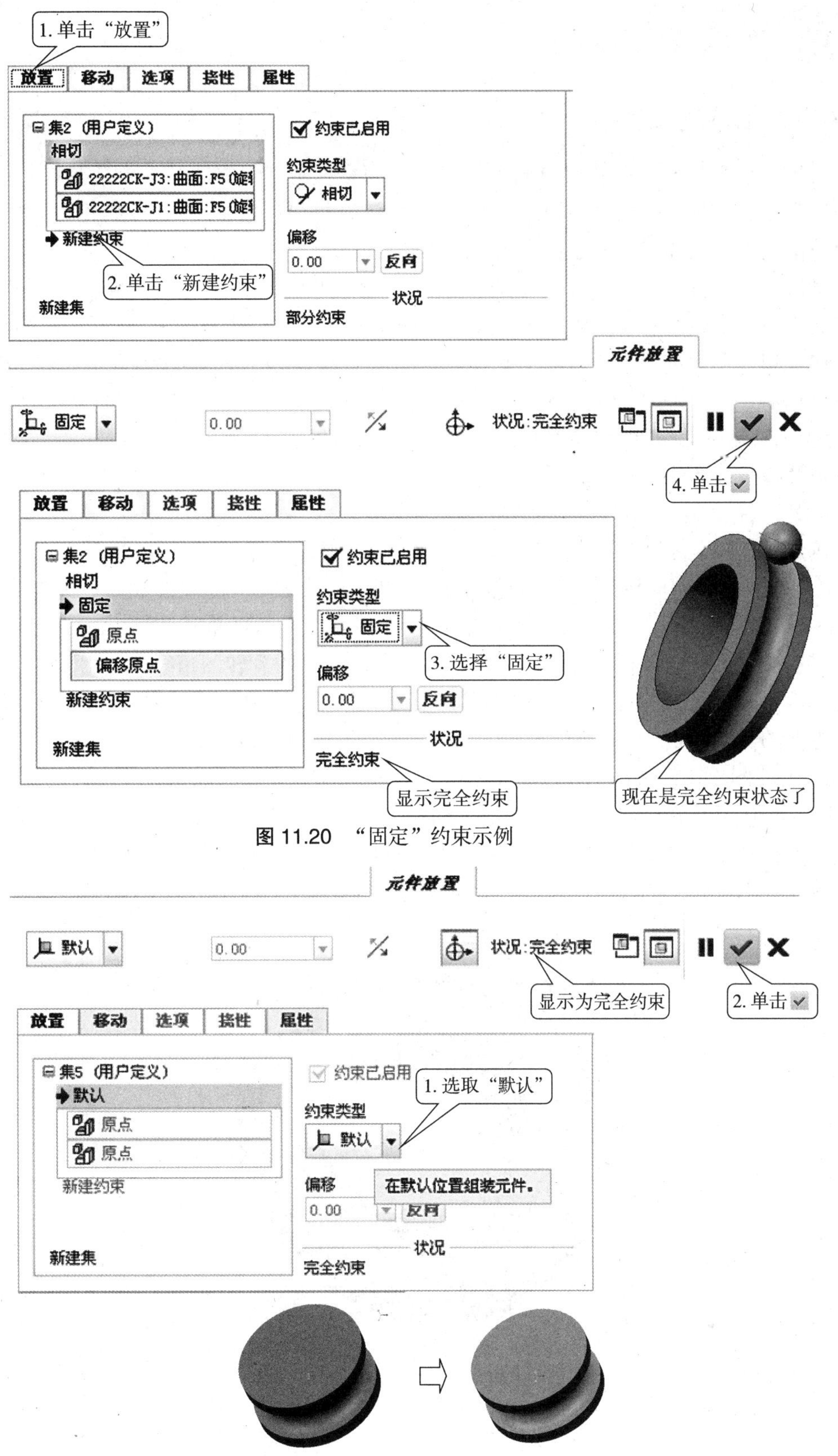

图 11.20 “固定”约束示例

图 11.21 “默认”约束

11.4 编辑元件

11.4.1　元件的复制

在装配组件过程中，有时会出现同一元件需要多次装配的情况，而且在装配时使用相同类型和数量的约束以及相同的约束参考，这时可以利用复制命令，简化装配操作。本书以滚动轴承滚珠的装配过程为例来说明元件复制的方法。

如图 11.22（a）所示，滚动轴承的内环、外环已经装配了，并且已经装配好一个滚珠。下面我们着重说明复制元件的方法。具体步骤如下。

（1）单击“模型”选项卡的“元件”组下拉列表“元件操作”命令，弹出“元件”菜单管理器，如图 11.22（b）所示。

（2）在“元件”菜单管理器中单击“复制”命令，弹出“得到坐标系”菜单管理器及“选择”对话框，如图 11.22（b）所示。

（3）选择步骤（1）中新建的坐标系，接着选择滚珠元件并在“选取”对话框中单击“确定”按钮，如图 11.22（c）所示。

（4）在弹出的“复制”菜单管理器中单击“旋转”命令，并选择“Y 轴”作为旋转轴，如图 11.22（d）所示（可以将滚动轴承内外圈看成是绕 Y 轴的旋转体）。

（5）单击“完成移动”命令，系统提示输入“绕 Y 轴旋转的角度”，在文本框中输入“30”，如图 11.22（d）所示。再次单击“完成移动”命令，系统提示“输入沿这个符合方向的实例数目”，在文本框中输入“12”，即绕 Y 轴旋转复制 12 个滚珠，其间隔为 30°，如图 11.22（e）所示。单击“完成 / 返回”命令。

（6）弹出菜单管理器如图 11.22（f）所示。单击“完成”命令。

（7）在弹出的菜单管理器中单击“完成 / 返回”命令，完成操作，得到图 11.22（f）所示滚动轴承。

(a)

图 11.22　滚动轴承滚子元件的复制

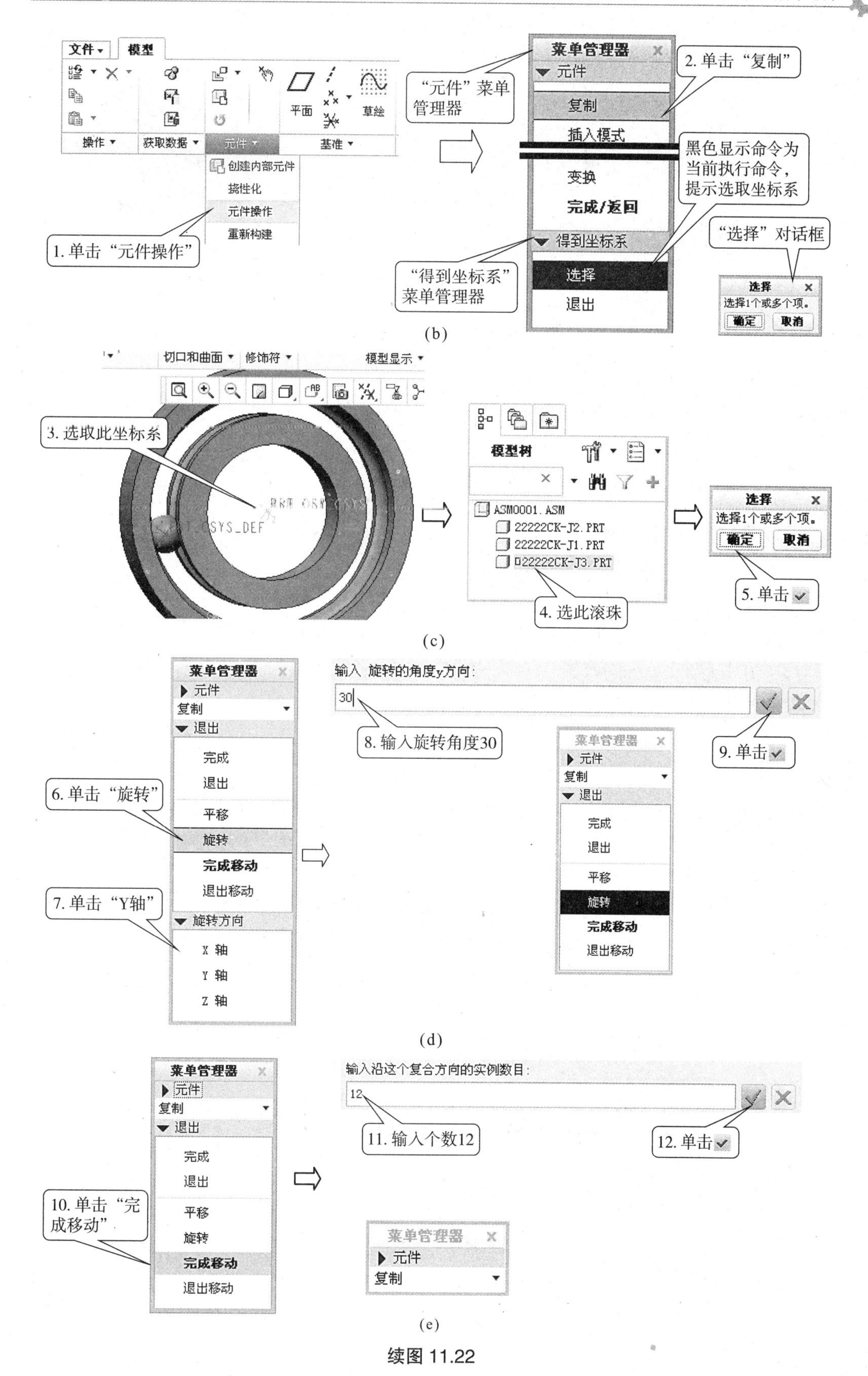

文件
模型
平面
草绘
操作
获取数据
元件
基准
创建内部元件
挠性化
元件操作
重新构建
1. 单击“元件操作”
“元件”菜单管理器
菜单管理器
元件
复制
插入模式
变换
完成/返回
得到坐标系
选择
退出
2. 单击“复制”
黑色显示命令为当前执行命令，提示选取坐标系
“选择”对话框
“得到坐标系”菜单管理器
选择
选择1个或多个项。
确定
取消
(b)
切口和曲面
修饰符
模型显示
3. 选取此坐标系
模型树
ASM0001. ASM
22222CK-J2. PRT
22222CK-J1. PRT
22222CK-J3. PRT
4. 选此滚珠
5. 单击
(c)
菜单管理器
元件
复制
退出
完成
退出
平移
旋转
完成移动
退出移动
旋转方向
X 轴
Y 轴
Z 轴
6. 单击“旋转”
7. 单击“Y轴”
输入 旋转的角度y方向:
30
8. 输入旋转角度30
9. 单击
(d)
菜单管理器
元件
复制
退出
完成
退出
平移
旋转
完成移动
退出移动
10. 单击“完成移动”
输入沿这个复合方向的实例数目:
12
11. 输入个数12
12. 单击
(e)

续图 11.22

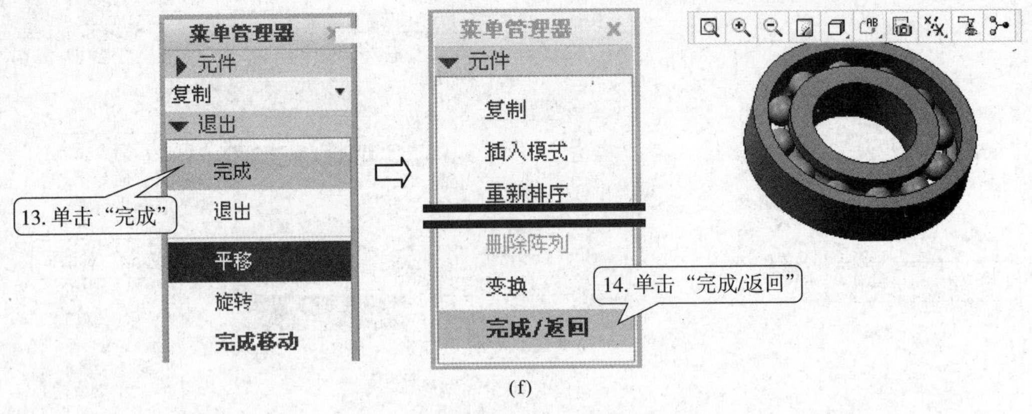

(f)

续图 11.22

11.4.2 元件的重复装配

在进行装配时，有时候需要多次对一个相同的元件进行装配，并在装配时使用相同类型和数量的约束，但约束参考不相同，这时还可以使用重复装配。

下面我们先装配一个螺栓。

（1）新建一装配文件，文件名为 asm01。

（2）单击“组装”按钮，在组件中插入底板，如图 11.23（a）所示，约束类型为“默认”约束。再次单击“组装”按钮，插入图 11.23（b）中所示螺栓。

（3）在弹出的“元件放置”对话框中，分别选择“重合”约束和“重合”约束，将螺栓装配至底板，如图 11.24 所示。

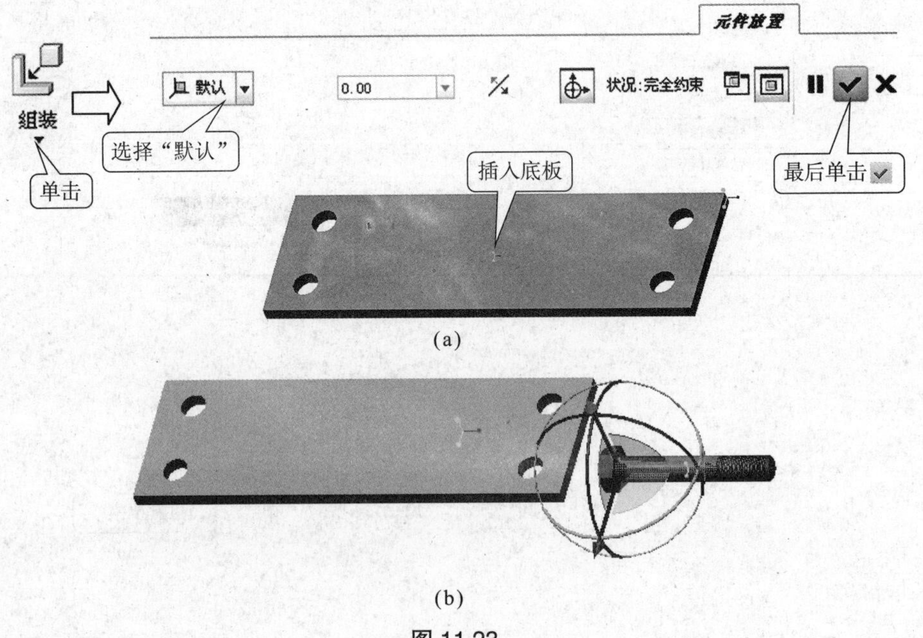

(a)

(b)

图 11.23

以上步骤是装配好了一个螺栓，再这样装配其他三个螺栓比较麻烦，我们选择“重复”命令来进行其余 3 个螺栓的装配。重复装配有两种方法，方法一使用“重复”命令，举例说明如下。

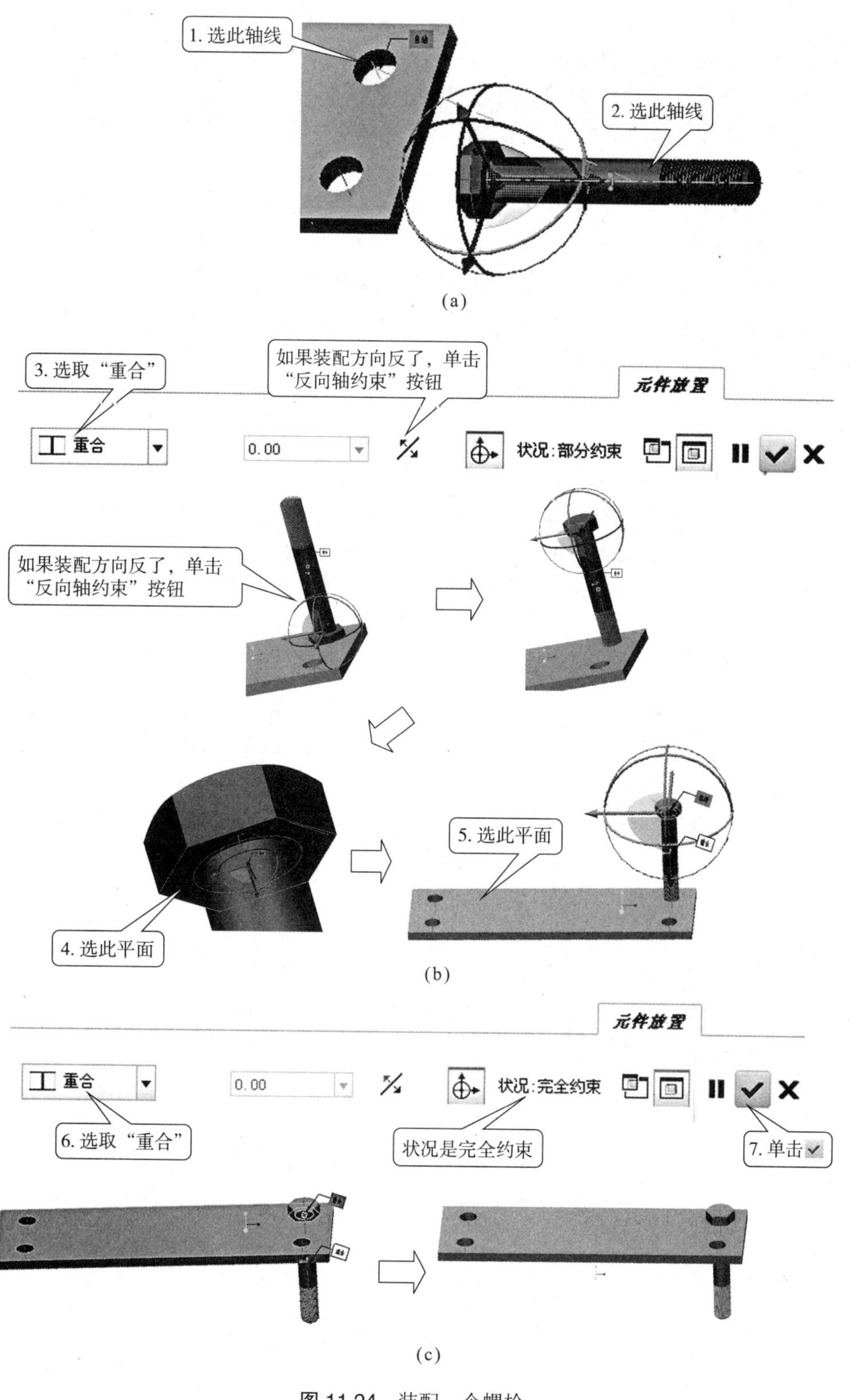

图 11.24 装配一个螺栓

（1）选择装配完成的螺栓，单击“模型”选项卡的“元件”组下面的“重复”命令，弹出“重复元件”对话框，如图 11.25（a）所示。

（2）在“重复元件”对话框中，单击“元件”按钮，可修改已选择的重复装配元件。在“可变装配参考”窗口列出了该组件上的约束参考，选中“重合”和“重合”约束，单击“添加”按钮，系统提示“为新元件事件从装配中选择对齐轴”，选择图 11.25（b）所示的轴线。

（3）系统提示“为新元件事件从装配选择匹配曲面或基准平面”，单击选取平板的上表面，此时，在选择的放置曲面上，出现新的元件。然后，再次单击“添加”按钮，选中另一个螺栓的轴线和平板的上表面，则装配上第三个螺栓，如图 11.25（b）所示。

（4）重复前面的步骤，最后单击“重复元件”对话框中的“确定”按钮，完成其余螺栓的装配任务，如图 11.25（c）所示。

重复装配的第二种方法，使用“复制”命令，举例说明如下。

（1）打开装配文件 asm01。选择装配完成的螺栓，单击“模型”选项卡的“元件”组下面的“复制”命令，或者同时按下 Ctrl 键和 C 键。

（2）单击“模型”选项卡的“元件”组下面的“粘贴”命令，或者同时按下 Ctrl 键和 V 键，弹出“元件放置”操控板，状态显示为“自动放置”，如图 11.26（a）所示。

（3）单击选取图 11.26（b）所示的圆柱面为一个重合约束对象。

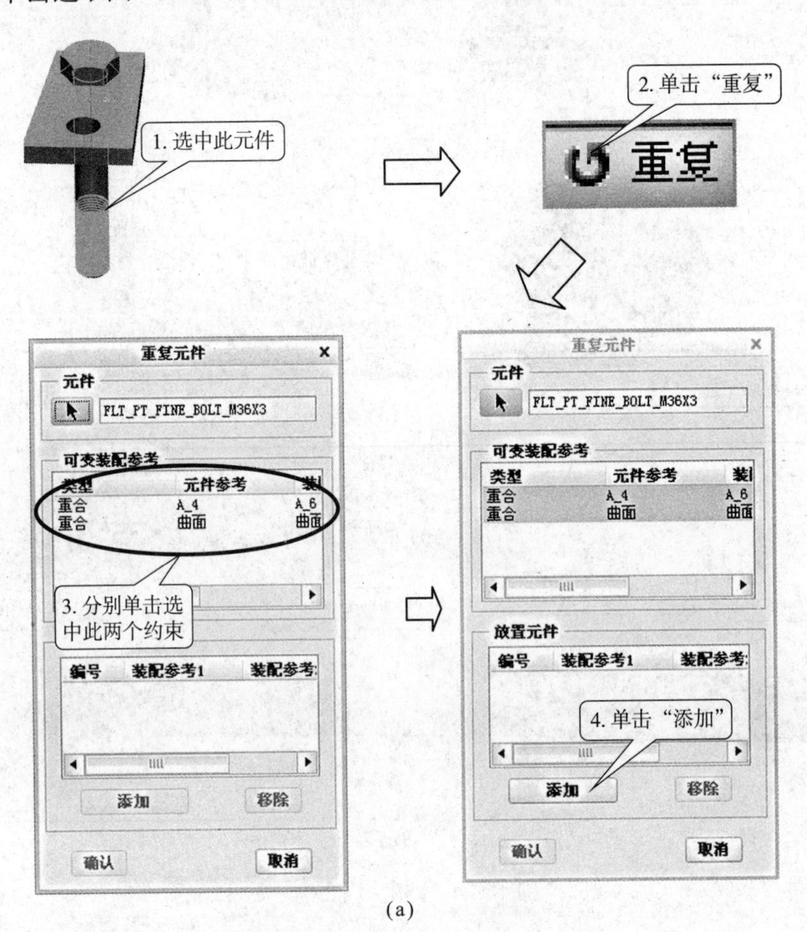

(a)

图 11.25 “重复装配”示例

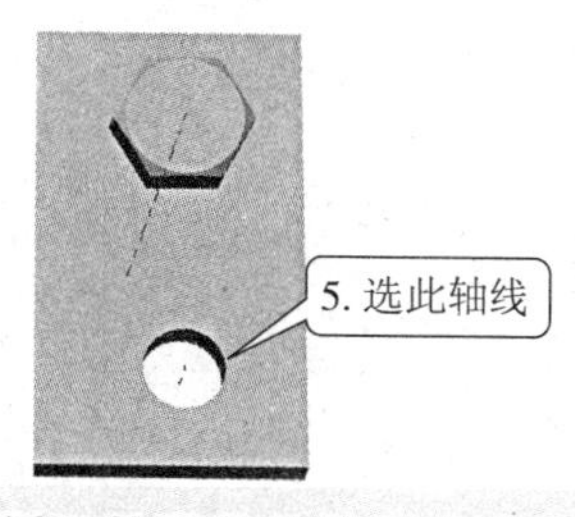
5. 选此轴线

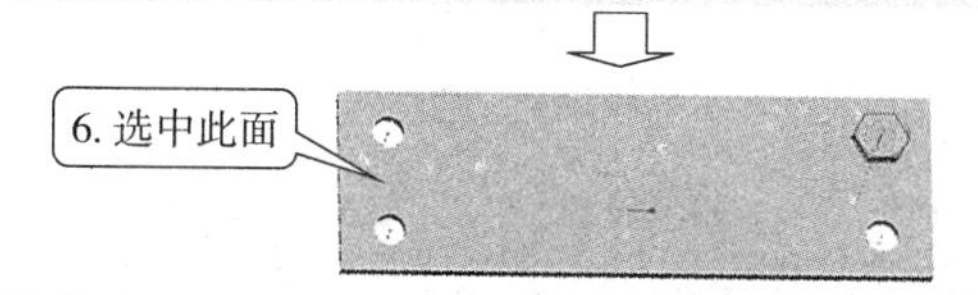
为新元件事件从装配中选择对齐轴。

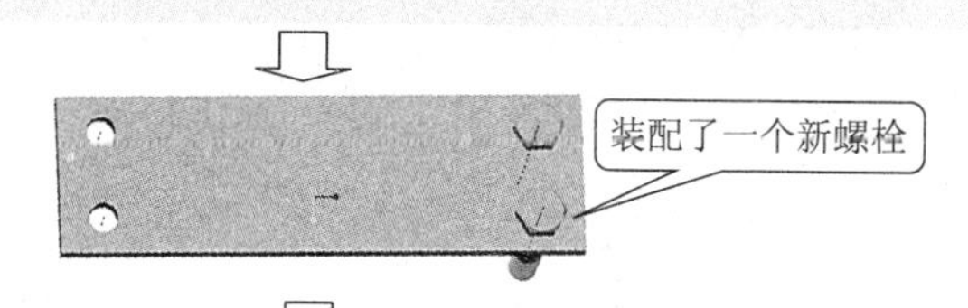
6. 选中此面
为新元件事件从装配选择匹配曲面或基准平面。
装配了一个新螺栓

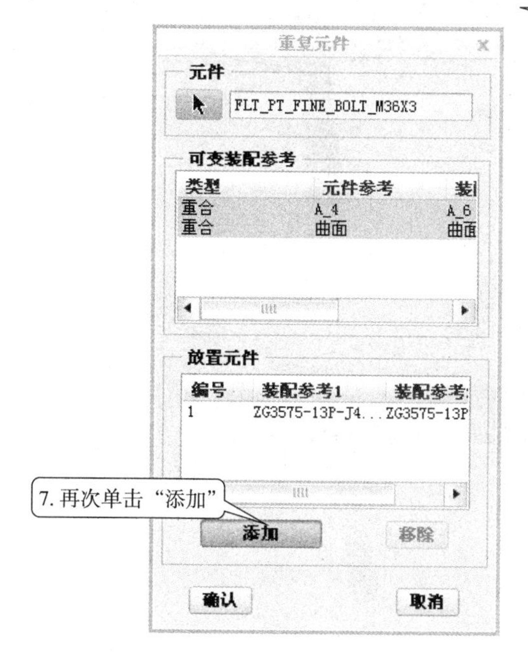
重复元件
元件
FLT_PT_FINE_BOLT_M36X3
可变装配参考
类型
元件参考
重合
A_4
A_6
曲面
放置元件
编号
装配参考1
ZG3575-13P-J4...
7. 再次单击“添加”
添加
移除
确认
取消

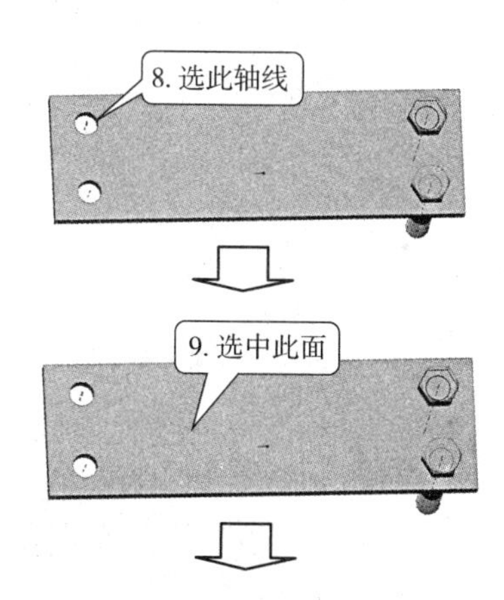
8. 选此轴线
9. 选中此面

又装配了一个螺栓

(b)

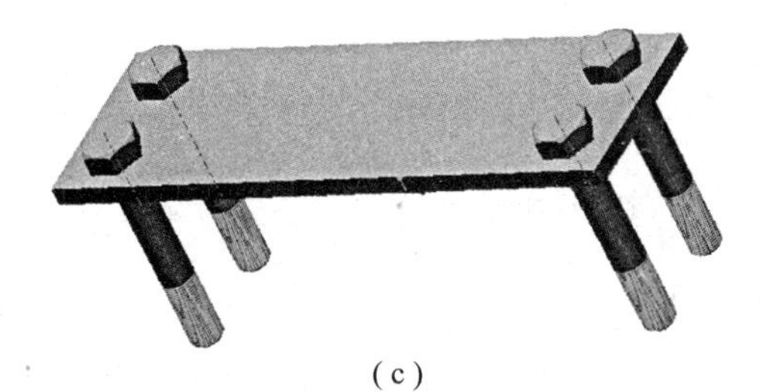

(c)

续图 11.25

（4）单击选取图 11.26（c）所示的平面为另一个重合约束对象。单击如图 11.26（d）所示的按钮，则装配上第二个螺栓。

（5）重复第（2）～（4）步骤，完成其余螺栓的装配任务。

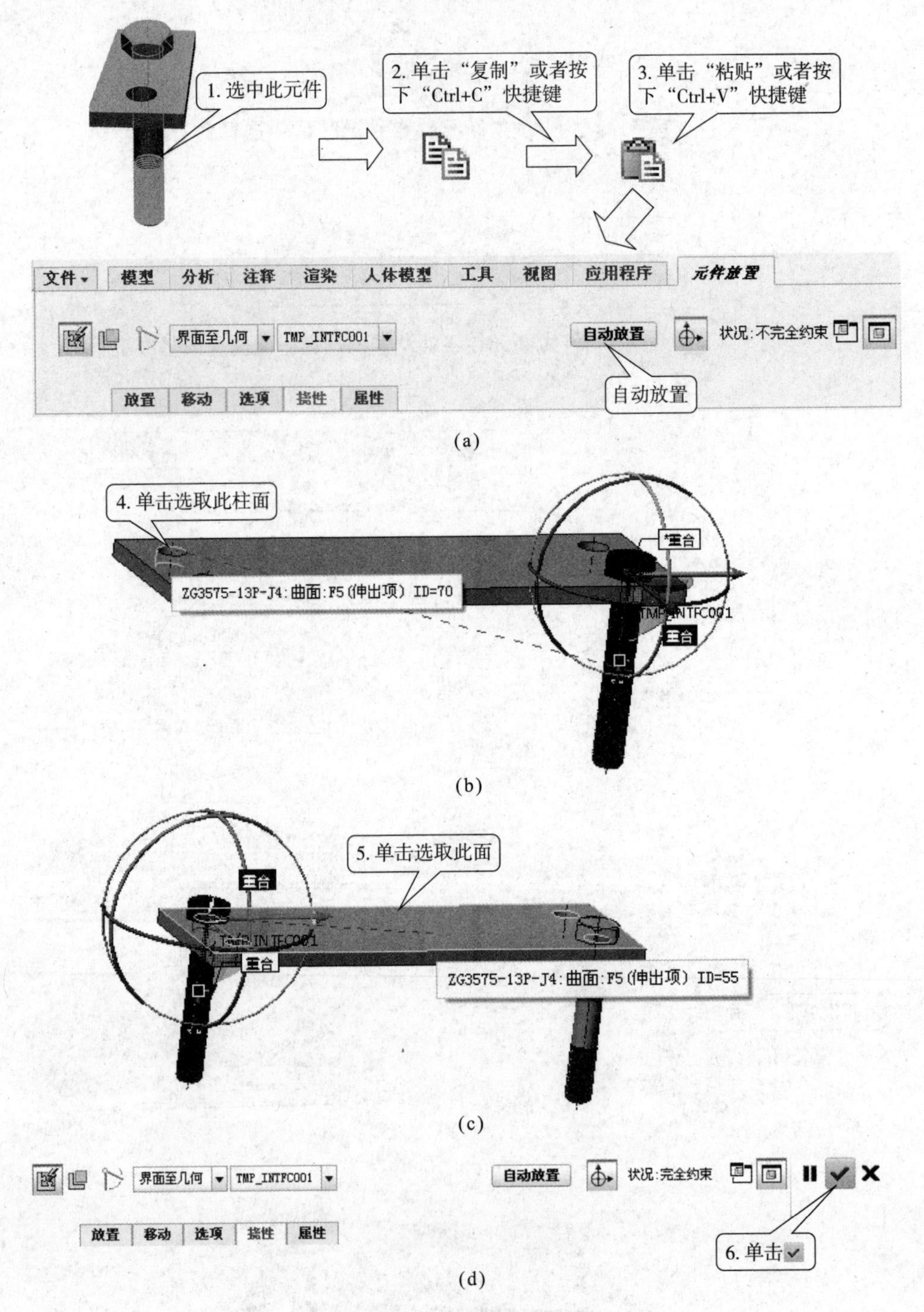

图 11.26 “重复装配”示例

11.4.3 元件的阵列

在装配体中，也可进行元件的阵列，元件阵列的类型主要有两大类，一类是“参

考阵列”，是参考已有阵列对新元件进行阵列装配。另一类是“尺寸阵列”，其方法类似于特征的“尺寸阵列”。元件阵列命令的使用方法如下。

（1）新建一个装配文件，单击“组装”命令按钮，在组件中插入图 11.27（a）所示法兰“falan.prt”，约束类型为“默认”约束。再次单击“组装”命令按钮，插入图 11.27（b）中所示的销钉“prt005.prt”。

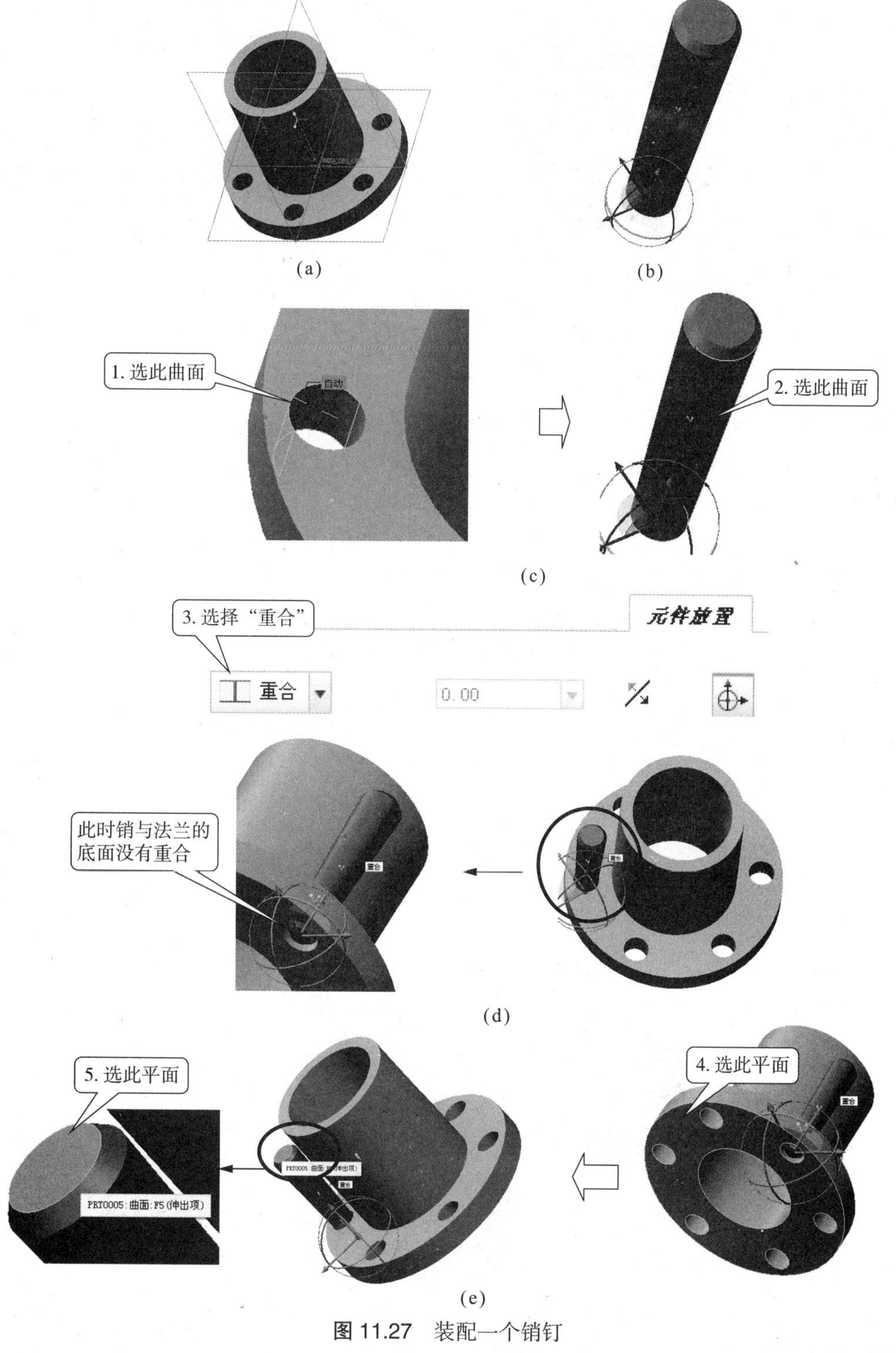

图 11.27 装配一个销钉

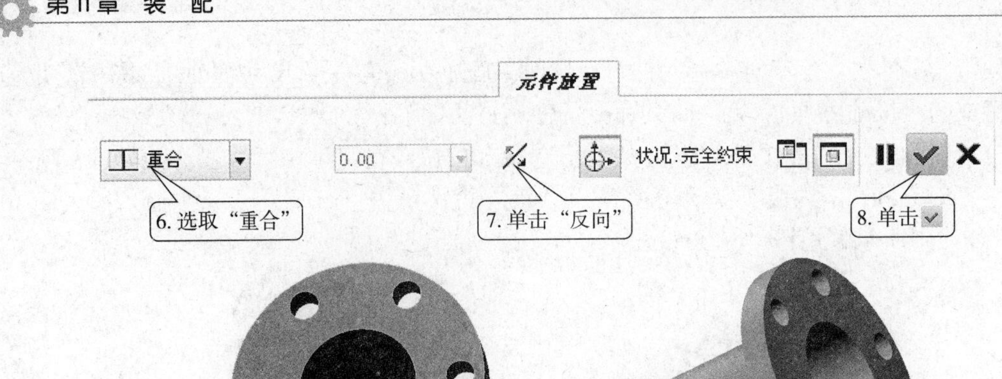

(f)

续图 11.27

（2）如图 11.27（c）～（f）所示，将螺栓装配至法兰盘，并使销钉上表面与法兰盘上表面对齐。

（3）选取装配完成的销钉，在“模型”选项卡中单击“阵列”工具按钮，弹出“阵列”操控板，选择阵列方式为“轴”，如图 11.28（a）所示。轴阵列式是参考阵列的一项重要内容。

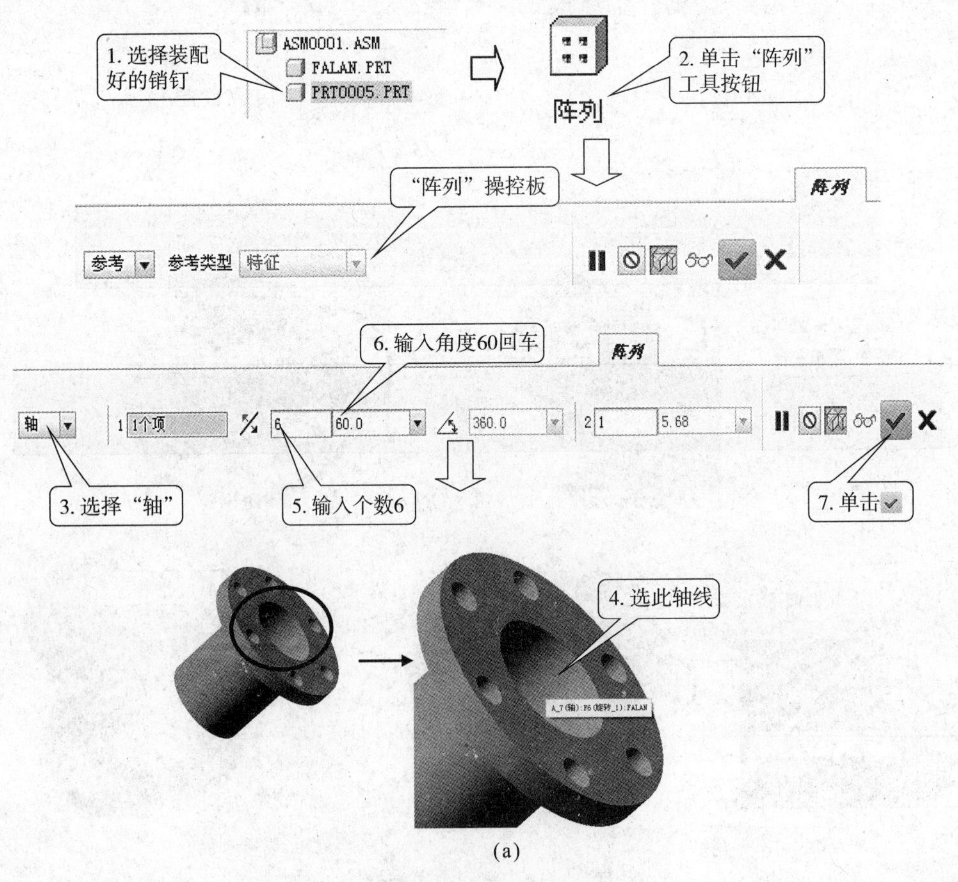

(a)

图 11.28 阵列销钉

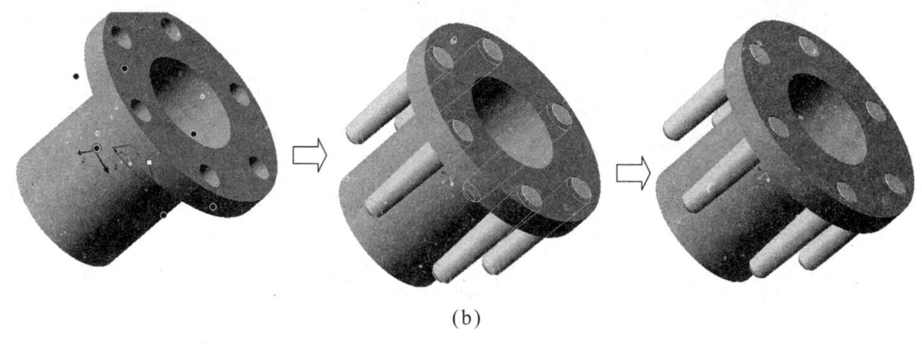

(b)

续图 11.28

（4）在“阵列”操控板中单击✔按钮，结果如图 11.28（b）所示。

11.5 装配体中元件的修改和删除

一个装配体完成以后，可以对装配体中的任何元件，包括零件和子装配体进行打开、修改、删除等操作。下面通过实例加以说明。

11.5.1　打开元件的特征

系统默认的模型树是不显示元件特征的，所以，需要通过下面的步骤使模型树能够显示元件的特征和放置文件夹。

（1）打开一个装配文件。在导航区单击“设置”按钮，在如图 11.29（a）所示的下拉菜单中选择“树过滤器”命令，弹出“模型树项”对话框。

（2）在“模型树项”对话框中，增选“特征”和“放置文件夹”复选框，如图 11.29（b）所示，单击“确定”按钮。这样模型树中才能够显示元件的特征和放置文件夹，系统默认的模型树是不显示元件特征的。模型树窗口如图 11.29（c）所示。

11.5.2　修改元件

（1）修改装配体中法兰的拉伸特征。操作方法与特征的修改方法相同。

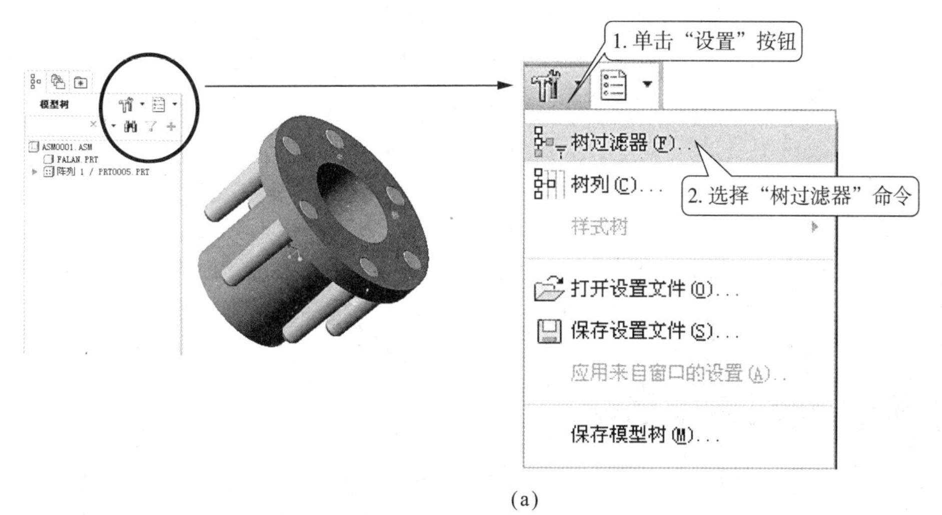

(a)

图 11.29　让模型树显示元件特征和放置文件夹

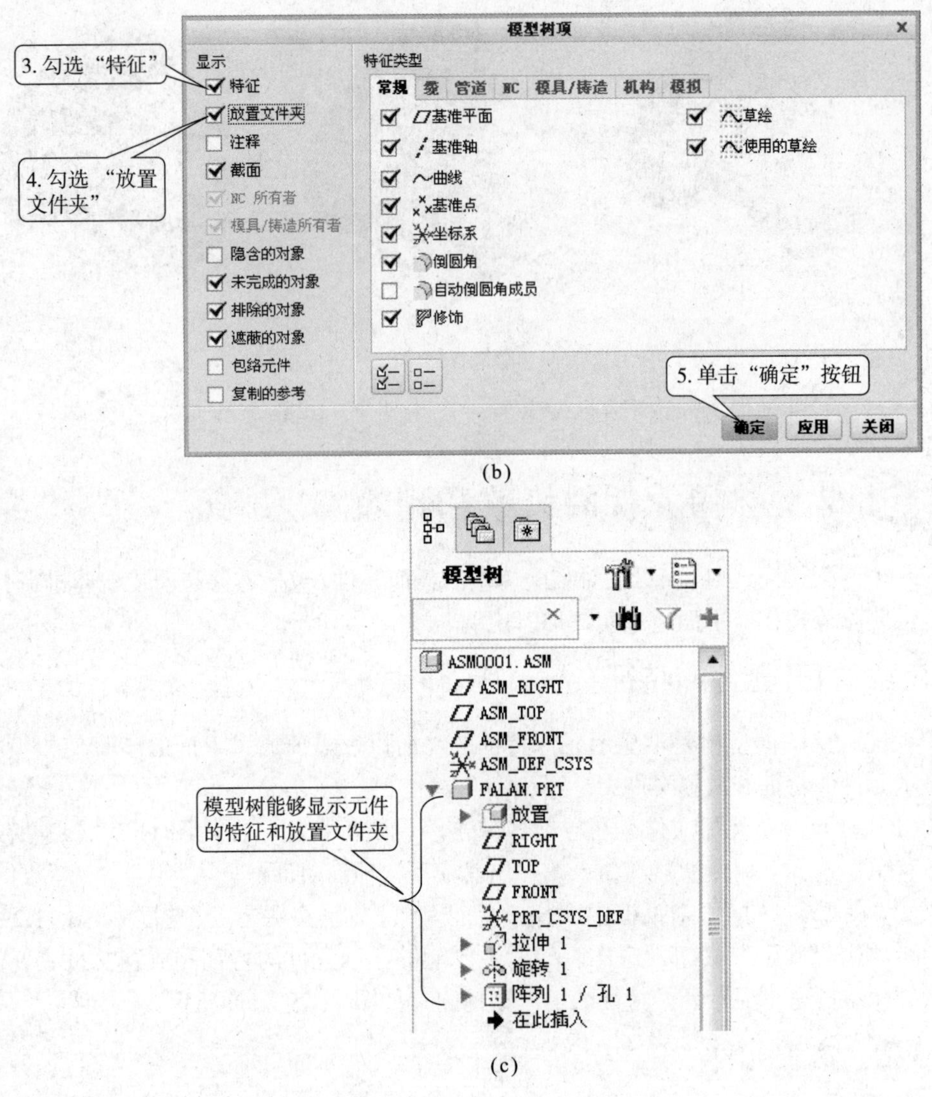

续图 11.29

（2）将法兰的长度由 40 修改为 20：在系统默认的模型树窗口，单击法兰元件左侧的黑色小三角形，展开法兰的特征树，右键单击"拉伸 1"特征，在弹出的右键菜单中单击"编辑定义"，则系统弹出"拉伸"操控板。修改拉伸长度为"20"回车，单击"确定"按钮。修改模型后，模型自动重新生成。全部操作步骤如图 11.30 所示。

11.5.3 删除元件

选择模型树中的某元件，单击鼠标右键，选择"删除"命令。弹出"删除"对话框（图 11.31），提示模型中加亮特征将被删除。单击"确定"按钮即可删除某元件。

11.6 在装配体中创建零件

在产品研发过程中，有时会有一些零部件的尺寸或形状依赖于其他零部件在装配体里的装配位置和大小，这些零部件如果单独设计，会带来很大的难度，Creo 2.0 提供

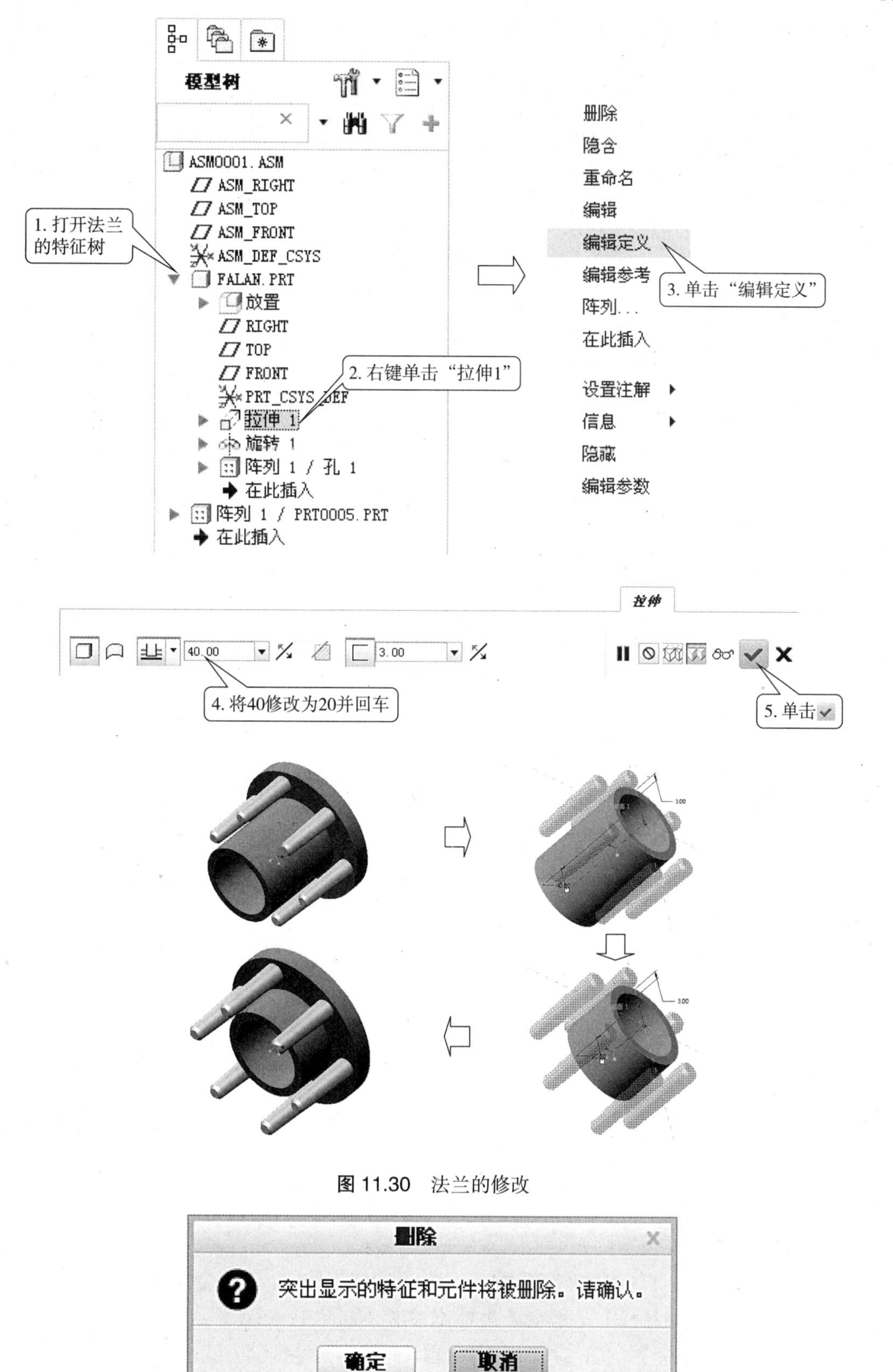

图 11.30　法兰的修改

删除

突出显示的特征和元件将被删除。请确认。

确定　取消

图 11.31　删除元件对话框

“在组件模式下创建新零件”按钮，支持在装配体中创建新的零件，以简化模型设计。

在装配模式下创建新零件的类型主要有5种。

•“零件”：新建零件，子类型包括实体、钣金件、相交、镜像。

•“子组件”：创建新的装配组件作为第一项装配设计项目的子组件。子类型包括标准和镜像。

•“骨架模型”：创建装配骨架模型，用于确定装配组件的结构。子类型包括标准和运动。

•“主体项目”：创建主体装配项目。

•“包络”：创建新的包络。

在装配体中，零件的创建有如下几种方式。

（1）“从现有项复制”：是指从已有的零件中创建一个新零件，新零件与原零件没有相关关系。选中“不放置元件”复选框，可以使新零件在装配体中“包装”放置，以后再进行约束。单击“浏览”按钮，可以打开现有文件并将其作为新建项目对其进行操作，如图11.32所示。

（2）“定位默认基准”：可创建一个零件并进行约束。通过该方法创建的零件可以避免建立外部参考，用户可以从装配体中选取参考，如图11.33所示。

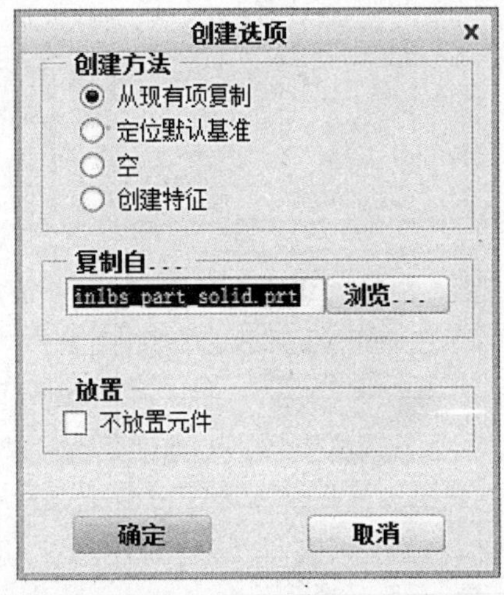

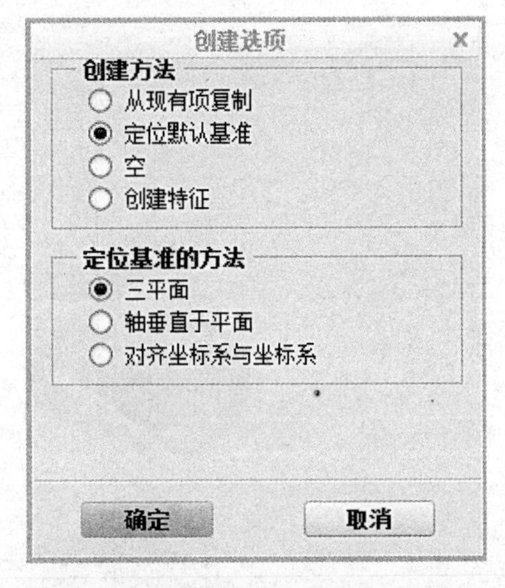

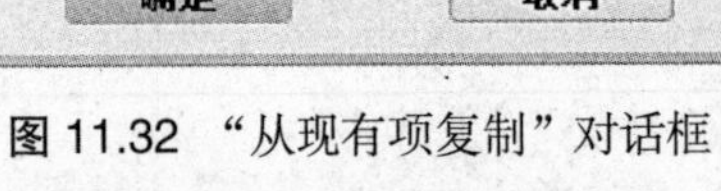

图11.32 “从现有项复制”对话框

图11.33 “定位默认基准”对话框

选取参考的方法有三种：①“三平面”：选取三个相互垂直的基准平面作为默认基准来放置零件；②“轴垂直于平面”：选取一个基准平面和一个与之正交的轴作为默认基准来放置零件；③“对齐坐标系与坐标系”：选取已有坐标系来定位新零件。

（3）“空”：创建一个无初始几何形状的空零件，空零件的名称会在组件模型树中列出，如图11.34所示。

（4）“创建特征”：创建零件的特征。单击“确定”按钮，系统会进入零件建模界面。使用这种方式创建新零件，一般会产生外部参考，如图11.35所示。

以创建一个新零件为例，来说明在装配体中创建新零件的方法，具体步骤如下。

（1）先创建一个装配文件，然后在“模型”选项卡中单击“创建新元件”按钮，弹出“元件创建”对话框。子类型选择“实体”，如图11.36所示。

（2）单击“确定”按钮，弹出“创建选项”对话框，选择“创建特征”单选按钮。如图 11.37 所示。单击“确定”按钮，进入零件建模界面，可以创建设计所需的零件。

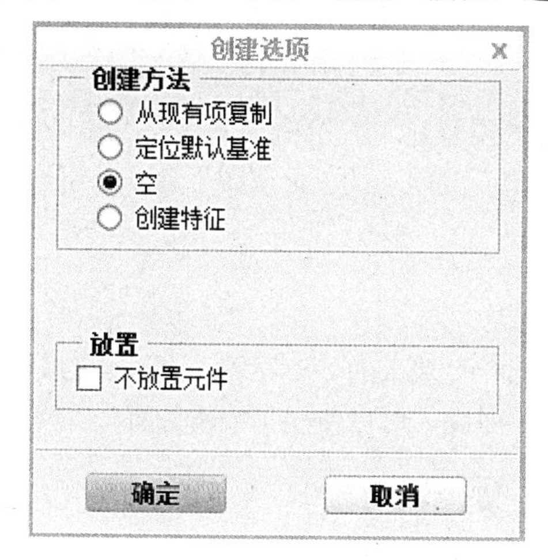

图 11.34 “空”对话框

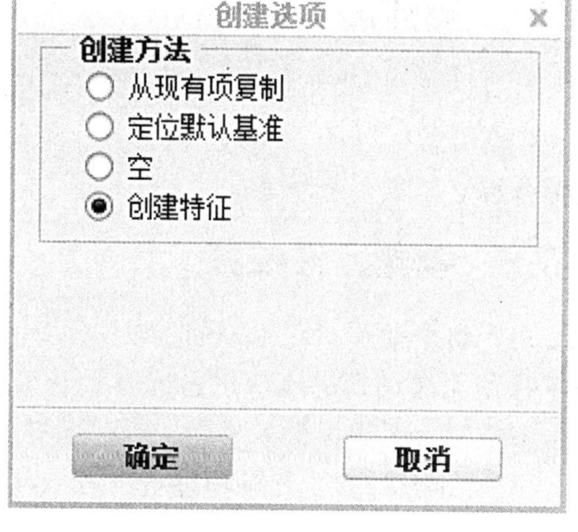

图 11.35 “创建特征”对话框

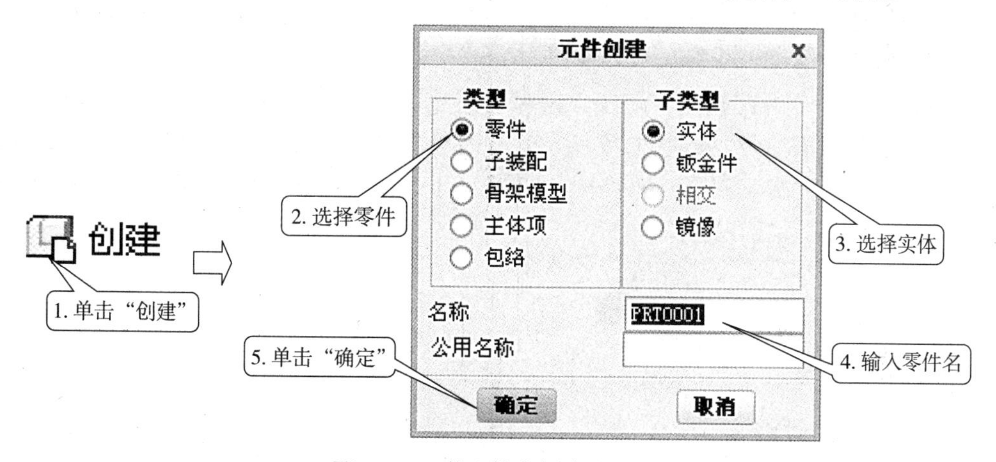

图 11.36 装配体中创建零件 1

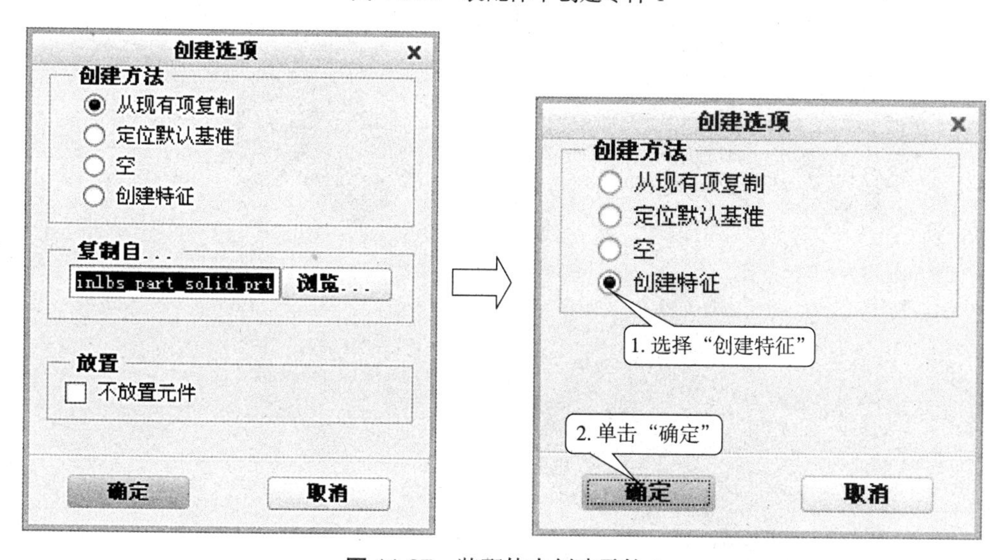

图 11.37 装配体中创建零件 2

11.7 分解装配体

11.7.1 爆炸图

打开法兰装配图。单击“模型”选项卡的“模型显示”组中“分解图”命令，将装配图分解，如图 11.38 所示。再次单击“模型”选项卡的“分解图”命令按钮，又撤销分解复原到装配状态。

11.7.2 编辑元件位置

对于每个装配件，系统都会根据使用的约束产生默认的分解视图，但默认的分解视图往往无法贴切的反应出各元件的相对位置，因此，可以使用“编辑位置”命令修改分解位置。系统提供了下面 3 种运动类型。

(1)“平移”单选按钮：使元件相对参考进行平移运动。

(2)“旋转”单选按钮：使元件相对于参考进行旋转运动。

(3)“视图平面”单选按钮：使元件按照用户当前视图的平面法向进行移动。

下面举例说明编辑位置命令的使用方法。

(1) 打开一个装配模型，单击“模型”选项卡中“分解图”命令，可以看到图中的销没有完全脱离法兰，如图 11.39 所示。这时可单击“模型”工具栏中的“编辑位置”命令，系统弹出“分解工具”操控板，如图 11.40 所示。可以通过使用该操控板的命令

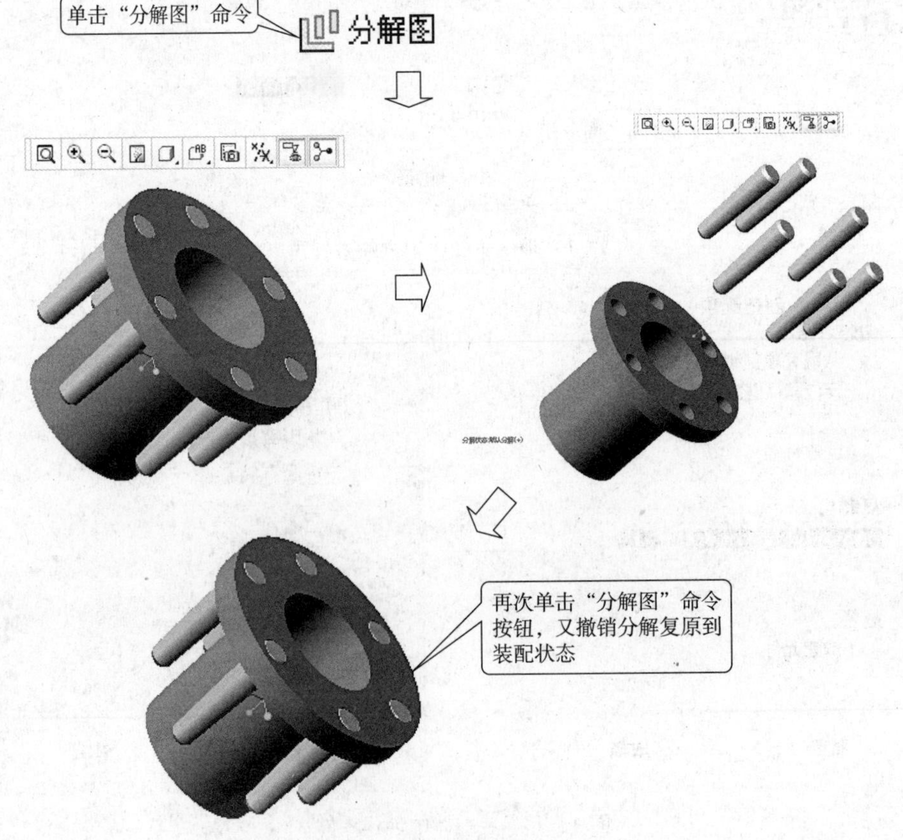

图 11.38 爆炸图的创建

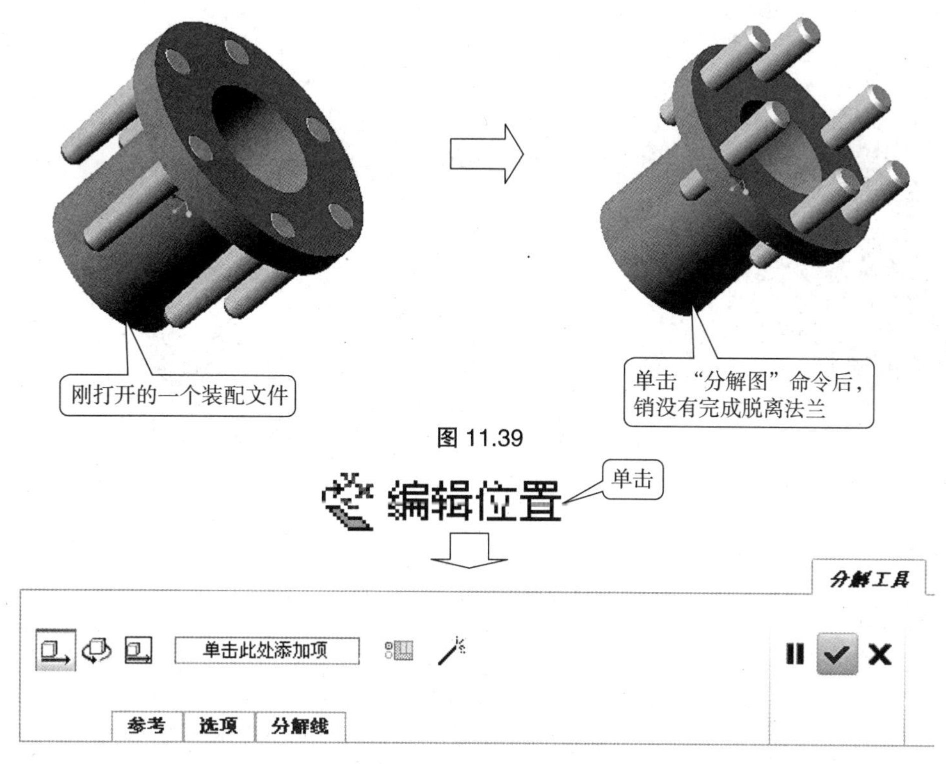

图 11.39

图 11.40 “分解工具”操控板

来修改销的位置。

（2）例如，在“分解工具”操控板上，选择“平移”按钮，单击“参考”下滑板，选择要移动的销，按 Ctrl 键的同时，选取其余的 4 根销（留下一根销，后面例子要用），选取图示法兰端面为平移参考，如图 11.41 所示。

（3）单击“选项”下滑板，输入平移增量 30 回车，拖着图中所示标杆移动元件，以 30 为增量移动元件等拖到合适位置，单击✔按钮。

（4）再次单击“编辑位置”命令，打开“分解工具”操控板，选择“平移”，单击“选项”选项卡，单击“复制位置”按钮，系统弹出“复制位置”对话框，选择要移动的元件，单击“复制位置自”收集器的空白处，再单击第（3）步已经完成移动的元件，然后，单击“应用”按钮，则完成第 6 个销的移动，如图 11.42 所示。

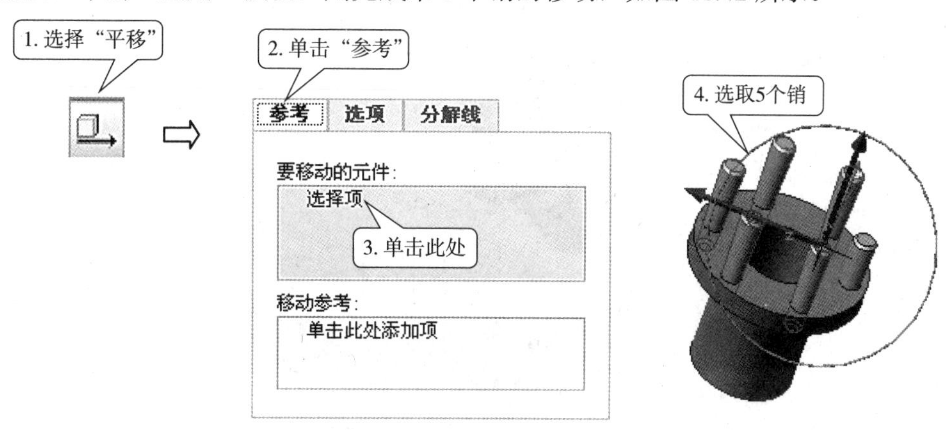

图 11.41 编辑位置

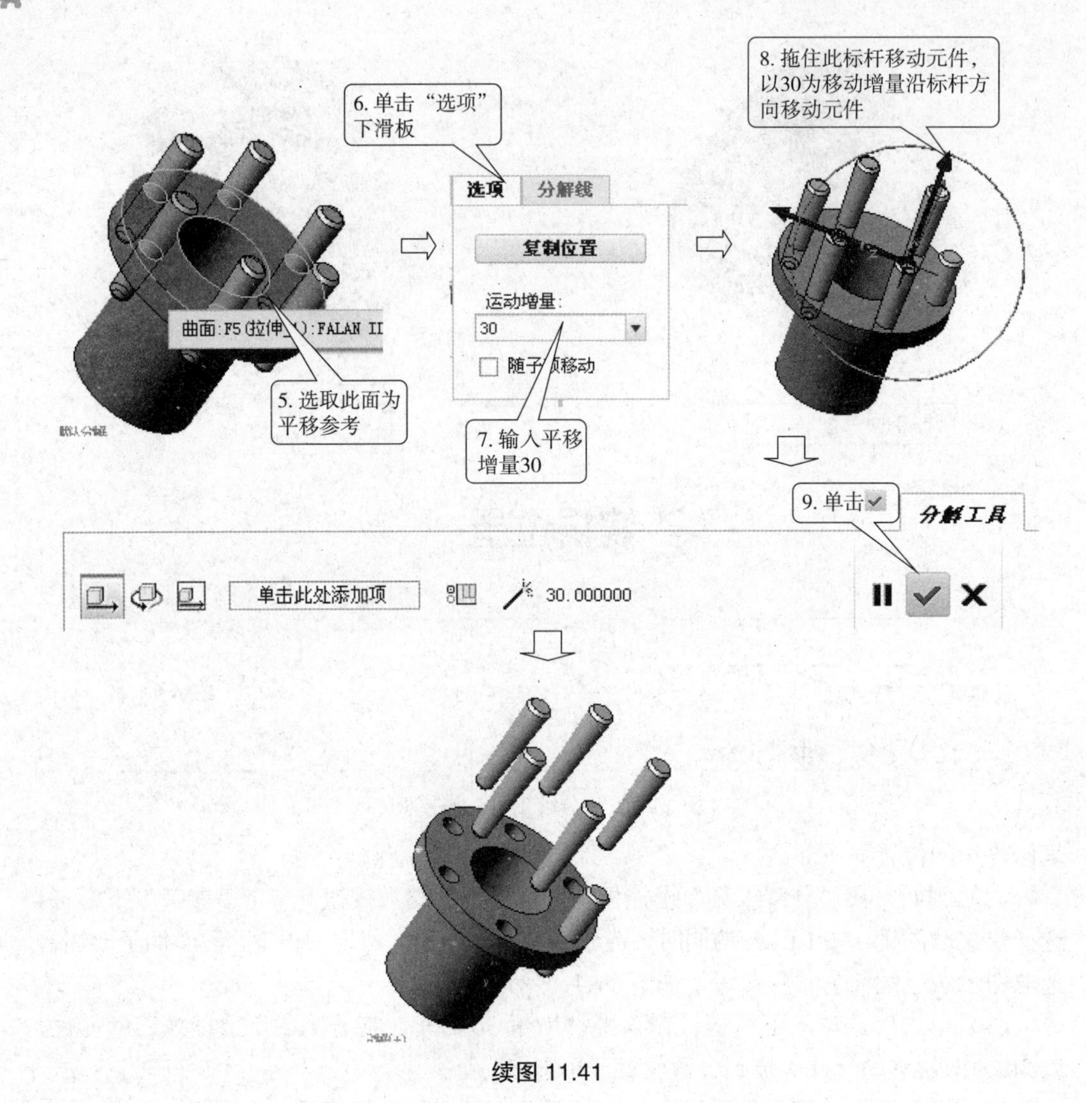

续图 11.41

(a)

图 11.42

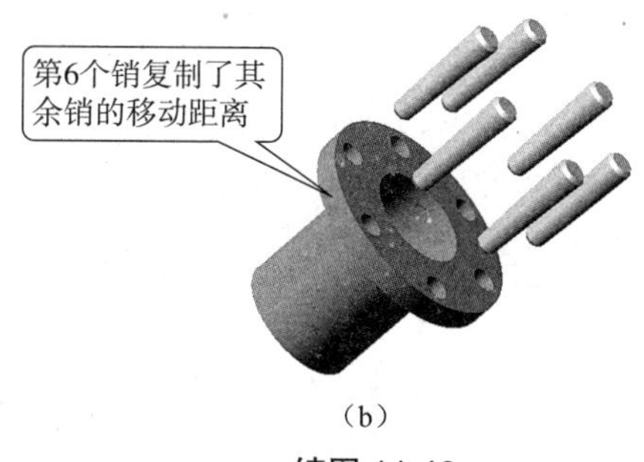

（b）

续图 11.42

11.8 视图管理器

单击“模型”选项卡中的“管理视图”命令，可以设置视图的显示模式、分解视图等操作，这里主要介绍视图的显示模式。

“样式”显示可以将指定的零部件遮蔽起来或以线框、隐藏线、无隐藏线、着色、透明样式显示。举例说明如下。

（1）打开轴承座装配体。单击“模型”选项卡中的“管理视图”命令，弹出“视图管理器”对话框。单击“样式”选项卡，如图 11.43 所示。

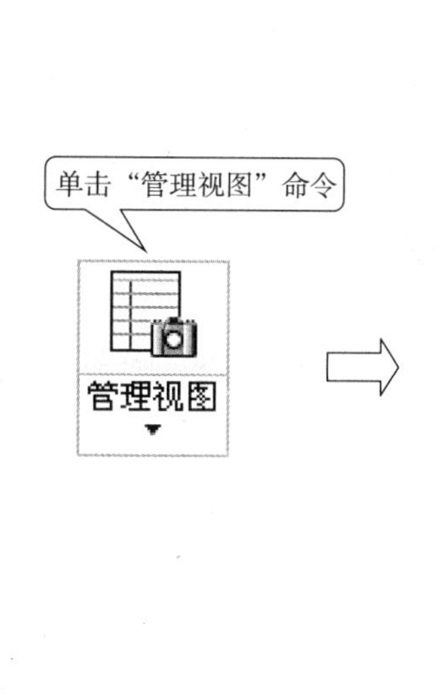

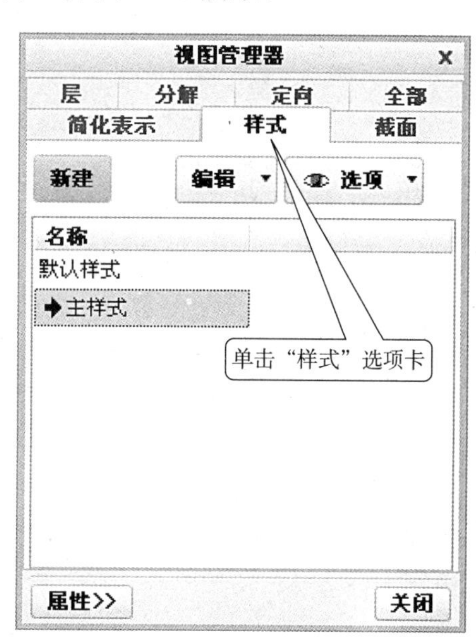

图 11.43

（2）在“样式”选项卡中单击“新建”按钮，输入“样式”的名称，按回车键。弹出“编辑”对话框及“选取”对话框，如图 11.44 所示。

（3）在“编辑”对话框中单击“显示”选项卡，选择“透明”单选按钮，如图 11.45 所示。系统提示“选取要透明着色的元件”，按住“Ctrl ”键选择图 11.45 所示的元件，单击✔按钮，装配图如图 11.45 所示。

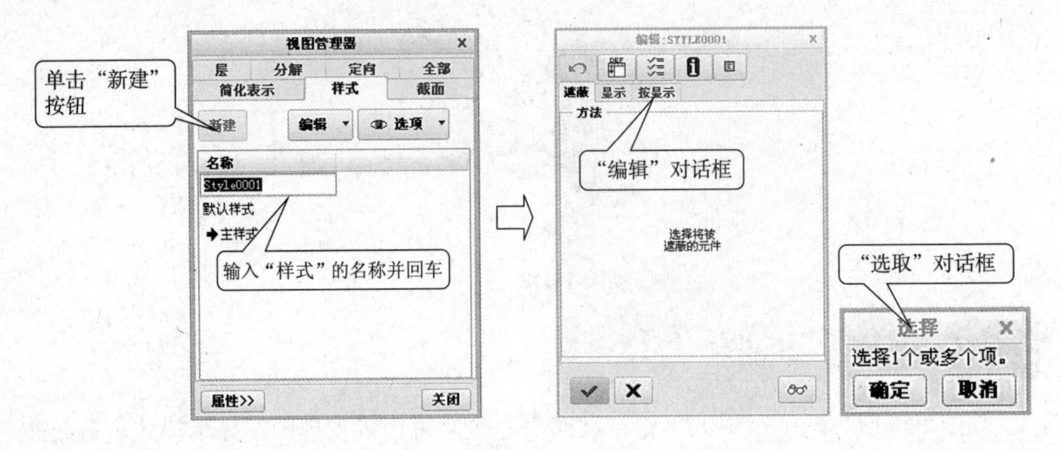

图 11.44

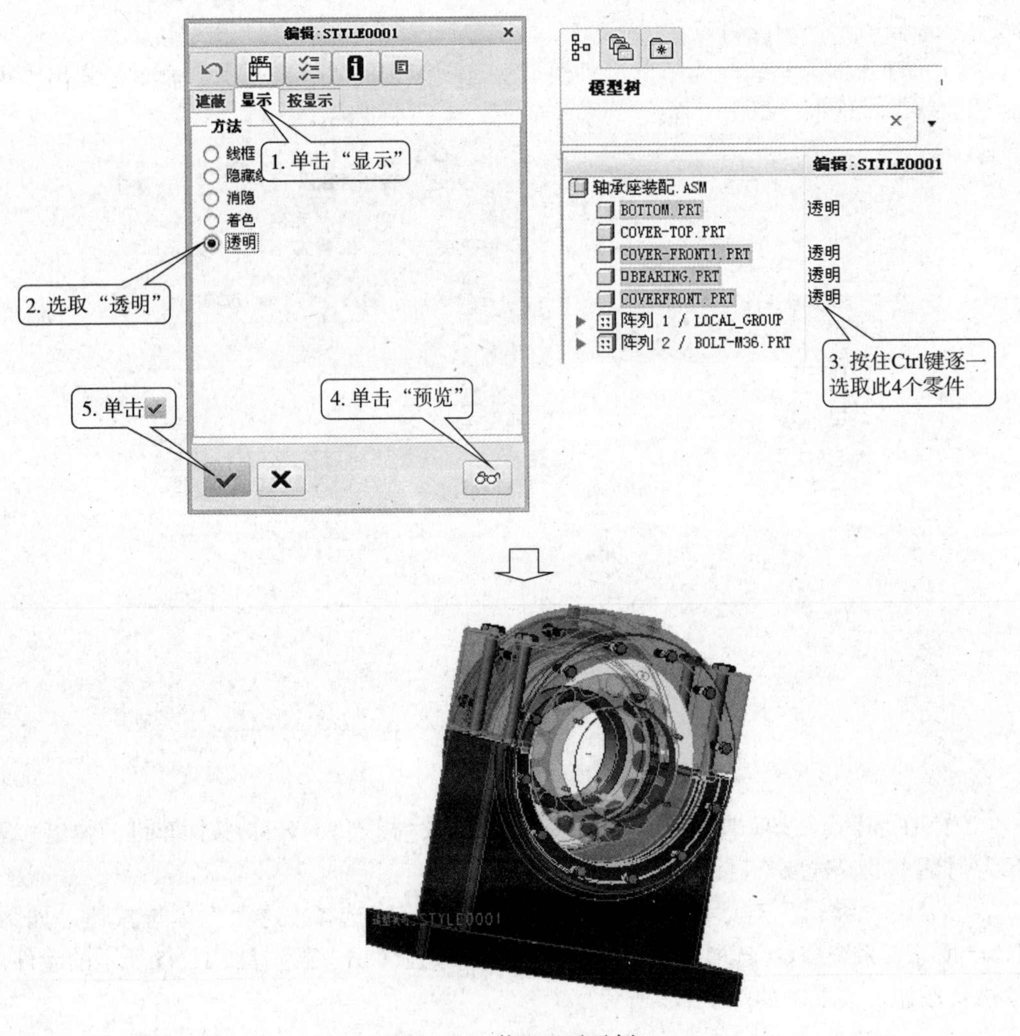

图 11.45 装配显示示例

11.9 截　面

截面也就是常说的剖断面，剖断面的主要作用就是查看模型的内部形状和结构，这将有助于我们了解那些装配完成后看不到内部结构的模型。在 Creo 2.0 中截面的类型主要有“平面”截面、“偏距”截面和“区域”截面。

（1）打开一个装配体。单击“截面”命令，弹出“截面”操控板，如图 11.46 所示。

（2）在“截面”操控板上，单击选取图 11.46 所示的平面作为剖切面，单击“剖面线”按钮，观察预览，单击✓按钮完成横截面的创建，如图 11.46 所示。

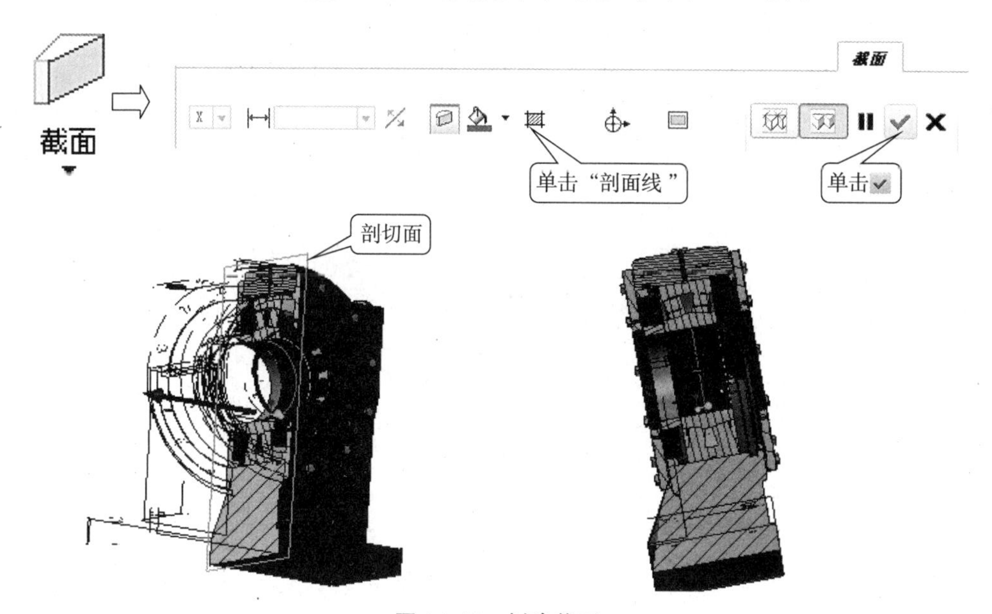

图 11.46　创建截面

思考与练习

1. 读者先反复观看光盘中装配滚动轴承的操作视频，然后，关闭视频，自己动手对滚动轴承进行装配。第一次完成装配时要记录下所使用的时间。

2. 反复练习装配滚动轴承的操作步骤，直至熟练为止。

第12章 工程图

Creo 2.0 具有强大的工程图设计功能，用户可直接将建立的三维模型生成工程图，其“参数化”与“全相关”的特性使得三维模型、工程图或者装配图的任何一方进行设计更改，另一方会同时相应做出更改，确保三者的始终一致性，避免产生人为差错。在完成零件或装配模型之后，使用“绘图”模块可快速建立符合工程标准的工程图。

在产品的研发、设计、制造等过程中，项目参与者需要经常进行交流和沟通，工程图则是常用的交流工具，因而工程图制作是产品设计过程中重要的环节。

12.1 创建一个工程图文件

Creo 2.0 中的工程图是一个独立的模块，它的文件后缀名是“drw”。下面介绍创建一个工程图文件的操作步骤。

在 Creo 2.0 工作环境中，单击菜单“新建”命令，在打开的“新建”对话框，如图 12.1 所示，选中“绘图”类型。在“名称”栏输入文件名称后，或接受缺省文件名。去掉“使用默认模板”项的勾选，单击“确定”按钮。如图 12.2 所示，系统弹出“新

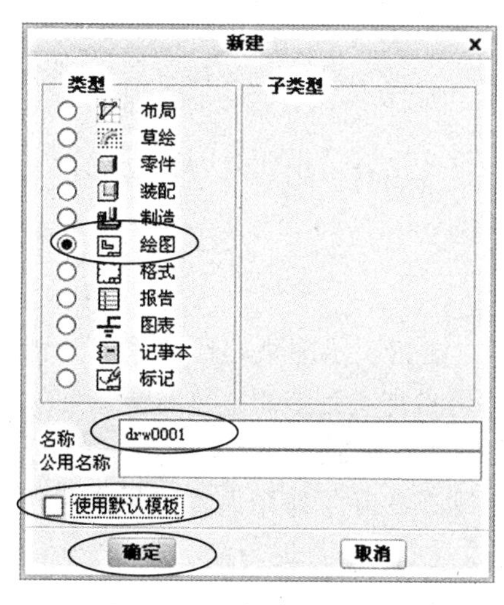

图 12.1 “新建”对话框

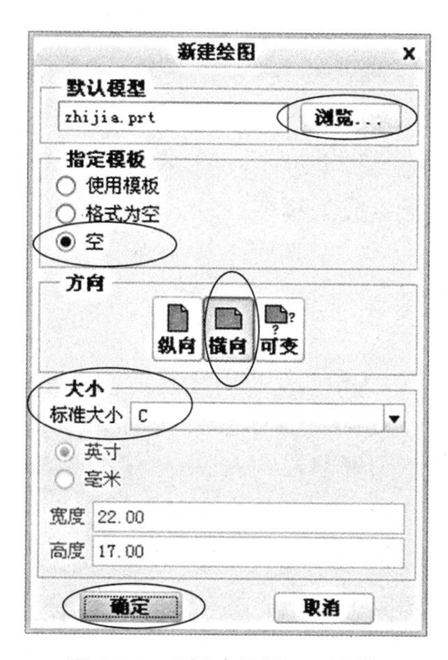

图 12.2 “新建绘图”对话框

建绘图”对话框。浏览模型的名称为“zhiban.prt”，指定模板为“空”，指定方向为“横向”，指定大小为“C”，再单击“确定”按钮，进入 Creo 2.0 工程图设计界面，如图 12.3 所示。

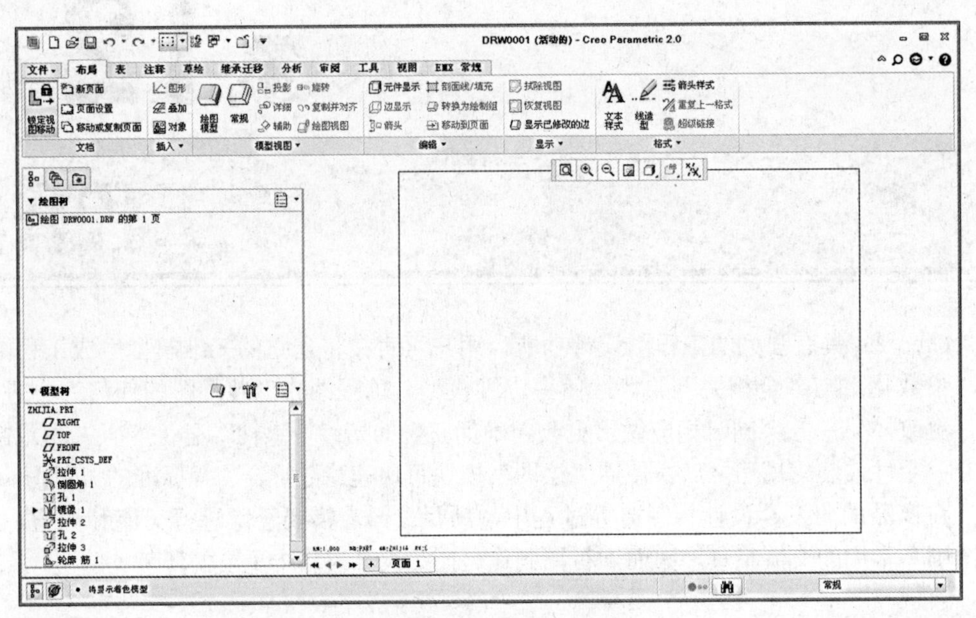

图 12.3　工程图设计界面

“新建绘图”对话框中的各项说明如下。

1. “默认模型”

单击该分组框中的“浏览”按钮，弹出“打开”对话框，可以浏览文件以选择现有的三维零件来生成二维工程图，是系统的默认选项。

2. “指定模板”

该分组框有 3 个单选按钮。

（1）“使用模板”：表示将使用系统设定好的模板来生成工程图，图纸的大小、图框、明细栏、各向视图的观察方向等由系统自动决定。

（2）“格式为空”：在系统现有图纸格式基础，由用户自行定义设置各向视图的观察方向来生成工程图。

（3）“空”：图纸上没有标题栏、图框、明细栏等项目，用户必须指定图纸边界大小及方向。

3. “方向”

在“方向”分组栏框中有 3 个按钮，“纵向”按钮表示图纸将纵向布置；“横向”按钮表示图纸将横向布置；“可变”按钮表示用户可自定义图纸的边界大小。

在 Creo 2.0 系统中有两种方法建立视图，一是使用系统提供的模板自动产生三视图；另一个是使用自定义方式完成工程图的建立。由于在实际工作中大都采用无模板方式建立工程图，所以，我们重点介绍使用自定义方式建立工程图的方法。

12.2 创建工程图的操作步骤

下面介绍使用 Creo 2.0 创建工程图的一般操作步骤，如图 12.4 所示。

1. 设置工作目录

设置工作目录的方法请参看第 1 章介绍的内容。

2. 创建工程图文件

在实际工作中，设计师一般选择自定义的绘图模板，然后进入 Creo 2.0 工程图设计界面。

3. 创建视图

（1）创建主视图。

（2）创建投影视图。

（3）根据需要创建详细视图或辅助视图。

4. 创建注释

（1）标注尺寸和标注公差。

（2）标注表面粗糙度。

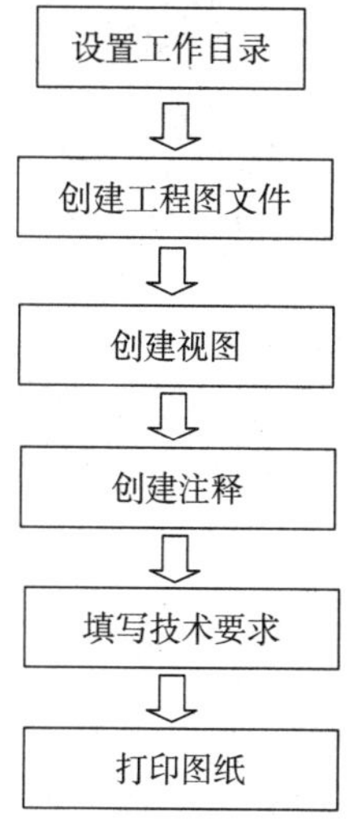

图 12.4

12.3 创建工程视图

在工程图中经常使用的几种视图：视图、三视图、局部放大视图、辅助视图，此外还有全剖、半剖、局部剖视图等表达方法。

12.3.1 绘图常用命令

在绘制工程图时要使用如图 12.5 所示的“绘图视图”对话框和如图 12.6 所示的“布局”选项卡。在“绘图视图”对话框或“布局”选项卡中可对视图的类型进行设置，在“绘图视图”对话框中还可定义视图的可见区域、缩放比例、截面样式、视图显示状态，以及对齐和设置视图原点。

在“绘图视图”对话框“类别”中选择相应选项，显示相应的对话框面板。

“布局”选项卡的“模型视图”组命令选项说明如下。

常规：建立默认的零件视图，在建立工程图时首先要建立常规视图。

投影：创建已有视图的正投影视图。由前方、上方及右侧来观察物体的正向投影，必须先建立一般视图，才能投影视图。系统默认投影的方式为第三分角投影。

详细：建立局部视图。用于放大视图的某一部分。

辅助：建立辅助视图。

旋转：创建旋转视图

复制并对齐：创建复制并对齐视图。

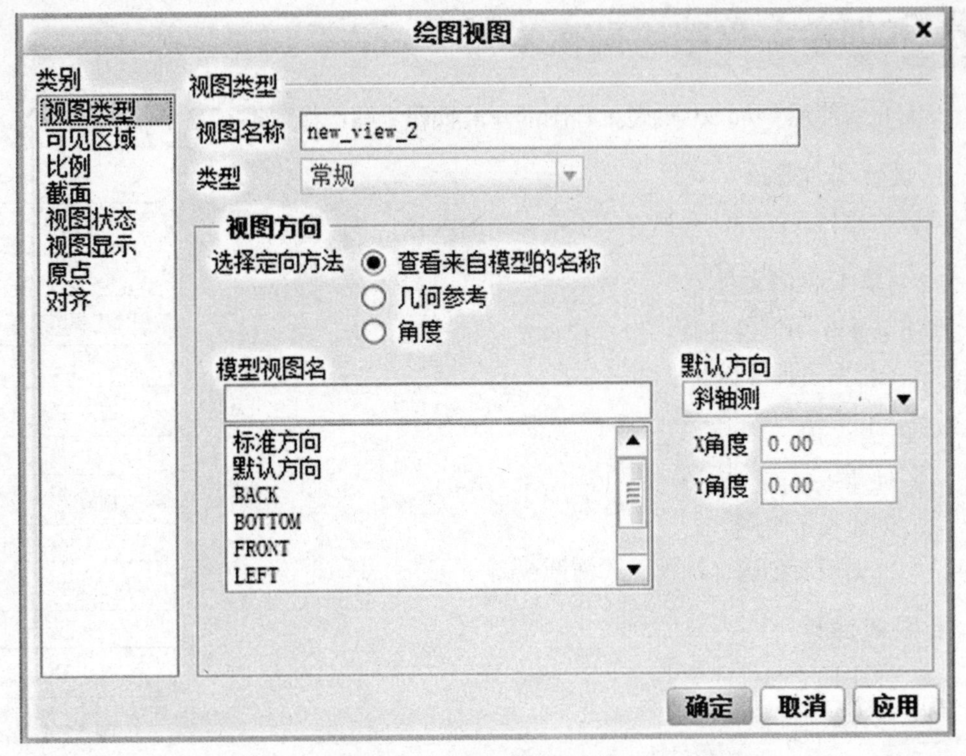

图 12.5 “绘图视图”对话框

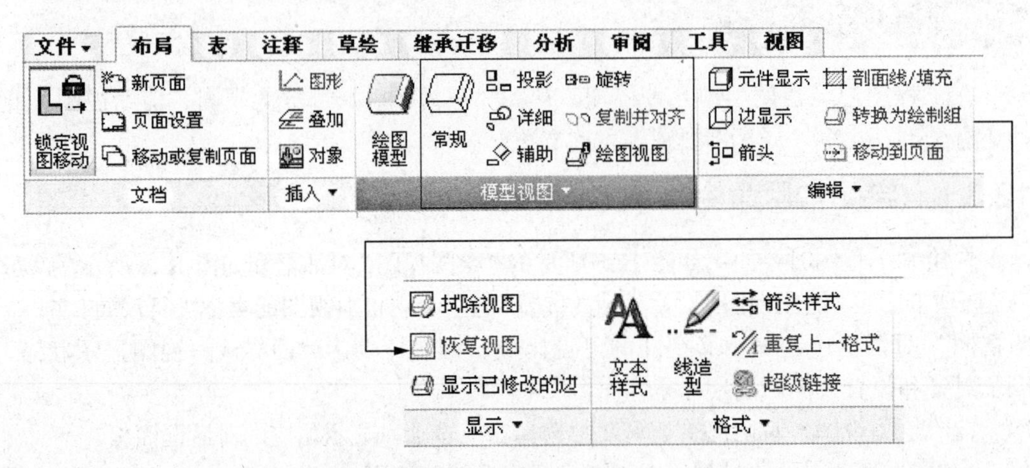

图 12.6 “布局”选项卡

12.3.2　创建常规视图

在绘图过程中，用户可以根据需要添加多个模型放置视图。在创建工程图时，第一步就是创建常规视图，它通常为放置到页面上的第一个视图。根据设计构想对常规视图进行定位，然后再创建相应的投影视图和辅助视图等。在三视图中第一个建立的常规视图可以是工程图中的主视图，其他视图以它为参考，有时为了方便工程人员读图，还要再添加轴测图。

在 Creo 2.0 中放置新视图的基本过程：指定视图类型，指定类型可能具有的属性，在绘图页面为该视图选择位置，然后放置视图，最后为视图设置方向。

1. 建立常规视图

（1）单击“新建”，类型选择“绘图”，文件名为“zhiban”，取消“默认模板”选项，在打开的“新建绘图”对话框中单击“浏览”选择“zhiban.prt”，指定模板选中为“空”系统，进入工程图设计模式，新建一个工程图文件。

（2）单击“布局”选项卡中的“常规”命令，在弹出的“选择组合状态”对话框中，选择“无组合状态”选项（图 12.7），单击“确定”按钮。这时信息行提示：选择绘图视图的中心点（图 12.8）。系统要求我们确定视图的中心位置。注意：我们在操作过程中，一定要关注信息行的信息。

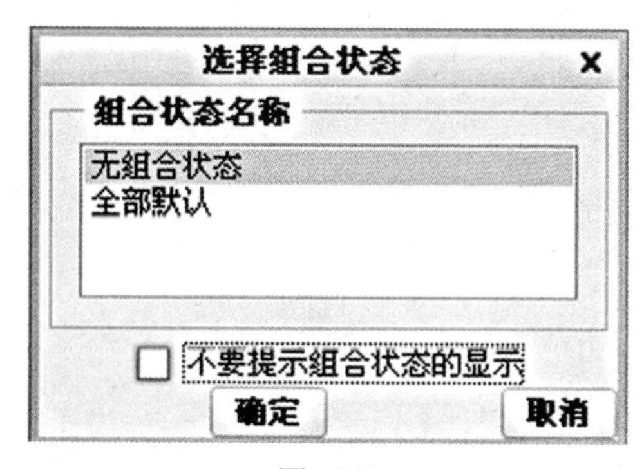

图 12.7

图 12.8

（3）在屏幕上单击一点放置常规视图，在绘图区预显常规视图，并打开“绘图视图”对话框。在“绘图视图”对话框，选择“几何参考”定向方法。在“参考 1”栏中选择“前”，然后在模型中选择如图 12.9（a）所示的圆柱端面为视图的前。在“参考 2”栏中选择“顶”，然后在模型中选择如图 12.9（b）所示的平面作为参考 2。

（4）单击“比例”，选中“自定义比例”。输入“1”并回车，单击“确定”按钮，如图 12.9（c）所示，完成主视图的建立。创建视图时，视图方向的定位方法可以选用更加简洁的“查看来自模型的名称”按钮，具体方法参见视频教程。

“绘图视图”对话框中各项内容的说明如下。

（1）“类别”选项的说明。

视图类型：修改视图类型，如将投影视图转换为一般视图，也可修改视图的名称。

可见区域：控制视图的可见性。

比例：修改视图的比例。

截面：建立剖视图。

视图状态：使视图处于简化表示或操作状态。

视图显示：视图的显示模式（如是否显示隐藏线等）。

原点：重新设置视图的原点。

对齐：使一个视图与另一个视图对齐。

（2）“选择定向方法”选项的说明。

查看来自模型的名称：使用来自模型的已保存视图的定向。可以从模型“视图名称”列表中选取相应的模型视图，也可通过选取“等轴测”、“斜轴测”或“用户定义”选项进行定向。

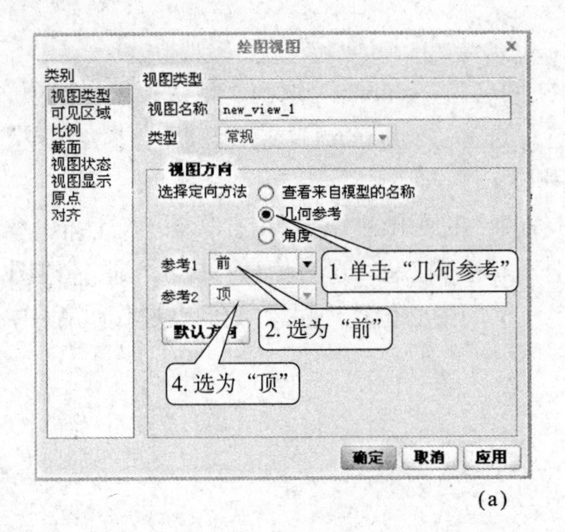

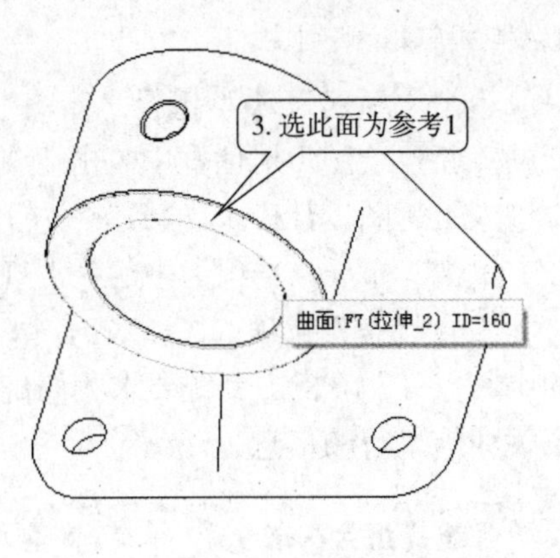

(a)

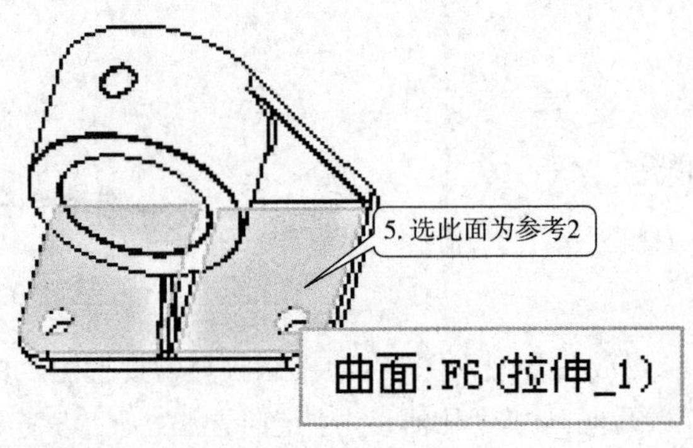

(b)

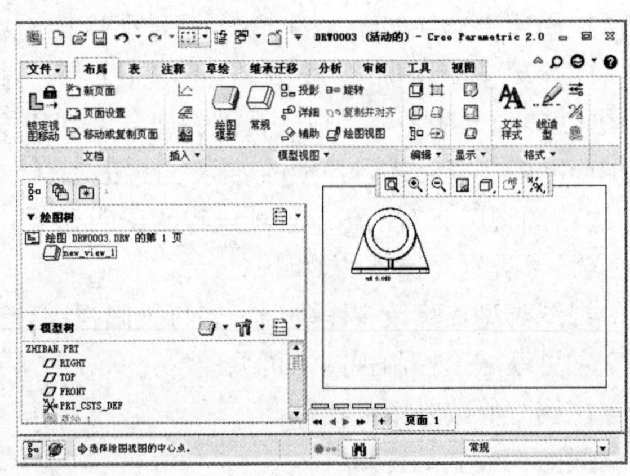

(c)

图 12.9　创建常规视图

几何参考：使用来自绘图中预览模型的几何参考进行定向，模型根据定义的方向和选取的参考重新定位。

角度：使用选定参考的角度或定制角度来定向视图。

2. 创建视图的注意事项

（1）如果把建立的常规视图作为主视图，应恰当选择视图的两个参考，使其反映零件的主要形状，以符合工程图绘制习惯，如图 12.10 所示。

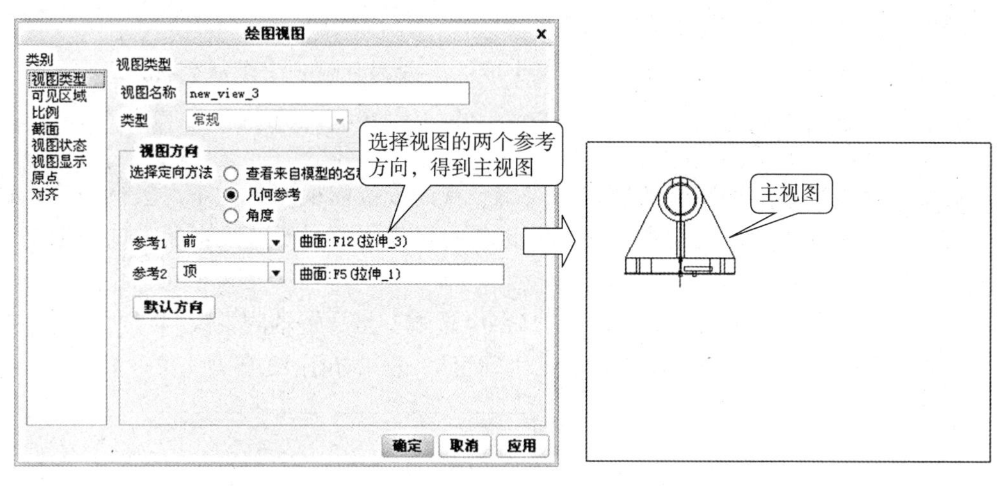

图 12.10

（2）系统默认的视图方式为“第三分角投影”视图，在使用时应修改为“第一分角投影”视图，以符合我国工程制图标准，详细方法参见工程师坐堂。

12.3.3 创建投影视图

在完成主视图之后，可快速建立以主视图为参考的其他投影视图（如三视图）。所谓投影视图是另一个视图几何沿水平或垂直方向的正投影视图，位于主视图上方、下方或位于其右边或左边。

以支板模型为例，说明建立三视图的方法和步骤。

（1）（接上例）在“布局”选项卡单击“投影”命令。将鼠标移至主视图下方适当位置单击鼠标左键放置视图，完成俯视图的建立，如图 12.11 所示 (此例为第一分角投影)。

（2）在“布局”选项卡选择“投影”命令，单击“主视图”作为父视图，将鼠标移至主视图右边，单击鼠标左键，放置视图后，完成左视图的建立，如图 12.12 所示。

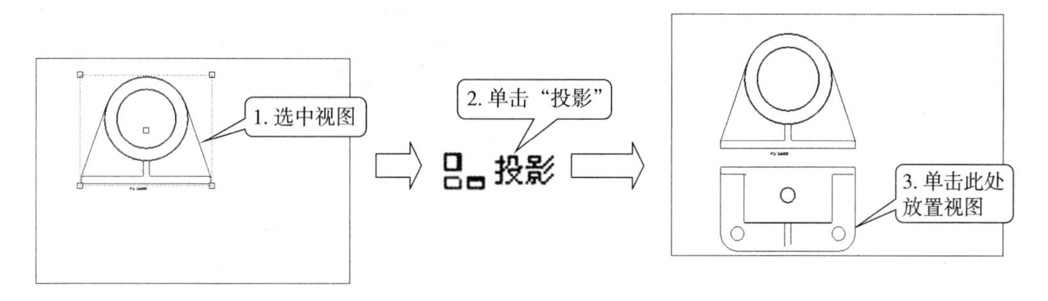

图 12.11 创建俯视图

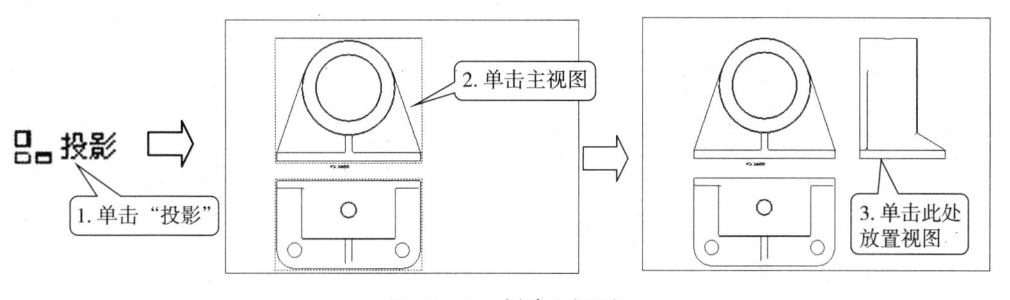

图 12.12 创建左视图

（3）单击其他空白处结束投影视图命令。

当创建投影视图时，系统将根据投影生成的方向为其赋一个默认名称。

12.3.4 创建轴测图

对于形状或结构较为复杂的模型，仅用三视图或投影视图可能难以表达清楚，这时就需要建立辅助视图。辅助视图实际上也是投影视图，只不过投影的方向选取为同时可以看见物体的上、前、左三个面。

单击菜单“布局”选项卡中“常规”命令，选取一点放置轴测视图，在“默认方向”中选择“斜轴测”选项，完成设置后单击“确定”，效果如图 12.13 所示。

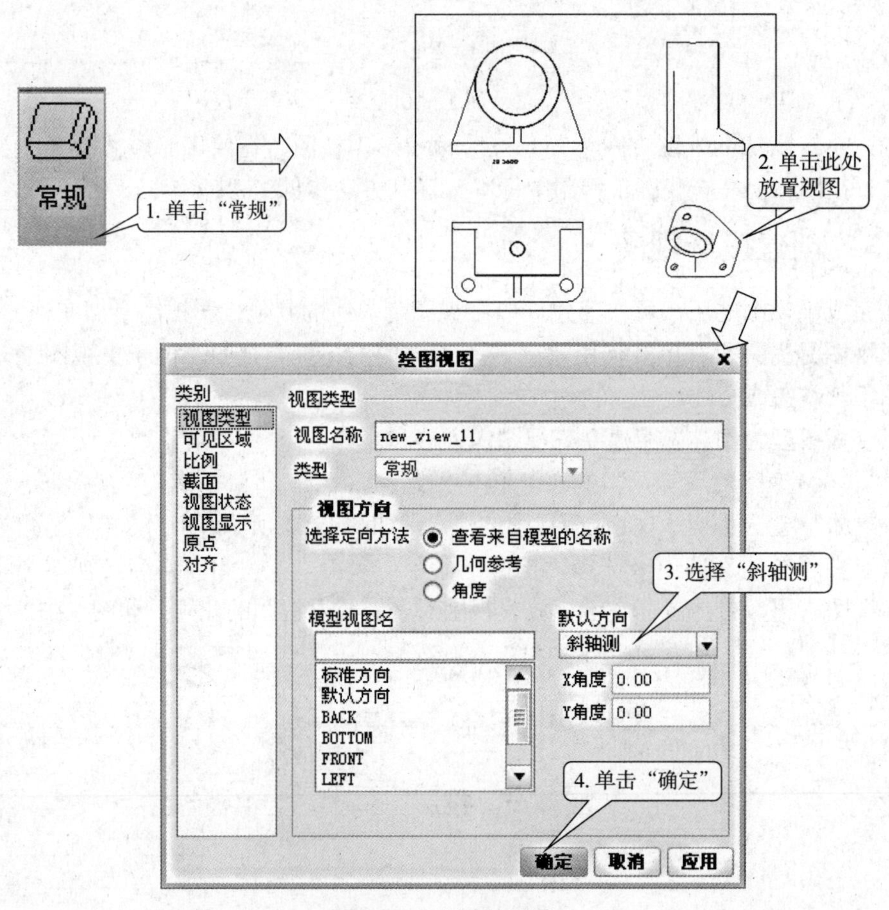

图 12.13　创建轴测图

12.4 创建剖视图

为了说明内部结构，视图经常与剖视图结合使用。在“绘图视图”对话框中选择“截面”标签（图 12.14），选择“2D 截面”，单击下方绿色的“＋”按钮，在“剖切区域”中选择以下截面类型。“剖切区域”的类型说明如下。

完全：建立全剖视图。

图 12.14 “绘图视图”对话框

一半：建立半剖视图。

局部：建立局部剖视图。

全部展开：创建的视图显示一般视图的全部展开的截面。

全部对齐：创建的视图显示一般视图、投影视图、辅助视图或全视图的对齐截面。

12.4.1 创建全剖视图

创建全剖视图的步骤如图 12.15 所示，将图 12.12 中的左视图改为全剖视图。

(1)(接着图 12.12 的操作)双击左视图，弹出“绘图视图”对话框。单击“截面”标签，弹出“截面选项”菜单，选择“2D 横截面”，单击“＋”，如图 12.15 (a) 所示。弹出创建“横截面创建”菜单管理器，即要求我们确定剖切平面的个数和种类，菜单管理

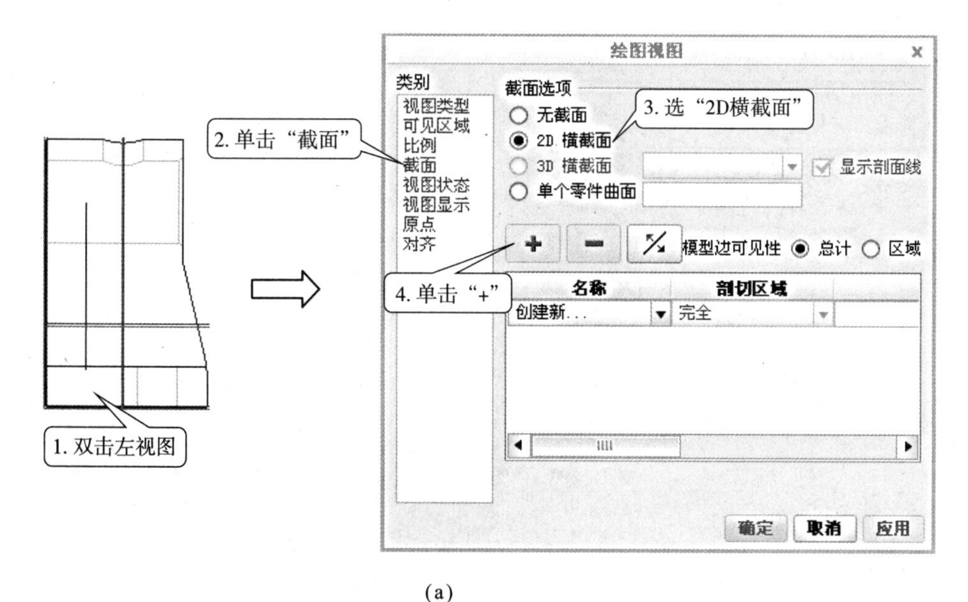

(a)

图 12.15 创建全剖视图

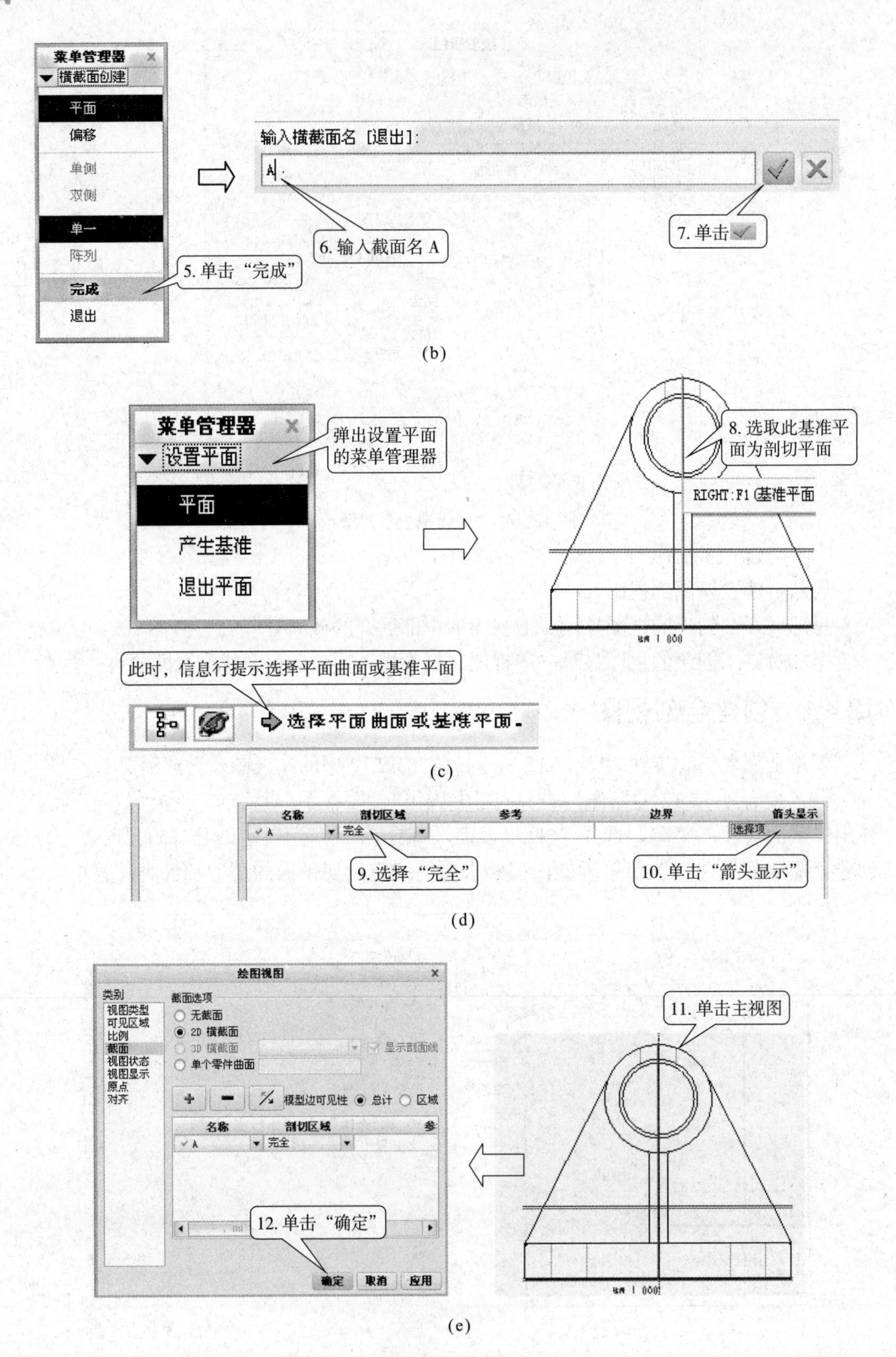
菜单管理器
横截面创建
平面
偏移
单侧
双侧
单一
阵列
完成
退出
输入横截面名 [退出]:
A
6. 输入截面名 A
7. 单击
5. 单击“完成”
(b)
菜单管理器
设置平面
平面
产生基准
退出平面
弹出设置平面的菜单管理器
8. 选取此基准平面为剖切平面
RIGHT:F1 (基准平面
此时，信息行提示选择平面曲面或基准平面
选择平面曲面或基准平面。
(c)
名称
剖切区域
参考
边界
箭头显示
A
完全
选择项
9. 选择“完全”
10. 单击“箭头显示”
(d)
绘图视图
类别
视图类型
可见区域
比例
截面
视图状态
视图显示
原点
对齐
截面选项
无截面
2D 横截面
3D 横截面
显示剖面线
单个零件曲面
模型边可见性
总计
区域
名称
剖切区域
A
完全
12. 单击“确定”
确定
取消
应用
11. 单击主视图
(e)

续图 12.15

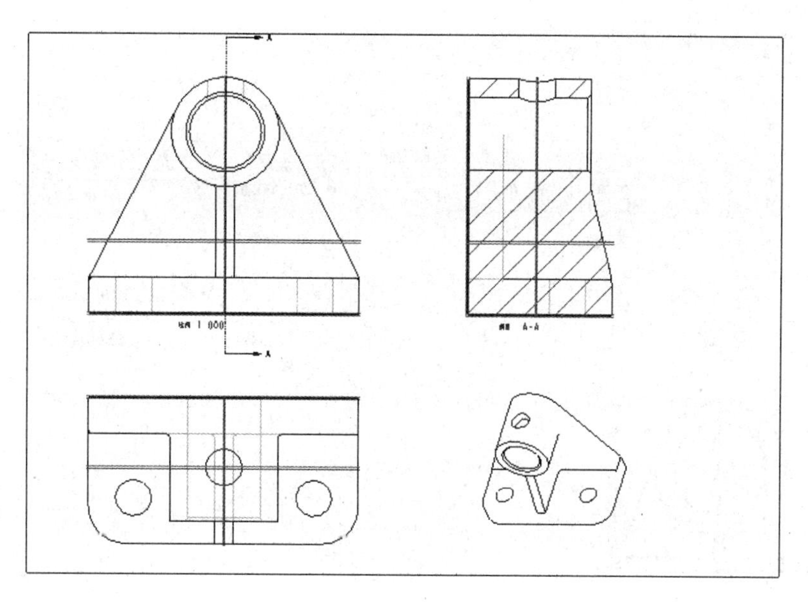

(f)

续图 12.15

器中黑色显示的为已经选中的，即“平面”和“单一”已选中，对于此例不需要更改，单击“完成”即可。在信息区显示的文本框中输入截面名称“A”,如图 12.15（b）所示。按回车键，弹出“设置平面”的菜单管理器。

（2）此时信息行提示选择平面曲线或基准平面（操作时要时刻关注信息行提示，人机交互)。单击选取 RIGHT 基准平面作为剖切平面，如图 12.15（c）所示。

（3）选择“剖切区域”的“完全”选项，再单击右侧的“箭头显示”空白框，如图 12.15（d）所示，然后单击主视图，即可将投射方向和剖切符号标注在主视图上，如不需要标注，可省略此步骤。

（4）最后单击“确定”,如图 12.15（e）所示。完成的左视图的全剖视图,如图 12.15（f）所示。

12.4.2 创建半剖视图

创建半剖视图的步骤如图 12.16 所示。

（1）(接着图 12.15 的操作）双击主视图，弹出“绘图视图”对话框。单击“截面”标签，弹出“截面选项”菜单，选择“2D 横截面”，单击“＋”，弹出创建“横截面创建”菜单管理器，即要求我们确定剖切平面的个数和种类，菜单管理器中黑色显示的为已经选中的，即“平面”“单一”已选中，对于此例我们不需要更改，单击“完成”即可。在信息区显示的文本框中输入截面名称“B”,按回车键,弹出“设置平面”的菜单管理器。

（2）单击选取 DTM4 基准平面作为剖切平面，选择“剖切区域”的“一半”选项，选择如图 12.16（d）中的主视图所示的平面为半剖平面，再选择剖切侧。最后单击“确定”，完成了主视图的半剖视图。

按照上述的方法，读者可尝试着把图 12.16（e）中的俯视图修改为全剖视图，如图 12.17 所示。具体操作方法可观看教学视频。

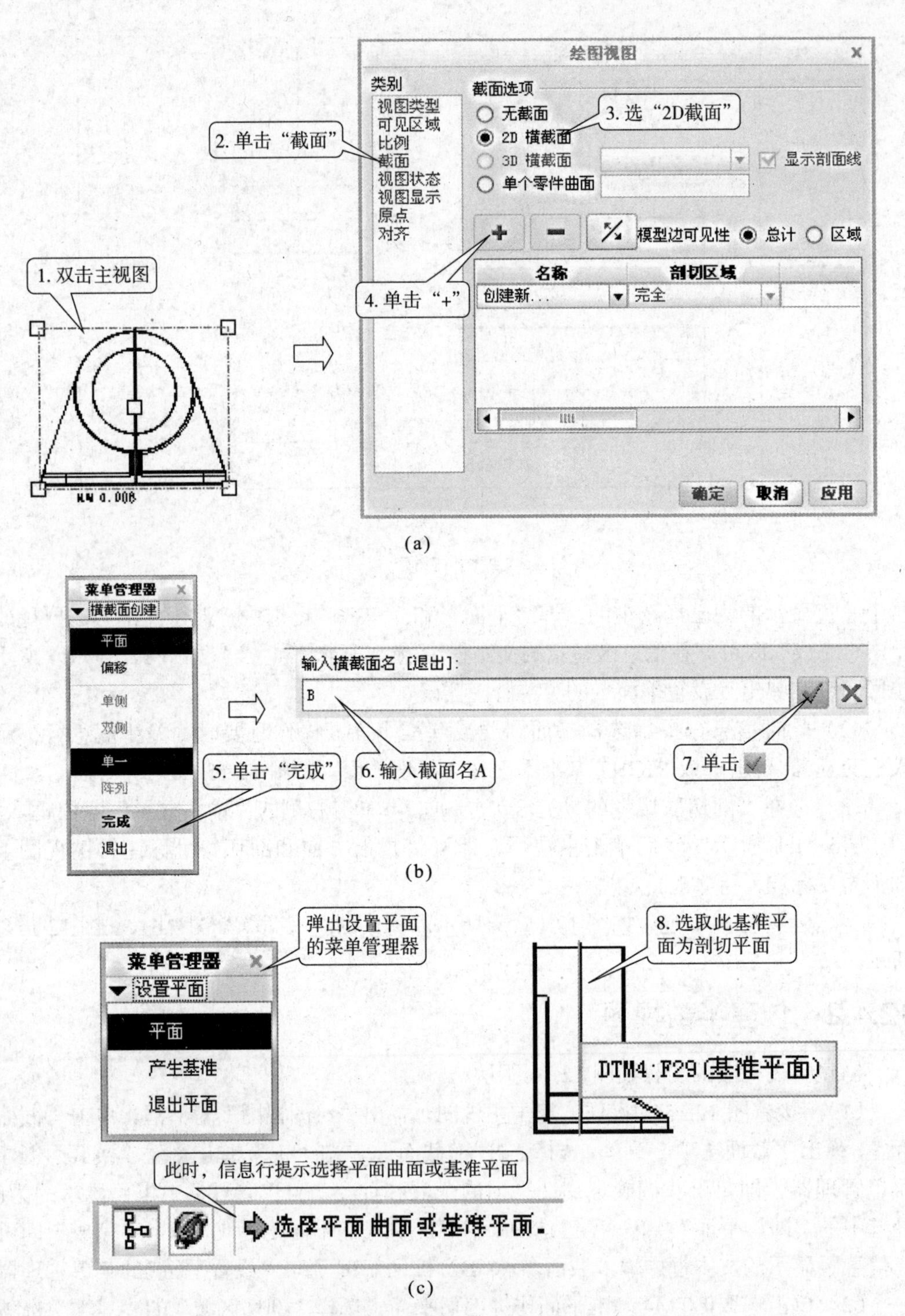

图 12.16　创建半剖视图

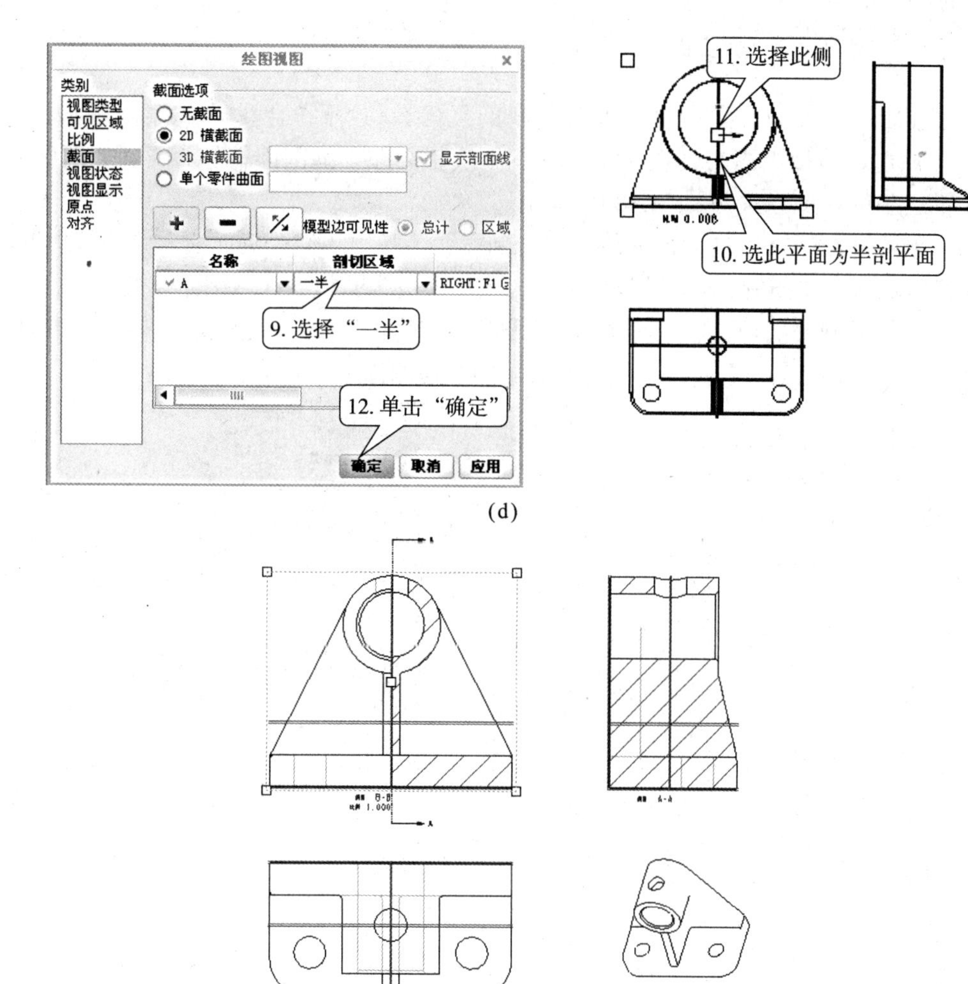

(d)

(e)

续图 12.16

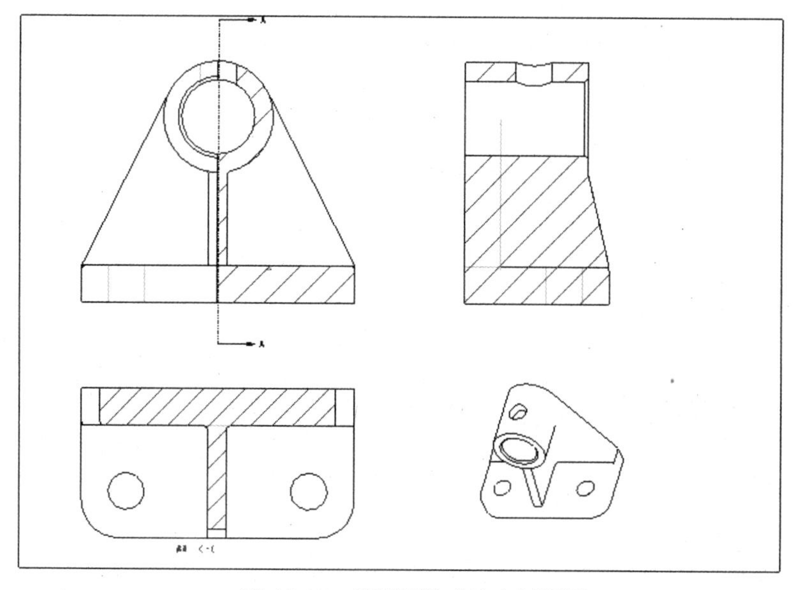

图 12.17 俯视图修改为全剖视图

12.4.3　肋板按不剖绘制

如图 12.17 所示，左视图上的肋板被画上剖面线了，这不符合我国国家标准的规定。国家标准规定，肋板被纵向剖切时，应按不剖绘制，即不画剖面符号。下面介绍肋板按照不剖绘制的一种方法（图 12.18）。

（1）删除肋板所在区域的剖面线：双击剖面线，弹出“修改剖面线”菜单管理器，选取“X 区域”→“拭除”，选择肋板所在区域，则包含肋板的区域剖面线被删除。

（2）草绘复制要剖切的区域轮廓：在工程图中，使用“草绘”选项卡中的“使用边”工具 和“拐角”工具，将要剖切的封闭轮廓绘制出来。

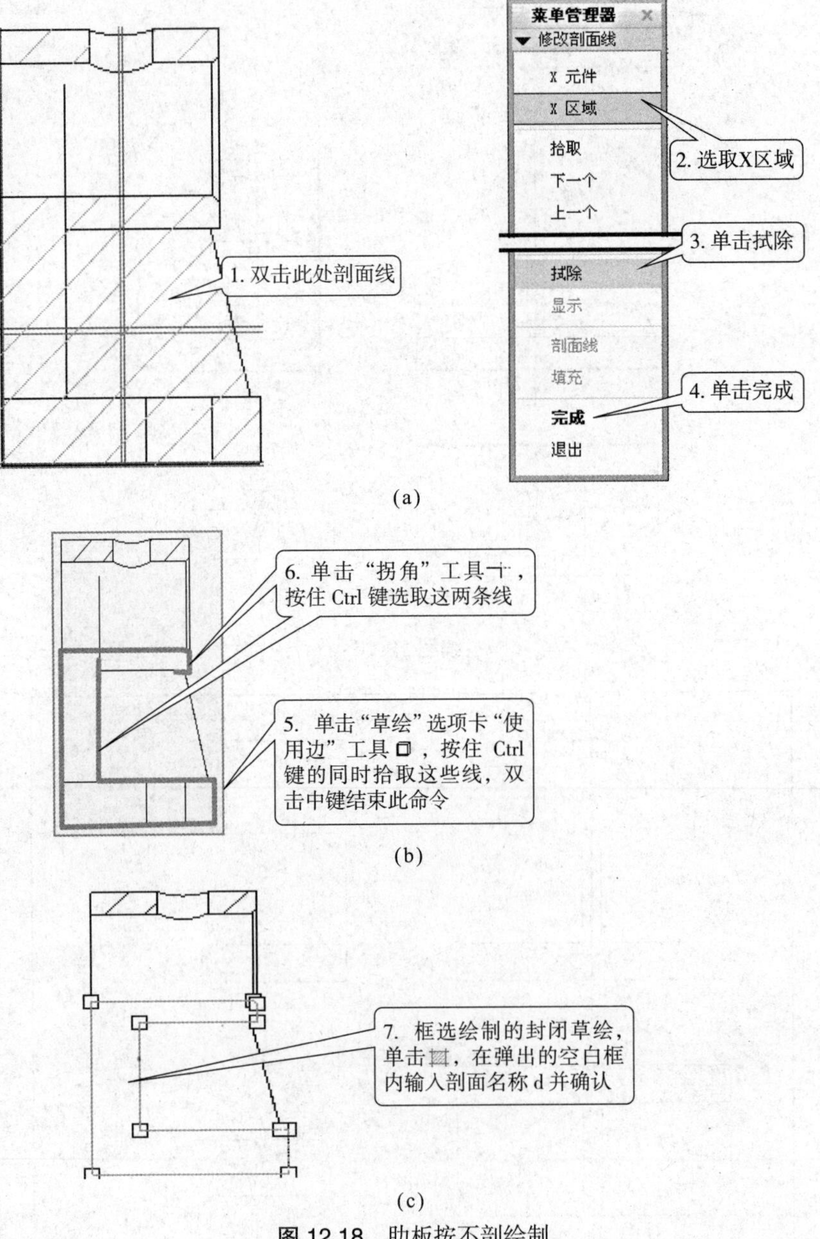

图 12.18　肋板按不剖绘制

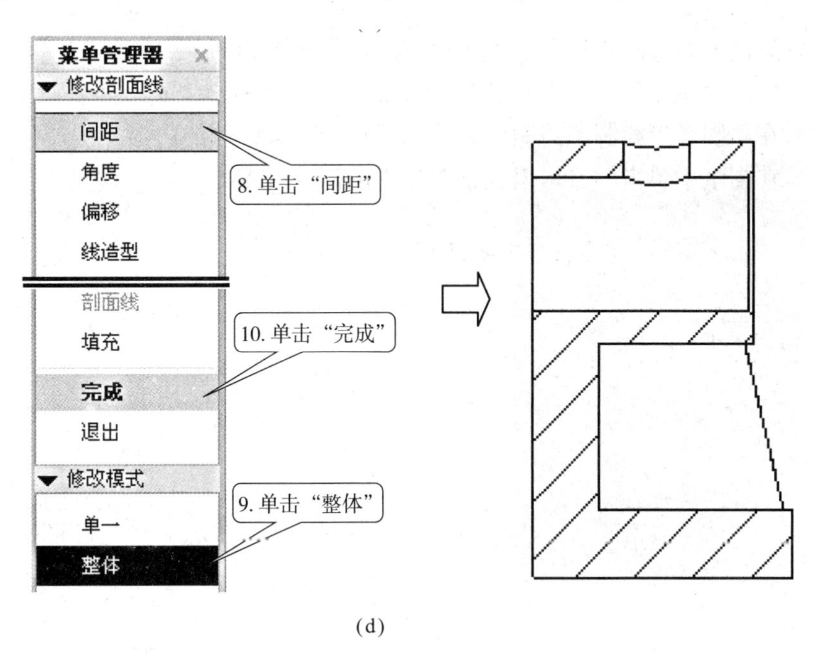

(d)

续图 12.18

（3）修改填充剖面线的间距，使其与其他区域剖面线一致：框选上面绘制的剖切区域，单击“剖面线”按钮，输入剖面区域名称并确定后弹出“修改剖面线”菜单管理器，选择“间距”→“整体”→“完成”，完成剖面线的填充。

按照同样的方法，再将主视图左侧底板修改为局部剖视图，如图 12.19 所示。

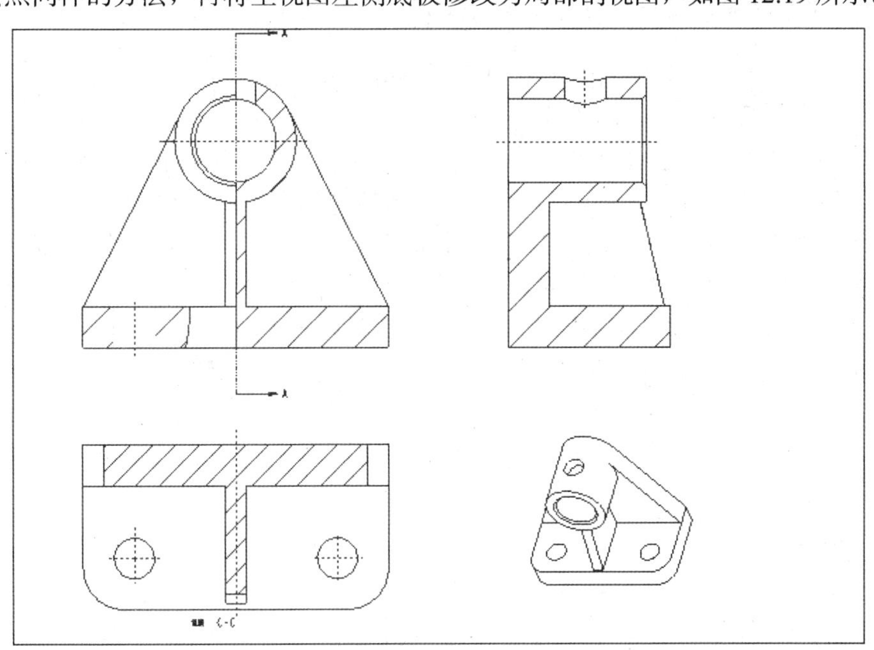

图 12.19

12.5 创建局部放大图

在工程图中，对一些结构复杂且尺寸较小的部位，经常使用局部放大的方法，使设计得以清楚地表达。创建局部放大视图的操作步骤如图 12.20 所示。

（1）单击菜单“布局”选项卡中“详细”命令，在视图上选取要查看细节的中心点。

（2）在绘图窗口绘制一封闭样条轮廓线作为放大区域的边界。

（3）在图纸中单击一点，以放置要建立的局部视图。

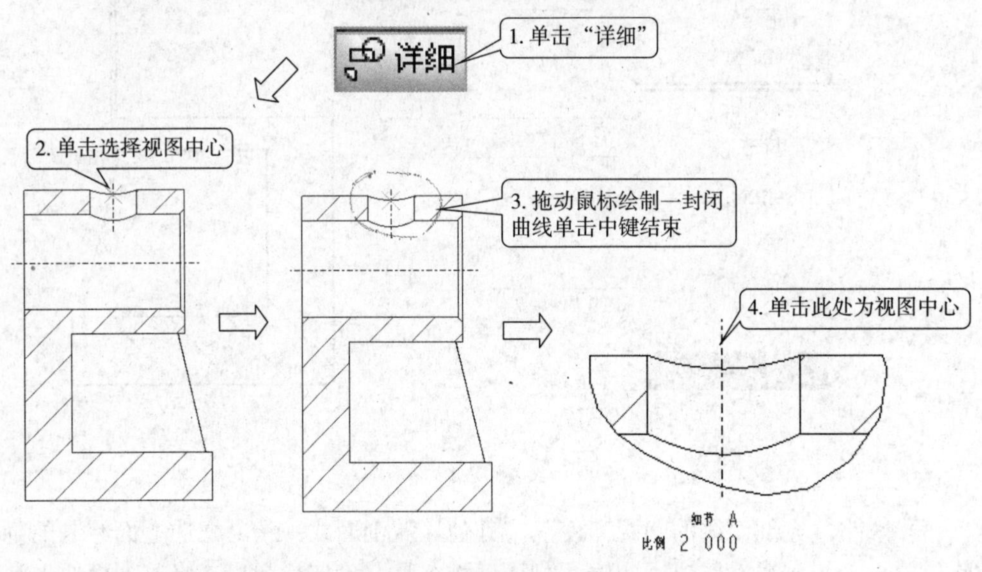

图 12.20　创建局部放大图示例

12.6 创建斜视图

以模型 7-3 为例，说明建立斜视图的方法和步骤。

（1）打开文件名为“xieshitu.drw”工程图文件。

（2）单击“布局”选项卡中“辅助”命令 辅助，在屏幕上单击主视图如图 12.21（a）所示斜面，在绘图区适当位置单击一点，放置斜视图，如图 12.21（b）所示。

（3）斜视图一般只表示倾斜的局部，其他部分不表达。下面我们将其他部分去掉。双击该斜视图弹出“绘图视图”对话框，单击“对齐”选项卡，取消“将此视图与其他视图对齐”选项，单击“应用”按钮，如图 12.21（c）所示。

（4）在“绘图视图”对话框，单击“截面”，选中“单个零件曲面”选项，在绘图区单击选中如图 12.21（d）所示区域。单击“确定”按钮，在绘图区空白区单击鼠标左键结束命令，完成斜视图的建立，创建的斜视图如图 12.21（e）所示。

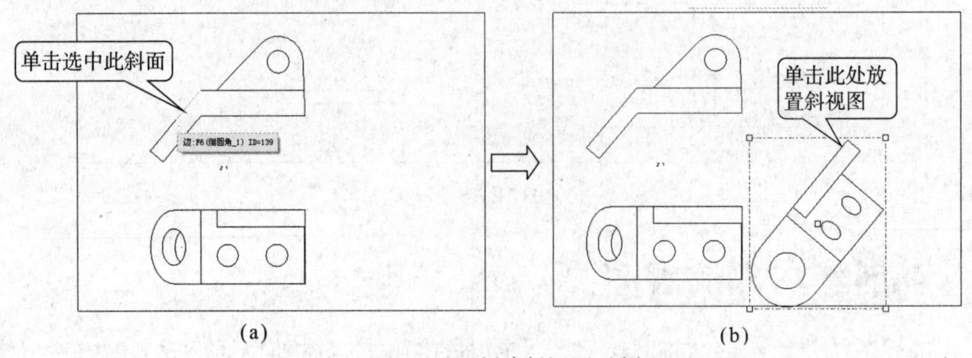

图 12.21　创建斜视图示例

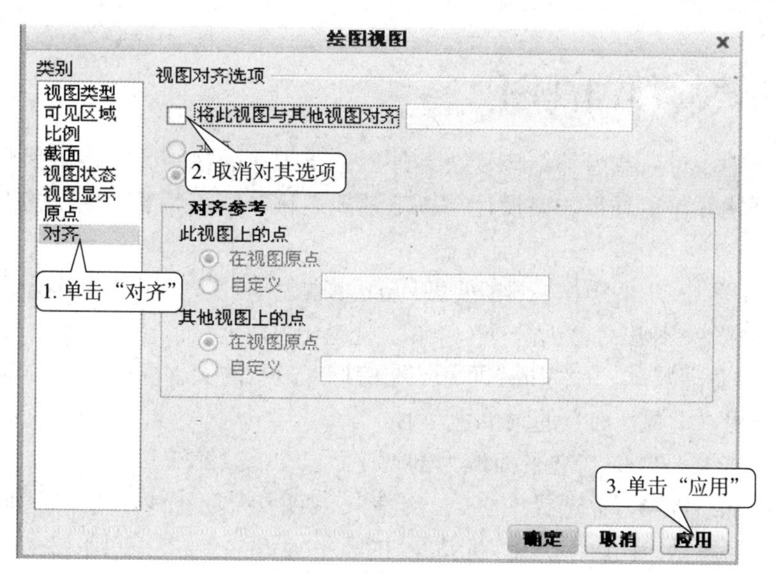
绘图视图
类别
视图类型
可见区域
比例
截面
视图状态
视图显示
原点
对齐
视图对齐选项
将此视图与其他视图对齐
2. 取消对其选项
对齐参考
此视图上的点
在视图原点
自定义
其他视图上的点
在视图原点
自定义
1. 单击“对齐”
3. 单击“应用”
确定
取消
应用

(c)

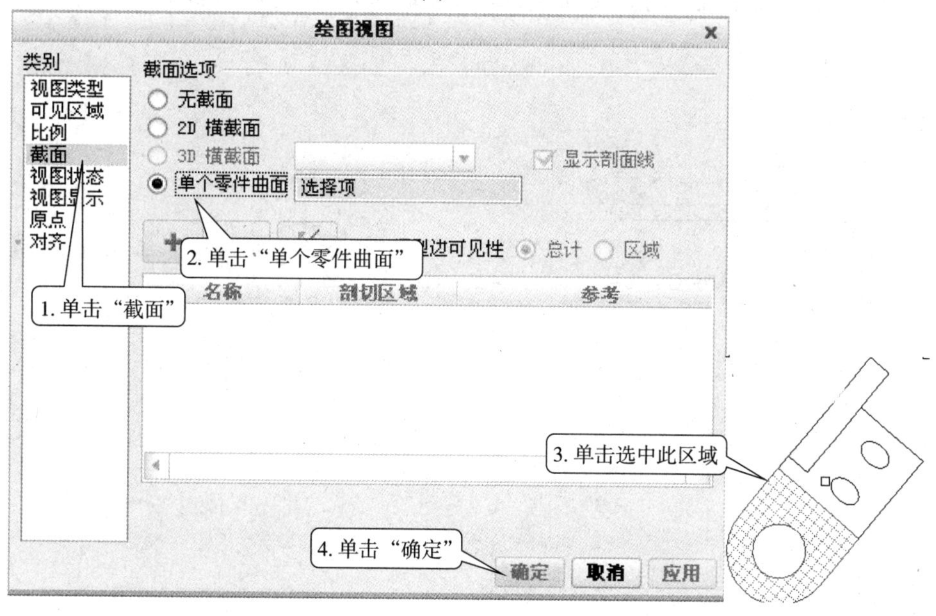
绘图视图
类别
视图类型
可见区域
比例
截面
视图状态
视图显示
原点
对齐
截面选项
无截面
2D 横截面
3D 横截面
显示剖面线
单个零件曲面
选择项
2. 单击“单个零件曲面”
边可见性
总计
区域
名称
剖切区域
参考
1. 单击“截面”
3. 单击选中此区域
4. 单击“确定”
确定
取消
应用

(d)

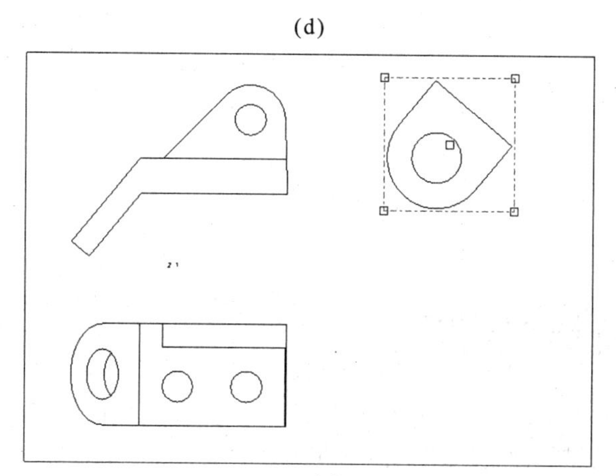

(e)

续图 12.21

12.7 创建局部剖视图

在工程图中，对一些内部结构复杂且外形也要表达的视图，经常使用局部剖视图来表达内部结构并保留外形，使设计得以清楚地表达。创建局部剖视图的操作步骤如图 12.22 所示。

（1）（接着图 12.21 的操作）双击要做局部剖视的主视图，弹出“绘图视图”对话框。单击“截面”标签，弹出“截面选项”菜单，选择“2D 横截面”，单击“+”，弹出“横截面创建”菜单管理器，单击“完成”即可。在信息区显示的文本框中输入截面名称“A”，按回车键，弹出“设置平面”的菜单管理器。

（2）单击选取 DTM2 基准平面作为剖切平面，如图 12.22（a）所示。选择“剖切区域”的“局部”选项，并选择中心点，绘制一封闭样条轮廓线作为局部剖视的区域，如图 12.22（b）所示，单击“应用”完成了主视图的局部剖视图，如图 12.22（c）所示。

（3）同理，将主视图的底板也做如图 12.22（d）所示的局部剖视图。

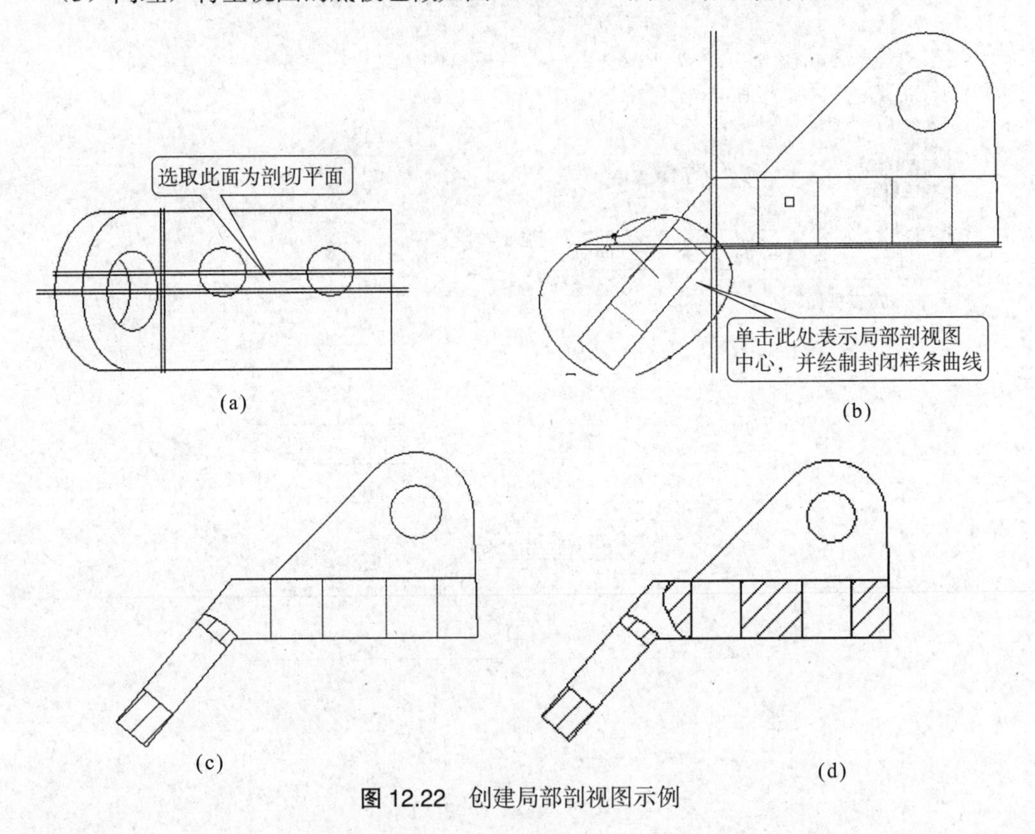

图 12.22 创建局部剖视图示例

12.8 创建阶梯剖视图

在工程图中，对一些内部结构复杂的视图，经常使用阶梯剖的方法获得剖视图，使表达更加简洁。创建阶梯剖视图的操作步骤如图 12.23 所示。

（1）双击要做阶梯剖视的主视图，弹出“绘图视图”对话框。单击“截面”标签，

弹出“截面选项”菜单，选择“2D 横截面”，单击“＋”，弹出“横截面创建”菜单管理器，单击“偏移”“双侧”“单一”“完成”，如图 12.23（a）所示，在信息区显示的文本框中输入截面名称“B”，按回车键，弹出该零件的零件设计界面。

（2）在零件设计界面的“设置草绘平面”菜单管理器中，单击选取“新设置”“平面”，并单击选取如图 12.23（b）所示的平面为剖切轨迹草绘面，单击“确定”，如图 12.23（c）所示。在菜单管理器中再次单击“默认”，如图 12.23（d）所示，则开始草绘剖切轨迹。

（3）草绘剖切轨迹如图 12.23（e）所示。单击“草绘”下拉菜单里的“完成”命令，结束草绘，返回到工程图界面。

（4）在“绘图视图”对话框，选择“剖切区域”的“全部”选项，并单击“箭头显示”空白区，激活箭头显示选项。然后单击选取俯视图显示箭头，最后单击“应用”“关闭”，如图 12.23（f）所示。得到的阶梯剖视图如图 12.23（g）所示。

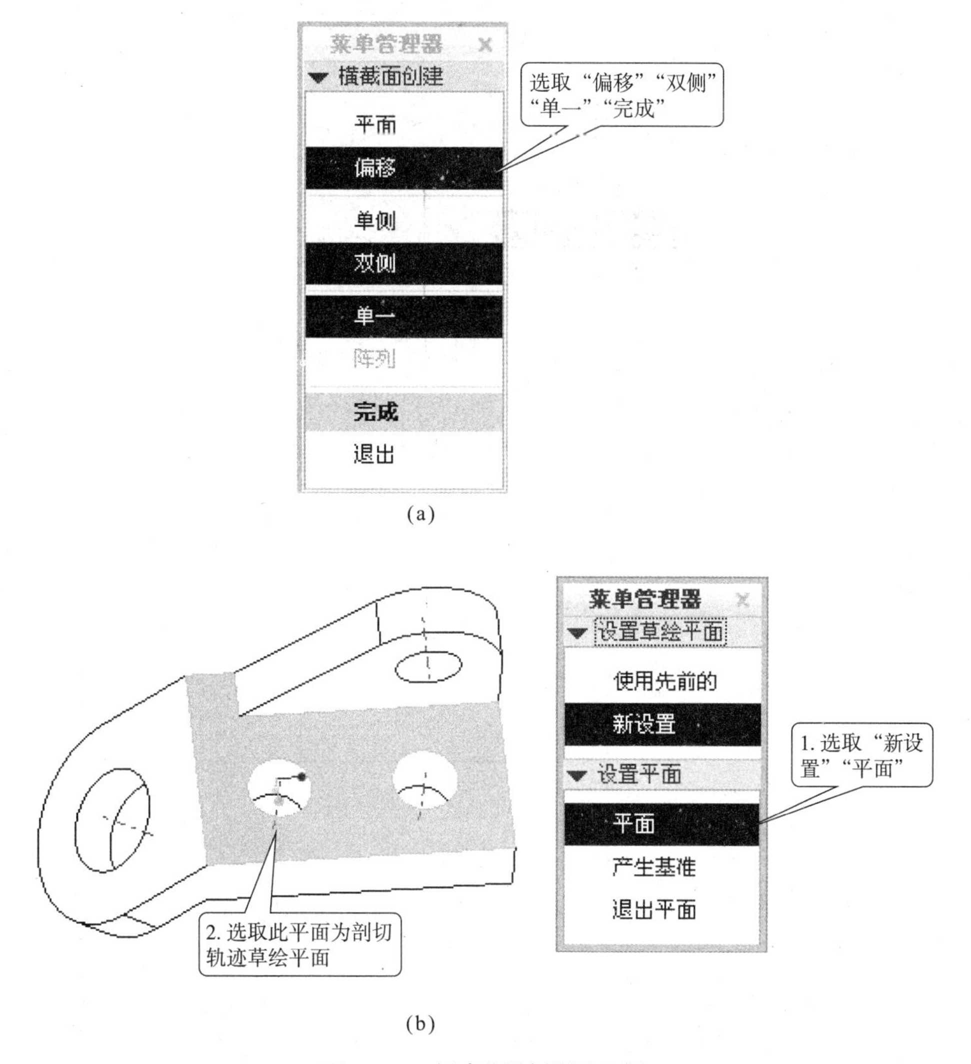

图 12.23　创建阶梯剖视图示例

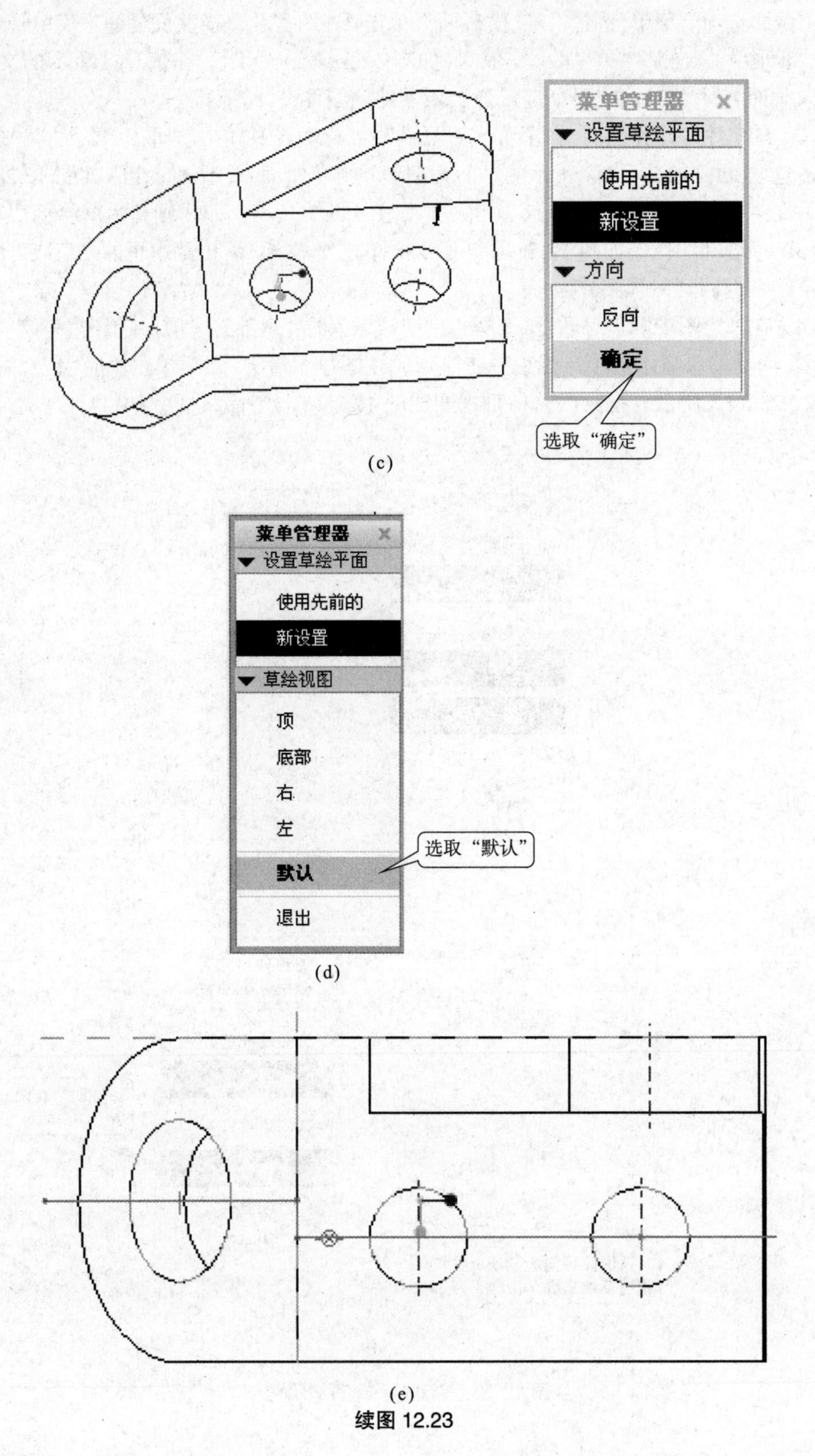
菜单管理器
设置草绘平面
使用先前的
新设置
方向
反向
确定
选取“确定”
(c)
菜单管理器
设置草绘平面
使用先前的
新设置
草绘视图
顶
底部
右
左
默认
退出
选取“默认”
(d)
(e)

续图 12.23

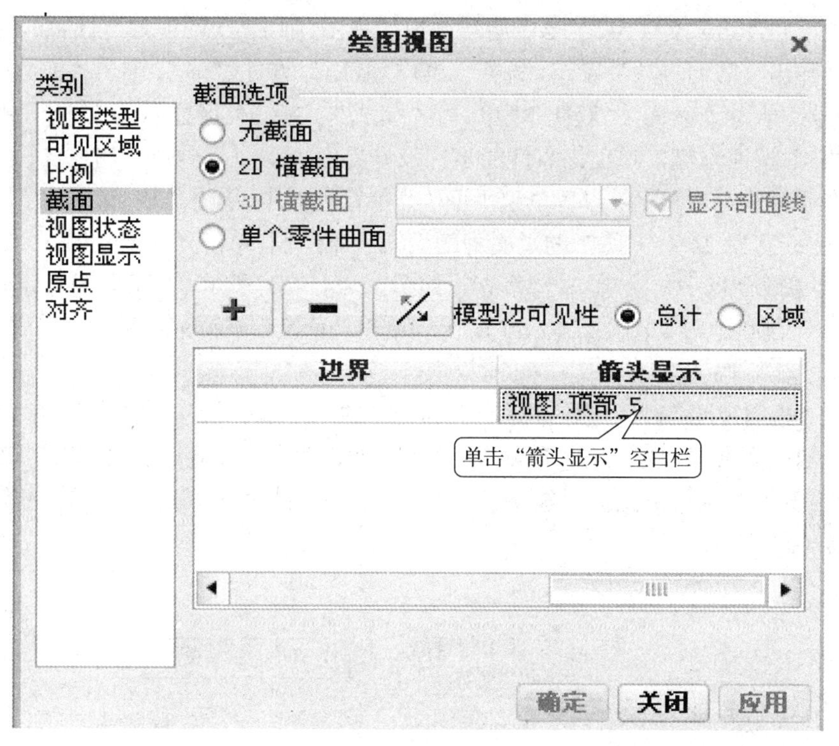

(f)

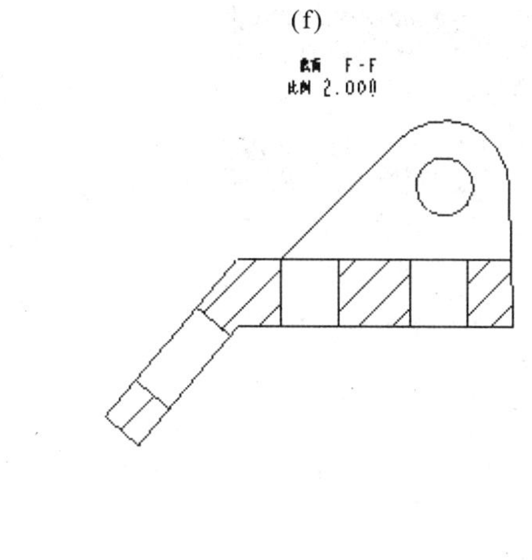

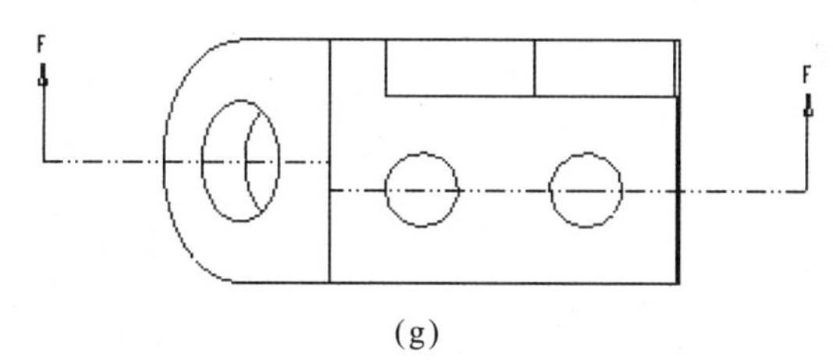

(g)

续图 12.23

12.9 创建旋转剖视图

在工程图中，对一些内部结构复杂的视图，经常使用旋转剖的方法获得剖视图，使表达更加简洁。创建旋转剖视图的操作步骤如图 12.24 所示。

(1)打开 12-1.drw 文件，双击要做旋转剖视的视图，弹出“绘图视图”对话框。单击“截面”标签，弹出“截面选项”菜单，选择“2D 横截面”，单击“+”，弹出“横截面创建”菜单管理器，单击“偏移”“双侧”“单一”“完成”，在信息区显示的文本框中输入截面名称“A”，按回车键，弹出该零件的零件设计界面。

(2) 在零件设计界面的“设置草绘平面”菜单管理器中，单击选取“新设置”“平面”，并单击选取如图 12.24（a）所示的平面为剖切轨迹草绘面，单击“确定”，如图 12.24（b）所示。在菜单管理器中再次单击“默认”，如图 12.24（c）所示，则开始草绘剖切轨迹。

(3) 草绘剖切轨迹如图 12.24（d）所示。单击“草绘”下拉菜单里的“完成”命令，结束草绘，返回到工程图界面。

(4) 在“绘图视图”对话框，选择“剖切区域”的“全部（对齐）”选项，如图 12.24（e）所示，选取轴线为参考，并单击“箭头显示”空白区，激活箭头显示选项，如图 12.24（f）所示。然后单击选取主视图显示箭头，最后单击“应用”“关闭”，得到的旋转剖视图如图 12.24（g）所示。

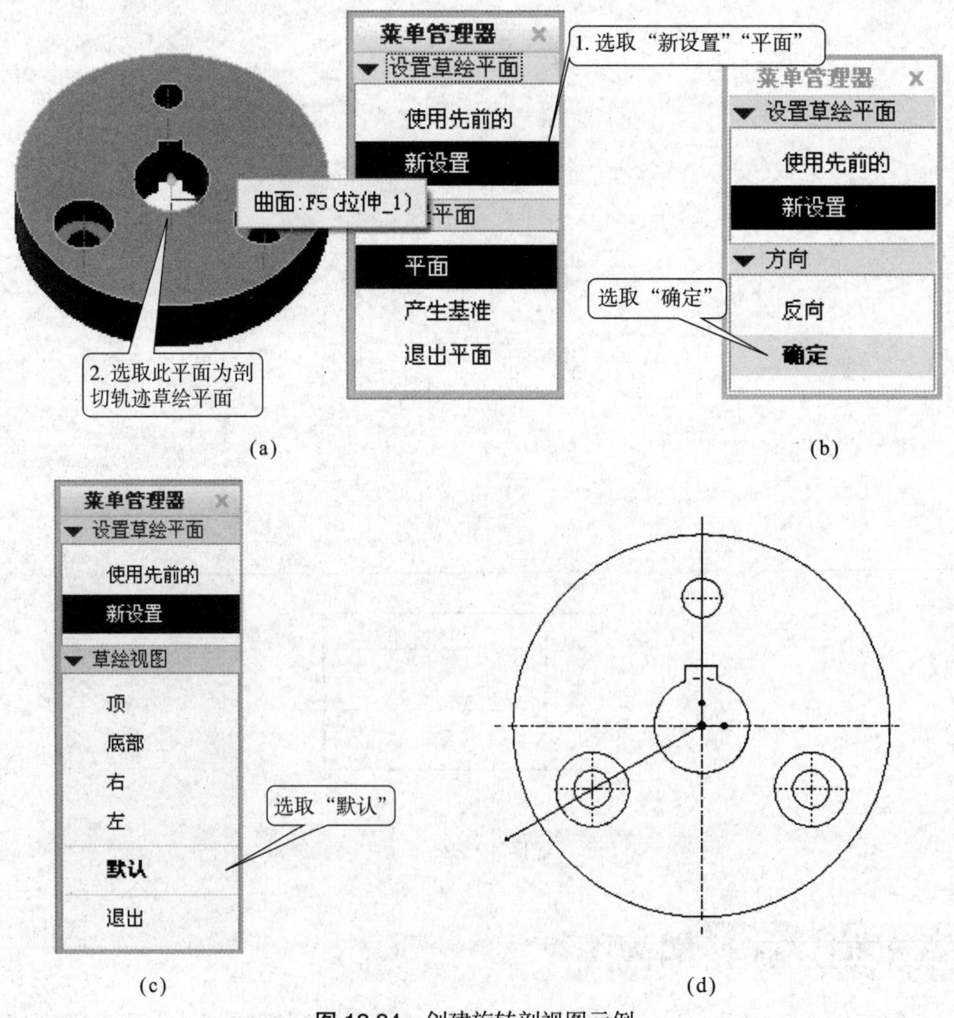

图 12.24　创建旋转剖视图示例

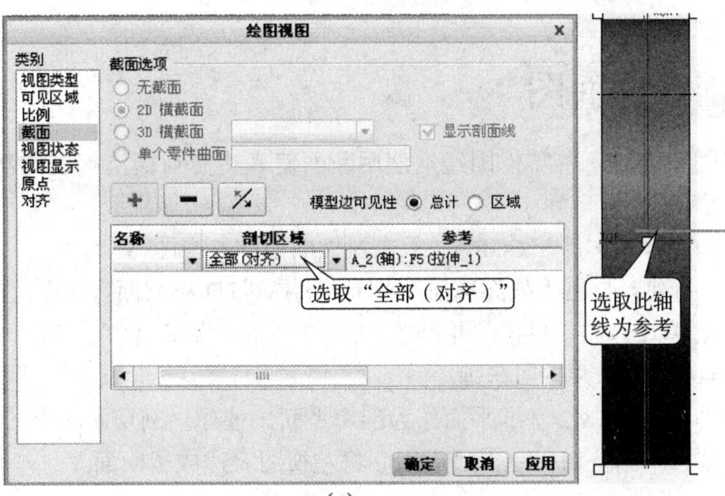
绘图视图
类别
视图类型
可见区域
比例
截面
视图状态
视图显示
原点
对齐
截面选项
无截面
2D 横截面
3D 横截面
显示剖面线
单个零件曲面
模型边可见性 总计 区域
名称
剖切区域
参考
全部(对齐)
A_2(轴):F5(拉伸_1)
选取“全部（对齐）”
选取此轴线为参考
确定
取消
应用

(e)

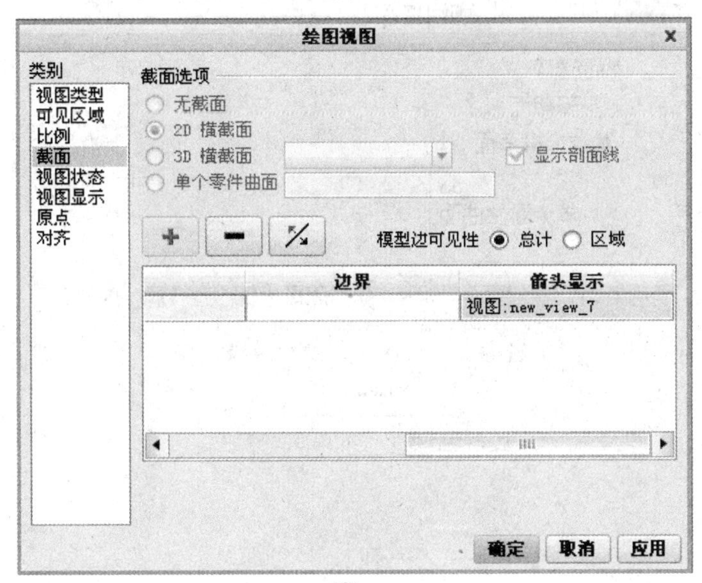
绘图视图
类别
视图类型
可见区域
比例
截面
视图状态
视图显示
原点
对齐
截面选项
无截面
2D 横截面
3D 横截面
显示剖面线
单个零件曲面
模型边可见性 总计 区域
边界
箭头显示
视图:new_view_7
确定
取消
应用

(f)

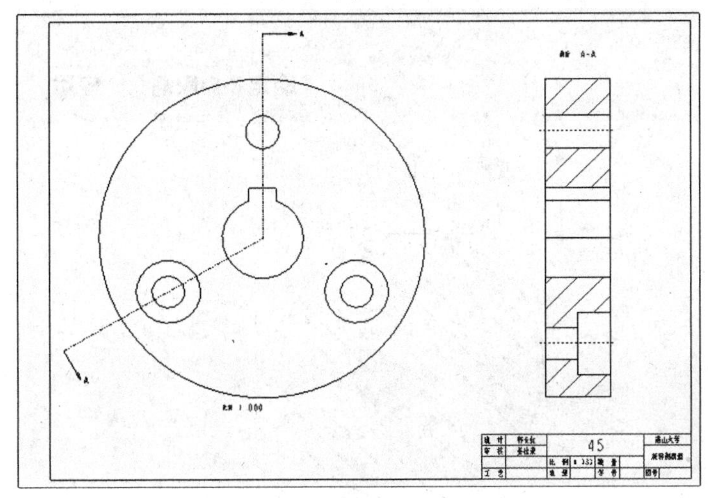
A
A
45

(g)

续图 12.24

12.10 创建断面图

在工程图中，对一些零件图经常使用断面使表达更为简洁。创建断面的操作步骤如图 12.25 所示。

（1）打开工程图文件 axes.drw。双击要做断面的左视图，弹出“绘图视图”对话框。单击“截面”标签，弹出“截面选项”菜单，选择“2D 横截面”，单击“+”，弹出“横截面创建”菜单管理器，单击“平面”“单一”“完成”即可。在信息区显示的文本框中输入截面名称“B”并按回车键。

（2）单击选取 DTM2 基准平面作为剖切平面。选择“剖切区域”的“全部”选项，并选择“区域”单选按钮，单击“应用”将左视图表达成了断面。

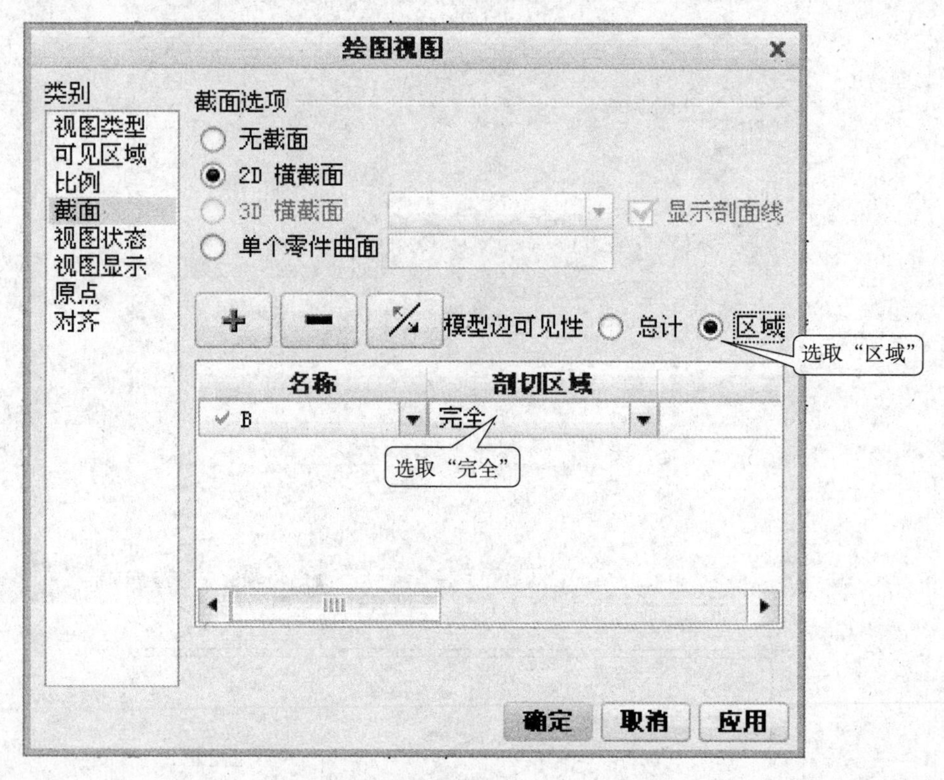

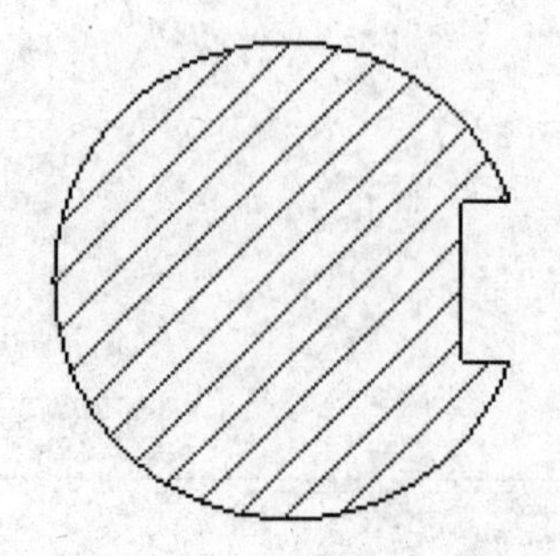

图 12.25　创建断面图示例

12.11 视图调整

由系统完成的视图及注释，其布局需要进一步调整。视图的一些属性，如显示模式、截面线形状等，根据实际情况可能也要重新设置。

12.11.1 移动视图

为了调整各视图在图纸中的布局，需要对一些视图进行移动，以合理分配图纸空间。要移动视图，只需选中视图，然后拖动光标到适当位置即可。此外，单击按钮，将锁定视图，这样将不能用鼠标拖动任何视图。因此，在拖动视图之前，应确保该按钮处于未被选中状态。

移动视图的操作步骤如下。

（1）在图纸中，选择要移动的视图，该视图的周围出现一绿框，并出现移动光标。

（2）按住鼠标左键，拖动光标到合适位置，释放左键即可。

需要说明的是，如果移动具有父子关系的视图，若沿非投影方向移动父视图，则子视图跟随移动，若视图之间的关系均为一般视图，则视图可自由移动，并不影响其他视图。

12.11.2 删除视图

如果要删除图纸中的某个视图，可选中该视图，单击右键快捷菜单中的“删除”选项即可，或者选中视图，按键盘上的“Delete”键，也可删除该视图。

技术点拨：如果删除的视图为父视图，则其子视图也将同时被删除。因此，在进行删除操作时，要非常小心，以避免误删除。

12.11.3 修改视图

选择要修改的视图，双击鼠标左键，或单击右键，单击“属性”选项，打开“绘图视图”对话框，使用该对话框可完成对指定视图的修改。

修改视图的操作步骤如下。

（1）双击要修改的视图，打开“绘图视图”对话框。

（2）选中要进行修改的选项，进行相关修改。

（3）按系统提示完成对视图的修改。

技术点拨：

（1）在绘制各种工程视图时，一般要对系统产生的注释进行调整，以使图面整洁。调整方法是选中注释，拖动光标，将注释拖到合适位置即可。

（2）工程图中的各种文字注释一般都可通过双击“注释文本”来修改其内容。

（3）在选中工程图中文字注释后，可用光标自由拖动以重新摆放其位置，从而使图面整洁、美观。

12.12 视图的尺寸标注

12.12.1　显示尺寸

（1）在“注释”选项卡，单击“显示模型注释”按钮，弹出“显示模型注释”对话框，单击“尺寸”标签按钮，如图 12.26 所示。

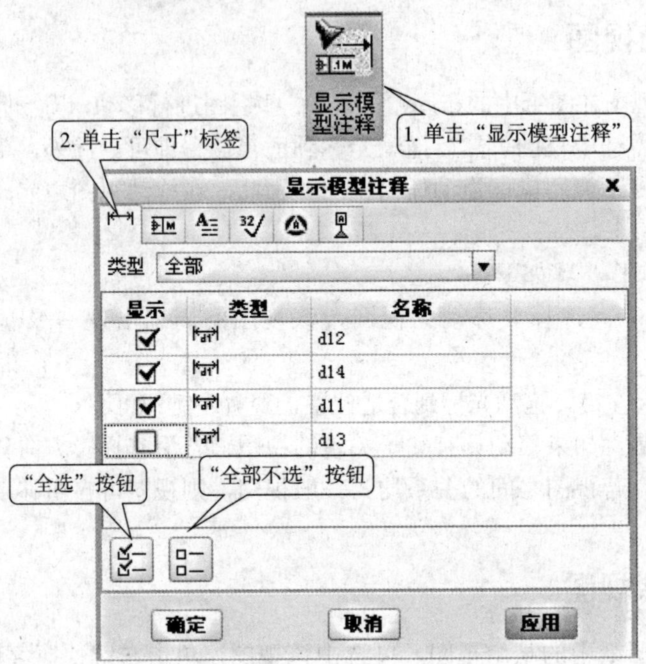

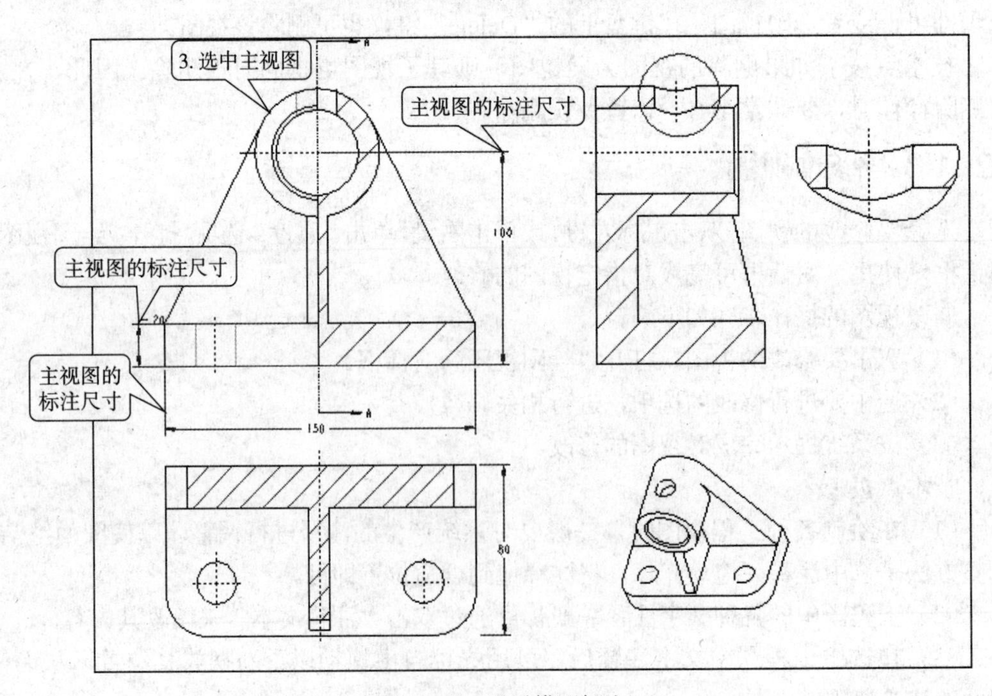

图 12.26　显示模型标注

（2）选中主视图，则在“显示模型注释”对话框的“尺寸显示”选项卡中，就会显示主视图相关的尺寸。单击该尺寸前面的复选框，则该尺寸被选中，将会以高亮显示的绿颜色标注在某个视图中，某个尺寸若没有选中，则显示为红色。下方有“全选”按钮和“全部不选”按钮。选中如图 12.26 所示的尺寸。

（3）继续选中其他特征，勾选该特征需要标注在视图中的尺寸。最后，所有特征都标注尺寸后，单击“显示模型注释”对话框的“确定”按钮，完成尺寸标注。单击视图中的某个尺寸，然后将其拖到适当的位置，调整每个尺寸的位置，最后视图的标注如图 12.27 所示。

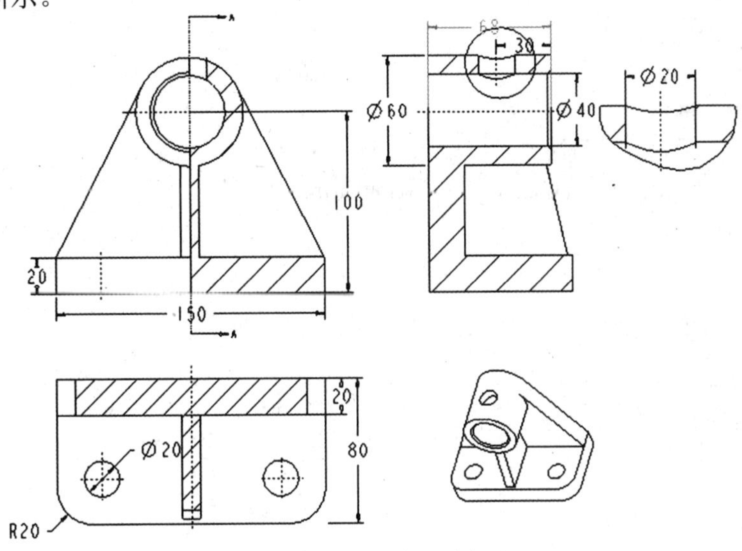

图 12.27 视图的尺寸标注

（4）选中尺寸，单击右键，弹出快捷菜单，单击“属性”选项，弹出“尺寸属性”对话框，或者直接双击尺寸，也能弹出“尺寸属性”对话框。单击“文本样式”选项卡，在“文字”中“高度”后边的文本框中输入“0.3”，如图 12.28 所示。单击“属性”选项卡，在“值和显示”中“小数位数”后边的文本框中输入“0”，如图 12.28 所示。

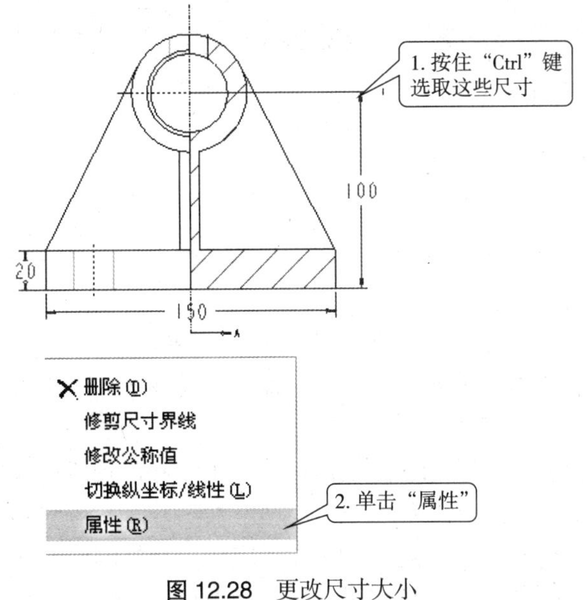

图 12.28 更改尺寸大小

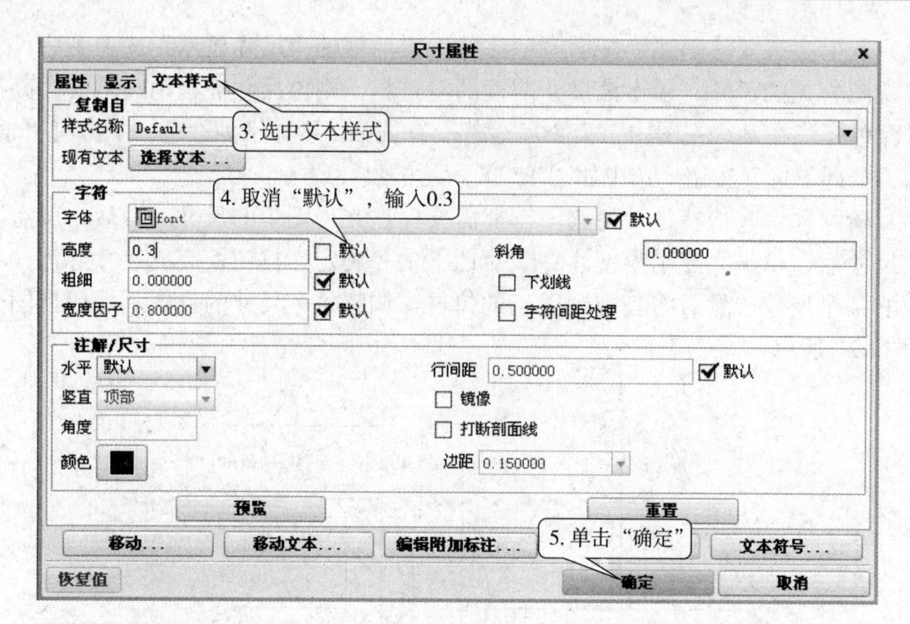

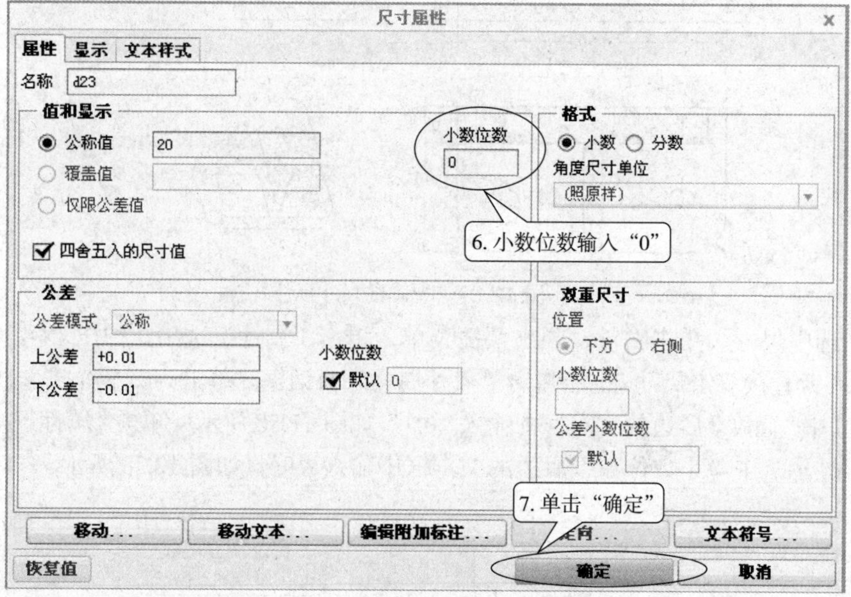

续图 12.28

12.12.2 手动标注尺寸

（1）在“注释”选项卡中，单击“尺寸”按钮，系统显示如图 12.29 所示的“依附类型”菜单管理器，单击“中心”。

（2）依次单击底板通孔的两个圆，单击中键，弹出“尺寸方向”菜单管理器，如图 12.30（a）所示，选择尺寸类型为“水平”，即可完成该水平尺寸的标注，如图 12.30（b）所示。

（3）依次单击底板的通孔和底板最后面，单击中键，具体过程如图 12.31 所示，标注孔的定位尺寸“55”。

（4）在菜单管理器中单击“返回”按钮，完成尺寸的创建，如图 12.31 所示。

（5）单击尺寸，将其拖到合适位置可调整尺寸的位置。调整尺寸位置如图 12.32 所示。

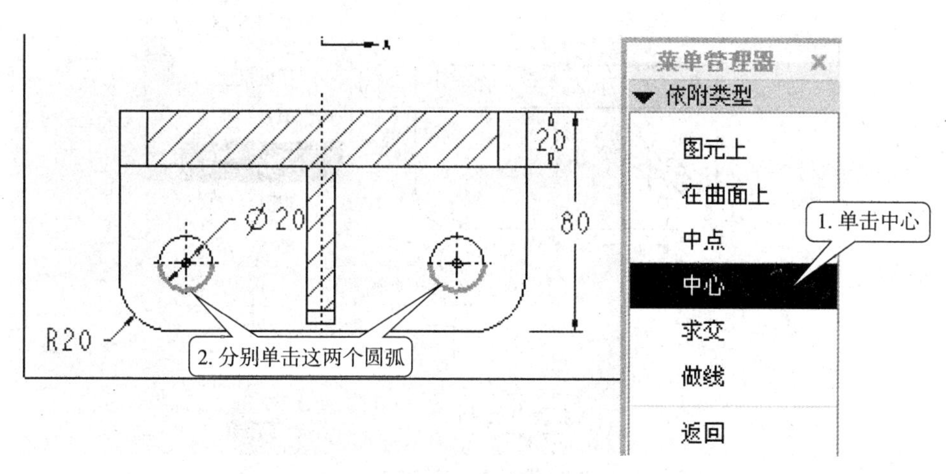

图 12.29 “依附类型”菜单管理器

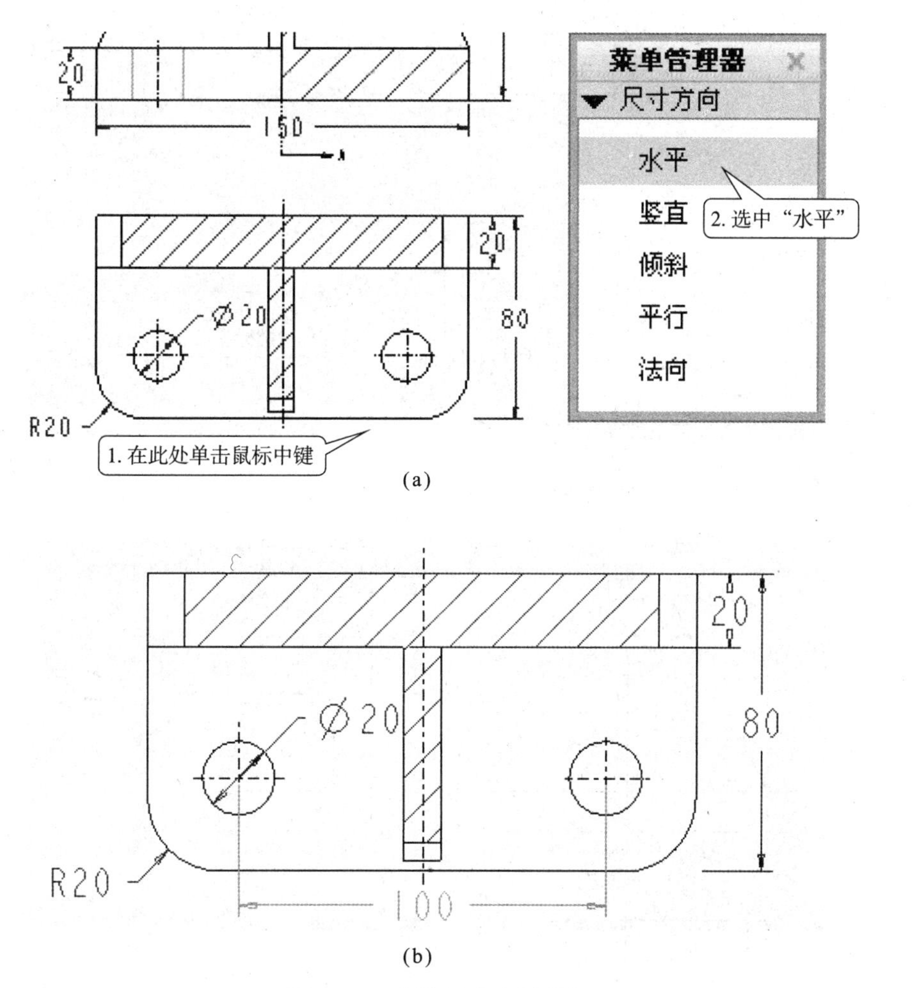

图 12.30 标注两孔水平距离

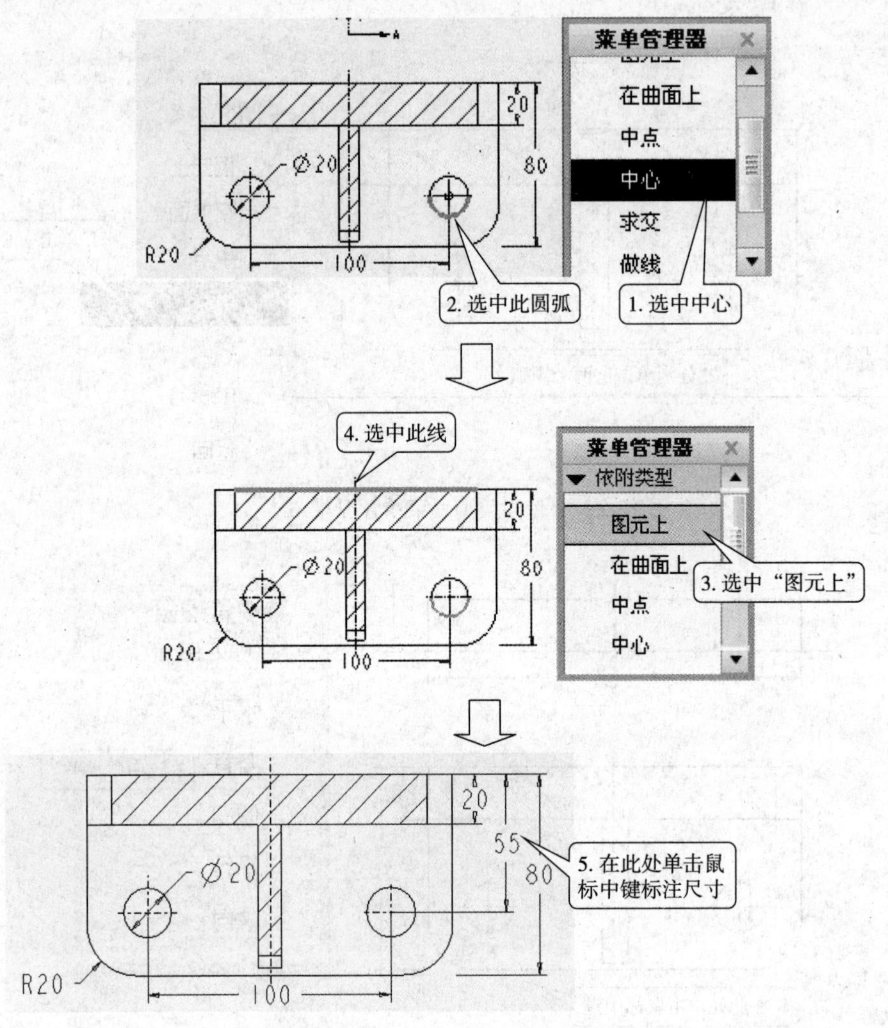

图 12.31 标注孔的竖直定位尺寸

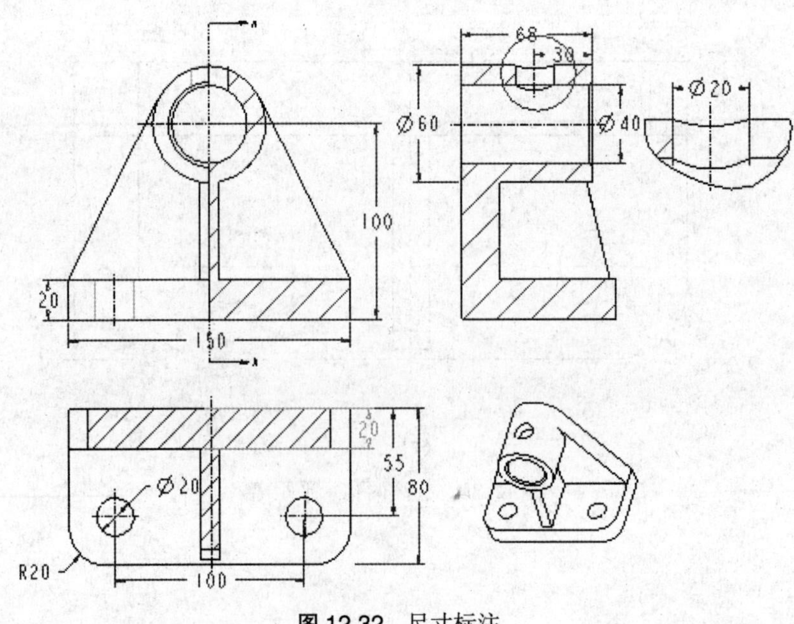

图 12.32 尺寸标注

12.13 标注表面粗糙度

下面简单举例说明在工程图上标注表面粗糙度的方法。

（1）（接上例）单击“注释”选项卡的“表面粗糙度”命令按钮 32/表面粗糙度，在弹出的菜单管理器上，单击“检索”，如图 12.33（a）所示。弹出“打开”对话框，如图 12.33（b）所示。

（2）在“打开”对话框中，双击“machined”（在机械加工表面标注表面粗糙度选此文件夹），在此文件夹中，双击“standard1.sym”，如图 12.33（c）所示。在菜单管理器中选择“法向”，如图 12.33（d）所示，则可以在视图上标注带数值的机械加工表面粗糙度符号了。

（3）单击图 12.33（e）中所示的直线，在弹出的空白框内输入表面粗糙度值“1.6”并回车（或者单击“确定”按钮）。这样就标注出如图 12.33（f）所示的表面粗糙度。同理可以标注后面的表面粗糙度，单击“完成”结束表面粗糙度的标注。

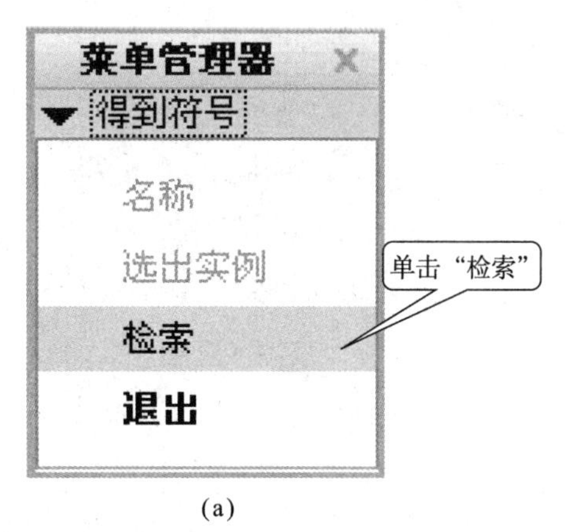

(a)

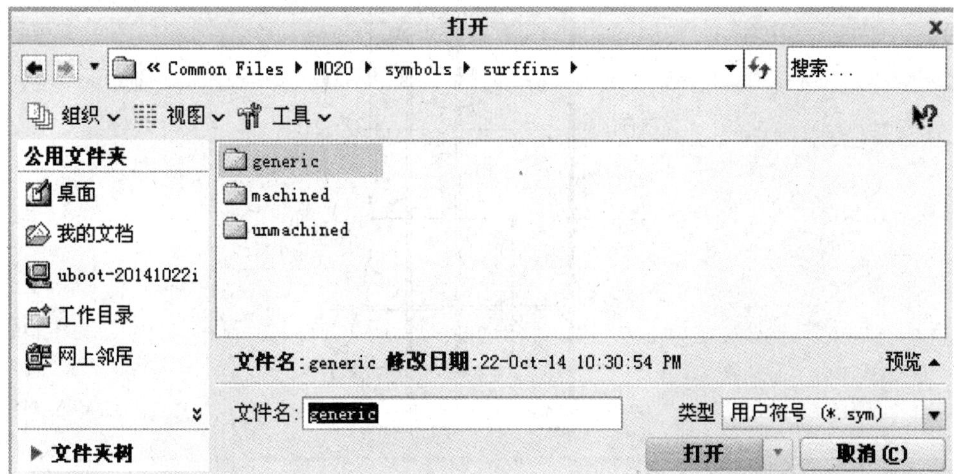

(b)

图 12.33 标注表面粗糙度

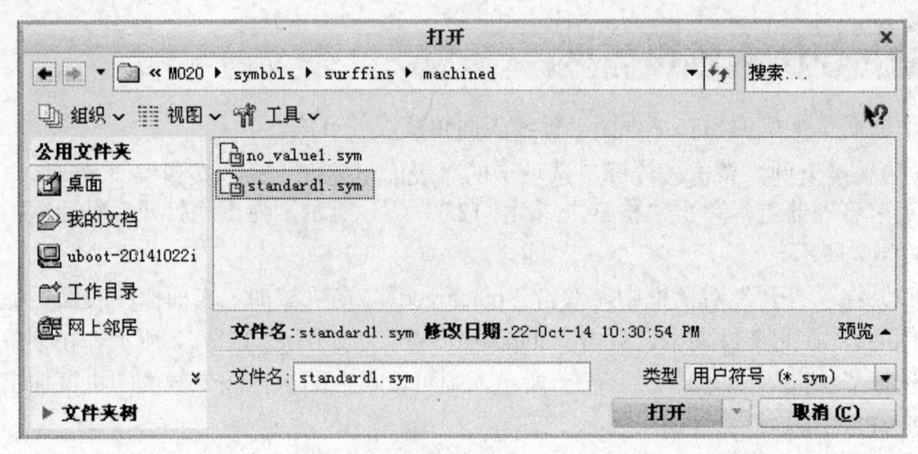

(c)

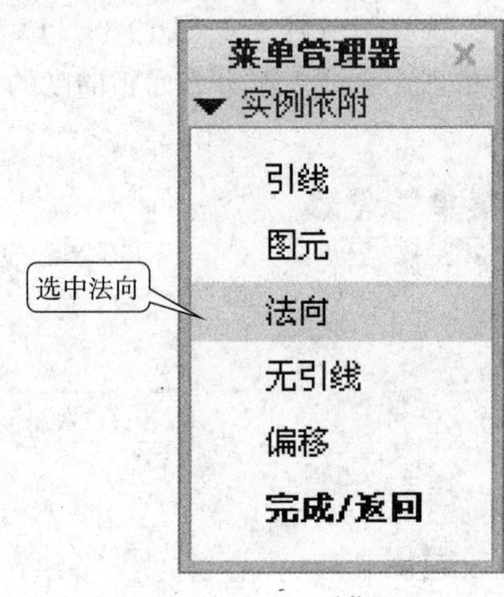

(d)

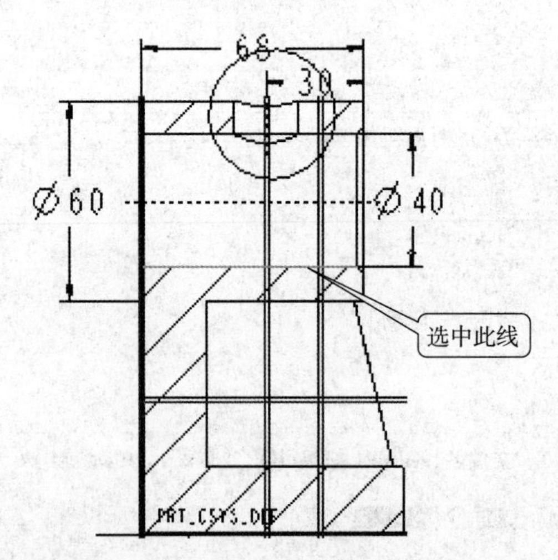

输入roughness_height的值

1.6

(e)

续图 12.33

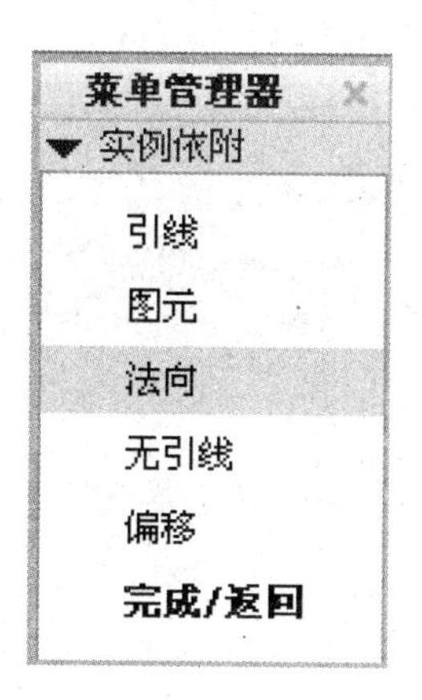

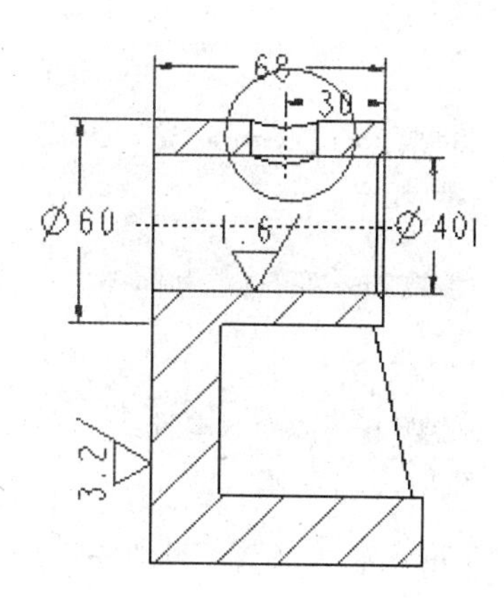

(f)

续图 12.33

12.14 编写标题栏

标题栏的制作过程参看视频。下面简要介绍使用带简化标题栏的模板创建工程图和编写标题栏的方法。

（1）新建一个文件名为“7-6.drw”的工程图文件，默认模型选为“7-6”，使用模板 frm0001.frm，如图 12.34（a）所示，单击“确定”按钮，进入工程图界面。

（2）在参数“sheji_qianming”的空格里，输入设计人员名字，如本例输入“郭长虹”并回车，如图 12.34（b）所示。

（3）同理输入其他参数，如图 12.34（b）所示，最后标题栏如图 12.34（c）所示。

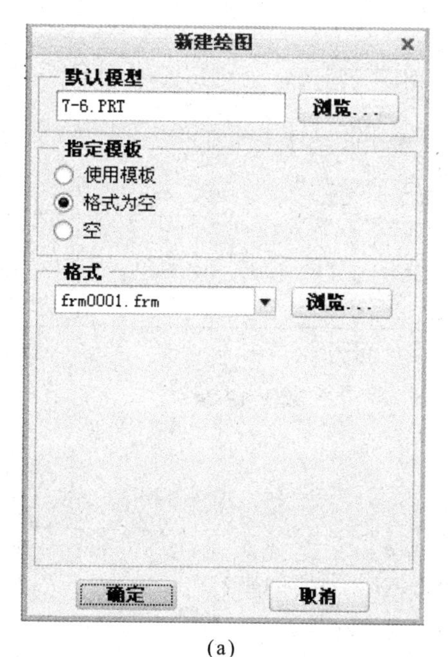

(a)

图 12.34 编写标题栏

为参数"sheji_qianming"输入文本[无]:

郭长虹

为参数"PTC_MATERIAL_NAME"输入文本[无]:

Q235

为参数"danwei"输入文本[无]:

燕山大学机械学院

为参数"shenhe_qianming"输入文本[无]:

单彦霞

为参数"modle_name"输入文本[无]:

支座

(b)

设 计	郭长虹	Q235				燕山大学
审 核	单彦霞					支座
		比 例	1.000	数 量		
工 艺		班 级		学 号		图号

(c)

续图 12.34

思考与练习

1. 工程视图主要有哪些类型？如何创建？
2. 怎样修改注释中的文本？
3. 完成下列模型的工程图。

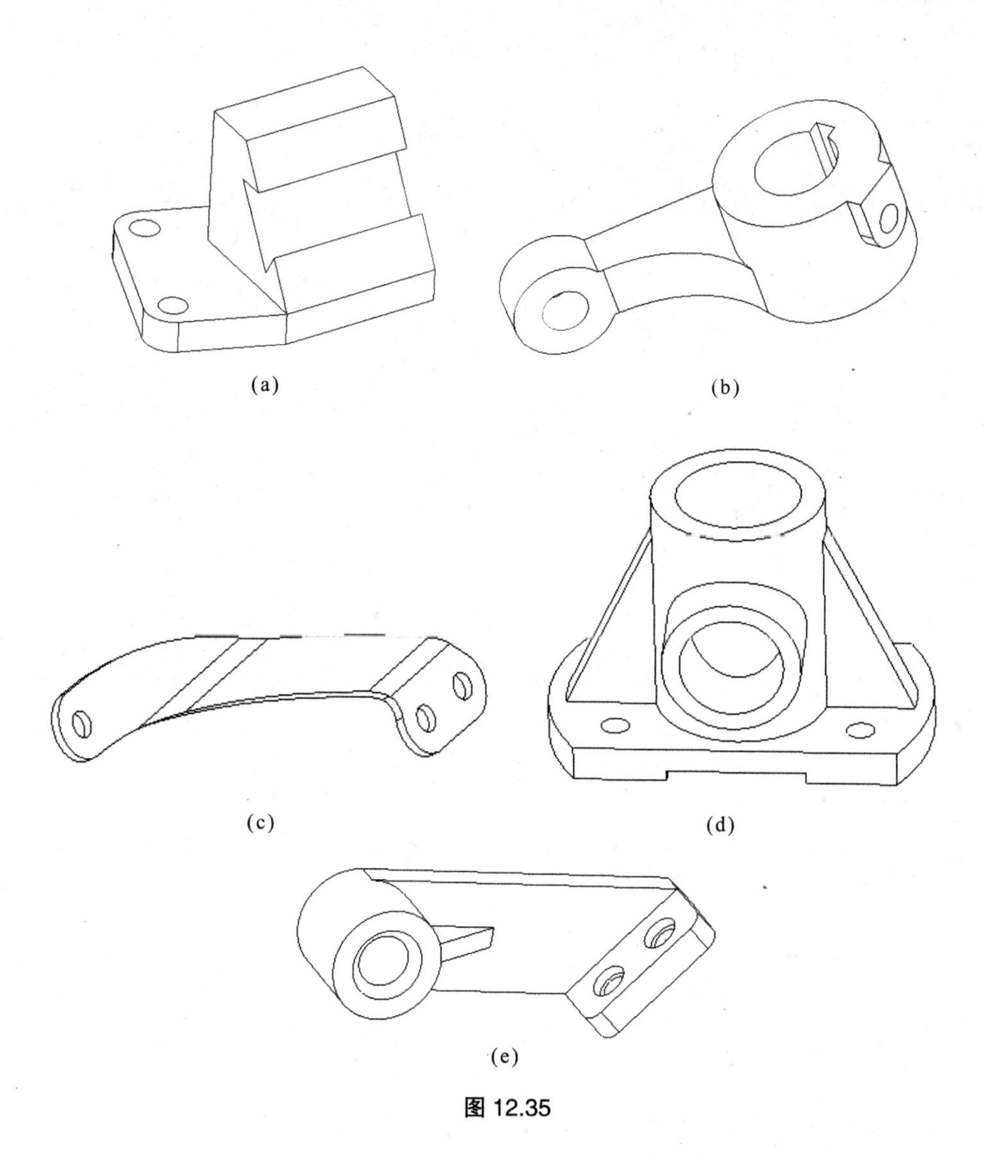

图 12.35

工程师坐堂——答疑解惑

1. 如何使 Creo 2.0 能够支持中文名?

答：需要在 Creo2.0 的配置文件中，找到 creo_less_restrictive_names 变量，将该变量值修改为 yes。具体过程如下："文件" > "选项" → "配置编辑器" 选项卡，在 "配置编辑器" 选项卡中找到 creo_less_restrictive_names，将其值修改为 yes 后，单击"确定"即可。如果配置选项卡没有 creo_less_restrictive_names 变量，则可以添加。

2. 如何将零件文件保存为其他 CAD 软件能够打开的文件?

答：单击 "文件" > "另存为" > "保存为副本"，在 "保存副本" 对话框，可更改路径，并可以 "类型" 下拉列表中，选择需要保存的文本格式，单击 "确认" 即可。

3. 保存镜像文件是什么意思?

答：保存镜像，就是能将现有文件保存为一个与之镜像的文件。比如在装配体中，常常会有两个零件，构造很像，就是一左一右，一上一下或者一前一后的对称，这时，我们可以创建一个零件后，再将之保存为镜像，然后打开镜像文件，做适当修改编辑，另一个零件就很高效地完成了。

4. 如何使用"命令搜索"？

答：单击 "命令搜索" ⌕，在搜索栏输入命令名称，比如 "测量"，就会出现将搜索到的命令显示在下拉列表内，如图 1 所示，将鼠标指向该命令，系统就会将该命令的所在位置显示出来，直接在列表中单击该命令，也可以执行该命令。

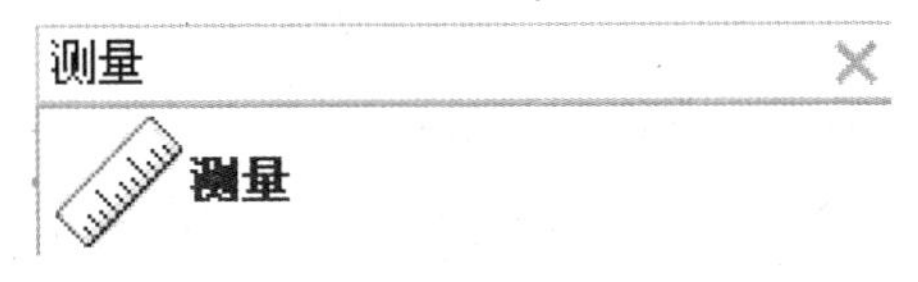

图 1

5. 如何使功能区最小化?

答：将鼠标放置于选项卡上右键单击，弹出如图 2 所示的右键菜单，勾选 "最小化功能区" 即可。或者同时按下键盘的 Ctrl 键和 F1 键，也可以显示功能区的最大、最小切换。还有一个最简捷的方法，就是单击 Creo 2.0 软件右上角搜索命令左侧的箭头图标（见图 3），可以切换功能区的最大化和最小化。

6. 文件保存为"副本"和保存为"备份"有什么区别?

答：保存备份只是保存和当前文件一模一样的文件，保存备份时，只能更改备份文件

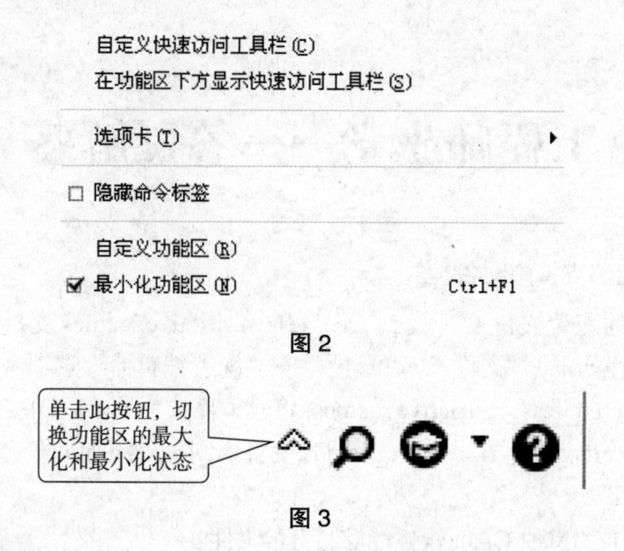

图 2

图 3

的路径，不能修改原文件名。而保存副本，则既可以更改路径，又可以更改文件名，最重要的是可以保存为不同的文件格式，使得其他 CAD 软件或者别的软件，也可以打开该副本文件。

7. 如何检查草图的合理性？

答：使用草绘器检查组的“着色封闭环”命令可以使草绘的封闭环着色显示，“突出显示开放端”命令使草绘的开放端突出红色显示，“重复几何”命令可以检查出草绘中所有相互重叠的图元（端点重合除外），并将其加亮（图 4）。

图 4

8. 拖动草图时，如何保证已修改过的尺寸值不变？

答：单击选中不想变动的尺寸，单击操作组的向下小黑箭头打开操作组的下拉菜单，如图 5 所示，选择其中的“切换锁定”，可以将该尺寸锁定，再拖动草绘，该尺寸不会发生变化。如果再次选中该尺寸，单击操作组下拉菜单的“切换锁定”就可以解除

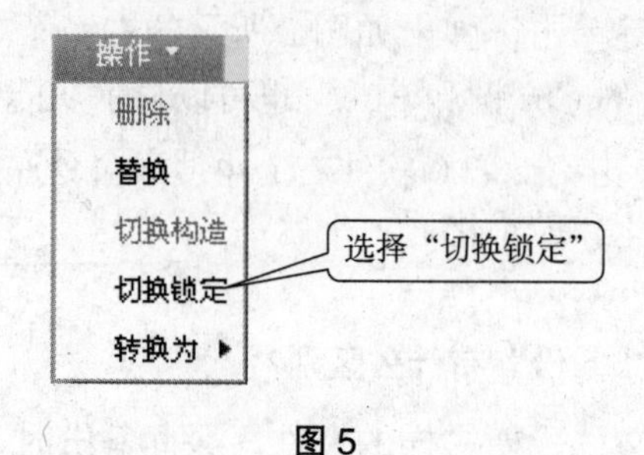

图 5

对该尺寸的锁定。如果觉得这样逐个锁定尺寸很费时，还可以在系统配置里设定，使得草绘里被修改过的尺寸，自动转为锁定状态，具体操作如下：文件 > 选项→ Creo 选项对话框，单击该对话框的草绘器选项卡，选择“拖动截面时的尺寸行为”一栏，将下面的选项“锁定已修改尺寸”和“锁定用户定义的尺寸”都勾选上，单击“确定”即可。

9. 尺寸或约束条件过多的解决方式是什么？

答：过约束时，系统弹出“解决草绘”对话框，选中该对话框下拉列表中的约束，可以将其“撤销”、“删掉”或者转化为“参考”，这样就能够解决草绘冲突问题。

10. 如何修改尺寸值？

答：在没有执行任何命令时，双击某个尺寸可以修改该尺寸。这样每次只能修改一个尺寸，如果想批量修改某些尺寸，可以选中某些尺寸后，单击“修改”命令，弹出“修改尺寸”对话框，在此对话框内，可以逐个修改各个尺寸，如图 6 所示。

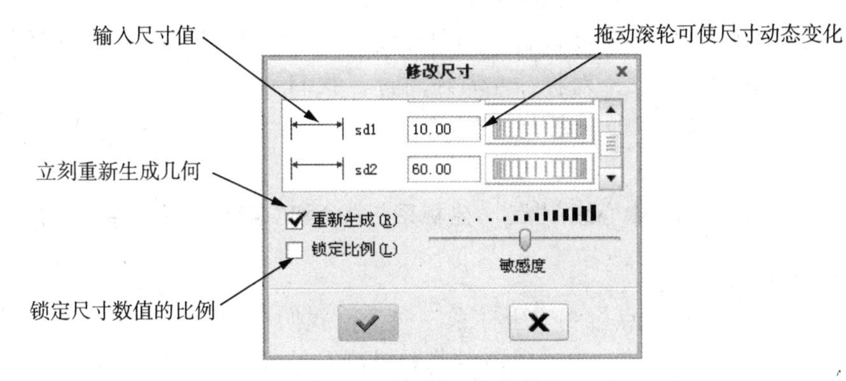

图 6　修改尺寸对话框

11. 如何选取多个几何？

答：在 Creo 2.0 中，比如想做镜像操作或者任何别的操作，每次都只能选取一个对象，要想选取多个对象，可以按下 Ctrl 键的同时在单击选取对象。也可以用鼠标画个矩形线框，凡是在矩形线框里的对象，都被选中。

12. 构造几何有何用途？为何将几何转化为构造几何？

答：构造几何就相当于我们手绘时做图的辅助线、参考线，它们虽然不能构成草绘几何实体，但是它们可以使得草绘更简单，草绘的标注更为简洁，更好的体现设计意图。如何将几何转化为构造几何？比如我们画了一个圆，想将它转化为构造圆（虚线），只需选中该圆，单击操作组的下拉菜单中的“切换构造”即可。

13. 草绘时，如何调入外部草绘或者外部格式的其他文件？

答：单击草绘器的“文件系统”，弹出“打开”对话框，在该对话框中选取需要打开的文件的路径和选取文件类型以及文件名，单击“打开”即可。

14. 如何使得两条线共线?

答 : 将两条线加上重合约束即可。

15. 为什么草绘看起来是封闭的，可是却不出现“着色封闭环”，系统还报警? 如何检查?

答:当“着色封闭环”处于打开状态，看起来草绘截面是封闭的，但是封闭环却不着色，是因为封闭环内可能有互相重叠的几何,但是又很难看出来。这时我们只需单击“检查”组的“重叠几何”命令，系统即可将重叠的几何显示为红色，我们可以画一个矩形线框将之选中，并删除。删除了所有的重叠几何后，封闭环即可着色显示。

16. 用框选了所有几何时，如果里面有个别需排除的几何，如何排除?

答:选中了若干对象后，如果其中有误选的，可以按住键盘的 Ctrl 键的同时单击该几何，即可以将之排除。

17. 怎样绘制对称草绘，如何操作更加高效?

答:凡是具有对称结构的草绘，我们就要画中心线，只画一半草绘，另一半用镜像做出，即节省一半工作量。如果上下对称，左右还对称，我们就画 2 条中心线，只画四分之一的图形，然后用 2 次镜像即可完成全部草绘。

18. 草绘器的“基准组”的“中心线”“点”“坐标系”命令和“草绘组”的“中心线”“点”“坐标系”有什么区别?

答 : 基准组的“中心线”“点”和“坐标系”命令，我们可理解是“基准中心线”“基准点”和“基准坐标系”，这些命令绘制的都是基准，基准为特征的一种，主要用途是创建 3D 几何模型时的参考几何,它们在草绘结束后,仍然存在于立体中,仍然可以使用;而使用草绘组的“中心线”“点”和“坐标系”等命令画出的中心线、点和坐标系只是草绘的参考几何，它们只属于该草绘，退出草绘操作后，系统里再也不显示这些几何，不能为其他特征所利用。

19. 草绘时，使用完一个命令后如何结束该命令?

答 : 双击鼠标中键可以结束一个命令，或者单击草绘器的选择命令（见图 7），也可结束正在执行的命令。

图 7

20. 创建拉伸或者旋转特征时，如何自动从添加材料转化为自动移除材料？

答：单击“文件”>“选项”>“配置选项器”→配置编辑器→添加“auto_add_remove”设置为“yes”，如图 8 所示，单击“确定”即可。如上述设置以后，在拉伸或者旋转建模时，用鼠标拖动标柄（即白色小方框），就可以实现根据拉伸或者旋转的方向，自动增料和减料，如图 9 所示。

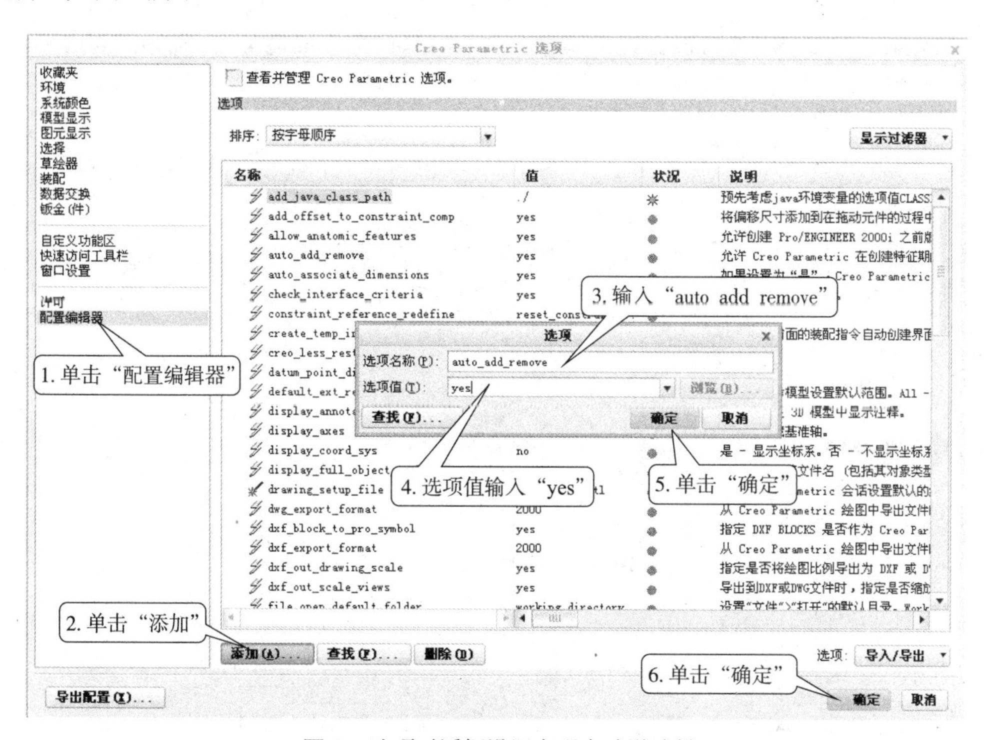

图 8　选项对话框设置实现自动增减料

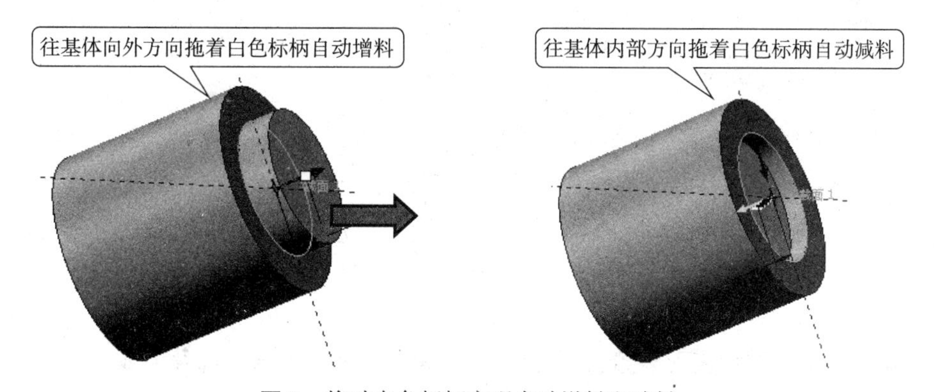

图 9　拖动白色标柄实现自动增料和减料

21. 如何为零件配置材料特征？

答：单击“文件”>“准备”>“模型属性”→单击“模型属性”对话框的材料最右侧的“更改”（图 10）→弹出“材料”对话框，如图 11 所示。在“材料”对话框内选取所需材料，单击“添加”按钮，使得所选材料添加到“模型中的材料”一栏，双击该添加的材料，则弹出“材料定义”对话框，修改或补充材料属性参数，最后单击“确定”即可，如图 12 所示。

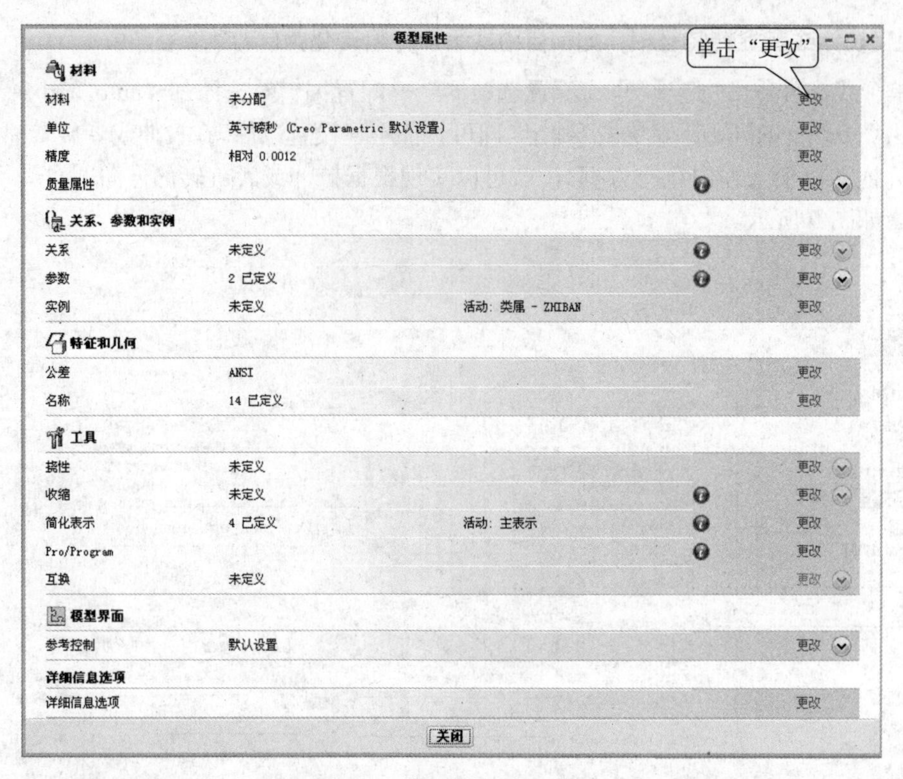

图 10 “模型属性”对话框

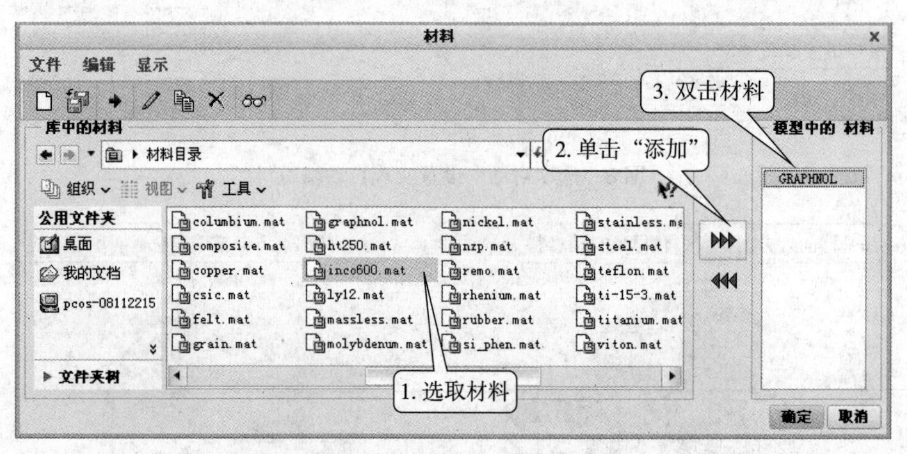

图 11 “材料”对话框

22. 拉伸建模或者其他特征建模时，指定草绘平面后，如何调入外部草绘或者外部格式的其他文件？

答：单击草绘器的“文件系统” ，弹出“打开”对话框，在该对话框中选取需要打开的文件的路径和选取文件类型以及文件名，单击“打开”即可。

23. 如何自动切换视角，使得草绘时的视图方向自动转换为与平面平行？

答：单击“文件”>“选项”>“配置选项器”→草绘器→草绘器启动，勾选“使草绘平面与屏幕平行”，单击“确定”即可，如图 13 所示。

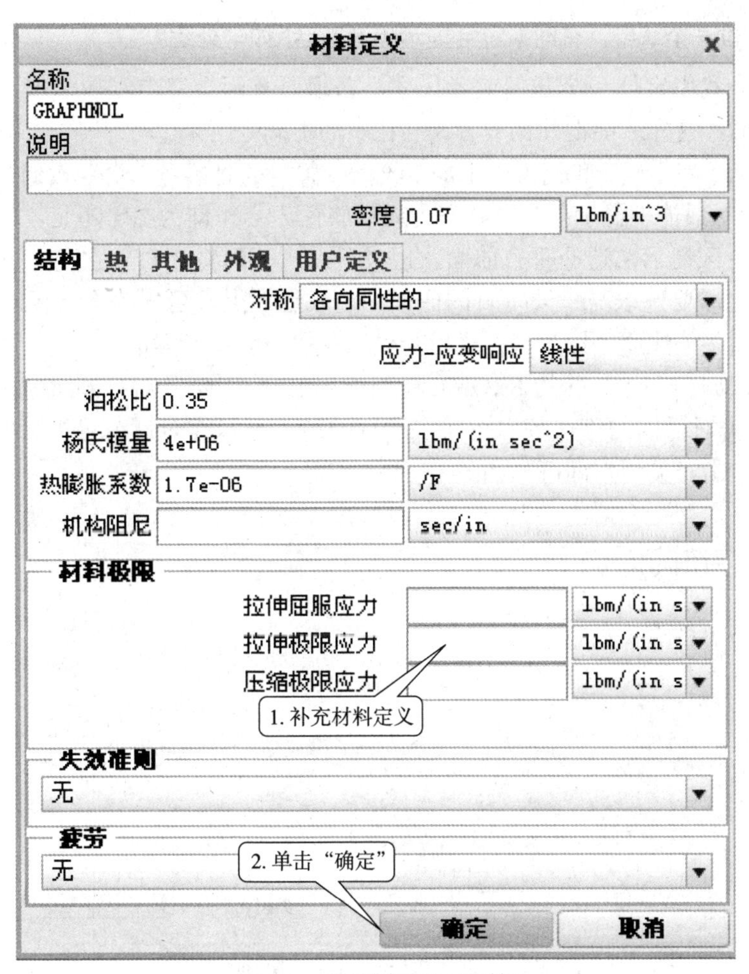

图 12 “材料定义”对话框

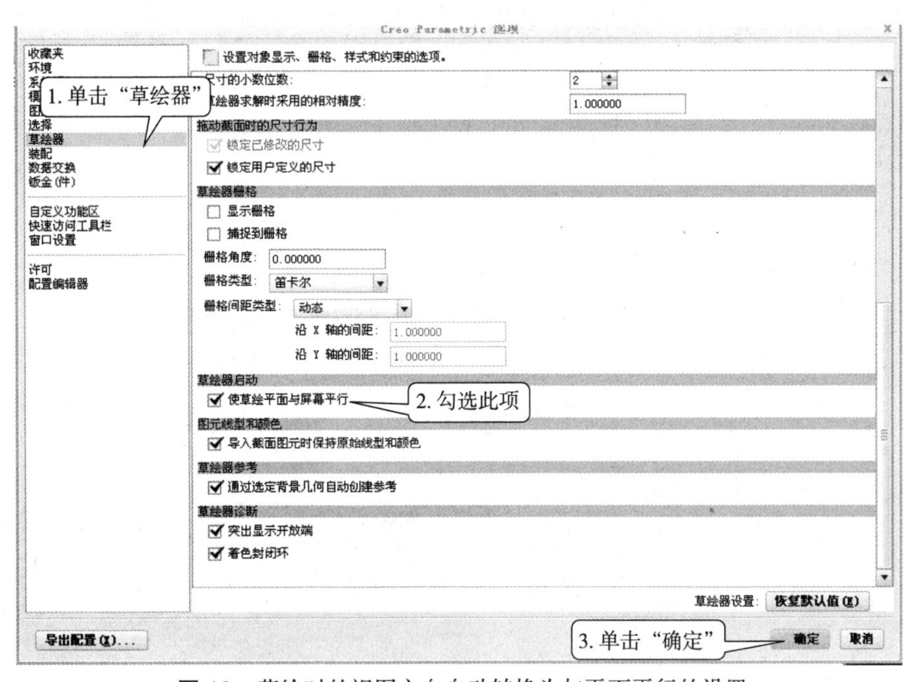

图 13 草绘时的视图方向自动转换为与平面平行的设置

24. 为什么定位一个草绘，有时系统会提示参考不足？如何处理？

答：这是因为我们定位一个几何或者尺寸，必须要有两个基准，一个水平方向的，一个竖直方向的，这样才能把几何或者尺寸在平面上确定下来。

如果提示参考不足，我们可以单击草绘器设置组的"参考"命令按钮，弹出"参考"对话框，对话框中显示："参考状态为局部放置草绘"，即为参考不足。如图 14 所示，同时系统命令区提示：选择垂直曲面、边或顶点，截面将相对于它们进行尺寸标注和约束。即我们需要选取与草绘垂直的曲面、边或者顶点，可以完全放置草绘。我们平时操作一定要多关注命令提示区，这里会提示我们当前操作等信息。

单击选取与草绘平行的 FRONT 基准面，在"参考"对话框增加了一个参考 FRONT，单击对话框的"求解"按钮，求解的结果显示在对话框最下面的参考状况：完全放置，单击"关闭"即可，如图 14 所示。

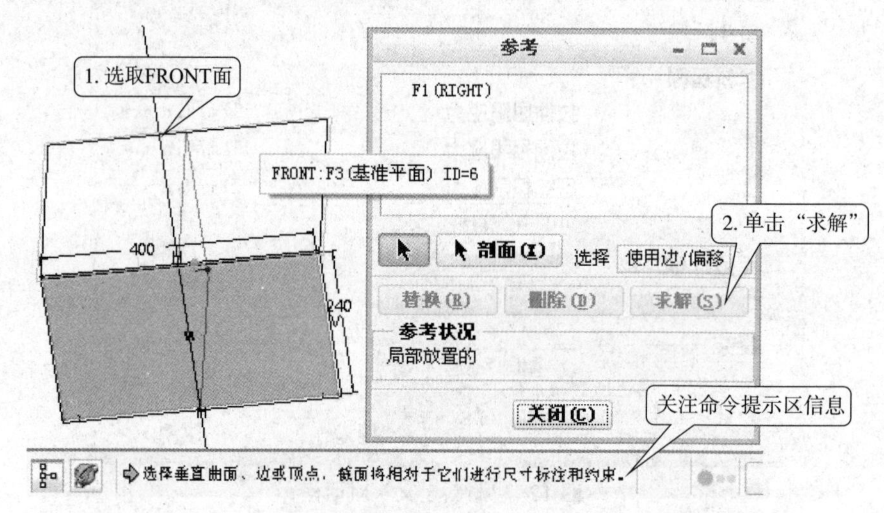

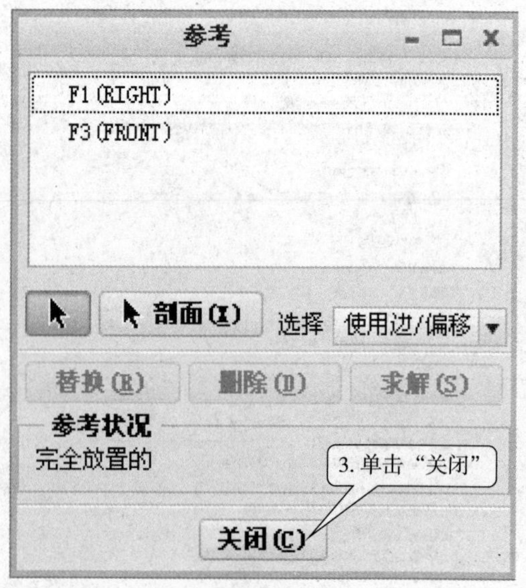

图 14　参考不足的处理

25. 为什么有时旋转建模，绘制草绘单击“确定”都没有旋转建模预显？这时怎么才能完成旋转？

答：这是因为草绘里面，没有绘制旋转轴。当我们在草绘里用“基准组”的中心线命令，绘制了一条基准轴后，旋转建模才有预显。如果草绘时没有绘制轴线，完成后返回到“旋转”操控板，这时将看不到预显，并且轴后面的空格内，显示“选择 1 个项”，如图 15 所示，命令提示区提示：选择“直曲线”或边、轴或坐标系的轴以指定旋转轴。需要我们选取轴线。我们可以选取基准轴 X 轴、Y 轴、Z 轴或者模型中的其他边，作为旋转建模的旋转轴。比如此例，我们单击选取了 Y 轴作为旋转轴，如图 16 所示。选取了轴线后，则会马上给出旋转预显，如图 17 所示。

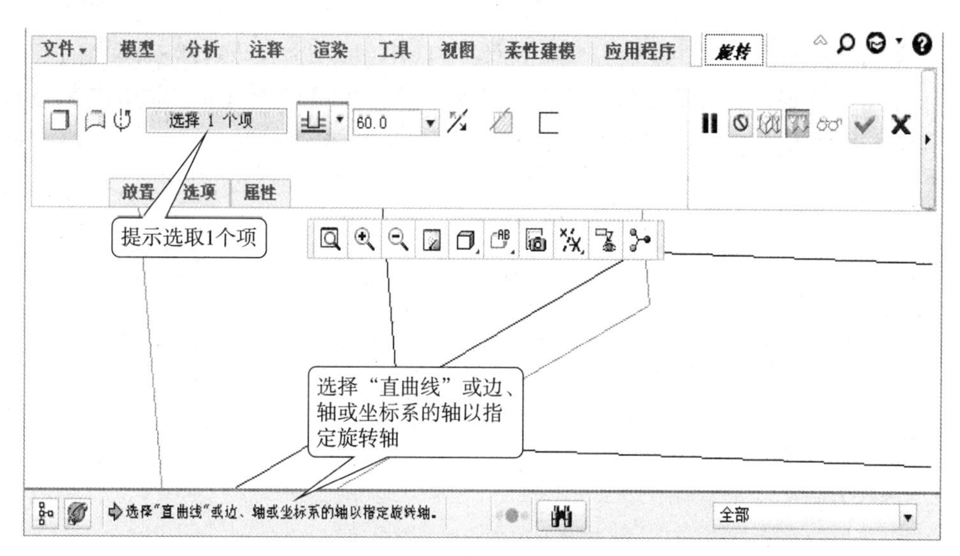

图 15 “旋转”操控板

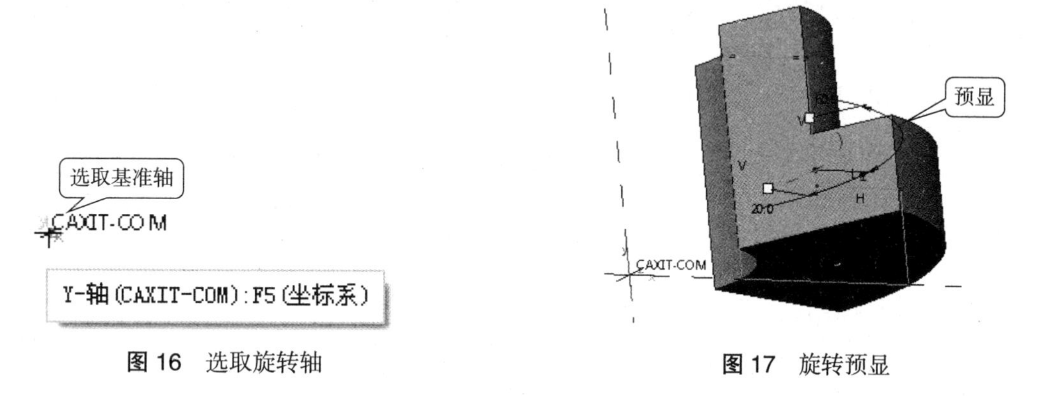

图 16 选取旋转轴

图 17 旋转预显

26. 如何在某个对话框中去掉已选中的几何？

答：可在此对话框中的某几何上右击，在弹出的右键快捷菜单中，单击“移除”即可。如图 18 所示。

27. 如何把“第三分角投影”修改为“第一分角投影”？

修改“第一分角投影”方法为：

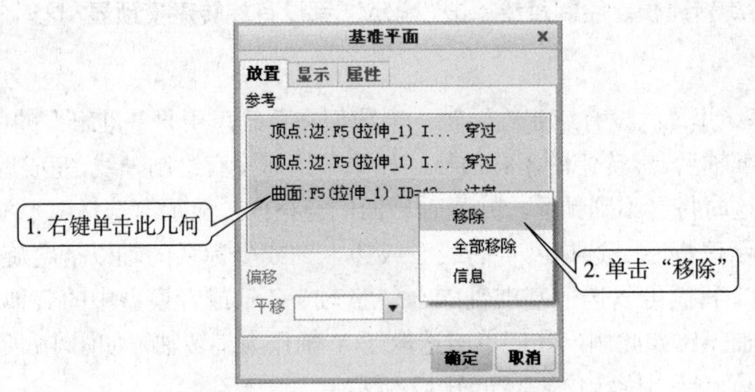

图 18 去掉对话框中已选中的几何

① 单击“文件”→“准备”→“绘图属性”，打开“模型属性”对话框，如图 19 所示。

② 单击“详细信息选项”的“更改”按钮，弹出如图 20 所示的“选项”对话框。

③ 选中该对话框中列表中的“projection_type”选项，在选项值下拉列表中选中“first_angle”，并单击“添加 / 更改”按钮，单击“确定”按钮，完成设置。

④ 单击“模型”选项卡的“关闭”按钮。

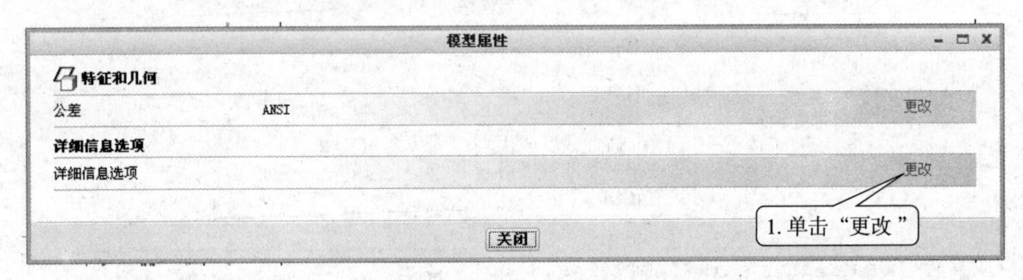

图 19 “模型属性”对话框

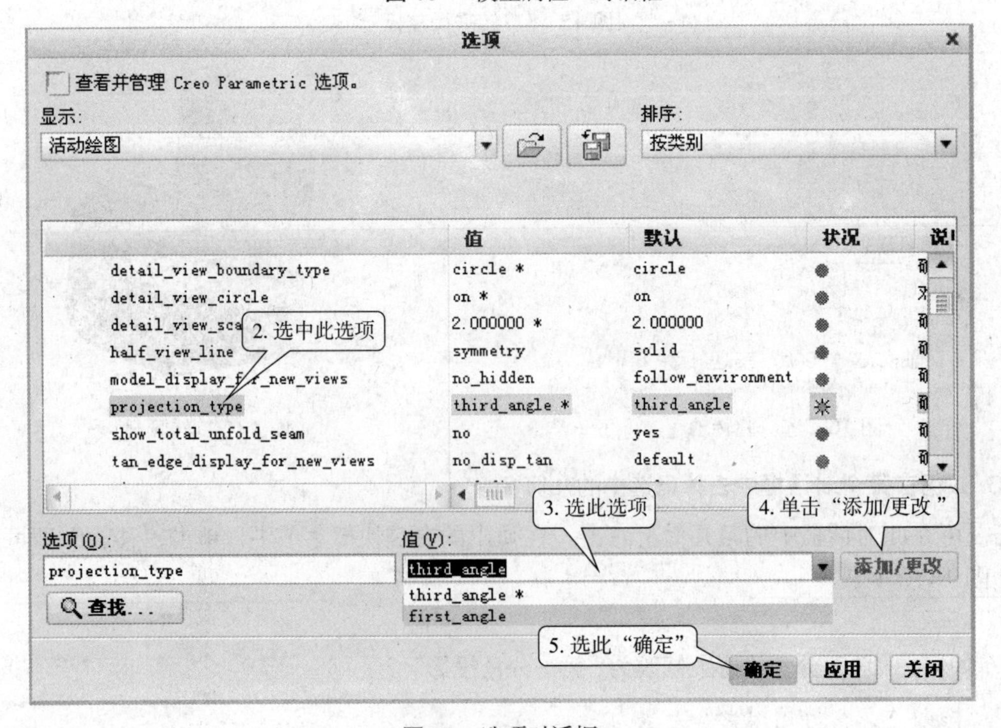

图 20 选项对话框

28. Creo 的工程图如何转存成 CAD 的工程图，并保证正常的绘图比例?

答：Creo 的工程图，可以用“另存为”→“保存副本”命令，选择合适的文件夹和文件格式，进行保存。但是，在用其他 CAD 软件打开的时候，经常会发现，打开以后工程图被缩小了。实际上不是工程图被缩小了，而是在转存之前，Creo 工程图里的某些单位仍然是英寸（in），导致输出后的工程图的单位是英寸。

为了符合我国的国家标准，我们需要在转存其他 CAD 格式之前，对 Creo 工程图文件进行配置，配置方法如下。

（1）设置绘图属性：单击“文件”>“准备”>“绘图属性”，打开“绘图属性”对话框，如图 21 所示，单击“详细信息选项”后面的“更改”，弹出“选项”对话框。修改有关单位或者标注标准的设置。将相关的设置都更改后，最后单击“确定”按钮关闭对话框，如图 22 所示。

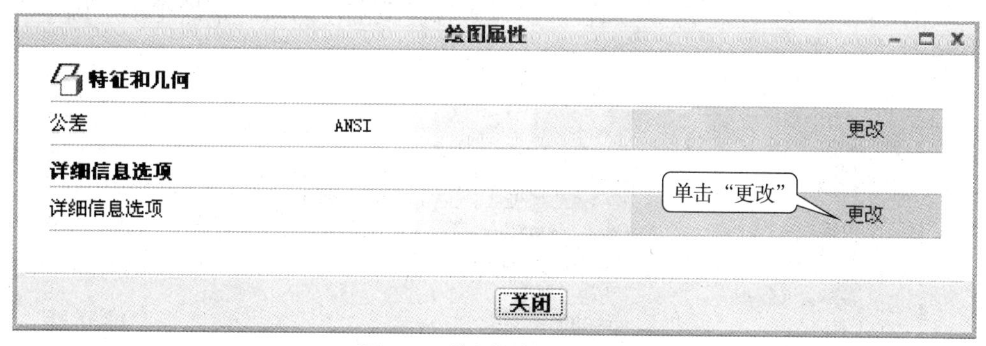

图 21 “绘图属性”对话框

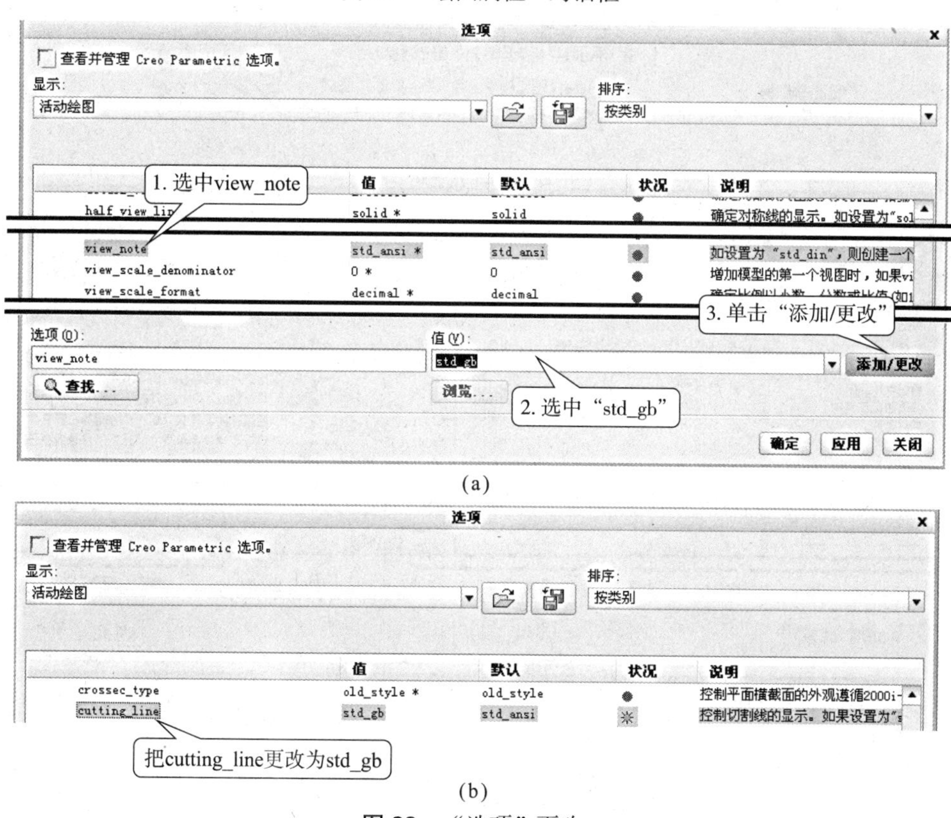

图 22 “选项”更改

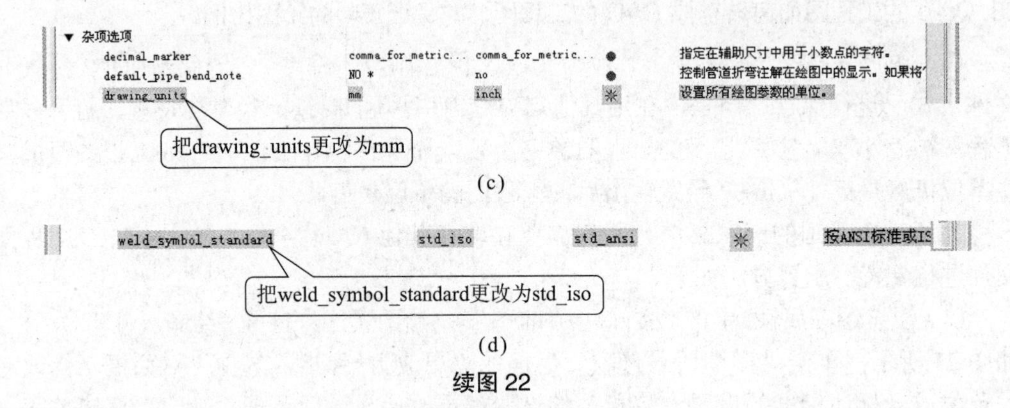

(c)

(d)

续图 22

（2）设置 Creo 选项的方法如下：单击“文件”>“选项”，弹出“选项”对话框，设置如图 23 所示，单击“导出设置”，将设置保存到启动目录。最后单击“确定”关闭对话框。

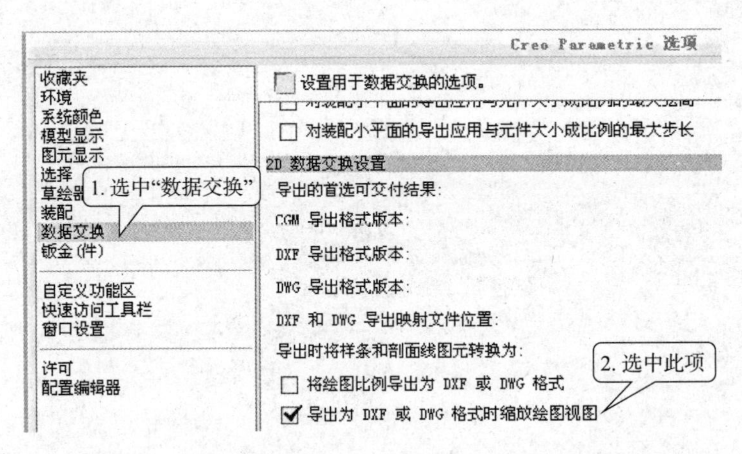

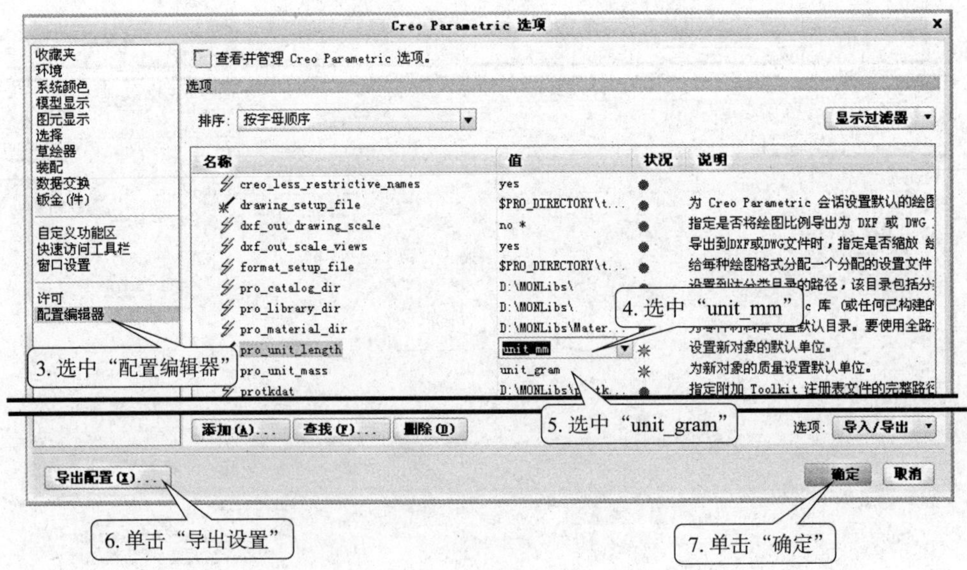

说明：unit_mm表示毫米单位，unit_gram表示克单位。

图 23 “Creo Parametric 选项”对话框

（3）保存为副本：单击“文件”>“另存为”>“保存副本”，弹出“保存副本”对话框，选择保存路径，输入新文件名称，选取文件格式，例如本例选取的格式为 DWG（AutoCAD 和 CAXA 软件都可以打开此格式的工程图），如图 24 所示。

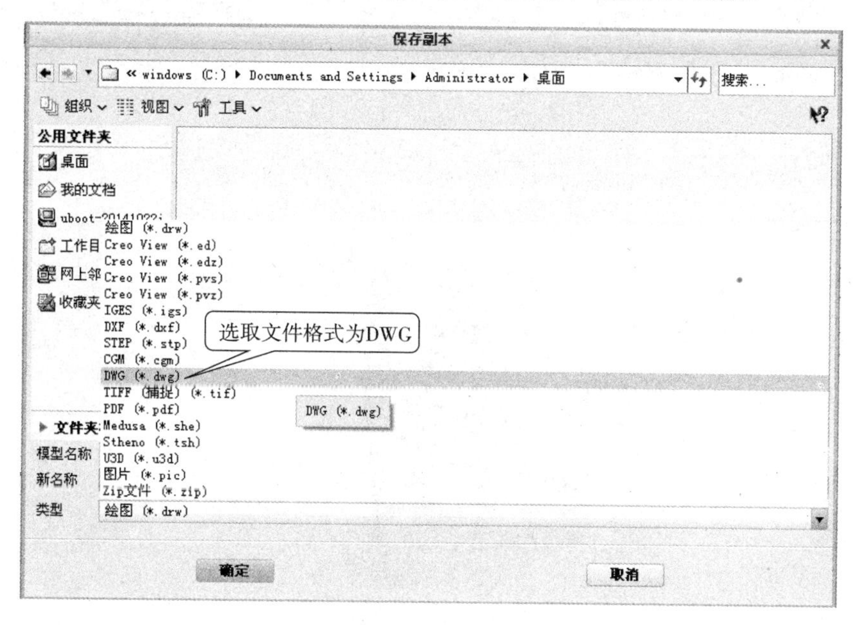

图 24　“保存副本”对话框

（4）用 CAXA 软件打开此副本文件，打开效果如图 25 所示。

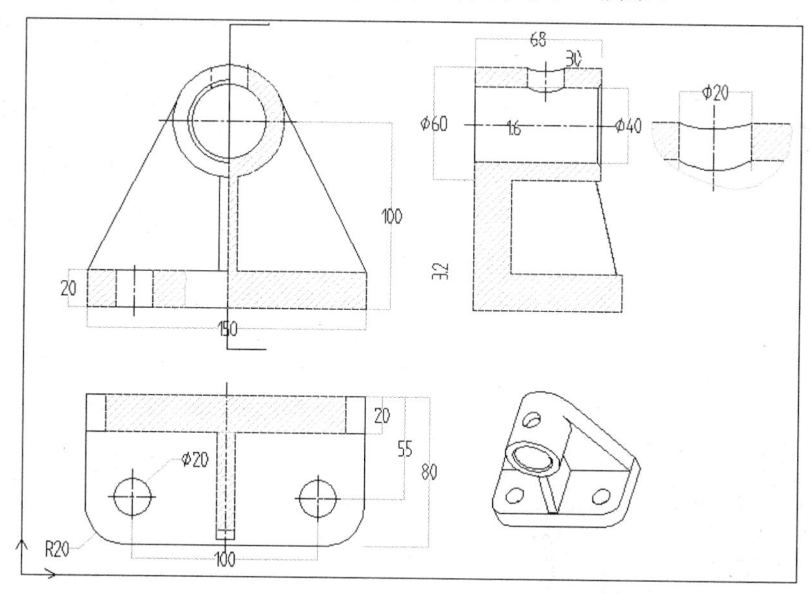

图 25　用 CAXA 打开的副本文件

29. Creo 设计时如何测量?

答：单击“分析选项卡”的“测量”命令，弹出“测量”选项卡，如图 26 所示。例如本例测量距离，则选择“距离”，按住 Ctrl 键的同时，选中模型中的两个面，如图 27 所示，则可以测量此两面的距离。其余测量选项使用方法与此相似，读者可一一实践。

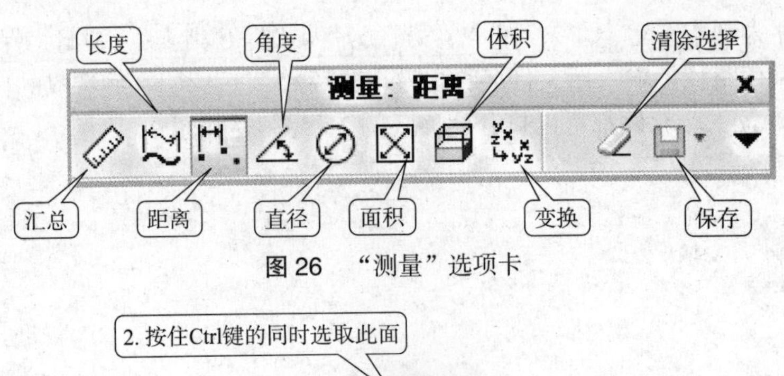

图 26　“测量”选项卡

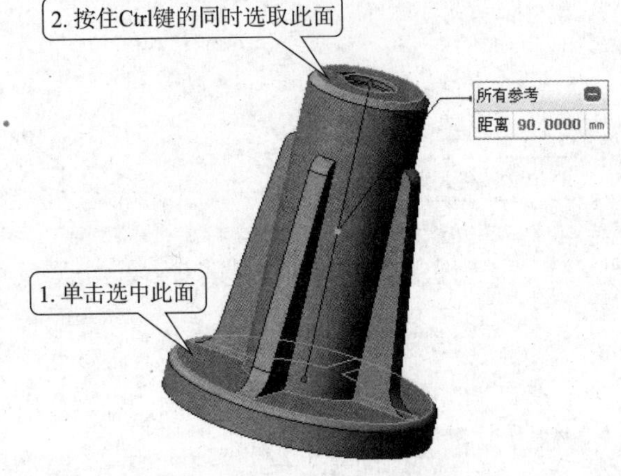

图 27　测量距离示例

30. 如何快速复制特征？

答：单击选中模型树中的某特征，本例为把手。单击“模型”选项卡的“复制”，再单击“粘贴”右侧小黑箭头，选择下拉菜单里的“选择性粘贴”，则弹出“选择性粘贴”对话框，勾选“对副本应用移动/旋转变换”选项，如图 28 所示。单击“确定”，弹出“移动/复制”操控板（图 29）。

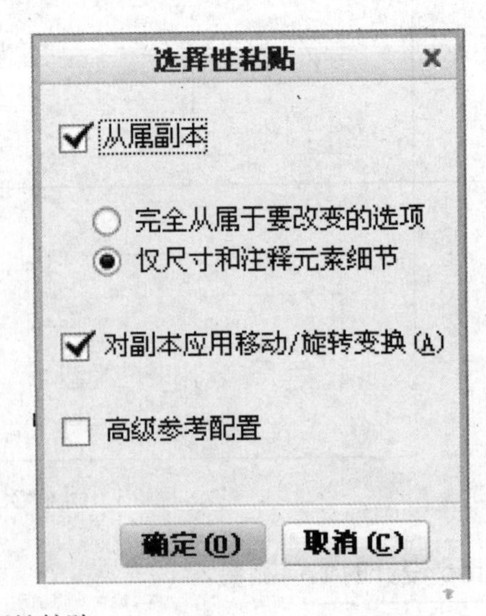

图 28　选择性粘贴

在该操控板中，选中“旋转”，单击坐标系的 z 轴选中旋转轴为 Z 轴，输入旋转角度 45，并单击“确定”按钮，完成特征复制如图 30 所示。

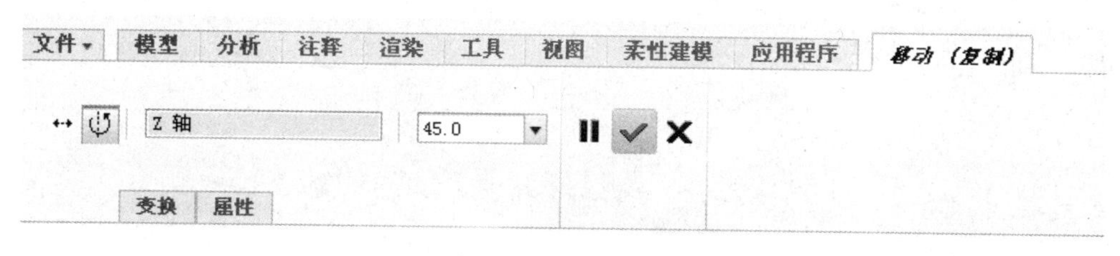

图 29 移动（复制）操控板

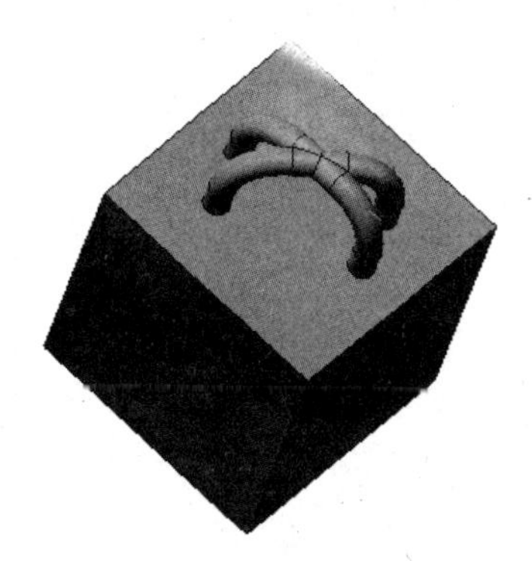

图 30 复制结果

31. 如何配置系统?

答：Creo 系统中的某些设置，经常需要更改，单击“文件”>“选项”，可以打开“Creo Parametric 选项”对话框，在此对话框内进行配置，并将配置保存在启动目录，才能使该配置在下次打开 Creo 时仍然有效。

打开 Creo 系统启动目录的方法如下：右键单击 Creo 系统的快捷图标，如图 31（a）所示，选中“属性”，图中“起始位置”即为启动目录，如图 31（b）所示，例如本例的启动目录为：“C:\Documents and Settings\All Users\Documents”。

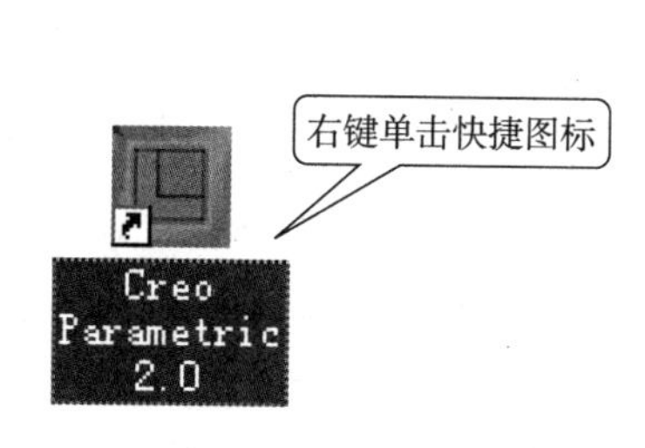

(a)

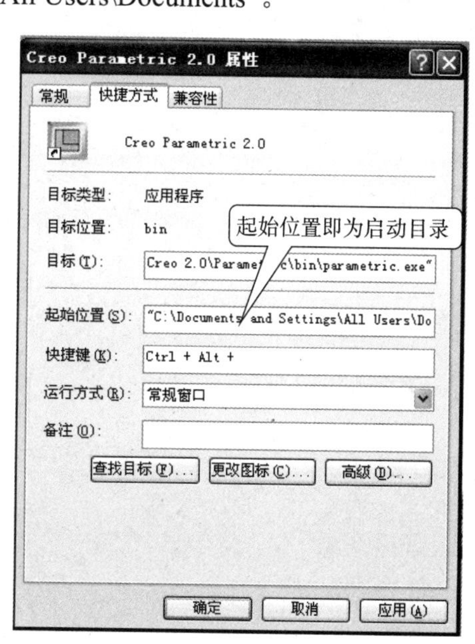

(b)

图 31 打开 Creo 系统启动目录